国家中等职业教育改革发展示范学校建设项目成果
国家中等职业教育改革发展示范学校建设系列教材

影视后期制作教程
（Vegas Pro 13.0）

王秉科　邱琳茹　孙优伟　主编

西南交通大学出版社
·成 都·

图书在版编目（CIP）数据

影视后期制作教程：VegasPro13.0 / 王秉科，邱琳茹，孙优伟主编. —成都：西南交通大学出版社，2014.6
（2022.6 重印）
国家中等职业教育改革发展示范学校建设系列教材
ISBN 978-7-5643-3082-8

Ⅰ. ①影… Ⅱ. ①王… ②邱… ③孙… Ⅲ. ①图像处理软件－中等专业学校－教材 Ⅳ. ①TP391.41

中国版本图书馆 CIP 数据核字（2014）第 116044号

国家中等职业教育改革发展示范学校建设系列教材

影视后期制作教程

（VegasPro13.0 ）

王秉科　邱琳茹　孙优伟　主编

责任编辑	孟苏成
封面设计	墨创文化
出版发行	西南交通大学出版社 （四川省成都市金牛区二环路北一段 111 号 西南交通大学创新大厦 21 楼）
发行部电话	028-87600564　028-87600533
邮政编码	610031
网　　址	http: //www.xnjdcbs.com
印　　刷	成都勤德印务有限公司
成品尺寸	185 mm × 260 mm
印　　张	25
字　　数	625 千字
版　　次	2014 年 6 月第 1 版
印　　次	2022 年 6 月第 3 次
书　　号	ISBN 978-7-5643-3082-8
定　　价	49.80 元

图书如有印装质量问题　本社负责退换

前　言

Vegas是作者非常喜欢的一款非编软件，从2004年开始接触一直到现在，用了将近10个年头。对这款软件是既恨又爱，喜忧参半。喜欢它的自由灵活，同时又感慨它的尴尬处境。

当初编写这本书的初衷是为了辅导参加省市技能竞赛的学生，在讲课辅导过程中慢慢将自己的一些讲稿和心得整理下来，又以一位网友的一篇教程为蓝本，才形成本书的雏形。后来在教学实践过程中，不断地修改完善，特别是从2010年至今将近5年的时间内，不知几易其稿，朋友打趣问："你在写红楼梦吗？"是啊，不经历这个漫长的过程，不知道其中的艰苦和辛酸。当今天终于完稿的时候，我轻舒一口气，看窗外依旧风轻云淡……

本书分为两部分，第一部分介绍影视后期制作的理论知识，包括剪辑理论。第二部分介绍非编软件Sony Vegas Pro 13.0在影视后期制作中的应用。

本书由浅入深、循序渐进地介绍了影视编辑、音频处理、合成视频的方法和技巧，内容涵盖了视频编辑中的基本操作技能。其中讲解Sony Vegas非编软件的部分共分为10章，分别介绍了视频编辑和特效处理、字幕、快慢放、轨道合成、轨道运动、音频处理以及视频文件的输出等内容。本书最大的特色在于，它是市面上唯一一本详尽介绍Sony Vegas转场特效、视频特效、音频处理的书，同时作者又贯穿讲解了自己在影视制作方面多年总结的美学规律和实践心得。相比而言，其他同类书籍在这几方面要么草草带过，不够详尽，要么只讲软件功能，不讲实际用法。初学者难以从中了解各个特效的功能、作用以及使用方法，更学不到相关行业要求和从业经验，有不够酣畅淋漓和华而不实之憾。

本书内容丰富，实例详尽，具有很强的可操作性和实用性。需要学习影视后期制作的爱好者可以通过本书图文并茂的讲解，深入了解并掌握Sony Vegas这款优秀的非编软件，并且应用它制作出自己得意的影视作品，达到学习制作影视节目不求人的效果。

本书可作为相关专业的教学用书，也可作为业余爱好者自学用书。

参加本书编写的还有：席志慧、曹强、杨琳、范超华、王志强、丁发红、郝彩云、杨三宁、闫锋、李怀宝、张兴锁、杨新勇、段晓东、权晓萍、李悦、师华蓉、詹静、梁兰平、付涛、付小丽、陈文科、徐英萍、张亚凤、王晓玲、郭玉礼、秦维平、秦博峰、赵瑜、马双文、王海宁等。

感谢李超、文岩、常慈平、李圳圳、王紫燕等同学参与校对。

感谢西南交大出版社的王旻、孟苏成二位编辑的大力支持。

最后感谢所有为本书成功编写作出帮助的人们！

由于编写时间仓促和作者水平所限，书中疏漏及不当之处在所难免，欢迎读者指正。

联系方式：1760412261@qq.com。

作　者

2014 年 3 月

目　录

第 1 篇　影视编辑理论知识

第 1 篇

影视编辑理论知识

第 1 章　基本名词

1.1　帧的概念

帧（Frame），是电影电视中的一个概念。我们在电视电影上看到的影像动画其实都是一幅幅单独静止的画面快速播放而形成连贯的效果。我们把其中一格画面，或者一幅画面叫作一个“帧”。电影电视画面其实就由这许许多多的帧组成。

据人们研究，由于视觉暂留的缘故，当每秒播放的画面达到 12 帧以上时，人眼就不会感觉到明显的画面跳动感。而电影采用的是每秒 24 帧。现在已经有人在提倡制作每秒 48 帧甚至更高帧的电影。

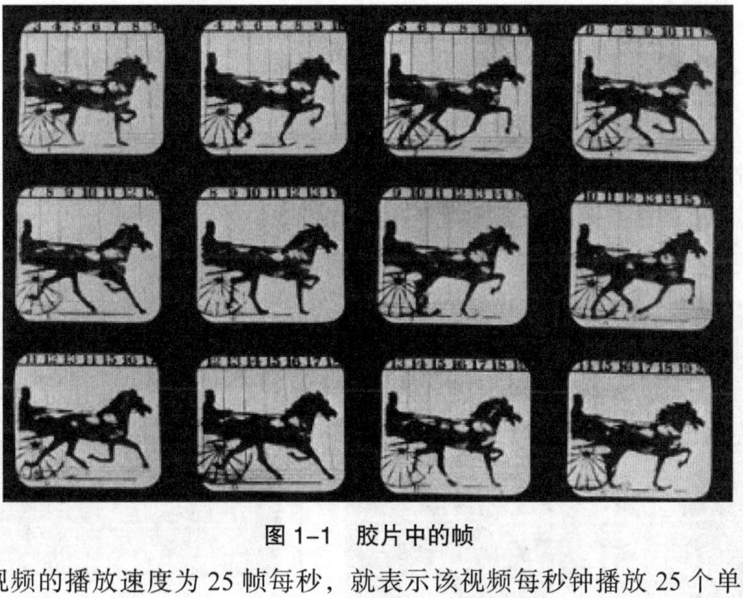

图 1–1　胶片中的帧

比如一个视频的播放速度为 25 帧每秒，就表示该视频每秒钟播放 25 个单帧静态图像。

过去的电影画面是记录在胶片上的，图 1-2 所示就是真实的胶片形式，中间是拍摄画面内容，两边穿孔，以卷动胶片旋转播放。左侧是磁带区，记录同步声音和音乐。

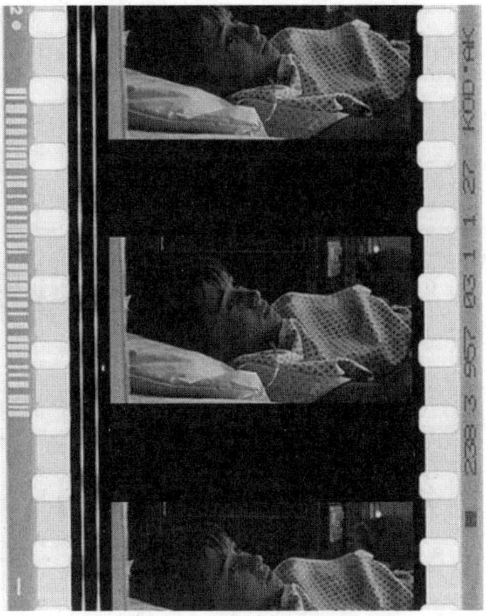

图 1–2　胶片实物形式

1.2　帧速率

帧速率指每秒播放的帧数，通常用 fps 表示，即每秒多少帧。

电影的帧速率为 24 fps，电视主要有两种，如果采用 PAL 制式，扫描频率为 50 Hz，每秒 25 帧或者 24 帧，每秒 50 场。如果采用 NTSC 制式，扫描频率为 60 Hz，每秒 30 帧或者 29.97 帧，每秒 60 场。网络视频一般每秒 15 帧。

1.3　画面宽高比

画面宽高比也叫帧长宽比，指每帧图像的长度与宽度之间的比例，平时我们常说的 4:3 或者 16：9，其实就是指图像的长宽比例。4：3 比例效果如图 1-3 所示。

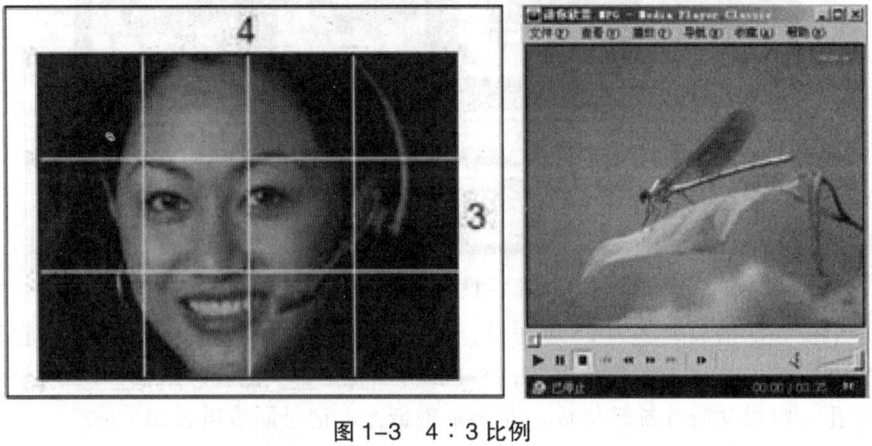

图 1–3　4：3 比例

而 16∶9 比例效果如图 1-4 所示。

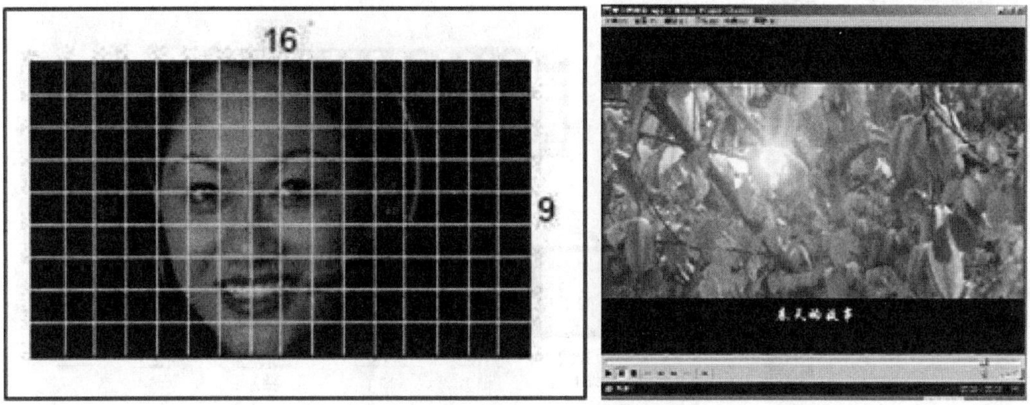

图1-4　16∶9比例

现在流行的趋势是 16∶9 的宽高比，这种形式给人以强烈的空间感，比 4∶3 比例感觉要好得多。

1.4　电视扫描频率

扫描频率与电视机有关，电脑播放画面不涉及这个概念，电影也是。

扫描频率是场频和行频的统称，场频又称为“垂直扫描频率”或“刷新率”。指单位时间内电子枪对整个屏幕进行扫描的次数，通常以赫兹（Hz）表示。以 85 Hz 刷新率为例，表示显示器的内容每秒钟刷新 85 次。

通常情况下，PAL 制式扫描频率为 50 Hz，通常记作“/50i”，NTSC 制式扫描频率为 60 Hz，通常记作“/60i”。

行频又称为“水平扫描频率”，指电子枪每秒在荧光屏上扫过的水平线的数量，其值等于“场频×垂直分辨率×1.04”，单位为 kHz（千赫兹）。

行频值越大，显示器可以提供的分辨率越高，稳定性越好。CRT 显示器比较主流的行频系列是：70 kHz，85 kHz，96 kHz 等。

电影拍摄内容是记录在胶片上，每秒钟 24 格，也可以称为每秒 24 帧。它不存在扫描频率的问题。通常情况下，按 24p（24 帧逐行）拍摄的电影，如果在电视上播放，按照 NTSC 制式转换，欧洲等国家有非常成熟的转换方式，叫作“3∶2 下拉转换”。将每 4 帧按图 1-5 示意方式转换成 10 帧，24 帧将得到 60 帧，这样就将 24 帧转换成 60i 格式。而如果在 PAL 制式下，24p 要转换为 50i 将非常困难，并没有成熟的转换方法。因此，一般都是将 24p 多加一帧，变为 25p，再将一帧转为两帧，变成 50i 格式。

上述过程一般称之为“胶转磁”，之所以提到这个转换算法，是因为在市场上出售的一些家用级摄像机，号称高清摄影机，能够拍摄电影级别高清晰度的画面，但实际使用中发现并非真正的 24 fps，连逐行都不是。有人就大呼上当，但实际并非如此，而是与我们采用的电视制式有关，在 PAL 制式下，我们只能得到 50i 的效果。

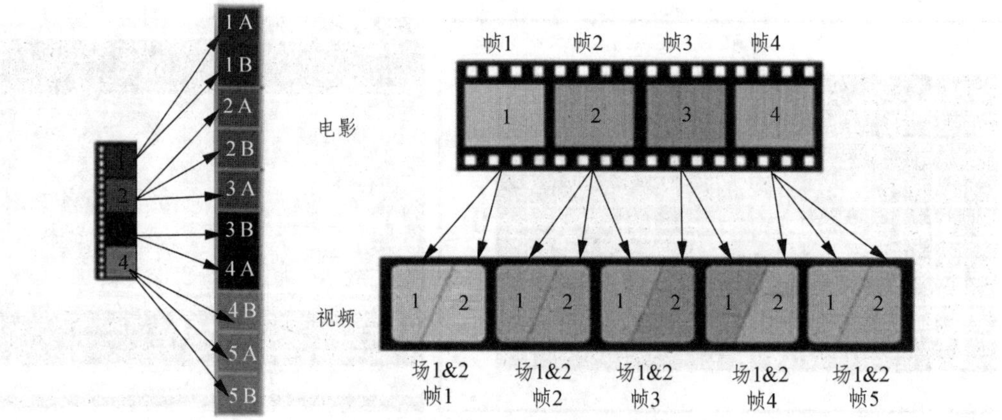

图 1–5　胶转磁过程中的帧转换

1.5　场的概念

场是视频的一个扫描过程，有逐行扫描和隔行扫描，对于逐行扫描，一帧即是一个垂直扫描场，对于隔行扫描，一帧由两场构成：奇数场和偶数场，是用两个隔行扫描场表示一帧。

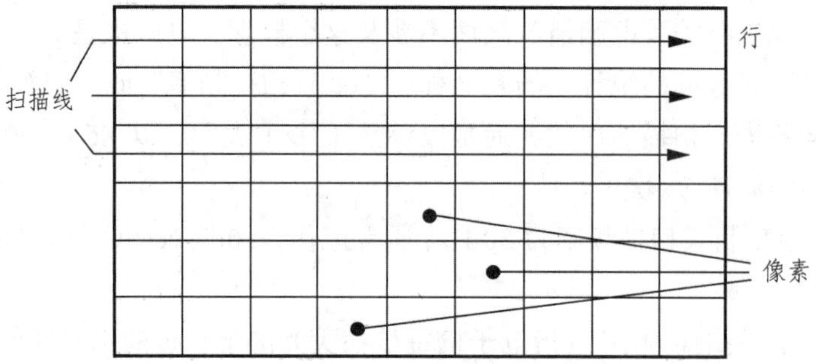

图 1–6　场的概念

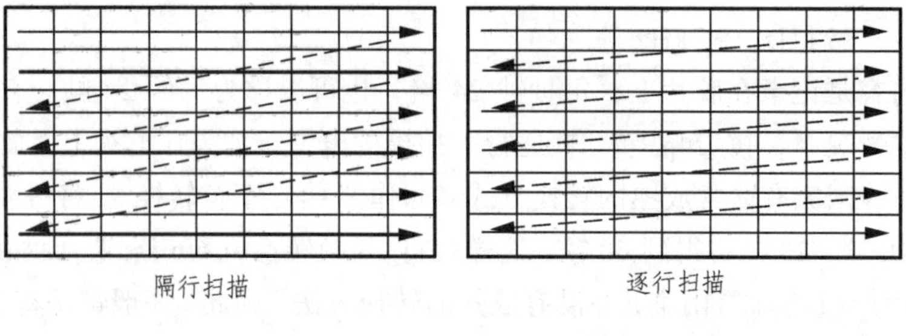

图 1–7　隔行扫描与逐行扫描

场（field），是涉及电视的一个术语。大家知道电视显示画面是由电子枪自上而下一行行扫描，一般把这一行行叫作“线”。比如 PAL 制式下，电视机每秒在垂直方向上自上而下最多扫描 625 线。

早期受传输速度的限制，电视每播放一帧画面都把它们拆分成两半，拆成奇数线和偶数线，分两次播出。我们把这一半画面就叫“场”，同时也把奇数线的画面叫作“上场”，把偶数线构成的画面叫作“下场”。这种播出方式就叫“隔行扫描”。这样做的目的是降低数据传输量。

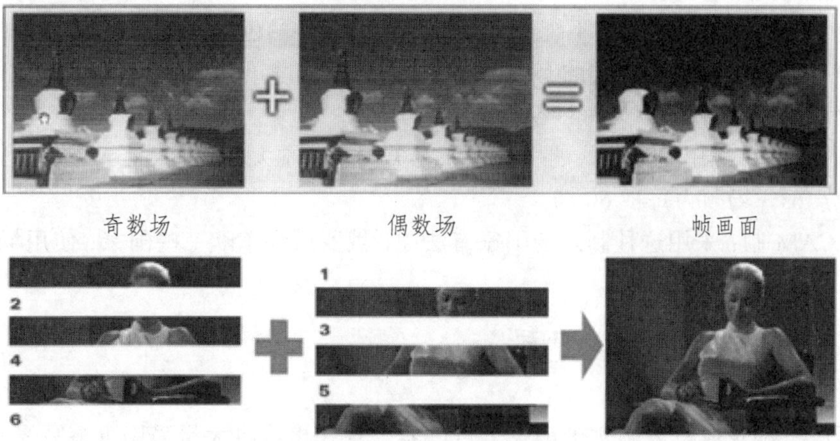

图 1-8　场的概念示意图

从这里可以看到，一帧拆分成两场，或者说，两场组合成一帧。也就是说，前一秒播放上场，后一秒播放下场，把本来的一帧画面分成前后连续的两场来播放，由于视觉暂留的关系，人们在观看电视时并不会感到画面质量有多大的损失。

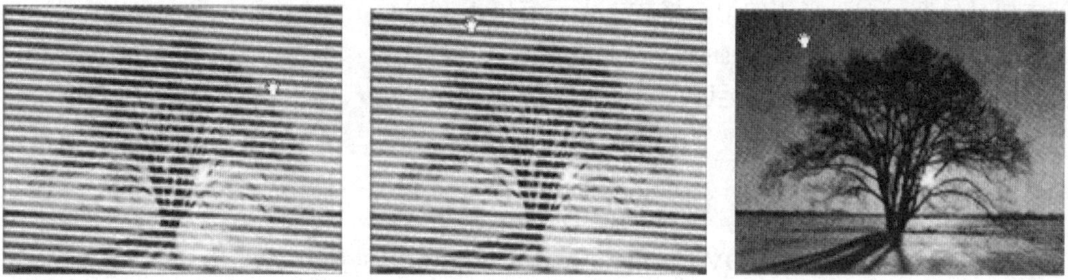

图 1-9　两场组成一帧

在扫描时，如果先扫描奇数线，后扫描偶数线，称为上场优先。先扫描偶数线，后扫描奇数线，称为下场优先。

如果场解释错误，一般会产生锯齿现象，如图 1-10 所示。

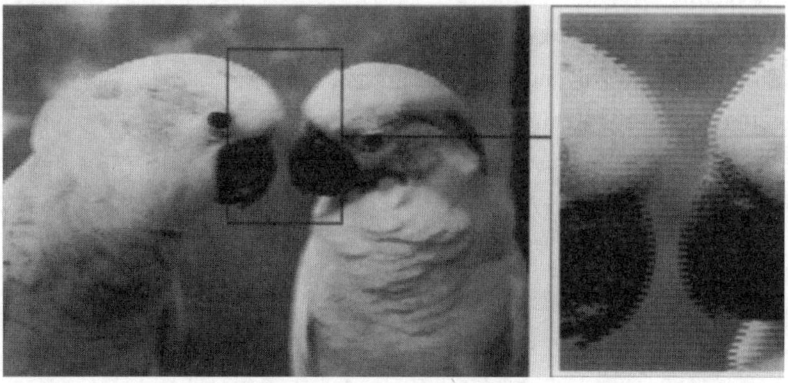

图 1-10　场序错误时的情形

1.6 电视制式

电视的制式就是电视的标准，不同制式的电视机只能接收和处理相应制式的电视信号。

目前各个国家的电视制式并不统一，全世界共有 3 种彩色电视制式：

（1）PAL 制：采用这种制式的有中国、德国、英国和其他一些北欧国家。PAL 制式电视的帧速率为每秒 25 帧，场频为每秒 50 场。

（2）NTSC 制：采用这种制式的主要国家有美国、加拿大和日本等。NTSC 制式电视的帧速率为 29.97 fps，场频为每秒 60 场。

（3）SECAM 制：采用这种制式的国家有法国、俄罗斯和东欧一些国家，使用场合比较少。

1.7 模拟记录与数字记录

早期摄像机和录像机采用磁带记录节目内容，现在摄像机大量采用可擦写光盘、硬盘和存储卡记录拍摄内容。由于存储介质的不同，采用的记录格式也有所不同。主要有模拟记录格式和数字记录格式。

1. 模拟记录格式

主要是早期录像带采用的记录格式，先后有以下格式：

（1）VHS（Video Home System，家用视频系统）格式。

（2）VHS-C，压缩 VHS 格式。

（3）S-VHS，即所谓的超级 VHS 格式。

2. 数字记录格式

主要有：Mini DV 格式，DV 即 Digital Video 数字视频的意思。

当前家用数码摄像机基本上都是采用 Mini DV 格式，还有少数一类采用 Micro MV （采用 MPEG2 压缩方式）的数码摄像机。

3. 流媒体

流媒体（Streaming Media）指在网络上按时间先后次序传输和播放的连续音频视频数据流。目前，采用流媒体技术的音频视频文件主要有 3 大“流派”：

（1）微软的 ASF 格式（Advanced Stream Format）。

（2）Realnetworks 公司的 Realmedia。

（3）苹果公司的 QuickTime，缩写为 MOV 格式。

此外，MPEG、AVI、DVI、SWF 等都是可以适用于流媒体技术的文件格式。

1.8 标清与高清

标清（SD）和高清（HD）是两个相对的概念，两者只是画面尺寸的差别，而不是文件格式的差异。分辨率最高的标清格式是 PAL 制式，垂直分辨率达到 576 线，高于这个标准的即为高清，其尺寸通常为 1 280×720 或 1 920×1 080，画面长宽比为 16∶9，画质和音质都有很大提升。

高清的格式非常多，其中尺寸为 1280×720 的均为逐行扫描，而尺寸为 1920×1080 的在较高帧速率时不支持逐行扫描。

高清是一种标准，与媒介或传播方式无关。高清可以是广播电视的标准、DVD 的标准，甚至是流媒体的标准。

按我国的规定，VCD 画面尺寸一般为 352×288，DVD 画面尺寸一般为 720×576，DVD 也可称为标清。而 1 280×720，1 920×1 080 称为高清。

1.9　像素宽高比

我们知道，图像是由像素构成的。像在 Photoshop 这类软件下生成的画面，其像素宽高比都是 1∶1。而在电视上播放的画面，其宽高比都不是 1∶1。像 Photoshop 中的正圆，如果不加以修正，仍然以 1∶1 的比例放置到视频处理软件中来的话，就会变成扁形的。试想一下，如果是人物的话，那岂不是成了矮胖子？因此，就要按照 4∶3 或者 16∶9 的比例对像素宽高比进行调整。如图 1-11 中的左图就是调整了宽高比以后的效果，这时圆形显示正常，而如果不加调整，仍然按 1∶1 处理的话，则正圆形会变成扁形。

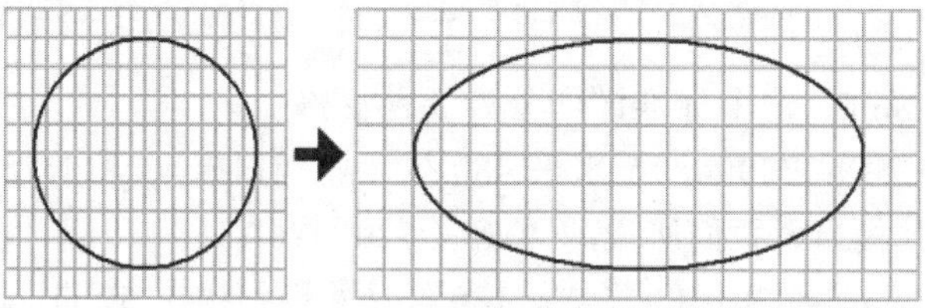

图 1–11　像素宽高比

以 PAL 制式为例，其画面尺寸为 720×576，标准 PAL 制画面宽高比为 4∶3，宽幅的宽高比为 16∶9，但是在这两种规格下，像素数量是完全相同的，像素分布也完全一致。那造成它们两者画面差异的原因在哪儿？那只有一个解释，就是组成它们的像素形态是有区别的。简单地说，这两个规格的像素宽高比都不是 1∶1，标准 PAL 制是 1∶1.067，而宽幅 PAL 制则是 1∶1.422。这样才造成了同样的像素不同的画面形态。

像素宽高比一般随着画面宽高比自动调整。

图 1–12　宽幅画面中的一个像素形式

格式	像素长宽比
正方形像素	1.0
D1/DV NTSC	0.9
D1/DV NTSC宽屏	1.2
D1/DV PAL	1.07
D1/DV PAL宽屏	1.42

图 1–13　常见媒体格式的像素宽高比

1.10　D1 与 SIF、CIF 标准

D1 是一种专业数字视频格式标准，最早是录像机行业的标准，现在主要应用于数字电视和录像行业。D1 标准的产生在 CIF 和 SIF 标准之前，早于 20 世纪 80 年代就在索尼公司的 DVR（数字录像机）产品中被首次使用。1986 年，在电影电视工程师协会（SMPTE）工程师委员会的努力下，D1 被采纳为 SMPTE 标准，主要在 DVTR（数字磁带录像机）产品中使用，是视频录像行业中的第一种主流格式。

D1 采用非压缩数字复合视频，颜色编码采用 YCbCr 4：2：2 格式，音频采用 PCM 格式；音频和视频被同步存储在 19 mm（3/4"）的盒式录像带上，D1 录像带最大存储时间为 94 min。D1 的分辨率在 NTSC 制式下定义为 720×486（非正方形像素），在 PAL/SECAM 制式下为 720×576（非正方形像素）。

D1 只是一个统一标准，这个标准详细分为 5 种规格：

D1：480i 格式（525i）：720×480（水平 480 线，隔行扫描），和 NTSC 模拟电视清晰度相同，行频为 15.25kHz，相当于我们所说的 4CIF（720×576）。

D2：480P 格式（525p）：720×480（水平 480 线，逐行扫描），较 D1 隔行扫描要清晰不少，和逐行扫描 DVD 规格相同，行频为 31.5 kHz。

D3：1 080i 格式（1 125i）：1 920×1 080（水平 1080 线，隔行扫描），高清放松采用最多的一种分辨率，分辨率为 1 920×1 080i/60 Hz，行频为 33.75 kHz。

D4：720p 格式（750p）：1 280×720（水平 720 线，逐行扫描），虽然分辨率较 D3 要低，但是因为逐行扫描，更多人感觉相对于 1 080i（实际逐次 540 线）视觉效果更加清晰。不过个人感觉来说，在最大分辨率达到 1 920×1 080 的情况下，D3 要比 D4 感觉更加清晰，尤其是文字表现力上，分辨率为 1 280×720p/60 Hz，行频为 45 kHz。

D5：1 080p 格式（1125p）：1 920×1 080（水平 1 080 线，逐行扫描），目前民用高清视频的最高标准，分辨率为 1 920×1 080P/60 Hz，行频为 67.5 kHz。

CIF 格式是 H.261 视频编码标准（ITU-T H.261）中首次被定义的一种格式标准，后续 H.263 对 CIF 系列标准进一步进行了完善，其设计目的是为了便于与电视行业的 NTSC 和 PAL 两种视频制式标准对接，推动电信领域和电视领域之间的互联互通。

SIF 是电视行业的标准，动态图像专家组（MPEG）在 MPEG-1 标准中首次定义了 SIF（Source Input Format，源输入格式）标准，规定 SIF 是一种用于数字视频的存储和传输的视频格式，常用于 VCD（MPEG-1 视频编码）、DVD（MPEG-2 的视频编码）和某些视频会议系统中。

D1、CIF、SIF 这 3 种格式的主要区别如下：

（1）应用领域不同。

（2）制定的标准化组织不同。

（3）刷新频率（帧率）定义不同。

（4）在非正方形像素模式下分辨率不同。

1.11　视频时间码

一段视频片段的持续时间和它的开始帧和结束帧通常用时间单位和地址来计算，这些时间和地址被称为时间码（简称时码）。时码用来识别和记录视频数据流中的每一帧，从一段视频的起始帧到终止帧，每一帧都有一个唯一的时间码地址，这样在编辑的时候利用它可以准确地在素材上定位出某一帧的位置，方便安排编辑和实现视频与音频的同步。这种同步方式叫作帧同步。

国际上“动画和电视工程师协会”采用的时间码标准为 SMPTE，其格式为：

小时：分钟：秒：帧

图 1–14　时间码的实际形式

比如一个 PAL 制式的素材片段为 00:01:30:13，那么意味着它持续 1 分钟 30 秒零 13 帧。

电影、电视行业中使用的帧速率各不相同，但它们都有各自对应的 SMPTE 标准。比如 PAL 制式采用 25 fps，NTSC 制式采用 30 fps。

1.12　色彩模式与色彩深度

色彩模式即描述色彩的方式，自然界里任何一种色光都可以用红绿蓝三色混合而成。

计算机显示器和彩色电视机使用 RGB 模式显示颜色，每种颜色使用 R、G、B 3 个分量表示。RGB 模式在计算机领域使用非常广泛。而电视领域采用 YUV 模式，YUV（亦称 YCrCb）是欧洲电视系统所采用的一种颜色编码方法。

通俗说，显示器采用 RGB 色彩模式，电视机采用 YUV 色彩模式。

YUV 主要用于优化彩色视频信号的传输，使其向后兼容老式黑白电视机。与 RGB 视频信号传输相比，它最大的优点在于只需占用极少的频宽（RGB 要求 3 个独立的视频信号同时传输）。其中“Y”表示明亮度（Luminance 或 Luma），也就是灰阶值；而“U”和“V”表示的则是色度（Chrominance 或 Chroma），作用是描述影像色彩及饱和度，用于指定像素的颜色。“亮度”是透过 RGB 输入信号来建立的，方法是将 RGB 信号的特定部分叠加到一起。“色度”则定义了颜色的另外两个方面：色调与饱和度，分别用 Cr 和 CB 来表示。其中，Cr 反映了 GB 输入信号红色部分与 RGB 信号亮度值之间的差异。而 CB 反映的是 RGB 输入信号蓝色部分与 RGB 信号亮度值之间的差异。

采用 YUV 色彩空间的重要性是它的亮度信号 Y 和色度信号 U、V 是分离的。 如果只有 Y 信号分量而没有 U、V 分量，那么这样表示的图像就是黑白灰度图像。彩色电视采用 YUV

色彩模式正是为了用亮度信号 Y 解决彩色电视机与黑白电视机的兼容问题，使黑白电视机也能接收彩色电视信号。

我国彩色电视标准中规定亮度信号带宽为 6 MHz，色度信号的带宽为 1.3 MHz。

YUV 与 RGB 相互转换的公式如下（RGB 取值范围均为 0-255）：

$$Y=0.299R+0.587G+0.114B$$

$$U=-0.147R-0.289G+0.436B$$

$$V=0.615R-0.515G-0.100B$$

$$R=Y+1.14V$$

$$G=Y-0.39U-0.58V$$

$$B=Y+2.03U$$

色彩深度简单地说就是最多支持多少种颜色，一般是用“位”来描述的。

举个例子，如果一个图片支持 256 种颜色（如 GIF 格式），那么就需要 256 个不同的值来表示不同的颜色，也就是从 0 到 255。用二进制表示就是从 00000000 到 11111111，总共需要 8 位二进制数。所以颜色深度是 8。

如果是 BMP 格式，则最多可以支持红、绿、蓝各 256 种，不同的红绿蓝组合可以构成 256 的 3 次方种颜色，就需要 3 个 8 位的 2 进制数，总共 24 位。所以颜色深度是 24。

还有 PNG 格式，这种格式除了支持 24 位的颜色外，还支持 alpha 通道（就是控制透明度用的），总共是 32 位。

色彩深度越大，图片占的空间越大（见表 1-1）。

表 1-1　常见格式的色彩深度与色度采样

格式	色彩深度	色度采样
DV	8 bit	4∶1∶1　4∶2∶0
DVCPRO 50	8 bit	4∶2∶2
DVCPRO HD	8 bit	4∶2∶2
AVCHD	8 bit	4∶2∶0
HDV	8 bit	4∶2∶0
XDCAM EX	8 bit	4∶2∶0
HDCAM SR	10 bit	4∶2∶2　4∶4∶4
RedCode RAW	12 bit	Raw Bayer

表 1-1 中提到的一些视频格式，它们既是摄像机型号类型，又是一种视频格式，关于它们的含义通俗解释如下：

1. DV、DV25、DV50

DV 是一个标准，DV 不单是摄像机使用的录像带的一个类型，还是一种数字视频格式，是世界上 60 多家公司支持和认可的一个国际标准。DV25 的视频数据比率是 25 Mbps，其全部的数据比率约为 36 Mbps。专业 DV 的视频数据比率为 DV50，是 DV25 的两倍，为 50 Mbps。所有的家用 DV 摄像机，包括 Mini-DV 和 Digital8，都使用 DV25。

2. DVCPRO

DVCPRO 表示松下公司的一种数字摄录一体机，非常轻便，特别适合于新闻采访用。由于它采用 DV 格式 1/4 英寸盒带，兼容家用 DV 格式，因而被广泛使用。该机型推出时机较早，较早渗透入中国市场，多被中央及地方电视台用于新闻等节目采集。现有 DVCPRO25 和 DVCPRO50 两种类型。

DVCPRO 的另外一个含义是 1996 年松下公司在 DV 格式基础上推出的一种新的数字视频格式。

1998 年又在 DVCPRO 的基础上推出了 DVCPRO50。1999 年开始推出更高级的产品 DVCPRO100，又称 DVCPRO HD。

3. AVCHD

AVCHD 是索尼（Sony）公司与松下电器（Panasonic）联合发表的高画质光碟压缩技术标准，AVCHD 标准基于 MPEG-4 AVC/H.264 视频编码，支持 480i、720p、1 080i、1 080p 等格式，同时支持杜比数码 5.1 声道 AC-3 或线性 PCM 7.1 声道音频压缩。

它使用 8 cm 的 mini-DVD 光碟，单张可存储大约 20 min 的高清晰度视频内容，以后所使用的双层和双面光碟可存储 1 小时以上节目内容。

AVCHD 整合了于 2003 年出现的基于 Mini DV 磁带的 HDV，以及在 SD 卡上存储视频内容的新方法。AVCHD 在传统 DVD 格式和 H.264 压缩技术之间搭起一座桥梁，而且视频信号质量也具有实质性改善。

在一张 8 cm 的 DVD 刻录光盘上，AVCHD 能以平均 9 Mbps 的速率录制 20 min 左右的高清（1 080i，720p）内容，而一张双面光盘能存储 40 min 左右的视频内容。AVCHD 格式还能同时进行 AC-3 或线性 PCM 音频录制。

当以 4.5 Mbps 的速度录制标清视频时，一张 AVCHD 光盘能存储 40 min 的节目，时间比采用 MPEG-2 的 DVD 格式长一倍。AVCHD 定义的数据录制速率最大为 18 Mbps。

事实上，AVCHD 并不是利用传统 DVD 架构的唯一格式。索尼、松下、佳能和日立都推出了兼容 DVD 的摄像机，利用 8 cm DVD 光盘录制 MPEG-2 压缩的标清图像。

4. HDV

HDV 与 HD 是两个概念，HD 是高清的意思，HDV 是高清 DV 的意思，只能算是高清的一种。它是由佳能、夏普、索尼、JVC 四大厂商推出的一种使用在数码摄像机上的高清标准。采用这一标准的数码摄像机能以 720 线的逐行扫描方式或 1080 线隔行扫描方式进行拍摄。

在 HDV 标准下，MPEG-2 制式被用于 DV 磁带的记录方式，画面尺寸达到 720×576。

HDV 只有 3 种规格：1 920×1 080、1 440×1 080、1 280×720。

5. XDCAM

XDCAM 为 Sony 在 2003 年推出的无磁带式专业录像系统，2003 年 10 月开始发售 SD 系统商品，2006 年 4 月开始发售 HD 系统，这样 XDCAM 随即成为一种行业标准。

XDCAM EX，是 Sony 推出的新机型和新标准，它使用固态 SxS 记忆卡进行录像。

DVCAM 使用标准 DV 编码，XDCAM EX 使用 MPEG-2 编码。

第2章　视频编码与解码

2.1　视频编码与解码

视频编码描述的是这种类型的文件使用什么方式压缩而成，一个视频文件只能选择一种格式，每种格式中只能选择一种编码。在模拟信号的采集过程中，将模拟信号通过专门的设备转换成数字信号，最后以文件的形式保存在计算机中，在这个过程中，涉及两个方面的技术：一是采样，二是压缩。

所谓采样是指对原始信号进行采集的过程，是指从连续的模拟信号中间隔地一点点取出信号。采样主要考虑每秒采集多少幅画面，每幅画面采集多少个样本点。采样的密度叫采样率，采样率越高，采集的视频文件越大，画面质量越清晰，采样率低，视频画面越不清晰。

采样得来的视频信号，已经转换成为数字信号，但体积却十分庞大，要想保存、传输，对计算机的速度和存储容量都是一个考验。举例来说，如果不压缩，1 小时 PAL 制式的视频内容，约为：

$$720 \times 576 \times 3 \times 25 \times 60 \times 60 \approx 112\ \text{GB}$$

为了减小体积，就需要对数字信号按照一定的算法进行压缩，以尽可能少的比特数表示视频中所包含信息，这个过程就叫编码，也叫压缩。

从压缩角度讲，压缩分为有损压缩和无损压缩。有损压缩一般压缩比高，压缩后文件体积较小，但节目内容损失较多。无损压缩压缩比小，压缩前后文件体积变化不大，但原始内容保留较多，损失较小。现在常见的多数格式都是有损压缩。

从编码角度讲，同样的视频音频内容，可以采用不同的编码器，即编码算法，从而得到不同的文件格式。比如 avi、mov、mp4 等，稍后将会以表格形式详细列举。

播放器播放视频音频的过程，称为解码，是编码的逆向过程。由于播放器集成了很多种解码器，因此，遇上常见格式的视频音频一般都能播放。

2.2　常见编码器

最早出现的视频编码很简单，只有 AVI（Audio Video Interleave）一种，AVI 就是视频音频交错的意思，它只有一个轨道，视频音频交织在一起，体积庞大，视频音频还经常错位，有时候可能会发现声音远远早于画面出现。这种情况导致人们继续探索更好的编码方式。

1. Adobe Media Encoder

Adobe Media Encoder 就是 Adobe 媒体编码器，比如 Premiere 就采用它。画质较好，渲染速度慢一些。

2. Mainconcept

Mainconcept 公司出品的编码器，Sony Vegas 内置使用，速度和画质都表现不错。

3. Canopus HQ

最早是康能普视公司出品的高画质编码器，现归草谷公司所有，EDIUS 软件内置使用，渲染画质最佳。

4. QuikTime

苹果的 MOV 格式的编码器，渲染得到的 MOV 格式的视频，多年来一直作为高清晰度原始素材的首选格式。

5. Realmedia

Real player 系列采用的编码器，曾经一度在网上非常流行，但现在已经使用的很少了。

6. Windows media video

作为 Windows 内置的编码器。编码得到的 WMV 格式具有体积小、画面较清晰的优点，一直是教学视频格式的首选。

7. Xvid 高质量压缩编码器

这种编码器在 avi 格式下使用，能够得到高压缩比的高清晰度的视频。

8. Flash video 编码格式

近年来网络上流行的视频节目多数以其作为首选格式，具体是 flv、f4v 等格式。

9. TecSmith Screen Capture Codec

TecSmith 公司的编码器，用于压缩 Camtasia Recorder 中的视频文件，最大的优点是可以保证图像的质量。截取的屏幕经过多次压缩，还能保证高质量，与传统的压缩方式相比，优势十分明显。

10. Microsoft RLE

一种 8 位的编码方式，只能支持到 256 色。压缩动画或者是计算机合成的图像等具有大面积色块的素材可以使用它来编码，是一种无损压缩方案。

11. Microsoft Video 1

用于对模拟视频进行压缩，是一种有损压缩方案，最高仅达到 256 色，它的品质就可想而知，一般还是不要使用它来编码 AVI。

12. Microsoft H.261/H.263/H.264/H.265

用于视频会议的编码器，其中 H.261 适用于 ISDN、DDN 线路，H.263 适用于局域网，不过一般机器上这种编码器是用来播放的，不能用于编码。

13. Intel Indeo Video R3.2

是 Intel 公司的一种编码器，所有的 Windows 版本都能用 Indeo video 3.2 播放 AVI 编码。

它的压缩率比 Cinepak 大，但需要回放的计算机要比使用 Cinepak 的快。

14. Intel Indeo Video 4 和 5

是 Intel 公司编码器的升级版本，常见的有 4.5 和 5.10 两种，质量比 Cinepak 和 R3.2 要好，可以适应不同带宽的网络，但必须有相应的解码插件才能顺利地将下载作品进行播放。适合于装了 Intel 公司 MMX 以上 CPU 的机器，回放效果优秀。如果一定要用 AVI 的话，推荐使用 5.10，在效果几乎一样的情况下，它有更快的编码速度和更高的压缩比。

15. Intel IYUV Codec

同样是 Intel 公司编码器，使用该方法所得图像质量极好，因为此方式可将普通的 RGB 色彩模式变为更加紧凑的 YUV 色彩模式。如果想将 AVI 压缩成 MPEG-1 的话，用它得到的效果比较理想，只是它生成的文件太大了，一般用户难以接受。

16. Microsoft MPEG−4 Video codec

微软的 MP4 格式编码器，常见的有 1.0、2.0、3.0 三种版本，是基于 MPEG-4 技术的编码技术，其中 3.0 并不能用于 AVI 的编码，只能用于生成支持“视频流”技术的 ASF 文件。

17. DivX −MPEG−4 Low−Motion/Fast−Motion

实际与 Microsoft MPEG-4 Video code 是相当的，只是 Low-Motion 采用的固定码率，Fast-Motion 采用的是动态码率，后者压缩成的 AVI 几乎只是前者的一半大，但质量要差一些。Low-Motion 适用于转换 DVD 以保证较好的画质，Fast-Motion 用于转换 VCD 以体现 MPEG-4 短小精悍的优势。

18. DivX 3.11/4.12/5.0

其实就是 DivX，原来 DivX 是为了打破 Microsoft 的 ASF 规格而开发的，开发组摇身一变成了 Divxnetworks 公司，所以不断推出新的版本，最大的特点就是在编码程序中加入了 1-pass 和 2-pass 的设置，2-pass 相当于两次编码，以最大限度地在网络带宽与视觉效果中取得平衡。

2.3 常见视频音频格式

1. AVI 格式

它的英文全称为 Audio Video Interleaved，即音频视频交错格式。所谓“音频视频交错”，就是可以将视频和音频交织在一起进行同步播放。这种视频格式的优点是图像质量好，可以跨多个平台使用，但是其缺点是体积过于庞大，而且更加糟糕的是压缩标准不统一，因此经常会遇到高版本 Windows 媒体播放器播放不了采用早期编码编辑的 AVI 格式视频，而低版本 Windows 媒体播放器又播放不了采用最新编码编辑的 AVI 格式视频。

2. DV−AVI 格式

DV 的英文全称是 Digital Video Format，是由索尼、松下、JVC 等多家厂商联合提出的一种家用数字视频格式。非常流行的数码摄像机就是使用这种格式记录视频数据的。它可以通过电脑的 IEEE 1394 端口传输视频数据到电脑，也可以将电脑中编辑好的的视频数据回录到数码摄像机中。这种视频格式的文件扩展名一般也是.avi，所以我们习惯地叫它为 DV-AVI 格式。

3. MPEG 格式

它的英文全称为 Moving Picture Expert Group，即运动图像专家组格式，家里常看的 VCD、SVCD、DVD 就是这种格式。MPEG 文件格式是运动图像压缩算法的国际标准，它采用了有损压缩方法从而减少运动图像中的冗余信息。MPEG 的压缩方法说得更加深入一点就是保留相邻两幅画面绝大多数相同的部分，而把后续图像中和前面图像有冗余的部分去除，从而达到压缩目的。MPEG 格式有 3 个压缩标准，分别是 MPEG-1、MPEG-2、和 MPEG-4，另外，MPEG-7 与 MPEG-21 仍处在研发阶段。

MPEG-1：制定于 1992 年，它是针对 1.5Mbps 以下数据传输率的数字存储媒体运动图像及其伴音编码而设计的国际标准，也就是我们通常所见到的 VCD 制作格式。这种视频格式的文件扩展名包括.mpg、.mlv、.mpe、.mpeg 及 VCD 光盘中的.dat 文件等。

MPEG-2：制定于 1994 年，设计目标为高级工业标准的图像质量以及更高的传输率。这种格式主要应用在 DVD/SVCD 的制作（压缩）方面，同时在一些 HDTV（高清晰电视广播）和一些高要求视频编辑、处理上面也有相当多的应用。这种视频格式的文件扩展名包括.mpg、.mpe、.mpeg、.m2v 及 DVD 光盘上的.vob 文件等。

MPEG-4：制定于 1998 年，MPEG-4 是为了播放流式媒体的高质量视频而专门设计的，它可利用很窄的带度，通过帧重建技术，压缩和传输数据，以求使用最少的数据获得最佳的图像质量。MPEG-4 最有吸引力的地方在于它能够保存接近于 DVD 画质的小体积视频文件。这种视频格式的文件扩展名包括.asf、.mov 和 DivX、AVI 等。

4. DivX 格式

这是由 MPEG-4 衍生出的另一种视频编码（压缩）标准，也即我们通常所说的 DVDrip 格式，它采用了 MPEG4 的压缩算法同时又综合了 MPEG-4 与 MP3 各方面的技术，说白了就是使用 DivX 压缩技术对 DVD 盘片的视频图像进行高质量压缩，同时用 MP3 或 AC3 对音频进行压缩，然后再将视频与音频合成并加上相应的外挂字幕文件而形成的视频格式。其画质直逼 DVD 并且体积只有 DVD 的数分之一。

5. MOV 格式

美国 Apple 公司开发的一种视频格式，默认的播放器是苹果的 QuickTimePlayer。具有较高的压缩比率和较完美的视频清晰度等特点，但是其最大的特点还是跨平台性，即不仅能支持 MacOS，同样也能支持 Windows 系列。

6. ASF 格式

它的英文全称为 Advanced Streaming format，它是微软为了与 Real Player 竞争而推出的一种视频格式，用户可以直接使用 Windows 自带的 Windows Media Player 对其进行播放。由于它使用了 MPEG-4 的压缩算法，所以压缩率和图像的质量都很不错。

7. WMV 格式

它的英文全称为 Windows Media Video，也是微软推出的一种采用独立编码方式并且可以直接在网上实时观看视频节目的文件压缩格式，可以看作是 ASF 格式的升级版。现在多数作为教学视频格式而使用。

8. RM 格式

Networks 公司所制定的音频视频压缩规范称之为 Real Media，用户可以使用 RealPlayer 或 RealOne Player 对符合 RealMedia 技术规范的网络音频/视频资源进行实时播放，并且 RealMedia 还可以根据不同的网络传输速率制定出不同的压缩比率，从而实现在低速率的网络上进行影像数据实时传送和播放。这种格式的另一个特点是用户使用 RealPlayer 或 RealOne Player 播放器可以在不下载音频/视频内容的条件下实现在线播放。

9. RMVB 格式

这是一种由 RM 视频格式升级延伸出的新视频格式，它的先进之处在于 RMVB 视频格式打破了原先 RM 格式那种平均压缩采样的方式，在保证平均压缩比的基础上合理利用比特率资源，就是说静止和动作场面少的画面场景采用较低的编码速率，这样可以留出更多的带宽空间，而这些带宽会在出现快速运动的画面场景时被利用。这样在保证了静止画面质量的前提下，大幅地提高了运动图像的画面质量，从而图像质量和文件大小之间就达到了微妙的平衡。

下面我们用一张表格总结各种常见视频音频格式（见表 2-1）。

表 2-1　常见媒体格式

媒体类型	文件格式
Windows 媒体	*.asf，*.avi，*.wm，*.wmp，*.wmv
Real 媒体	*.ram，*.rm，*.rmvb，*.rp，*.rpm，*.rt，*.smi，*.smil
MPEG1/2 媒体	*.dat，*.mlv，*.m2p，*.m2t，*.m2ts，*.m2v，*.mp2v，*.mpe，*.mpeg，*.mpg，*.mpv2，*.pss，*.pva，*.tp，*.tpr，*.ts
MPEG4 媒体	*.m4b，*.m4p，*.m4v，*.mpeg4
3GPP 媒体	*.3g2，*.3gp，*.3gp2，*.3gpp
Apple 媒体	*.mov，*.qt
Flash 媒体	*.f4v，*.flv，*.hlv，*.swf
DVD 媒体	*.ifo，*.vob
其他视频文件	*.amv，*.bik，*.csf，*.divx，*.evo，*.imv，*.mkv，*.mod，*.mts，*.ogm，*.pmp，*.scm，*.tod，*.vp6，*.webm，*.xlmv
其他音频文件	*.aac，*.ac3，*.amp，*.ape，*.cda，*.dts，*.flac，*.mla，*.m2a，*.m4a，*.mid，*.midi，*.mka，*.mp2，*.mp3，*.mpa，*.ogg，*.ra，*.tak，*.tta，*.wav，*.wma，*.wv

表 2-2 是一些常见的视频格式的采样情况和关键指标。

表 2–2 常见视频格式的采样情况和关键指标

视频格式	扫描	画面像素	采样	压缩	最大码流/Mbps	存储方式
HDCAM SR（1 080 p）	逐行	1 920×1 080	4∶4∶4	1 帧	240	磁带 硬盘
DVCRPO HD（1 080 p）	逐行	1 920×1 080	4∶2∶2	1 帧	200	磁带 存储卡
XDCAM HD（1 080 p）	逐行	1 920×1 080	4∶2∶0	LGOP（MPEG-2）	35	光盘 存储卡
HDV（1 080 p）	逐行	1 920×1 080	4∶2∶0	LGOP（MPEG-2）	25	磁带
HDV（1 080 i）	隔行	1 920×1 080	4∶2∶0	LGOP（MPEG-2）	25	磁带 硬盘
HDV（720 p）	逐行	1 280×720	4∶2∶0	LGOP（MPEG-2）	25	磁带
AVCHD（1 080 i）	隔行	1 440×1 080	4∶2∶0	LGOP（MPEG-2）	140	磁带 光盘
Digital Betacam	隔行	720×576	4∶2∶2	1 帧	50	磁带
DVCPRO 50	隔行	720×576	4∶2∶2	1 帧	50	磁带
DVCPRO 25	隔行	720×576	4∶1∶1	1 帧	25	磁带
DV（PAL）	隔行	720×576	4∶1∶0	1 帧	25	磁带
DVCAM（PAL）	隔行	720×576	4∶1∶0	1 帧	25	磁带
DV（NTSC）	隔行	720×480	4∶1∶1	1 帧	25	磁带
DVCAM（NTSC）	隔行	720×480	4∶1∶1	1 帧	25	磁带

2.4 码率（比特率）

所谓码率，也叫比特率，是指每秒时间内的数据流量，单位是 bps。码率越高，对画面的描述就越精细，画质的损失就越小，所得到的画面就越接近于原始画面。但同时也需要更大的存储空间来存放这些数据，也就是说，码率越高，碟片上可装载的节目时间就越短。

基本上网络电视都是 300 Kbps 也就是需要大概 38 K/s 的传输带宽，所以码率只是一个描述网络电视每秒数据流量的一个指标。如果码率高，则需要更高的网络带宽支持，带宽不够的话，则可能造成画面延迟或丢失。

码率分固定码率 CBR 和可变码率 VBR 两种。固定码率 CBR 恒定为一个固定值，一段视频或者一首 MP3 歌曲，从头至尾始终为一个固定值，比如以 128 Kbps 进行压缩。这样做的好处是能够得到高质量的节目内容，缺点是文件体积会很大，不利于网络传输。

可变码率 VBR 的做法是：遇到视频或者音频中复杂的部分，就使用高比特率进行编码，遇到简单部分则使用低比特率进行编码。通过这种动态调整编码速率的方式，进一步得到画质音质和文件体积之间的平衡。它的主要优点是可以以很小的体积得到更高的质量。

另外，经常还会见到以下两个概念：码流和传输速率。

码流（Data Rate）是指视频文件在单位时间内使用的数据流量，是视频编码中画面质量控制中最重要的部分。同样分辨率下，视频文件的码流越大，压缩比就越小，画面质量就越好。一般情况下，DVD 格式的码流为 6 ~ 8 M；VCD 的码流约为 1.5 M。

传输速率是指单位时间内在信道上传输的信息量（比特数），它的大小会影响到视频的品质。

2.5 与视频格式相关的一些概念

关于常见视频格式的相关概念问题，我们来看下面一组表格。

表 2–3 常见媒体格式规范标准之一

格式	帧尺寸	帧纵横比	像素比	帧速度/fps	场顺序
NTSC	640×480	4∶3	1	29.97	上场优先
NTSC-DV	720×480	3∶2	0.9	29.97	下场优先
D-1 NTSC	720×486	4∶3	0.9	29.97	下场优先
PAL	768×576	4∶3	1	25	上场优先
PAL-DV	720×576	5∶4	1.067	25	上场优先
D-1 PAL	720×576	4∶3	1.067	25	上场优先
HDTV 720/30P	1 280×720	16∶9	1	30	上场优先
HDTV 1 080/24P	1 920×1 080	16∶9	1	30	上场优先
Motion picture 2K	2 048×1 536	8∶3	2	24	无场序
Cineol Full	3 656×2 664	457∶333	2	24	无场序
Cineol Half	1 828×1 332	8∶3	2	24	无场序

表 2–4 常见媒体格式规范标准之二

媒体	视频（SDTV）				多媒体	
	NTSC	PAL	SECAM	电影	CD-ROM	WEB VIDEO
帧/秒 fps	29.97 Drop Frame 或 30 Non-Drop Frame	25	25	25	10～30 根据需求而定	5～15 根据需求而定
分辨率	DV 720×480 D1 720×487	720×576	720×576	（2K） 2 048×1 537	320×240	160×120 或 320×240，根据需求而定
使用国家或地区	中国台湾，美国，日本，中美洲等	中国大陆，中国香港，英国，西欧，中东，非洲等	东欧，俄罗斯，非洲部分国家等	全球适用	全球适用	全球适用

表 2–5 常见媒体格式规范标准之三

制式	视觉比例	水平分辨率	垂直分辨率	fps	传输速率
NTSC	4∶3	330	525（可见 480）	30 i	不适用
PAL	4∶3	330	625（可见 576）	25 i	不适用
SECAM	4∶3	330	625（可见 576）	25 i	不适用
SDTV	4∶3	640	480	24 p	3 Mbps
				30 p	3 Mbps
				30 i	3 Mbps
				60 p	7 Mbps

续表

制式	视觉比例	水平分辨率	垂直分辨率	fps	传输速率
SDTV	4∶3	720	486	24 p	3 Mbps
				30 p	4 Mbps
				30 i	4 Mbps
				60 p	7 Mbps
SDTV	16∶9	720	483	24 p	3 Mbps
				30 p	4 Mbps
				30 i	4 Mbps
				60 p	8 Mbps
HDTV	16∶9	1 280	720	24 p	8 Mbps
				30 p	10 Mbps
				60 p	18 Mbps
HDTV	16∶9	1 920	1 080	24 p	18 Mbps
				30 p	18 Mbps
				30 i	18 Mbps

表 2-6　常见媒体格式规范标准之四

格式类型	媒体	分辨率
多媒体	宽带网络	320×240
	窄带网络	160×120
视频	模拟信号源	640×480
	NTSC DV	720×480（1∶0.9）
	NTSC DV 宽银幕	720×480（1∶1.2）
	NTSC D1	720×486
	NTSC D1 方形	720×540
	PAL DV/D1	720×576
	PAL DV/D1 方形	768×576
	PAL DV/D1 宽银幕	720×576
高画质影片	HDTV	1 280×720
	HDTV	1 920×1 080
	D4	1 440×1 024
	D16	2 880×2 048
	Film（2k）	2 048×1 536
	Cineon Half	1 825×1 332
	Cineon Full	3 656×2 664

第3章　非线性编辑

3.1　线性编辑

将现有素材从原录像带上依照次序拷贝至完成带的剪接方式，这种方式需要完全依照完成带所呈现的顺序进行剪接，因而被称为“线性剪辑（Linear Editing）”。

线性编辑，是使用一个一对一或者二对一的台式编辑机对母带上的素材进行剪接，并完成出、入点的设置及全部的转场工作。

传统线性编辑设备由A/B卷编辑机、特技机、调音台和监视器组成。

图3-1　早期线性编辑机

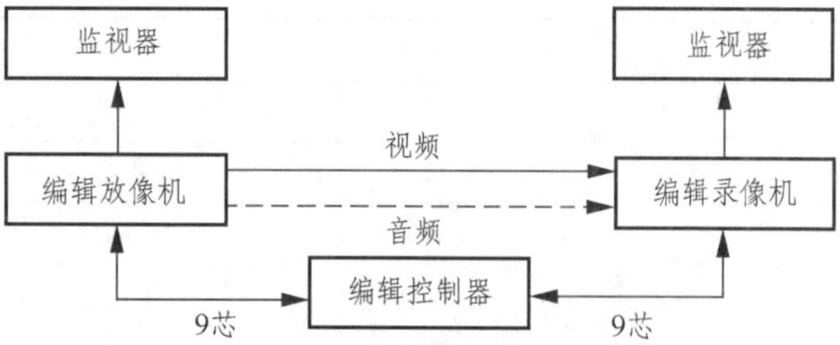

图3-2　线性编辑系统示意图

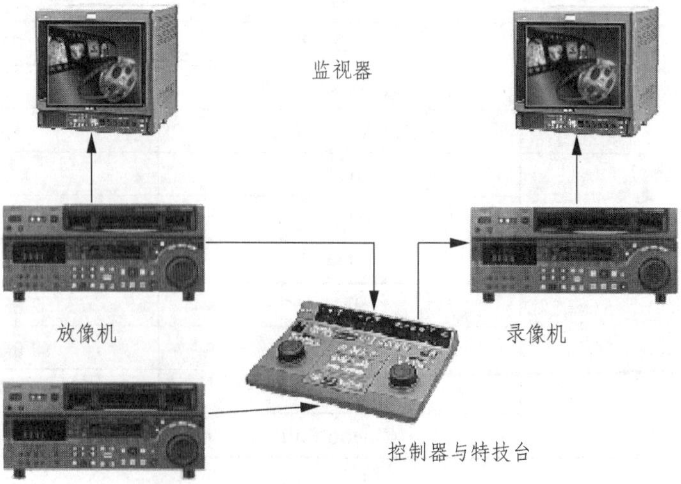

图3-3　线性编辑系统组成实物示意图

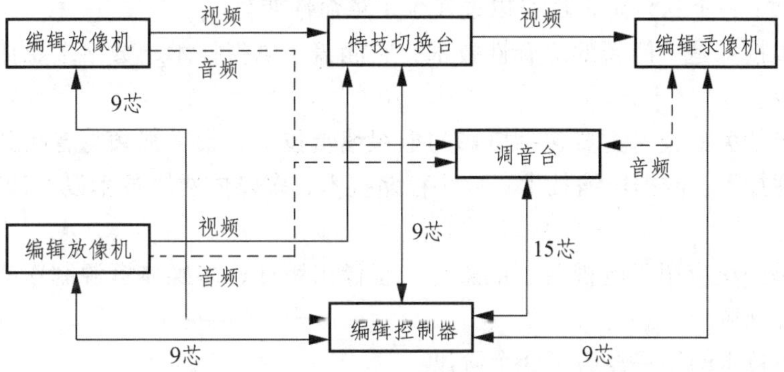

图 3–4　较为复杂的线性编辑系统示意图

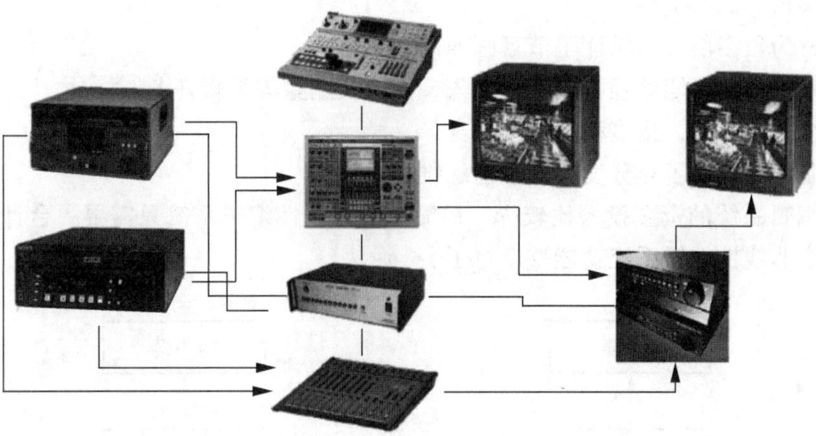

图 3–5　较复杂的线性编辑系统组成实物示意图

线性编辑系统的局限性：

（1）素材不能做到随机获取。

（2）线性的编辑难以对半成品完成随意地播放或者删除等操作。

（3）模拟信号经过多次复制，信号严重衰减，声画质量降低。

（4）所需设备较多，安装调试较为复杂。

（5）较为生硬的人机界面限制制作人员创造性地发挥。

3.2　非线性编辑

非线性编辑是相对于线性编辑的一种工作方式，在非线性编辑方式下，剪辑师不必从头到尾顺序地工作，而是随时可以将样片从中间剪开，插入一个镜头，或者剪掉一些画面，都不会影响整个影片。尤其是计算机技术的引入，数字化视频技术与计算机多媒体技术相结合，使视频剪辑迈上了一个新台阶，也可以说发生了革命性变化。

非线性编辑技术是一门新的综合性技术，它涵盖了电视技术、数字多媒体技术和计算机技术的主要领域。

非线性编辑的关键技术主要包括电影与电视编辑技术、数字视频与音频处理技术、数字图形与图像处理技术、数据压缩技术、数字存储技术、多媒体网络技术以及计算机硬件技术，等等。

非线性编辑广泛应用于电视台、电影厂、音像出版社、多媒体资源制作、网络流媒体制作等计算机传媒领域。

非线性编辑技术的发展经历了 3 个阶段：

（1）基于胶片和磁带的机械式非线性编辑阶段。

（2）基于盒式磁带的电子式非线性编辑阶段。

（3）基于硬盘的数字式非线性编辑阶段。

非线性编辑方式的优势：

（1）素材为数字信号，保证了节目画面的高质量。

（2）非线性的编辑能够轻松地完成插入、修改及删除等编辑任务。

（3）系统集成度高，集多种功能于一身。

（4）为制作者提供了充分发挥创造性思维的空间。

非线性编辑系统的资金投入比较少，最简单的非线性编辑系统只需要一台计算机，一块视频卡和一个非线性编辑系统就能够运行了。

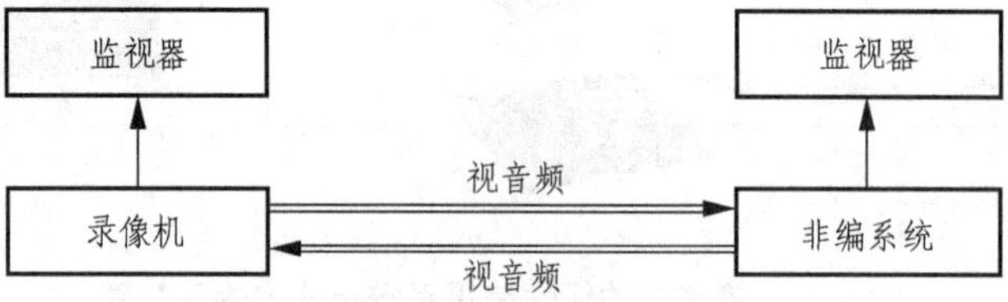

图 3-6　最简单的非编系统示意图

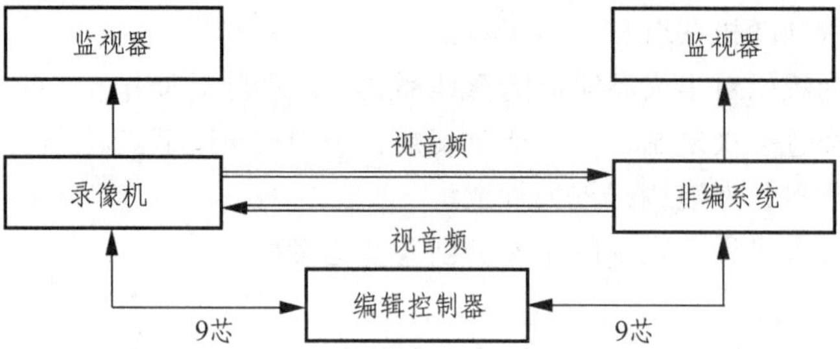

图 3-7　较为复杂的非编系统示意图

非线性编辑的缺点：

（1）需要强大的硬件、专业视频卡进行实时编辑，价格昂贵。

（2）依靠专业视频卡实现实时编辑，目前大多数电视台都采用这种系统。

（3）非实时编辑，影视合成需要通过软件渲染生成，所花时间较长，实时性不强。

图 3–8 非编系统实物组成

3.3 非线性编辑系统的构成

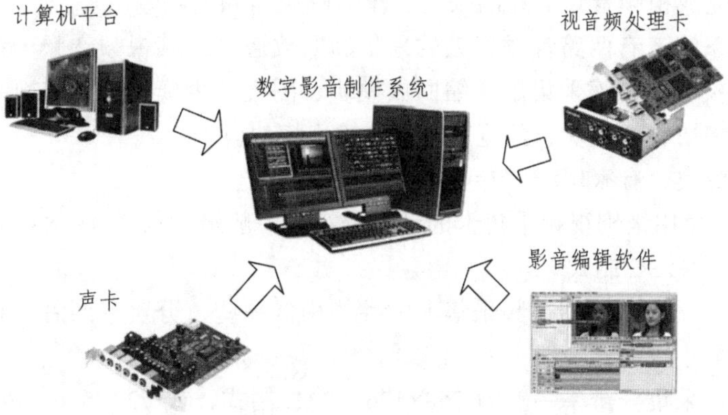

图 3–9 非编系统的组成

3.3.1 硬件系统

（1）计算机：性能越高越好。

（2）视频卡：包括 1394 卡、视频采集卡、视频加速卡等。视频采集卡的作用是用来采集和输出模拟视频信号，承担 A/D 和 D/A 的实时转换。

（3）声卡：为了保证声音质量，要求高质量的声卡。

（4）硬盘：高速，大容量的硬盘支撑。

（5）外围设备：比如 SDI 数字接口、视频监视器等。

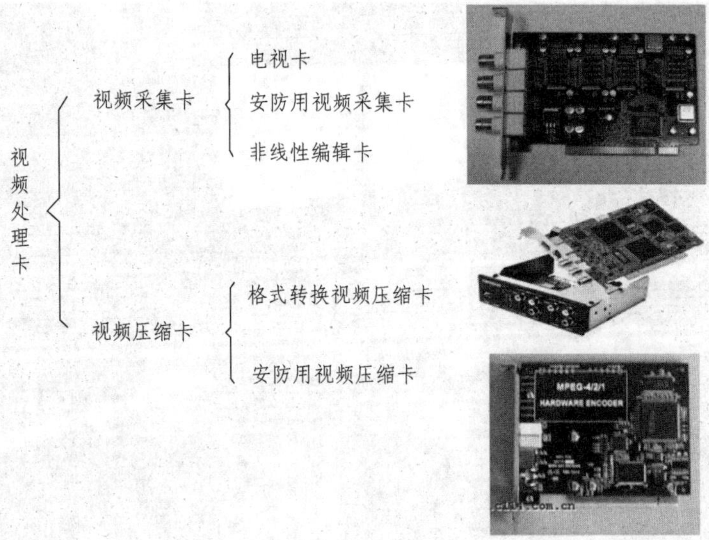

图 3-10　视频处理卡

3.3.2　视频采集卡分类

按通道分，有单通道和双通道两种。

（1）单通道系统：只有一个压缩/解压缩通道，通常在硬件上无数字特技、数字混合和字幕叠加功能，它完成视频音频信息的采集、压缩解压缩和编码输出。

（2）双通道系统：有两路视频音频的采集和回放通道，其视频音频子系统硬件包括：外部视频音频输入模块、压缩采集解压缩回放模块、图文产生模块、二维数字特技模块，三维数字特技模块、多层叠加模块、预览输出及主输出模块。

按应用级别分类，有家用级、专业级和广播级 3 类。

（1）家用级：家用级别视频采集卡的动态分辨率一般最大为 384×288，PAL 制式，25 fps，320×240，30 fps，NTSC 制式。

（2）专业级：比广播级别视频采集卡的性能稍低一些，分辨率两者是相同的，但压缩比稍微大一些，其最小压缩比一般在 6：1 以内。

（3）广播级：采集分辨率一般为 768×576，PAL 制式，或 720×576，PAL 制式，25 fps，或者 640×480，720×480，NTSC 制式，30 fps，最小压缩比一般在 4：1 以内，特点是采集的图像分辨率高，视频信号信噪比高，缺点是视频文件庞大，每分钟数据量至少为 200 MB。

1394 卡的全称是 IEEE1394 Interface Card，Sony 等视频设备厂商称它为 iLink，而创造了这一接口技术的 Apple 称之为 Firewire（火线）。IEEE1394 是一种外部串行总线标准，支持 400 Mbps 的高速传输。

视频采集卡的主要作用：

（1）视频信号的采集和压缩。

（2）数字视频特技的实时制作。

（3）图文字幕的叠加。

（4）视频信号的显示与输出。

3.3.3　非编卡、采集卡、视频压缩卡及 1394 卡的区别

非编卡的功能较全，包括音频视频采集和 1394 传输，提供特定的编辑软件，可实时编辑生成音频视频文件，压缩成 VCD 或 DVD 时间快，价格较高。

采集卡是以采集或传输音频视频文件为主，编辑生成音频视频文件和压缩成 VCD 或 DVD，因靠软件来支持，相对而言时间要长些，同时对电脑的配置要求较高。

视频压缩卡主要根据其用途把数字视频格式（一般为 AVI 格式）实时压缩转换成相应的视频格式，比如 DVD 压缩卡是把 AVI 压缩成 MPEG 格式，流媒体压缩卡，可以把视频格式实时压缩转换成 wm、asf、rm、rmvb 等流格式。

1394 卡也可以理解为视频文件的一种传输方式，功能是传输音频视频文件，把 DV 中的数字视频传输至计算机中保存为数字视频文件，一般为 AVI 数字视频文件。

3.3.4　音频处理卡

音频处理卡，可称声卡，是实现音频信号/数字信号相互转换的硬件电路，把来自话筒、磁带、光盘的原始声音信号加以转换，输入到计算机中，并能够将声音数据输出到耳机、扬声器、扩音机、录音机等音响设备，或通过音乐设备数字接口（MIDI）使乐器发出美妙的声音。

音频卡的主要功能：

（1）数字音频的播放。

（2）录制生成 WAVE 文件。

（3）MIDI 录制制作和音乐合成。

（4）多路音源的混合和处理。

3.3.5　摄像机

1. 家用摄像机

家用摄像机主要应用在图像质量要求不高的非专业场合，比如家庭、娱乐等方面，其水平分辨率在 250 ~ 450 线，信噪比约 50db，采用 DV 磁带、DVD 盘以及硬盘作为存储介质，这类摄像机体积小质量轻，操作简单，便于携带，有一定的隐蔽性，价格一般在数千元至万元左右。

市场上一度普及使用的有 Sony V8、Hi8、D8 三种机型，它们几乎成了家用摄像机的代名词，曾经非常流行。之所以叫 V8 和 D8，因为它们都使用 8mm 的录像带。

2 专业摄像机

专业摄像机指的是摄像机中摄录放一体机，又被称为 DVCAM。DVCAM 格式是由 Sony 公司在 1996 年开发的一种视频音频存储介质，其性能和 DV 几乎一模一样，不同的是两者磁迹的宽度和记录速度，DV 的磁迹宽度为 10 μm，而 DVCAM 的磁迹宽度为 15 μm，DV 带是 60 ~ 276 min 的影音，而 DVCAM 带可以记录 34 ~ 184 min。

专业级摄像机的水平分辨率一般在 500 线以上，价格一般在数万至十几万元之间。

3. 广播级摄像机

广播级摄像机一般用于电视台和节目制作中心，其质量要求较高，如清晰度 700 ~ 800 线，信噪比 60db 以上，从镜头到摄像器件、电路等都是优等的，当然其价格也相当惊人，一般在十几万到几十万元之间，如 BVP-70P、DV-700P 等。

3.3.6 存储卡

摄像机的存储形式主要有硬盘、DVD 光盘和 DV 磁带和 SD 卡。在这几种形式中，磁带记录最好，技术最成熟，清晰度损失最小。不过，要是普通家用的话，没有视频卡，采集比较麻烦，所以可以考虑用微硬盘或者光盘做载体。使用 DVD 光盘的话，激光头的寿命也就一两年，坏是早晚的事情，因此不太划算。

DV 带通过 1394 卡采集到电脑，DVD 不必说了，硬盘都是兼容读卡器的，直接读就可以。

3.3.7 软件系统

非线性编辑软件系统一般由专门的非线性编辑软件和二维动画软件、三维动画软件、图像处理软件和音频处理软件等外围软件构成。

非线性编辑的流程：

任何非线性编辑的工作流程，都可以简单地看成输入（采集）、编辑、输出 3 个步骤。

1. 素材采集

在输入（采集）阶段，如果素材的来源是模拟信号，存在于录像带上，那么只能通过采集卡的转换和读入，转换成数字信号后以文件的形式保存下来，然后才能在非编软件里面进行更进一步编辑。如果素材的来源已经是数码文件，那么只需在非编软件里面读入就可以了，不需要视频卡的转换。

2. 素材编辑阶段

素材编辑阶段是非线性编辑的主要过程，大量的工作在这一阶段完成。素材编辑就是设置素材的入点与出点，以选择最合适的部分，然后按时间顺序组接不同素材的过程。

3. 特技处理

对于视频素材，特技处理包括转场、特效、合成叠加。对于音频素材，特技处理包括转场、特效。令人震撼的画面效果，就是在这一过程中产生的。而非线性编辑软件功能的强弱，往往也是体现在这方面。

4. 字幕制作

字幕是节目中非常重要的部分，它包括文字和图形两个方面，很多非编软件都在这方面有很强的功能，并且还有大量的模板可供选择。

5. 渲染输出

节目编辑完成以后，就可以输出到录像带上，当然这种形式已经越来越少。也可以生成视频文件，发布到网络，或者刻录成 VCD 和 DVD。

3.3.8　非编软件的分类

（1）家用级，也称 DV 级，如会声会影、威力导演、品尼高（Pinnacle studio）、Movie Maker、Sony Vegas、Adobe Premiere、EDIUS 等。适合家庭或个人爱好者使用，操作简单，模板数量多，不需要专门的硬件支持。

（2）广播级，也可称为专业级，多为省市电视台一级使用，如大洋、索贝、新奥特、宽泰、极速、Sony Vegas、Adobe Premiere、Edius、苹果的 FinalCut 等，功能强大，特效多，多数需要专用硬件系统配合工作。

（3）电影级，如 Avid MC 等，功能强大，常用来编辑电影电视节目。比如电影《2012》就是使用 AVID 剪辑的。

3.3.9　常用非编软件

1. 会声会影

中国台湾友立资讯出品，现被加拿大 corel 公司收购。

会声会影的优点有：

（1）会声会影简单易用，傻瓜式操作，一看就懂，即使文化程度不高的人也能很快上手。它的易用性使人们将注意力完全放在节目制作上，而不必关心复杂的实现过程。因此在农村婚庆市场使用的人很多。

（2）它渲染的节目，画面锐度相对高一些，色彩相对亮丽一些，所以看起来要清晰一些。在 VCD、DVD 标清时代，凭借这一点，它比同类产品要受欢迎。

图 3-11　会声会影 X7 编辑界面

（3）它支持 VCD、DVD 刻录，在不脱离会声会影环境的情况下，就能将制作完成的节目内容刻录在光盘上，这对电脑知识有限的人来说是个福音。拍摄、制作、刻碟，几乎一时间成了农村婚庆制作者的标准工作流程。

（4）会声会影提供了很多模板，这些模板非常精美。用户套用模板，使用起来会更加简单，而且看起来效果不俗。

但是作为一款非编软件，它的缺点也非常明显：它的轨道编辑功能简单，特效制作能力也很有限。当然，这些在新版本中都得到了一定程度的加强。

适用范围：家庭使用，或者农村婚庆市场和影楼相册制作使用。

2. Sony Vegas

日本 Sony 公司出品，业界赞称“顶半个 AE”，特效多，编辑灵活。

它集特效制作和视频音频编辑两者优点于一身。在特效制作方面，它略输于 AE，在同类软件中能力非常强悍。同时它的特效制作能力比较实用，都是视频编辑工作过程中比较常用的一些特效，因为这一点而特别受小成本节目制作人员的欢迎。在音频编辑方面，它远超同类软件，因为它本身就是靠音频编辑起家的。在视频编辑方面，它非常灵活，借助自身在音频处理方面的优势，在编辑方面有很多非常受欢迎的功能。比如它的轨道没有任何限制，非常有利于编辑和合成。再比如它可以随意搓动鼠标滚轮而缩放轨道比例，便于放大轨道观察音乐波峰来确定剪切点。还有许多优点，使它在广大视频编辑爱好者心目中占有非常重要的地位。

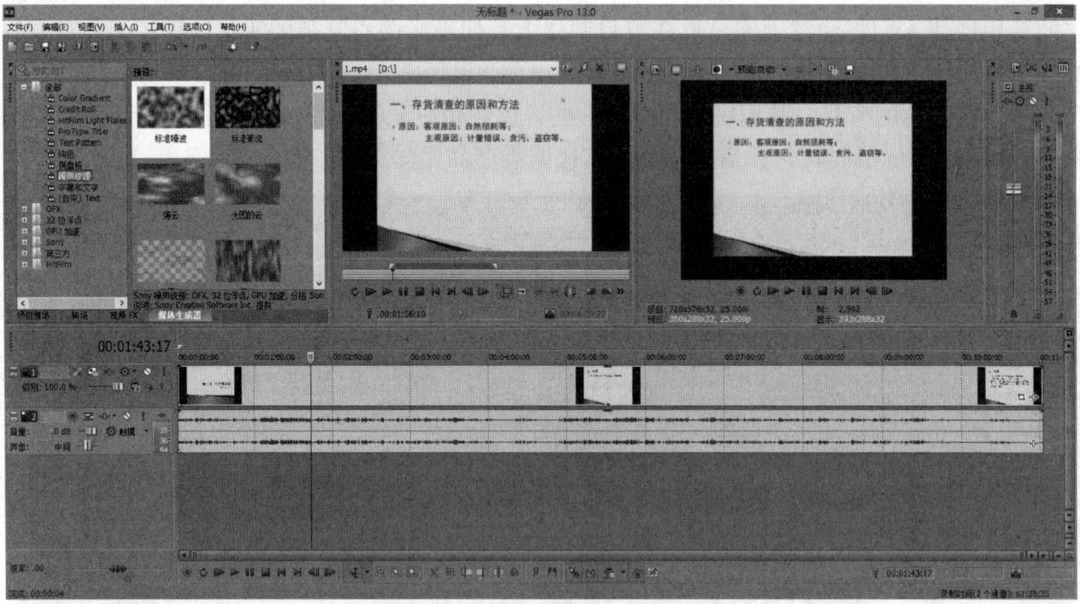

图 3–12　Sony Vegas 主界面

3. Premiere

Adobe 公司的老牌编辑软件，能够和 AfterEffects、Photoshop、Illustrator 等软件很好地衔接，以提高工作效率。同时能够充分利用这些软件各自的优势从而弥补自身不足。在实际工作流程中，AE+PR 是最佳工作方案，使用 PR 进行剪辑，利用 AE 制作特效，成为最有力的组合。

图 3–13　Adobe Promiere

4. Edius

法国 Thomson 集团旗下的 Grass Valley（草谷）公司出品，原来属于 Canopus（康能普视）公司。

这款非编软件的优势非常明显。从界面上讲，它继承 AVID 的风格，专为剪辑而生，工作效率非常高。从操作方式讲，它简单易用，只比会声会影难了一点点，但却从根本上摆脱了会声会影那样傻瓜式的操作方式，显得专业而高效。它输出的节目是同类软件中最清晰的，比会声会影还要清晰，这与它顶级的编码器有关。因为这一点，在农村婚庆市场上非常受欢迎，在文化程度稍高一些的人群中大有替代会声会影的趋势。它有专门的硬卡配合工作，因此剪辑效率也较高。另外，EDIUS 的多机位编辑也是非常优秀的，远超同类软件。

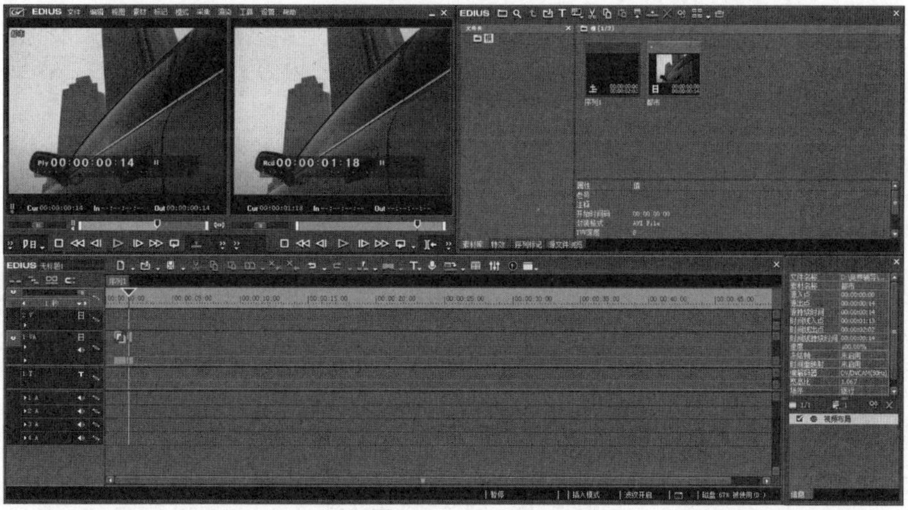

图 3–14　EDIUS 7 主界面

5. Avid MC

视频编辑界的高端软件，功能强悍，跟踪功能尤其强，使用稳定，国外电视台普遍使用，国内部分电视台也在使用。它还是同类非编软件中最昂贵的。

图 3–15　AVID MC 编辑系统

6. 大洋、索贝、新奥特、极速

省市电视台使用比较多，有硬件板卡支持，使用简便。由于需要硬件支撑，价位昂贵，一般在一二十万元左右，因而在家庭应用方面使用的人群比较少。

7. Final cut

苹果系统下专用的视频编辑软件，功能不逊于 AVID MC。好多省市级电视台使用。

图 3–16　Final cut 主界面

第 4 章　影视剪辑理论基础

4.1　拍摄景别

景别，通常是指被拍摄主体在画面中所呈现的范围，或者说是表达画面内容所采取的一种视觉结构。

景别有远景、全景、中景、近景、特写、大特写。

1. 远　景

人物占 1/2 以下，如图 4-1 所示。远景强调空间感、意境、气氛，以景为主，以景抒情，以景表意。远景多数是相对静止的画面。

需要注意：构图，点、线、面的配置，光影，色彩等要素。

远景镜头一般持续 10 s 以上。

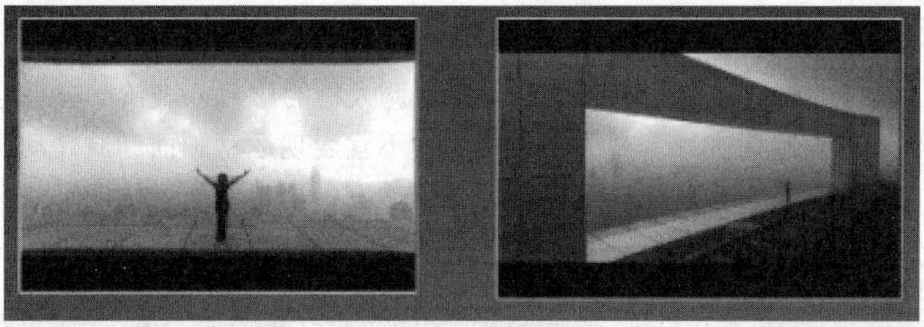

图 4–1　远景

2. 全　景

人物占画面的 3/4 甚至全部。全景强调人物与景物的关系，以人为主，以景为辅。多数时候展现运动的画面，包括内部运动和外部运动。

需要注意：留够足够的空间，否则会显得太挤；还要注意构图关系，动作要衔接统一，光效与色调也要注意保持统一。

全景镜头一般持续 8 s 以上。

图 4–2　全景

3. 中　景

人物呈现大半身，大腿以上或者腰部以上，如图 4-3 所示。中景强调人物的行为细节，以及人与人的关系。中景属于过渡景别，应用非常广泛，但倾向性小，表现性弱。

使用中景时应该注意：从光线、色彩、影调、虚实（景深）等方面突出主体，双人或者多人时画面的前后景关系与角度变化。

中景镜头一般持续 5 s 以上。

图 4–3　中景

4. 近　景

近景表现人物上半身，胸部以上部分。近景强调人物的语言、表情、神态等。在近景下，环境淡化、虚化，以人脸为主，多数为单人画面，不宜表现运动画面和肢体动作。

远取其势，近取其质，通过光线、影调等表现质感，这时要注意构图形式。

近景镜头一般持续 3 s 以上。

图 4–4　近景

5. 特　写

特写表现人物肩部以上（第一第二颗纽扣之间往上）或者某个局部。特写强调表情、神态、细节。特写的抒情性、写意性较强，视觉效果强烈，时空属性淡化，在电影中要谨慎大量使用，这时忌晃动。

使用特写镜头，一定要注意焦点，同时也要注意与其他景别的组接。

特写镜头一般持续 1 s 以上。

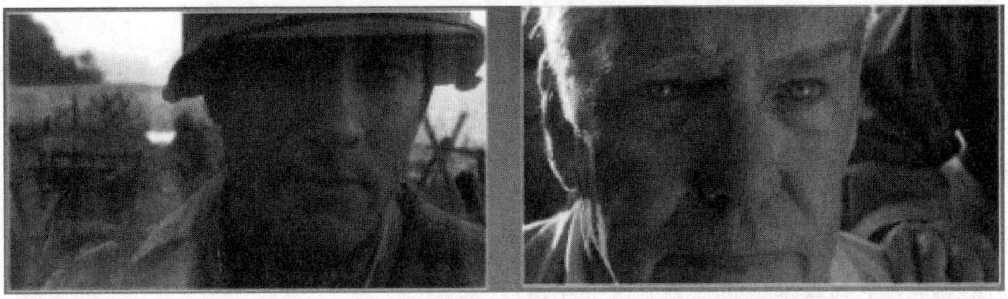

图 4-5　特写

景别的作用：

（1）全景系列景别的大量使用，会使影片更趋向于写意风格，全片风格会向艺术性、写意性发展。

（2）近景系列景别的比例增大，影片的纪实与叙事性则会增强，全片风格会向纪实性叙事性发展。

（3）全景系列景别，画面视觉节奏较慢，如果这一类画面排列使用较多，则会造成视觉上的缓慢变化。

（4）近景系列景别，画面视觉节奏较快，这一类画面，会产生一种快速视觉更迭，形成较快的节奏效果。

（5）景别能够展现场景空间，交代人物关系，体现场面调度关系。从小概念上讲，场景等于环境，从大概念上讲，场景等于空间。

4.2　拍摄角度

拍摄角度指摄像时的取景角度，从 Y 轴角度看，主要有平拍、俯拍、仰拍、鸟瞰、全仰拍、倾斜角度。从 X 轴角度看，主要有正面、正侧面、侧面、后侧面、背面几种。

4.2.1　第一类拍摄角度

1. 平　拍

镜头与被摄对象在同一水平线上进行拍摄，画面显得平实、亲切，这是一种最为常用的视角。平拍的不足之处在于把同一水平线上的前后物体相对地压缩在一起，缺乏空间透视效果，不便于层次感的表现。

2. 俯　拍

镜头高于被拍摄对象向下拍摄，如同登高望远一样，由近至远，由上至下，有利于表现地平面上的景物层次、数量，给人以辽阔、深远的感受。俯拍适宜表现盛大、开阔的场面。

俯拍人物时适宜于展示人物与环境的整体气氛，不适宜于表现人物的神情以及人与人之间交流，同时画面会显得阴郁、压抑。俯拍还带有一种贬低的意味，应谨慎使用。

3. 仰　拍

镜头低于被摄对象向上拍摄，仰拍有利于突出被摄对象的高大气势，能够向上伸展的景物在画面上充分展现，画面显得开阔、崇高，通常用于表现敬仰的情绪。仰摄人物，容易显示出高昂向上的形象，但在广角状态下近距离仰摄人物容易变形。

4. 鸟　瞰

画面表现出全局效果，也展现出平面化的效果。

5. 倾　斜

画面呈现不规则形，给人以不稳定感，平常很少用，除非特殊需要。

4.2.2 第二类拍摄角度

1. 正面拍摄

（1）画面有利于表现人物的正面特征。

（2）人物的横向线条表现在画面上，容易显示出庄重、肃穆的气氛以及物体对称的结构。这时要注意横向线条应与框架上下边平线平行，垂直线与边框左右边线平行。

（3）画面显得平稳、庄重、严肃。

（4）当用近景或中景拍摄时，人物的眼神可得到良好的表现；便于与观众交流，加强观众的参与感。

（5）在近景拍摄时，空间透视感较差，缺少立体感，而且人物的立体感得不到很好的表现，显得有些呆板。

图 4-6　正面拍摄

2. 侧面拍摄

有助于突出人物的侧面轮廓，特别是面部轮廓。当人或者物体横向运动时其运动、方向感更强，对比突出。此外，在拍摄人物之间的感情交流时可以显示双方的举动和神情，能多方兼顾，平等对待。

图 4–7　侧面

3. 斜侧面拍摄

拍摄机位在被拍摄对象的前、后 45°角左右方向。

（1）人物身上的横线条，在画面上表现为斜线条，画面活泼。

（2）拍摄人物交谈时，能够很好地表现交谈双方的位置关系和主次关系。

（3）有利于安排主体和陪衬的关系，便于进行场面调度和取景。

（4）能使人或物体产生明显的形体透视变化，能够扩大画面容量，有利于表现景物的立体感和空间感。

在新闻采访中，经常运用斜侧面拍摄角度。

图 4–8　斜侧面

4. 背面拍摄

拍摄机位在被摄对象的背面，摄像机的光轴方向与被摄对象的方向相同。

（1）画面所表现的视线方向与被摄对象的视线方向一致，被摄人物所见的就是观众所见的，这时观众的视线跟随被摄对象而运动。

（2）人物的内心世界主要通过动作姿态来表现。

（3）画面中的人物面部具有不确定性，可以用来制造一定的悬念。

（4）背面拍摄给人以神秘感，激起了人的好奇心。

图 4-9　背景

掌握好镜头的长度：

对镜头长度的简单要求分为 3 个层次：看清画面展示的内容——领会画面表达的意义——产生共鸣。

根据画面的构图来考虑，主要包括以下几点。

（1）景别因素：全景、远景时间长些，节奏慢些；近景特写停留时间短些，节奏快些。

（2）亮度因素：亮的部分为主的画面短些，暗的长些。

（3）动静因素：动的短些，静的长些。

另外，短镜头节奏快，长镜头节奏慢。推镜头节奏快，拉镜头节奏慢。快节奏的音乐音响节奏要快，慢节奏的音乐音响节奏要慢。被摄对象具有明显的动作性，则节奏要快，被摄对象不具有明显的动作性，则节奏要慢。

4.3　轴线规律与拍摄机位

轴线规律：在场面调度中，人物的行动方向或人物之间相互交流的位置关系构成一条无形的轴线，摄影机的角度只能在轴线一侧 180º 范围内变换，否则就是“越轴”，会造成画面上动作方向的混乱或人物之间位置关系的混乱。

双人镜头拍摄，一般有 9 个常用机位，如图 4-10 所示。

如图 4-10 示，图中 A 与 B 之间形成一条假想虚线，这条线既是 A 与 B 的交流视线，又是人物之间的关系线。这条线被称为轴线。

轴线上方：称这一空间为背景空间、表现空间、现实空间。因为这个空间在 9 个镜头的任何一个镜头中都会拍摄到。

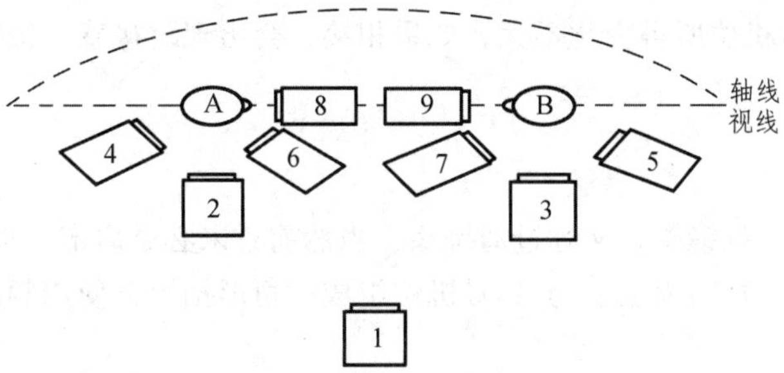

图 4-10　常见拍摄机位

轴线下方：这一空间称为调度空间、想象空间、暗示空间。因为这个空间要用来设定若干镜头并进行调度。这个空间如果镜头不会过来拍，永远不会具体化和画面化，是暗示的、想象的空间。

下面将对图中的 9 个镜头做一具体分析。

1. 1 号镜头

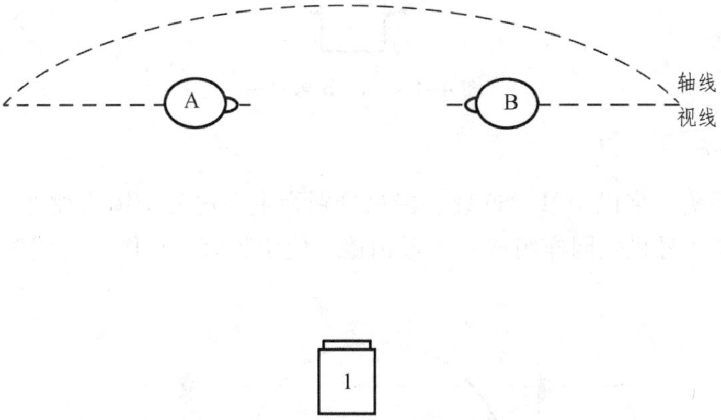

图 4-11　1 号镜头

1 号镜头处在 9 个镜头所构成的三角形的顶端上，是关系镜头，是一个场景中的主机位。这类镜头所拍画面多为全景系列，人物是双人画面，视线对立。

1 号机位决定了画面人物位置、背景关系、光线、镜头调度，是拍摄的依据。

2. 2、3 号镜头

这类镜头多为单人中景、近景，在视线轴上与 1 号镜头相同，背景关系、人物视线、拍摄方向上基本接近。从画面上只能通过透视关系、画面虚实来判断是否在 1 号机位拍摄所得。

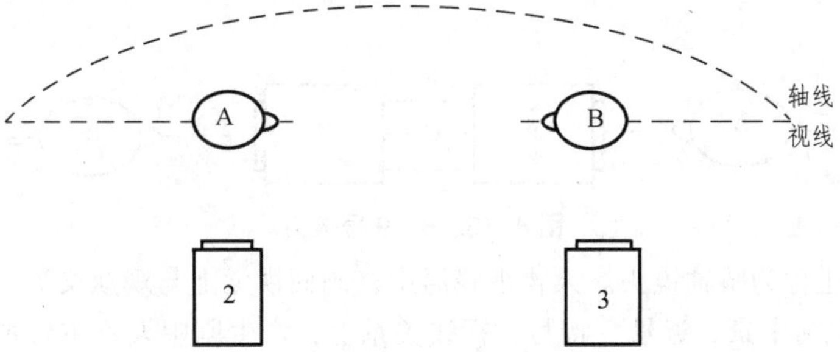

图 4-12　2、3 号镜头

这类镜头与 1 号机位所得变化不大，如果相接，会出现跳接感，极少采用。只是画面效果不理想时采用。

3. 4、5 号镜头

这组镜头称为外反打镜头，又称过肩镜头，当然前景未必是肩部。也称为局部关系镜头。景别以中景、中近景、特写为主。与 1 号机位组成三角形拍摄，使用频率很高，人物最具有交流效果。

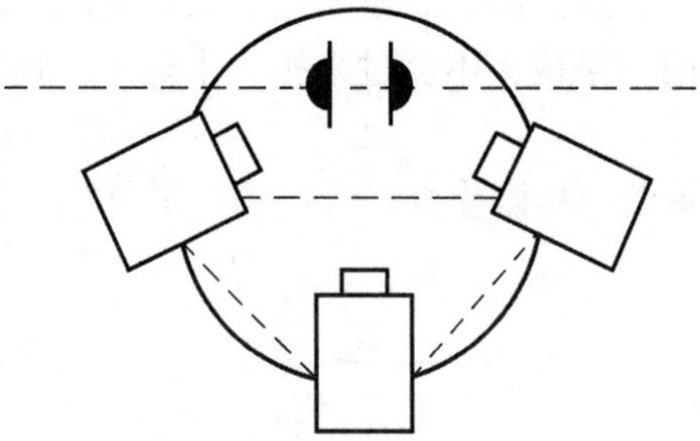

图 4–13　4、5 号镜头

4. 6、7 号镜头

也称正反打镜头，多以中景、近景、特写景别为主。这两个镜头放在一起，视线互逆，形成交流关系。与 1 号机位同样组成三角形拍摄，使用频繁，构图、光线等要求较高。

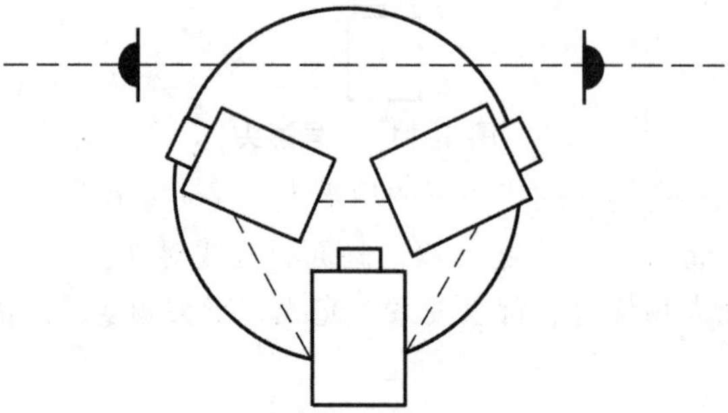

图 4–14　6、7 号镜头

5. 8、9 号镜头

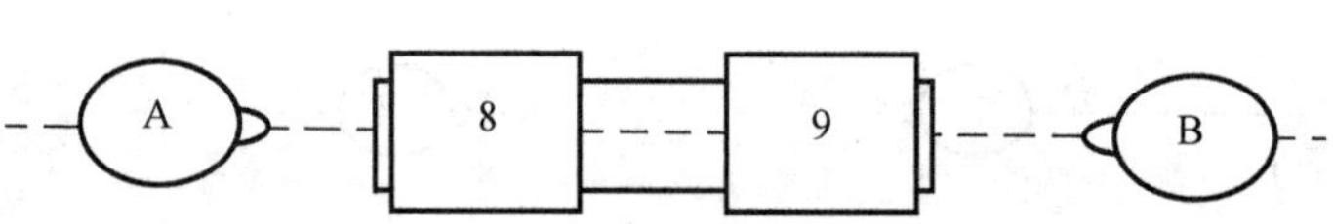

图 4–15　8、9 号镜头

8、9 号镜头也称为骑轴镜头。人物视线居中，画面视觉上与观众交流，拍摄中与摄像机交流。景别一般也为中景、近景、特写。视线关系上，产生剧中人物主管视点的镜头效果，极其具有交流感与参与感。

4.4　固定镜头与运动镜头

4.4.1　固定镜头

在摄像机机位不动、镜头光轴不变、焦距固定的情况下，拍摄的镜头，称为“固定镜头”。固定镜头虽然是静态的拍摄方式，但它又不等同于摄影照片，因为画面中的人物和光线是运动和变化的。

1. 固定镜头的特点

（1）固定镜头有利于表现远景、全景等大景别的静态画面，以烘托故事发生的地点和环境。

（2）固定镜头能真实地记录被摄物体的运动速度和节奏变化。

（3）固定镜头的视点是固定的，框架是静止的，因此固定镜头的画面构成给观众一种深沉、肃穆、安静、压抑的心理感受，它与运动镜头带来的跳跃感产生了强大的心理反差。但是固定镜头如果运用得恰当能给影片带来浓重的文化认同感和历史的积淀感。

2. 固定镜头的局限

（1）固定镜头的取景区受画面框架的限制，从而视点单一。

（2）固定镜头受固定画面框架的制约，很难表现运动的主体。

（3）造型元素单调，画面构图可发挥的自由空间不大，例如战争和武打的场面。

（4）固定镜头属静态的造型画面，影片中不宜运用过多，否则会给观众造成呆板和破碎的感觉。

3. 固定镜头停留的时间标准

根据生理学原理，全景、中景、近景、特写不同的景别，看清楚镜头的时间分别为 7 ~ 8 s、4 ~ 5 s、2.5 ~ 3 s、1 ~ 1.5 s。因此，在剪接时应依据景别来确定镜头的长度。

在具体过程中，画面内的不同因素也会影响观众读取镜头画面内容的时间和速度。例如，在相同的景别中，画面构图的复杂程度、光线的明暗、动作的快慢等造型因素，以及人物关系的复杂程度、声源的多少、对内容的关注程度等内容因素在很大程度上会影响观众读取镜头画面内容的时间和速度。因此，在编辑镜头时，应综合各种因素来决定镜头停留的时间长短。

4.4.2　运动镜头

运动镜头是指通过移动摄像机机位，改变镜头光轴，变化镜头焦距进行拍摄的方法。运动镜头是相对于固定镜头而言。

运动镜头包括：推镜头、拉镜头、摇镜头、移镜头、跟镜头、升降镜头、甩镜头和综合运动镜头等。

镜头的运动形式也称为镜头语言，推、拉、摇、移、跟、甩、晃，就是镜头语言常用的形式。

1. 推镜头

推镜头是指摄像机镜头逐渐向画面推近，场景变小，被摄对象变大，观众所看到的画面由远及近，由全景看到局部。一个推镜头可以表现环境与人物、整体与局部之间的变化关系，增强画面的逼真性和可信性，使观众有身临其境的感觉。

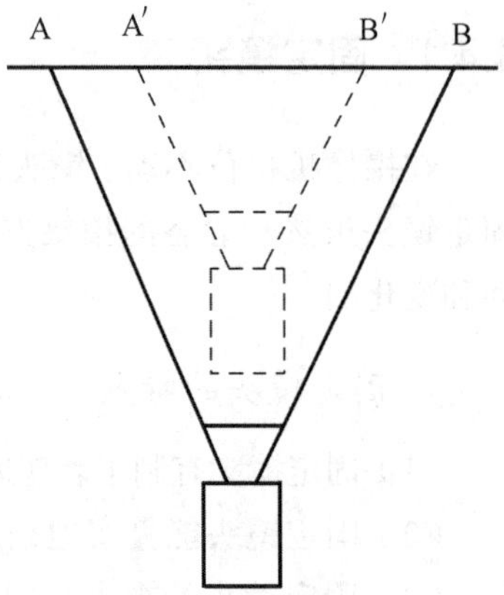

图 4–16　推镜头

推镜头的画面特征主要表现为：

（1）强烈的视觉前移感。

（2）明确的拍摄对象目标。

（3）画面主体由小变大，场景由大变小。

镜头的推进速度传达着不同的艺术效果。急推作为一种强调，意在强化环境空间中的被摄主体。慢推则可以表现对人物内心世界的融合与渗透。

推镜头的作用：

（1）推镜头能够突出被摄主体的细节，强调重点形象和重要情节。

（2）推镜头通过一个镜头中景别不断地发生变化，能够营造出前进式蒙太奇的艺术效果。

（3）推镜头能够强化或弱化被摄运动主体的动感。

（4）镜头推进速度的快慢直接影响到画面的节奏，对观众形成不同的情绪引导和心理暗示。

运用推镜头应注意的事项：

（1）推镜头使景别由大到小，是对观众视觉空间的改变，也是对观众视觉心理的引导。

（2）推镜头在起幅、推进、落幅 3 个部分中，落幅画面是造型表现的重点，因而表现主体必须明确。

（3）由于推镜头的起幅和落幅的结构是静态的，因而画面构图要考究。

（4）推镜头在推进的过程中，构图上应始终保持拍摄主体在画面的中心位置.

（5）推镜头的推进速度要与画面内的情绪和节奏相一致。

2. 拉镜头

拉镜头是摄像机逐渐远离被摄主体，或变动镜头焦距使画面框架由近至远，与主体拉开距离的拍摄方法。用这种方法拍摄的渐行渐远的视觉画面称为拉镜头。

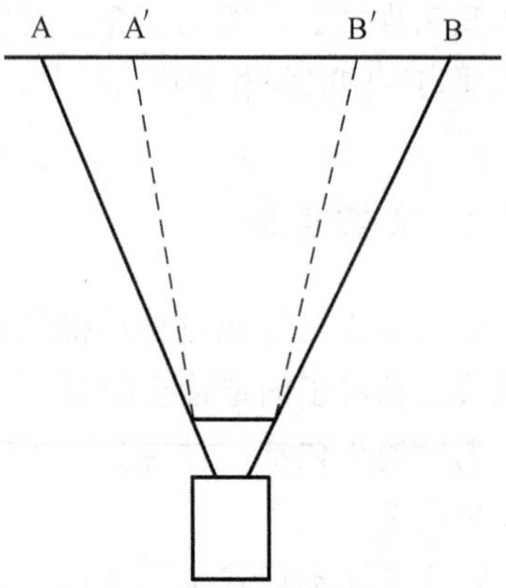

图 4–17　拉镜头

拉镜头将背景空间拉向远方，视点远离被摄主体，使观众产生距离感的心理反应。由于拉镜头展示的是由局部到整体的空间关系，因此可以作为转场的过渡镜头。

拉摄镜头的画面特征：

（1）产生强烈的视觉后移效果。

（2）被摄主体由大变小，周围环境由小变大。

（3）拉镜头的效果和推镜头正好相反。

（4）拉镜头和变焦拉的效果也是不同的。

拉镜头的表现力：

（1）拉镜头有利于表现主体和环境之间的关系。

（2）拉镜头的画面呈纵向空间变化，是从小的局部逐渐拉到大的全景。

（3）拉镜头是一个镜头中景别的连续变化，能够保持画面空间的完整和连贯。

（4）拉镜头的拍摄镜头运动的方向与推镜头正相反，推镜头要以落幅为重点，拉镜头应以起幅为重点。

（5）拉镜头常常作为结束性的镜头或转场镜头。

3. 摇镜头

摇镜头是指摄像机机位固定，通过镜头左右或上下转动角度拍摄物体，并引导观众的视线从画面的一端扫向另一端。摇镜头的移动速度通常是：两头略慢，中间略快，犹如人们转动头部环顾四周或将视线由一点移向另一点的视觉效果。

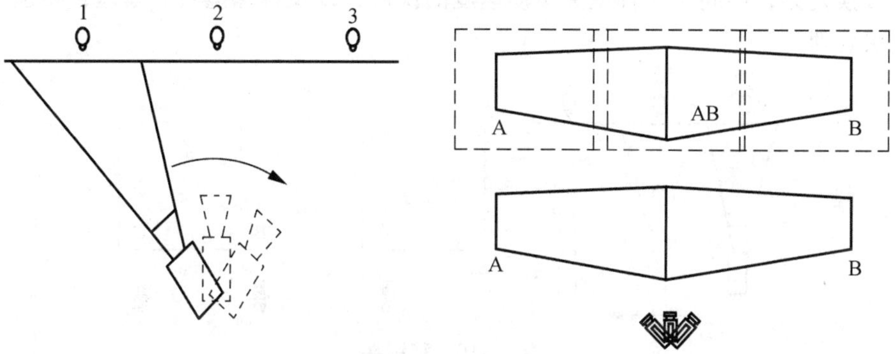

图 4–18　摇镜头

摇镜头的画面特点表现为：

（1）摇镜头画面是带有透视关系的视觉画面。

（2）一个完整的摇镜头包括起幅、摇动、落幅 3 个相互关联的运动过程。

摇镜头大致分为“横摇”、“直摇”和“闪摇镜头”3 种形式。

横摇，是摄像机以中心点为纵轴，如转头般左右摇拍，屏幕效果显示为景框以水平方向在空间移动。

直摇，以摄像机中心点为横轴，如点头般上下摇拍。

闪摇镜头又称“甩镜头”，指摄像机在落幅时，从一个场景快速甩出，切入第三个镜头。前后两个镜头是分别拍摄的，一般作为快速转换场景的技巧使用，或作为人物视线的快速移动轨迹。

摇镜头的表现力：

（1）展示透视空间，扩大观众视野，有利于小景别画面包含更多的视觉信息。

（2）同一场景中，摇镜头能够交代多个主体的内在联系，并有利于表现被摄主体的动态和运动轨迹。

（3）在表达 3 个以上的多个主体时，镜头摇过时或作减速，或作停顿，以构成一种间歇摇。

（4）摇镜头从一个稳定的起幅画面开始，随后用极快的摇速使画面中的影像全部虚化便形成了独具表现力的甩镜头。

（5）摇镜头能够摇出意外之像，制造悬念，适合表现主观性镜头。例如利用非水平的倾斜摇、旋转摇表现一种特定的情绪和气氛。

（6）摇镜头也是画面转场的惯用手法之一。

摇镜头的拍摄要求：

（1）摇镜头必须有明确的目的性和方向性。

（2）摇摄速度的流畅度会引起观众视觉感受上的强烈变化。

（3）摇镜头要讲求整个摇动过程的完整与和谐。

4. 移镜头

在传统的电影拍摄中，移摄是指将摄像机架在活动物体上随之运动而进行的拍摄。用移动摄像的方法拍摄的电视画面称为移动镜头，简称移镜头。

而动画电影中，移镜头是指镜头的机位不变，通过上下左右地移动背景来实现的。此类镜头移动转换复杂，中间包含着镜头移动速度的快慢，以及特殊镜头的处理，要根据剧情对景物作分层处理。

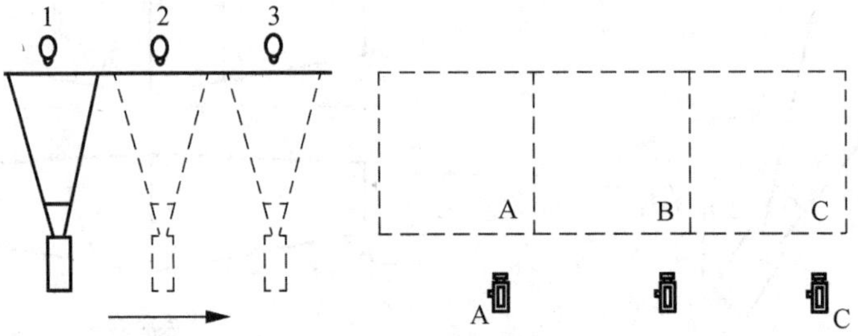

图 4–19 移镜头

移动镜头的画面特征：

（1）开拓了画面的造型空间，创造出独特的视觉艺术效果。

（2）有利于表现大场面、大纵深、多景物、多层次的复杂场景，使影片具有气势恢宏的造型效果。

（3）移动镜头的视点多样化，能够表达强烈的主观色彩。

移动镜头的表现力：

（1）画面框架始终处于运动之中，从而使画面主体的位置不断移动。

（2）视觉位移使观众有身临其境之感。

（3）移动镜头表现的画面空间是完整而连贯的，一个镜头中多景别的构图方式，具有独特的节奏感，产生蒙太奇的艺术效果。

（4）另外，在动画中来说，所有移动镜头的动画纸张，都比普通动画纸长两倍以上，才能体现移镜头的空间感。

5. 跟镜头

跟镜头，又称跟拍，指摄像机始终跟随运动的被摄主体一起运动而进行的拍摄。跟镜头易于表现复杂的建筑空间和环境空间的结构关系，表现处于动态的主观视线，造成观众身临其境的感觉。

跟镜头的特点表现为 3 个方面：

（1）画面中心始终跟随一个运动的被摄主体。

（2）被摄主体在画框中的位置相对稳定。

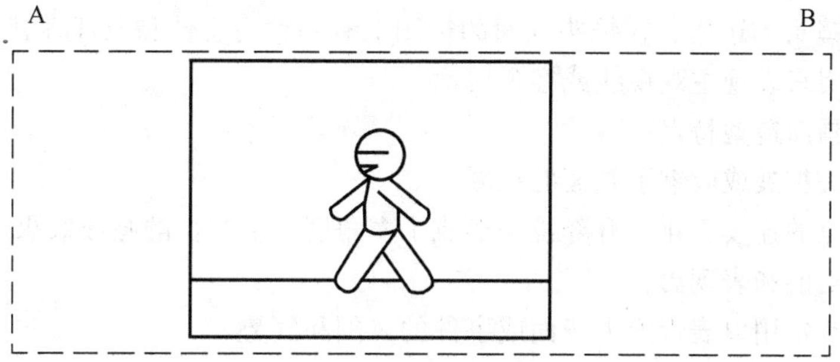

图 4-20　跟镜头

（3）跟镜头不同于摄像机位置向前运动的前移动镜头，也不同于摄像机位置向前推进的推镜头。

跟镜头的作用：

（1）跟镜头既能突出主体，又能交代主体运动方向、速度、体态及其与环境的关系。

（2）跟镜头的屏幕效果表现为运动的主体不变，静止的背景变化，这种屏幕效果有利于通过人物引出环境。

（3）由于观众与被摄主体视点的同一，跟镜头可以表现一种主观性镜头，例如从人物背后跟随拍摄的跟镜头。

（4）跟镜头对人物、事件、场面的跟随拍摄的记录方式，常用于纪实性节目和新闻的拍摄中。

跟镜头拍摄时应注意的问题：

（1）跟镜头拍摄的基本要求是跟上和追准被摄主体。

（2）跟镜头是通过机位运动完成的一种拍摄方式，其中焦点的变化、拍摄角度的变化、光线入射角的变化等一系列镜头运动起来所带来的拍摄问题，都是运用跟镜头拍摄应关注的。

6. 甩镜头

甩镜头指摇镜头的一种。在静止画面结束后，镜头急速转向另一个静止画面，起止两个画面是不同的场景；在这一“急速转向”过程中画面是非常模糊的，并且时间是十分短促的，我们把这一拍摄方式称为甩镜头。用甩镜头摄得的内容可以给观众以时空转换的效果。

甩拍时，速度要掌握好，不要使中间过渡画面有清晰呈现的可能。

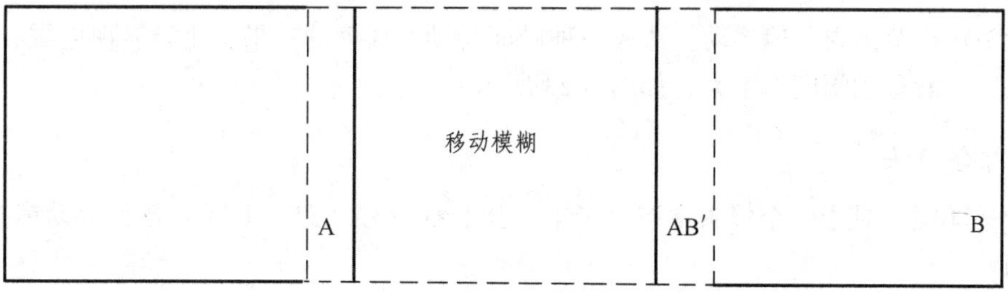

图 4-21　甩镜头

7. 升降镜头

摄像机借助升降装置一边升降一边拍摄的方式叫升降拍摄，用这种手法拍摄到的画面叫升降镜头。升降镜头的运用，在镜头画面的构图上有一种写意性和象征性，反映一种情绪和心态，有时也可用来表现主观视线或客观展示。

升降镜头的画面造型特点：

（1）升降镜头扩展或收缩了画面的视域。

（2）通过视点的连续变化，升降镜头形成了多角度、多方位的画面效果。

升降镜头的功能和表现力：

（1）升降镜头常用以表现宏大场面或事件的氛围和气势。

（2）升降镜头有利于表现纵深空间中的点面关系或高大物体的各个局部。

（3）升降镜头的升降运动可以表现剧中人物感情的跌宕起伏。

（4）利用升降镜头可以实现一个镜头内的内容转换与调度。

8. 切镜头

切镜头，指急速切换镜头，从而造成场景转换，形成一种独特的叙事方式，如图 4-22 所示。

图 4–22　切镜头

9. 晃动镜头

指镜头在小范围内急速摇动，造成一种画面晃动、摇动的效果，比如表现地震、车祸等。晃动镜头，一般移动幅度都不大，如图 4-23 所示。

10. 综合镜头

综合运动镜头是指一个镜头中综合了推、拉、摇、移、跟、升降等各种运动镜头拍摄而成的画面。

综合运动镜头的特点：

（1）综合运动镜头的画面复杂多变。

（2）综合运动镜头的运动轨迹是多方向、多方式运动合一后的结果。

综合运动镜头的表现力：

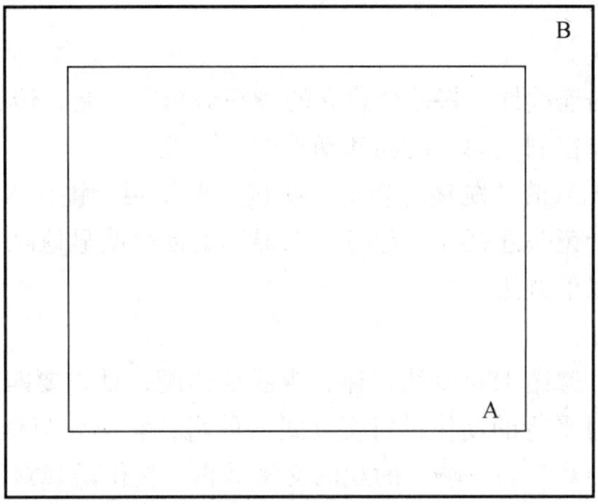

图 4–23　晃动镜头

（1）综合运动镜头能够在一个镜头中，记录和表现一个场景中相对完整的情节，有利于再现现实生活的流程。

（2）综合运动镜头的画面形式富有音乐般的动感，画面内涵富有表现含义的多元性。

（3）除特殊情绪对画面的特殊要求外，镜头的运动应力求保持平稳。

（4）镜头运动的每次转换应力求与人物动作和方向转换一致，与情节中心和情绪发展的转换相一致，形成画面外部的变化与画面内部的变化完美结合。

11. 空镜头

空镜头又称“景物镜头”，指影片中不出现人物描写、自然景物或场面的镜头。空镜头具有暗示、象征、说明、隐喻等功能，常用于介绍环境背景、推进故事情节、抒发人物情绪、交代时空关系和表达作者态度等诸多方面。空镜头在影片中的作用主要表现为：营造情景交融、渲染意境、借物喻景、烘托气氛，时空转换和调节影片节奏等艺术效果。

空镜头一般有“风景镜头”和“细节描写”两种。风景镜头通常用大远景、远景和全景表现，而细节描写则选择近景或特写的景别语言来表达。空镜头乃是电影导演有机地融合抒情手法和叙事手法，加强电影艺术表现力的重要途径。

4.5　剪　辑

1. 剪　辑

剪辑可视为一个镜头与下一个镜头之间的调度，将镜头事先组成场景。剪辑是后期制作的核心，剪辑师通过合理安排影像来操纵空间和时间，表现特定的含义。

剪辑是将多个素材首尾组接起来，使其成为一个连贯的影片，一般情况下同一个时间点只显示一个素材。合成则是将多个素材组成一个新的场景，通常在同一个时间点上会出现多个素材，处理得当的话，多个素材能给人一个完整场景的错觉。因此，合成就是有目的并巧妙地把多个画面合并成一个完整画面的过程。

2. 连续性剪辑

偏重叙事，再现现实。

（1）注意运动影像的连续性，将每个独立的镜头剪辑在一起，传达出现实中连贯的感觉。

（2）其基本目的是要控制空间、时间和动作的一致性。

（3）尽量避免无缘无故的“跳接（切）”。跳接一般指两个镜头内的主体相同，而景别及角度上差距不大，当两个镜头连接在一起时，在屏幕上便会明显地跳一下。

实现连续性主要有以下方法：

（1）镜头之间的匹配。

（2）空间的连续性：遵循180°轴线规律，视线要匹配，动作要匹配。

（3）交叉剪辑：是对平行的动作进行交互式的剪辑，它引导观众观看与之平行的剧情。交叉剪辑通过一个场景的戏与另一场景的戏的交叉剪辑，提供给观众因果、时空等多重信息。

（4）插入镜头：使观众的视域限制在较大场景中的较小部分，迫使观众以特写镜头或更显著的细节方式来观看某人或某物，避免观众看到超出画面的、在更大环境中可能发生的变化。

常用的插入镜头有特写镜头、主观视点镜头等。

为了实现连续性剪辑、交叉剪辑和插入镜头剪辑，在实际拍摄中多使用多机位同时拍摄，这样可以给作品提供足够的片长以供切出镜头、插入镜头，进行画外或画内的连续剪辑。

3. 蒙太奇剪辑

蒙太奇是一种省略的艺术，它可以将漫长的生活流程用短短的几个镜头表达出来，将要传达的意图提纲挈领地给予观众。一部影片所包含的内容可能很多，要表达的故事可能很复杂，如何取舍，如何抓住讲述的重点十分关键。不省略不取舍，把所有的镜头堆砌上去，影片就会像流水账一样，平淡无味。凝练不等同于将所有的东西都省略掉，草率地讲述，不顾观众是否理解。凝练是在将剧情压紧的同时，为情绪的表壳增加写意空间，有紧有松，造成节奏的变化，偏重表现，体现抽象主体。

蒙太奇剪辑通过影像和声音的组合来表达其含义，如对比、平行、积累、隐喻、象征等。蒙太奇剪辑是商业片、音乐电视、电影开场字幕等片段常用的一种方法。

常用的蒙太奇剪辑手法主要有：

（1）前进式蒙太奇：是指景物由远及近地从远景、全景向近景、特写过渡，用以表现由低沉到高昂的情绪和剧情的变化。

（2）后退式蒙太奇：是指景物由近到远地过渡，在镜头中表现为由细节扩展到全部，用以表现由高昂到低沉的情绪。

（3）环行蒙太奇：是前进式蒙太奇和后退式蒙太奇的结合使用，即全景—中景—近景—特写—近景—中景—远景，反之亦然。环行蒙太奇在影视片中被广泛运用，通常表现由低沉到高昂，再由高昂转向低沉的情绪。

4. 镜头之间的匹配

（1）两个镜头之间的图形关系。即一组镜头的图形构图基本一致，纯粹由明、暗、线条、图案、动静关系构成，与故事的时空无关。

（2）两个镜头之间的节奏关系。利用剪辑过程中选取的镜头长度制造节奏，将长度差不多的镜头剪辑在一起可形成稳定的节奏。剪辑越来越长的镜头会让步调变慢，越来越短的镜头则会加快节奏。

（3）两个镜头之间的空间关系。比如先以一个镜头建立起整个的空间关系，然后再接上一个部分空间的镜头，或者将各处空间的片段共同组成一个空间。

（4）两个镜头之间的时间关系。镜头叙事的顺序是可以控制的，还可用闪回、闪前等手法来控制时间甚至对同一动作进行重复。

5. 空间的连续性

（1）保证银幕方向的一致性：在上下两个画面中保持设定方向的一致性。

（2）注意“180°轴线”规律

轴线：指被拍摄对象的运动方向或两个被拍摄对象之间的连线所构成的直线。前者称为“运动轴”，后者称为“方向轴”。

跳轴：指摄像机跳到轴线另一侧去拍摄。

跳轴一般是不允许发生的。

（3）通过改变画面构图和景别以防止画面的不连续。

（4）主体人物的动作要连贯，运动方向要一致。

6. 动作连续性的处理（动作匹配）

（1）一个基本原则：动接动，静接静，动静相接要过渡。

动接动是指视觉上有明显动感的镜头与有同样明显运动的其他镜头相组接。

举例来说，上一个镜头是行进中的列车，下一个镜头是行驶中的汽车或者是从列车车窗向外拍摄的沿途风光。

再比如，两个固定镜头中前一个镜头中主体是静止的，而后一个镜头中主体是运动的，按照“动接动”的原则，可以把剪接点放在前一个镜头中主体由静转动的瞬间。

再比如，两个运动镜头之间的组接，应该通过一系列的摇、推、拉镜头等来实现。

静接静，是指视觉上没有明显动感的镜头与同样没有明显动感的其他镜头相组接。

举例来说，上一个镜头中某人听到背后有人叫他，便转身观望；下一个镜头如果没有太大的动感，则剪接点应该在他转身看的姿势稳定之后，再切到下一个镜头中。

再比如，固定镜头与运动镜头之间的组接，这时在运动镜头中应该留出足够的起幅和落幅画面。

（2）要注意：在动接动时，动的速度、程度和方向要相互协调。对于运动镜头，如果是表现静止景物的话，拍摄时最好在“起幅”和“落幅”处稍作停顿，以便使它和其他的“静止”镜头或者不同程度的“动”镜头（这种镜头在起幅处是“静”的）实现流畅地组接。动静衔接，关于在于剪接点的确定。

7. 剪接点

剪接点是指两个镜头之间的转换点，准确地掌握镜头的剪接点是保证镜头转换流畅的首要因素。

理论上有 5 大剪接点：① 叙事剪接点；② 动作剪接点；③ 情绪剪接点；④ 节奏剪接点；⑤ 声音剪接点。

前一个镜头结尾停止的片刻叫“落幅”，后一镜头运动前静止的片刻叫做“起幅”，起幅与落幅时间间隔大约为一两秒钟。

4.6 运动的表现

1. 动作的组接

动作的组接主要用到分解法、增减法和错觉法。

（1）分解法：上一个镜头去掉后一半，下一个镜头去掉前一半，合起来还原整个动作，剪接点选在动作变换瞬间的暂停处，上个镜头必须将瞬间的停顿全部保留，下个镜头从动作的第一帧用起。

（2）增减法：将大部分动作保留在景别大、主体小的镜头里，小部分动作留在景别小、主体大的镜头里，这种方法对回头、低头、抬头、转身、弯腰等动作最适宜。

（3）错觉法：利用人们视觉上对物体的暂留及残存的影像，采取上下镜头相似之处切换镜头，造成观众的错觉，误认为动作是连贯的。错觉法一般用在动作大的场面。

2. 动接动静接静

（1）固定镜头之间的组接：静接静。

上下镜头主体都不动，根据内容剪；

上下镜头主体都在动，根据主体动作衔接的连续性来剪；

上个镜头主体动，下个镜头主体不动，保留上个镜头的落幅；

上个镜头主体不动，下个镜头主体动，保留下个镜头的起幅。

（2）运动镜头的组接：动接动。

上下镜头主体都在动，先根据主体动作，再结合镜头运动的方向、速度、景别、光景、色彩来选择剪接点，要在动中剪。

如果上下镜头主体都不动，应该根据镜头运动的速度，在镜头运动中切入。

如果主体不动，应以镜头动作为主，主体动则在主体动作开始时切入。

（3）固定镜头与运动镜头的组接：先考虑主体的动作，再结合镜头的运动。另外，一个固定镜头要接一个摇镜头，摇镜头开始要有起幅；相反一个摇镜头接一个固定镜头，摇镜头要有“落幅”，否则画面会有一种跳动感。

4.7 时空的变换

4.7.1 不同时空

（1）同一时空内主体动作的剪接：主体不出画，不入画，动作接动作。但要掌握好主体动作的连贯性。

（2）相邻时空内主体动作的剪接：第一个镜头主体出画，最后一个镜头入画，中间不出画不入画。这种方法更强调空间因素，时间被抽象了，因此常用来表现主体在一个特定空间的连续运动。

（3）不同时空内主体动作的剪接：牵涉两个时空，有多种剪法，基本原则是动静相接要过渡。举例来说，下课铃响了，出教室门，进宿舍门。针对这样一个场景，有如下剪接方法：

拎起包，出画后剪；宿舍，入画前剪。

拎起包，出画后剪；宿舍，入画后剪。

拎起包，不出画；宿舍，一会儿入画。

拎起包，不出画；窗口拉开已在楼前了。

因为是在不同时空，所以一定要有一个缓冲，让观众心理上要有准备，有期待。

4.7.2 转　场

场景或者镜头之间没有转场效果，我们称之为“直切”、“硬切”，或者“无技巧转场”。在叙事剧情类短处中，叙事表意是重点，转场特效不宜太多太花哨，需要选取适当的合成特效，力图使影片风格鲜明，整体统一。

1. 转场的分类

有技巧的转场和无技巧的转场。有技巧的转场如淡入、淡出、划像、圈像、叠化、定格、多屏幕等。无技巧的转场比如切、相似性转场、逻辑性转场、过渡性转场等。

2. 转场的依据

时间的转换、地点的转换、情节的转换。

3. 转场的方法

（1）技巧转场：淡入淡出。这种方法人为痕迹过强，在纪实片中越来越少用。另外，过多地使用特技来转场，容易造成作品结构的松散和节奏的拖沓。因此，淡入淡出这种转场技巧一般只用在时空变化十分明显的场景转换下。

（2）逻辑因素转场。

（3）主观镜头转场，依靠心理的连接，利用镜头之间的心理逻辑关系进行组接。客观镜头与主观镜头之间不一定非要有逻辑关系。

（4）出画入画转场，上一镜头主体出画，下一镜头主体入画。

（5）相同或者相似主体转场：利用主体动作上的某种相似性进行转场，一般都用近景或特写，多见于场景和时空的转换。

（6）挡黑镜头转场：利用全黑画面，可以使观众的情绪有个缓冲余地，造成自然分段的感觉，这种转场比较戏剧化。

（7）运动镜头转场：和特技转场很相似，但是更加真实自然。

（8）特写转场：无论上场的最后一个镜头是何种景别，下场的第一个镜头都用特写，这样特写就起了转场的作用。在新闻、纪录片中最常用到。

（9）特写加全景转场，一般在较大段落的转换时使用，能造成明显间歇性的段落感。

（10）空镜头转场：利用空镜头实现场景的自然转换，还能起到介绍环境的作用。

（11）语言和声音转场：利用上个镜头结束时的语言和下个镜头中的语言相互关联或者重

复，做自然的连接。

所有的非编软件中转场效果有 3 类：

（1）淡入淡出，具有舞台落幕感。

① 特点：前后镜头无重叠画面，信号是 V 形变化。

② 转场时间：各 2 s 左右，中间一般加一段黑的画面，呈现 U 形淡变。

③ 作用：大段落转换处，给人以间歇感。

（2）叠化（溶化）。

① 快化：叠化速度短促。

② 慢化：叠化过程所用时间比常规长，用于表现一种舒缓的情绪。

③ 特点：X 形变化。

④ 作用：时间的转换，表示时间的流逝，表现梦幻、想象、回忆，或者表现景物琳琅满目。用于补救视觉不顺的情况，情绪的渲染。

（3）划像。

① 转场时间：0.5 ~ 1 s。

② 作用：用于两个意义差别较大的段落。

4.8 声音的剪辑

1. 语音的剪辑

（1）解说词的剪辑。解说词通常是选择镜头和剪辑点的主要依据，可以是声画对应的，也可以是声画错位的。

（2）对话的剪辑。声音与画面同时出现，同时切换，上个镜头的声音结束后，声音与画面都留有一定的时空，节奏较慢，适合谈天。

声音与画面同时出现，同时切换，上个镜头的声音一结束，声音与画面立即切出，下个镜头前留有一定的时空，对话中最为常见。

声音与画面同时出现，同时切换，都不留空，适合于争吵或辩论。

交错法，上个镜头画面切出后，声音拖到下个镜头的画面上，或将下个镜头的声音拖到上个镜头的画面中。用这种方法要注意口型。

2. 音乐的剪辑

（1）以音乐为主的节目。根据音乐的节奏来选择剪接点。

主要考虑画面如何来表现音乐的主题，怎样将音乐节奏视觉化。

可以通过景别和视角上的变化获得视觉上的节奏感，镜头运动力求与音乐的旋律以及情感相吻合。

（2）配音。可通过流畅的音乐来改进画面的不流畅。

音乐的基调、色彩、节奏、长短要和画面相配，音乐本身的衔接必须和谐流畅，无跳跃，保持节拍、乐句、乐段的完整性。

注意音乐与同期声的拼接。

将音乐与画面交织在一起。

3. 音响的剪辑

音响分为主观性音响与客观性音响。客观性音响是指镜头中的同期声，主观性音响是为了渲染气氛表现人物心理而人为加入的一种音响。

音响的剪辑方法：

（1）声画同时切换，但切忌拦腰一刀。

（2）碰到每个画面都很短，音响就不要切断了，而把画面积累，声音再贴合画面。

（3）将上个镜头的音响拖至下个镜头上。

（4）音响先出，画面再切入，产生未见其人先闻其声的效果。

4.9　剪辑的节奏

节奏主要通过镜头的长度，镜头运动的变化，画面与画面间组接的频率，音乐、声音的高低和速度等因素来体现。这种通过视、听感觉直接感受到的节奏称为外在节奏。

好的节奏能给人以跌宕起伏，或者一气呵成的感觉。

影视的内在节奏是由影视题材本身所决定的。

4.10　有技巧转场常见形式

（1）淡入、淡出：也可称为渐显、渐隐，前后镜头无重叠画面，信号是 V 形变化，各 2 s 左右，中间一般加一段黑的画面，呈现 U 形淡变，大段落转换处，给人以间歇感。

（2）叠化：在前一个镜头逐渐模糊、淡去的消失过程中，后一个镜头同时逐渐清晰出现。经常用于：

时间的转换、时间的消逝。

表现梦幻、想象、回忆等插叙过程。

表现景物变幻莫测、琳琅满目、目不暇接等用于补救视觉不顺的情况，情绪的渲染。

（3）划像、翻页等各种线形和图案等。

（4）定格：定格是把前一段画面的结尾停住，或者是强调画面上的一些情况，或者是到此告一段落，接着出现下一段落，形成一种视觉上的凝固的间歇感，或者表现不同主题的段落间的转换。

（5）多画面转场，也称为画中画转场，场景中的某一个小画面逐渐变大，替代原来的主画面。

4.11　关于粗编

粗编是形成影片大体轮廓的一个过程，在拿到一大堆素材，不知所措、无从下手的时候，粗编能够理清思路，开展编辑工作的第一个环节。

首先仔细分析剧本，按照段落和场景顺序整理素材。在进行拍摄的时候，受到地点、演员、环境等各方面影响，往往并不是按照剧本中事件发展的时间顺序拍摄的，因此，磁带上素材的顺序是混乱的，此时记录拍摄信息的场记表就非常重要。进行粗编的时候，首先要对照场记表对素材进行熟悉和整理，然后以一个段落或一个场景为单位进行素材的组接。

粗编的主要作用是串联故事情节，形成影片的结构。其标准是挑选流畅的、造型元素（如构图、光线、色彩等）较理想的镜头，按照剧本组接起来，查看故事的叙述是否完整，是否符合剧本的要求以及导演的构思。这时的镜头组接只是一个粗略的连接工作，至于进一步的编辑点的精确性要在之后的精编中完成。此时，编辑者对于影片的整体风格还只是存在于脑海中，并没有实现出来，还要逐步进行多次的修改和删减。

4.12 关于渲染气氛

一部影片，即使它是一部纯粹商业性的故事片，也不能从头到尾一刻不停地叙事，在进行了一段重头戏的讲述之后，导演需要一个段落来充分加强所要表达的意图，提升剧情带来的情绪效果。这里常用到的手法就是渲染，渲染是一种表现手法，用以细腻强烈地表现情绪，传达创作者的意图，使观众能够深入地感受影片所要传达的信息，得到强烈的感染和熏陶。

渲染实际上是强调、夸大、修饰影片的内容，时常用到对比、重复、积累、象征、联想等手法，节奏的改变对于渲染气氛也非常重要。在运用这些手法的时候要注意与剧情、环境、场景和气氛联系起来，否则会显得牵强刻板。

4.13 如何制作企业宣传片

企业宣传片是利用影像、声音、动画、文字等元素的形式，组合成脉络清晰、主题鲜明的影片结构，并通过添加视觉特效、气氛音效等美工包装技术处理，呈现出极具感官刺激的画面音效。不仅如此，翔实的企业精神、文化、发展、产品、服务、愿景等人文元素全面展示了企业风采；让观众通过影片直观详实地了解企业并留下深刻的印象，所以又被称之为企业形象宣传片。

企业影视宣传片制作是对企业的各个层面有重点、有针对、有秩序、声色并茂地进行全面介绍。凸现企业独特的风格面貌、彰显企业实力，介绍企业产品服务，让目标观众对企业产生正面的、良好的印象；并对该企业的产品或服务有较为深刻的认识。

企业宣传片的主要用途是：提升企业的形象，提升企业品牌价值，让目标观众直观深入地了解企业。适用于：公司形象宣传、产品推介、使用说明、房产招商楼盘销售、展会招商宣传、上市宣传、特约加盟、展会展示、会议视频、销售人员外出销售、展台、会客厅循环播放、招商引资，等等。

4.14　如何制作城市形象宣传片

城市形象宣传片是当今城市面向外界推广介绍自己的主要途径之一，也是招商活动中必备的首选资料，它有着全面、系统、翔实、可视性强等优点。在众多的政府招商活动中都有它的身影，为成功的商谈起到了关键性的作用，被称为政府招商引资的标志性影像手册。

城市形象宣传片是用来宣传城市品牌，塑造城市形象的影视片。它是城市景色与人文的浓缩。通过“声情并茂”的影像宣传，更能使一个城市具有感染力、感召力、吸引力和公信力。

通过对该城市的发展目标、城市印象、资源特色、风景名胜、历史文化等方面的总结与概括，提炼出一张浓缩、概括、经典并反映该城市精神与价值取向的“城市名片”，告诉大家“我有什么、我想说什么、邀请您来干什么”等相关主题，彰显出这座城市的精神内涵和追求。带动当地的旅游、地产等各个行业，间接地促使一个城市的品牌和价值得到提升，引领城市的健康发展、和谐进步！这些是拍摄制作城市宣传片、城市形象宣传片的重要目的。

拍摄一个城市宣传片之前，通常由导演入住该城市，充分地去了解这座城市的人文、风情、历史、经济、物产，等等，通过独到的脚本创作，加上高清电影摄像机和航拍镜头的运用，以及整套电影拍摄团队的协同奉献，打造出一部美轮美奂的城市电影！

有一种最为简便的方法来衡量一部城市形象宣传片的效果如何，那就是看完了这部影片，会有一个念头出现：“我要去看看。”

4.15　如何制作展会宣传片

展会宣传片也是企业宣传片的组成部分，展会宣传片的整体框架、主题、内容跟企业宣传片、城市形象宣传片较为类似。但是展会宣传片最为主要的一个特点，就是要在最短的时间内吸引住观众的视线，达到自身宣传的目的。

展会是一个资源相对集中的环境，目标群体虽然密集但是流动性较强。鉴于此，展会宣传片最为需要的是吸引力。

同样的，展会宣传片跟企业宣传片，城市形象宣传片一样，也会通过不同的元素综合展现企业实力、技术、沟通、愿景与合作；为企业赢得更多的客户源。

高清展会宣传片、3D 立体展会宣传片、3D 展会形象片，会带给您截然不同的视觉享受，肯定会比普通的标清宣传片更为震撼。

3D 拍摄制作出的立体展会宣传片，会令您的展台吸引更多的关注，而 3D 立体电影自身性质就凸现出企业的整体形象与实力。

第2篇

Vegas 非编软件应用

第5章 Vegas 基本操作

实训课题1：Sony Vegas 简介

Sony Vegas 是一款非常优秀的“专业级”非编软件，可以实现非编软件几乎所有的功能，同时又可以实现一些合成软件才能完成的特技，因此有人称它“顶半个 AE”。从实际使用效果来看也确实如此。实时编辑、实时预览、音频视频同步调整、无限制轨道、抠像和遮罩、3D 轨道合成、项目嵌套、连续变速等，都是 Vegas 的优异功能。

Vegas 可以媲美 AfterEffects，但功能绝对超越 Premiere。它在编辑音频视频的同时又可以不借助 AfterEffects 制作一些影视特效。比如它具有光线、闪白、电影效果等视频特效，对 AfterEffects 这类视频特技制作软件是一个很大的挑战。可以说，它集剪辑、特效、合成于一身。从功能上讲，它集中了 Premiere 和 AfterEffects 的优点，能编辑，能制作特效，避免了 AfterEffects 不能进行长时间段音频视频编辑的缺陷。

Vegas 最大的好处是编辑自由灵活。自由灵活突出体现在两个方面：其一，无限制地使用轨道，对于轨道类型和数量无限制，这对于节目合成来说带来了极大的便利，只要有合适的素材和恰当的想象力，就可以制作出神奇的合成效果。其二，素材在轨道上可以自由编辑和移动，可以像在 Word 中编辑字符一样自如地复制、粘贴、剪切、移动，不像有些非编软件所限制的那样，素材在轨道上不能轻易移动位置，让人感觉很死板。

Vegas 是唯一一款不需要硬卡支持而能实时预览、实时渲染的非编软件，相对那些需要昂贵硬件支撑的非编来说，Vegas 就非常“廉价”了，但是性能却毫不逊色。

Vegas 拥有强劲的音频处理工具，这款软件的前身本来就是一款音频编辑软件，后来才发展成为视频编辑软件，因此，可想而知，有哪一款非编软件在音频的处理上能够超越它。Vegas 有超过 30 种实时音频特效，包括 10 种以上新型的自动 DirectX 特效插件，像合唱、延迟、混响等特效。

Vegas 发展很快，目前最新版本是 13.0，64 位，工作在 Windows7 或者 Windows8 环境下面。

实训课题 2：认识 Vegas 界面

Vegas 提供了强大而灵活的界面自定义方案，用户可以随意搭配、组合、拆分窗口和面板，掌握界面的操作为顺利进行视频编辑扫清了障碍。

1　启动 Vegas 的方法

双击桌面上 Sony Vegas Pro 13.0 的快捷图标，则可以快速启动 Vegas。

图 5–1　Vegas 快捷图标

2. Vegas 工作界面

默认启动后的工作界面主要包括以下几个部分：菜单栏、工具栏、项目媒体窗口、资源管理器窗口、转场特效窗口、视频特效窗口、媒体发生器窗口、修剪器窗口、预览窗口、音频控制台窗口和时间线窗口。

Vegas 启动后的界面如图 5-2 所示。

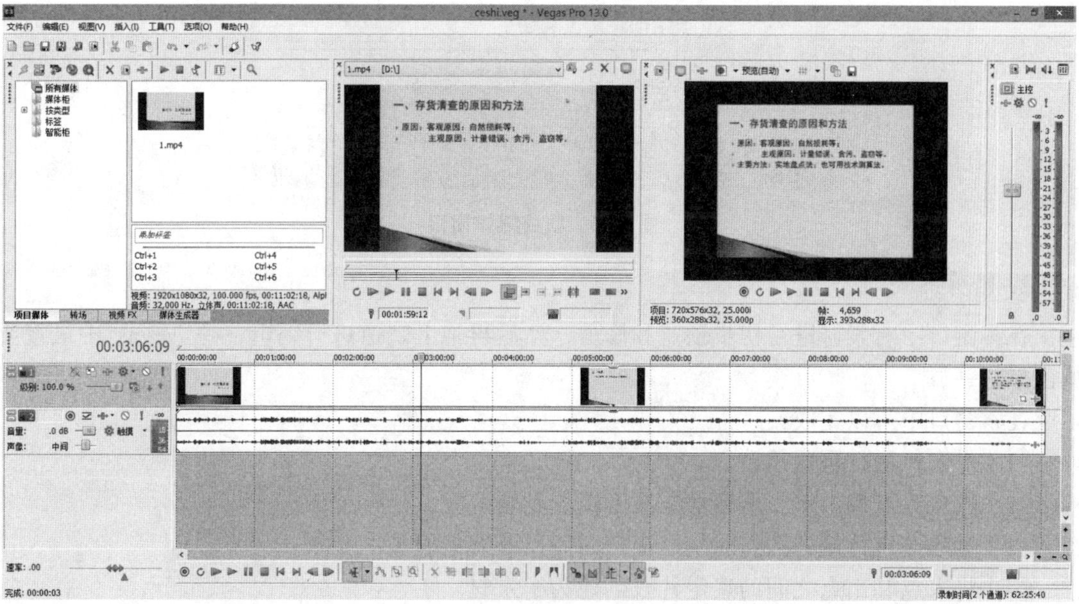

图 5–2　Vegas 启动界面

实训课题 3：认识 Vegas 各个浮动窗口

1. 项目媒体窗口

一个工程项目中所有打开或者用到的素材都集中登记反映在这个窗口中。

在项目媒体窗口中能够进行：

（1）导入素材。

（2）采集素材。

（3）从 CD 抓取音轨。

（4）从网络获取媒体素材。

（5）删除项目中的素材。

（6）查看项目媒体的属性。

（7）预览素材。

其中，最常用的是“导入素材”操作。具体操作方法我们以后展开讲述。

图 5–3　项目媒体窗口

2. 修剪器窗口

在本窗口中对素材进行初步预览和修剪，然后再拖上轨道进行编辑，是 Vegas 中最重要的窗口之一。

在本窗口中可以完成：

（1）对素材进行预览播放。

（2）选定入点和出点，然后插入或者覆盖到轨道上。

（3）显示选定片段的入点时间、出点时间以及持续时长。

（4）将入点和出点之间的选定片段创建为子素材。

（5）管理修剪器窗口中的素材，比如删除当前素材、快速清空、对修剪器素材进行排序、在外部监视器中预览等。

图 5–4　修剪器窗口

3. 转场特效窗口

Vegas 所有的转场特效都集中在这个窗口，可以选择一种效果直接拖曳到素材之间转场过渡处。

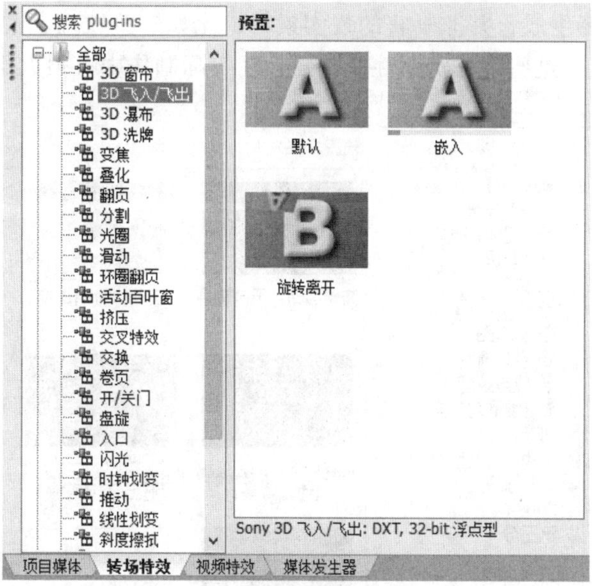

图 5–5　转场特效窗口

4. 视频特效窗口

全部的视频特效都集中在这个窗口，包括它们的效果预览。可以选中某一种特效直接拖曳到素材上完成特效的添加。Vegas 的视频特效针对非编过程中的实际需要，虽然数量不多，也不那么花哨，但却非常实用。

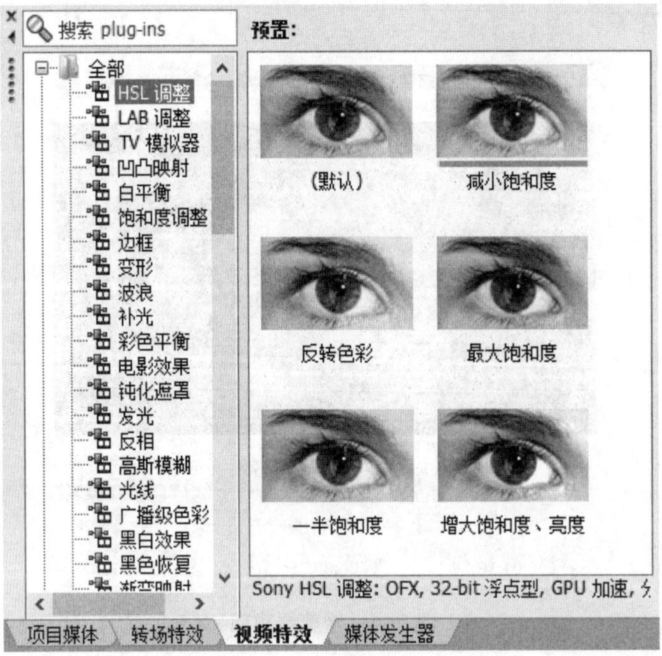

图 5–6 视频特效窗口

5. 媒体发生器窗口

媒体发生器中集中了 Vegas 内部生成的一些特殊素材，和外部采集导入的素材不同，它们是靠计算机模拟计算生成，并非真实的现实素材，比如一些纹理、文字、填充色、字幕，等等。Vegas 模拟生成的这些素材实用性非常强，在实际制作中有很大用处。

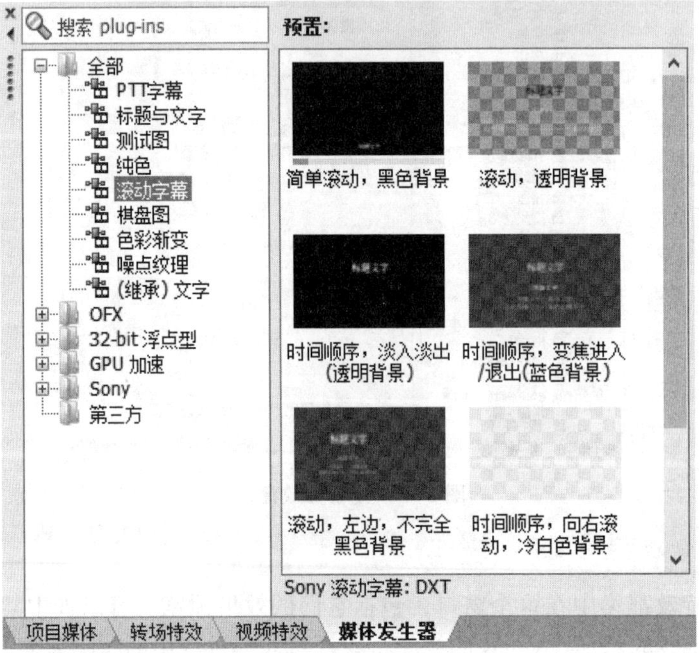

图 5–7 媒体发生器窗口

6. 轨道预览窗口

轨道预览也是 Vegas 中最重要的窗口之一，在本窗口中可以实现以下功能：

（1）预览轨道上剪辑合成的效果。

（2）设置当前项目的属性。

（3）切换到外部显示器中预览。

（4）添加视频输出特效。

（5）分屏显示。在调色时可以分屏观看调色前和调色后的效果对比。

（6）设置预览的显示比例，最大全屏预览，最小以原始画面的四分之一预览，默认为自动设置显示比例，以最佳的比例显示，同时兼顾性能，能够实时预览。

（7）显示安全框，关闭字幕，只显示 RGB 通道中的某一个通道，或者将某一种颜色通道转变为灰度。

（8）保存快照，对当前画面拍照，保存为图像文件或者复制到剪贴板中。

（9）录音，在编辑过程中可以随时录音，并自动添加到轨道上，这样可以实现即时配音。

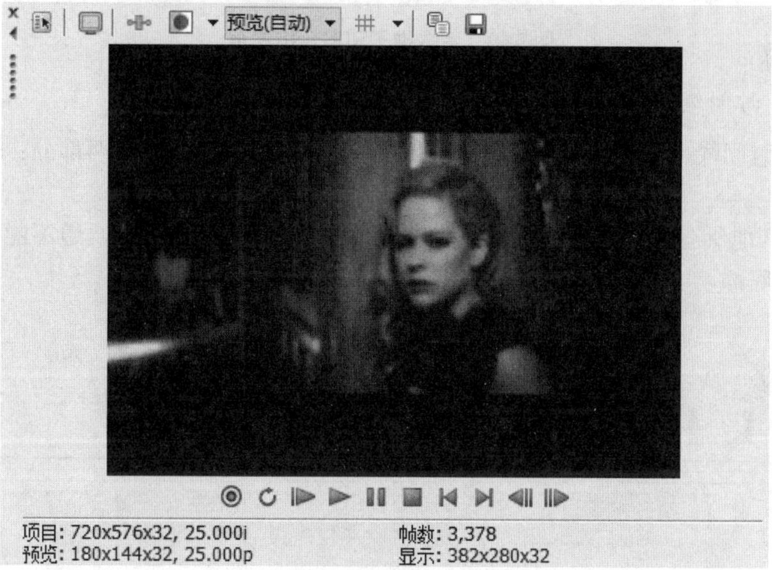

图 5–8　轨道预览窗口

7. 输出音量表

直观反映当前音频的输出音量，对于立体声分左右两个声道显示。绿色表示音量在正常范围内，黄色表示声音超标。左侧的音量调节滑杆称为“输出音量推子”，简称“推子”，可以调节音频输出的音量大小。

点击图 5-9 中左上角的按钮，能够打开音频“混合控制台”，用于查看更多的详细信息。

在图 5-9 中，音量顶部的 4 个按钮分别表示：

（1）音频主控特效，用于添加音频主控特效。

（2）自动化设置，由 Vegas 自动调节输出音量，这时输出音量推子用户无法手动控制。

（3）静音，关闭输出音量。

（4）独奏，只保留当前音频轨道的声音输出，其他音频轨道音量输出关闭。

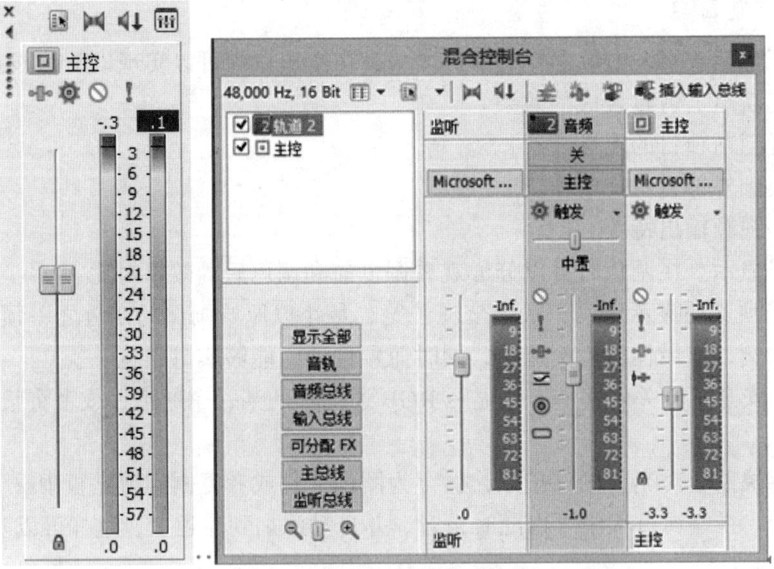

图 5-9　音量推子和混合控制台

8. 轨道（时间线）

轨道也称时间线，是视频音频编辑的主要场所。Vegas 的轨道分为两部分：轨道头和轨道（时间线）。

Vegas 中其他所有窗口都可以作为浮动面板，能够自由移动，唯独轨道不能被移动，它一般固定在屏幕底部。

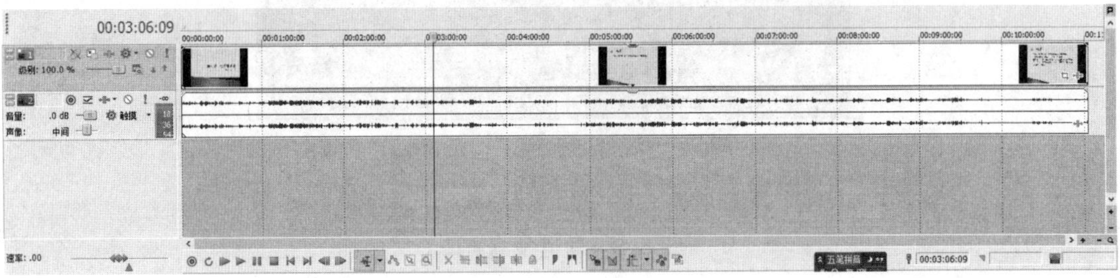

图 5-10　轨道

无限制的轨道数量和不分类的轨道类型，带来的好处是显而易见的，当进行复杂的合成时，便会不由自主地感受到是多么的自由灵活。

每个软件都有自己的特色，Vegas 在界面上与其他同类软件的区别就在于它的轨道头部带有丰富的信息，这一点类似于 AE。作为初学者想要学好 Vegas，建议要紧紧抓住轨道头，只有清楚地认识了其中各个按钮的含义，才能快速地了解和掌握这款软件。

图 5-11 便是 Vegas 轨道头的形式，以及各个主要按钮的含义解释。

在轨道头部和尾部还有一些按钮，由于轨道较长，因此我们便截取一部分分别来介绍。图 5-12 便是左半部分的形式，图 5-13 是轨道右半部。

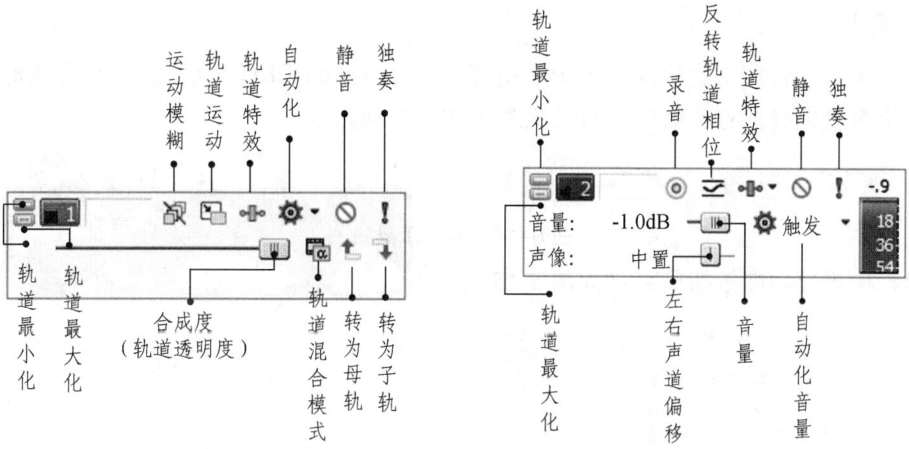

图 5-11　视频轨道头和音频轨道头

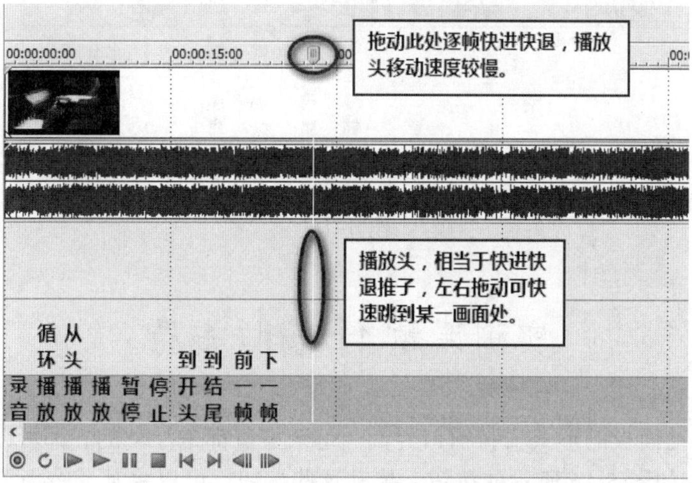

图 5-12　轨道左半部分图示

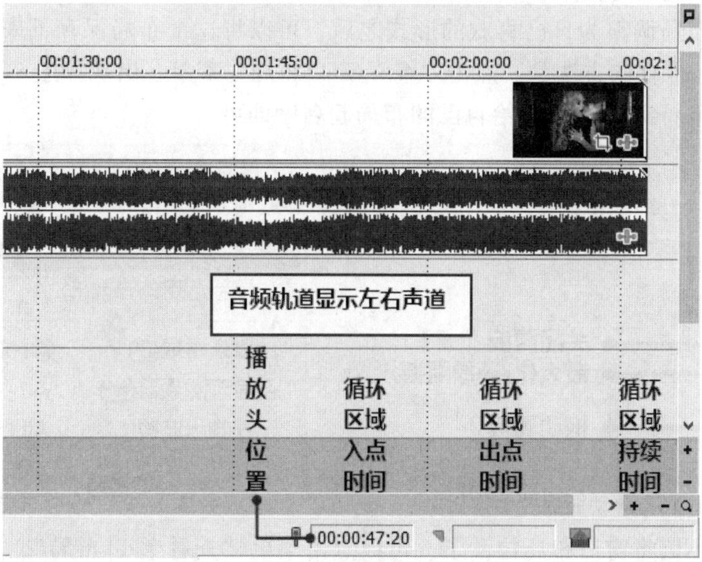

图 5-13　轨道右半部分图示

9. 工具栏

最新版本中将常用工具栏固定置于轨道底部，以方便编辑时使用。常用工具栏如图 5-14 所示。其中重要的有：自动吸附、自动交叉淡化、自动跟进。

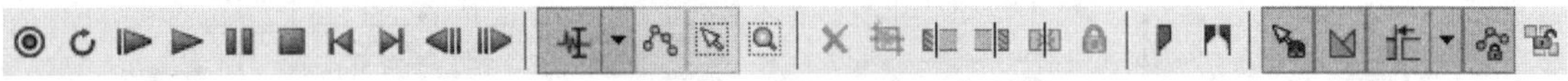

图 5-14 常用工具栏

工具栏中重要功能按钮的释义如图 5-15 所示。

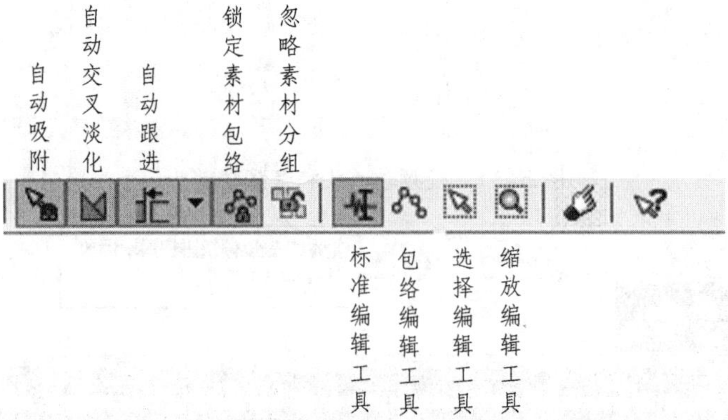

图 5-15

实训课题 4：窗口布局

Vegas 采用浮动面板的形式安排窗口界面，每个窗口都是浮动的，都可以拖动组合。每个窗口的左上角都有如图 5-16 所示的按钮，拖动这些按钮，可以将某一个面板合并到另外一个面板中去，或者关闭这个窗口。

用户将窗口布局调整为自己喜欢的形式之后，可以将这个布局保存下来，作为以后默认的窗口布局使用。保存的方法是：点击“查看/窗口布局”菜单，出现如图 5-17 所示菜单，选择其中的“保存布局到...”，然后给自己的布局起名字即可。

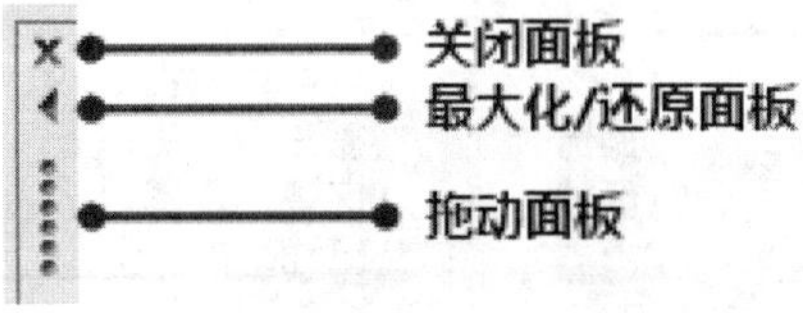

图 5-16 浮动面板控制按钮

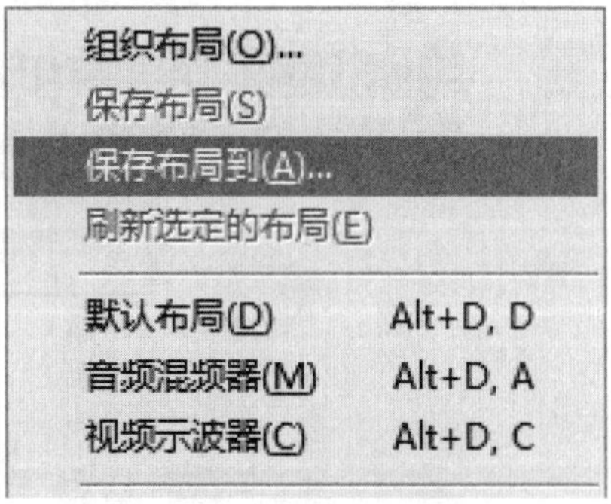

图 5-17 保存布局

有时候如果不慎将窗口布局拉乱了，可以点击菜单“查看/窗口布局/默认布局”，即可快速还原到以前默认的形式。

实训课题 5：项目设置

启动 Vegas 后，会自动建立一个新的项目文件。

项目也叫工程，它只是保存了该项目中调用到的素材以及编辑方法，体积很小，只能被 Vegas 识别和调用。它并不等于视频内容，也不等于渲染输出后的成品文件。

Vegas 项目文件的后缀名为*.veg。

初次使用 Vegas 的话，默认创建的项目设置并不适合我们使用，因此有必要进行调整。选择文件菜单，点击“属性”，打开项目属性窗口。

如图 5-18 所示，点击“视频/模板”，选中“PAL DV（720X576，25.000fps）”。这是最常用的格式，也是符合我国 PAL 制式的格式。建议勾选下方的“将这些设定用于所有新建的项目”，以后就不用每次都修改。

图示中，模板大致就这几种类型：“DV”是标清格式，“HD”是高清格式，现在非常流行。“2K”和“4K”是电影格式，现在用的还少一些。“IMX”是立体 3D 宽银幕格式，“Internet”是用于网络传输的媒体格式。用户根据实际需要可以选择使用。我们在这里为了方便，就选择 DV 标清格式来讲解。

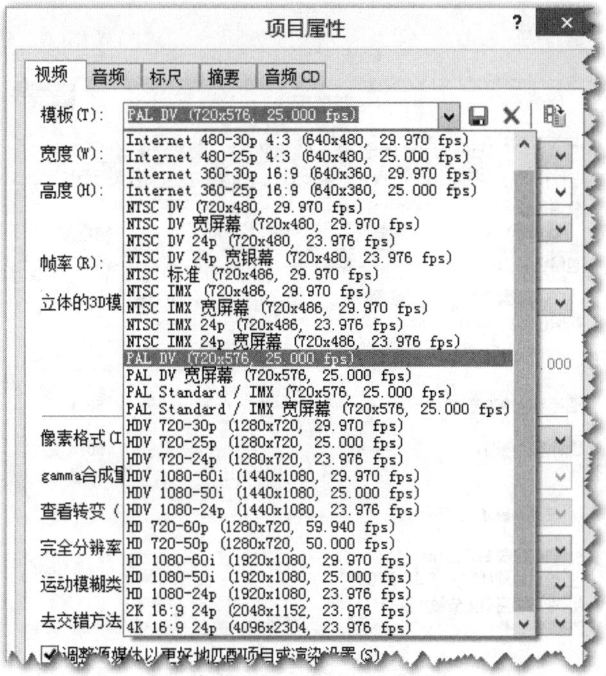

图 5–18　模板选项

需要修改的第二处地方是：如图 5-19 所示，点击“标尺”选项卡，选择“SMPTE EBU（25 fps，Video）”，这是和 PAL 制相对应的时间码标准。如果采用默认的“SMPTE Drop（29.97 fps，Video）”，则应该对应 NTSC 制式，这显然不符合我国的实际使用情况，因此应该改过来。修改以后，最明显的变化就是时间线上的标尺会以“秒”为单位显示。

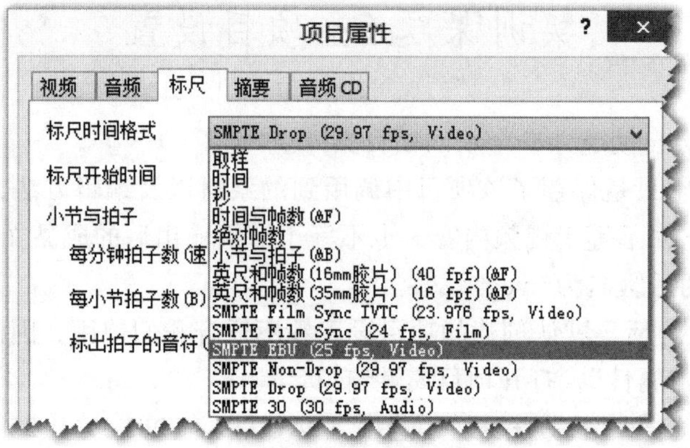

图 5-19 标尺设置

做完这两处修改以后，最后记得勾选“将这些设定用于所有新建的项目”。

另外，过去老版本的 Vegas 是将轨道放在顶部的，对于老用户来说，可能已经习惯了这种形式，新版本中是放在底部。如果想改回去，则应该点击菜单“选项”，接着选择其中的“参数选择”，之后出现如图 5-20 所示窗口，取消勾选其中的“显示时间线在主窗口底部”。

新版本的 Vegas 迎合现代潮流，界面配色采用黑色调，如果个人觉得太暗的话，也可以在这里调整。取消勾选“使用 Vegas 配色方案”，则会变为亮色调界面风格。

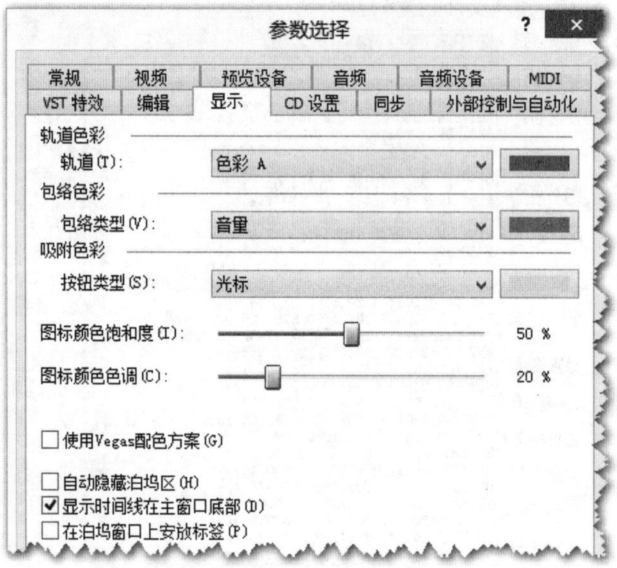

图 5-20 轨道显示位置

实训课题 6：建立匹配素材的项目

当首次把素材添加到轨道上时，会出现如下提示：

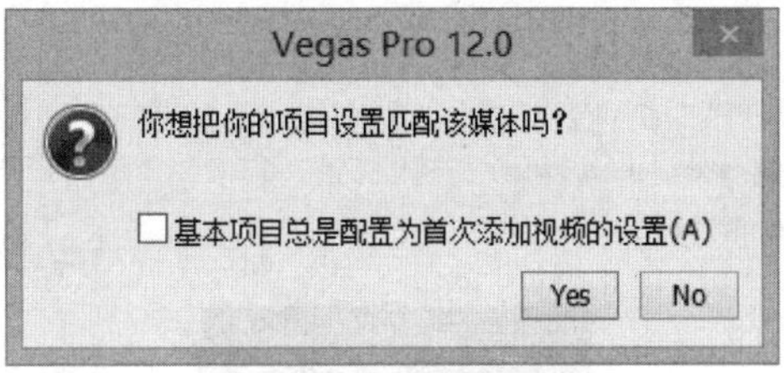

图 5-21　项目匹配素材

这里有两个选择：

（1）使素材适应项目设置。

（2）建立匹配素材的项目。

如果点击“是”，则会选择第二种情况。

如果点击“否”，则会选择第一种情况。

素材在拍摄的时候也有自己的画面尺寸、帧速率等参数。选择第一种情况时，将所有素材转换为适应项目参数要求的规格，比如项目为 PAL DV 720×576，25 fps，这时的素材假设是 1 920×1 080 的，如图 5-22 所示。将这样的素材导入项目后，素材会自动转换为 720×576 的规格，以符合项目要求。这样看来，项目设置起着统驭全局的作用。

有时候我们希望原汁原味地保留原视频的特征和一切优点，实际上，有些摄像机拍摄的画质就非常不错，输出时就应该保留下来，这时就需要选择第二种情况。

图 5-22　素材参数

图 5-23　项目参数

实训课题 7：素材采集

Vegas 的采集工作并非在软件界面上直接实现，而是通过内部集成的一个名为“Sony Video Capture”的组件来实现的，如图 5-24 所示。这个组件不会伴随 Vegas 同时启动，而是在进行视频采集工作的时候才会自动运行。我们把它称为“采集器”。

Vegas 的采集器功能很强大，能够操控摄像机进行播放、倒带、快进、快退等操作。另外，不但能够从录像带上采集素材，还能将制作好的节目回录到录像带上。

不过这个采集器的使用需要采集卡的配合，最不行也得有 1394 卡支持。在学习过程中，可以用家用摄像头模拟摄像机进行拍摄并进行采集。采集的过程和形式与真实摄像机并没有多大差别。建议初学者按此进行实地练习，更好地体会 Vegas 的精彩之处。

Vegas 的节目采集也很有特色，它能够自动检测场景，并以场景为单位保存节目，保存为一个个单独的 AVI 文件或者 MPEG 文件。在采集窗口中选择“选项/属性”，打开如图 5-25 所示窗口，默认情况下“启用 DV 场景检测功能”是勾选的。如果取消此勾选则会将所有采集的节目内容保存为一个大的 AVI 文件，这个文件会很大。

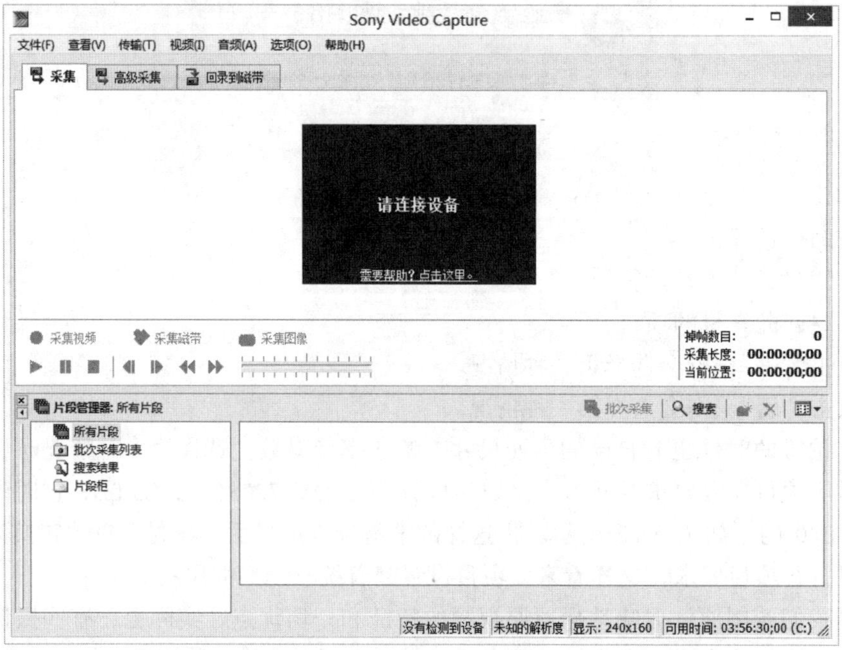

图 5-24　素材采集窗口

Vegas 以场景为单位保存文件，尽管文件数量多了一些，但对以后的编辑却带来了很大便利。经过测试，一般一场农村婚礼现场录制的节目片段在 300 个左右，一场农村丧礼白事现场录制的节目片段在 500 个左右。

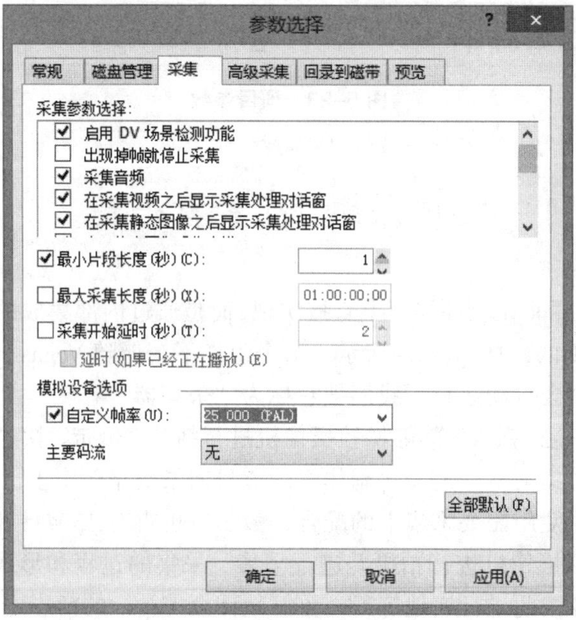

图 5-25　采集参数设置

由于采集来的节目文件数量众多，体积庞大，因此应该将它们保存在一个剩余空间大的磁盘位置。修改的方法是：在素材采集窗口中选择“选项/属性”菜单，如图 5-26 所示，选择

“磁盘管理”标签项，默认是保存在 C 盘下的“我的文档”下面。要增加新的位置，应该点击“增加文件夹”按钮，然后浏览指定一个新的保存位置，比如图示的“d：\2014-03-27”文件夹。这里建议尽量按拍摄日期命名文件夹，为的是将来回忆和检索方便。选择好新的保存位置后，保证它被选中，如图 5-27 所示，最后点击“确定”按钮完成此操作。

所有采集的素材都保存在指定的位置，但是管理却通过“项目媒体”统一进行管理。

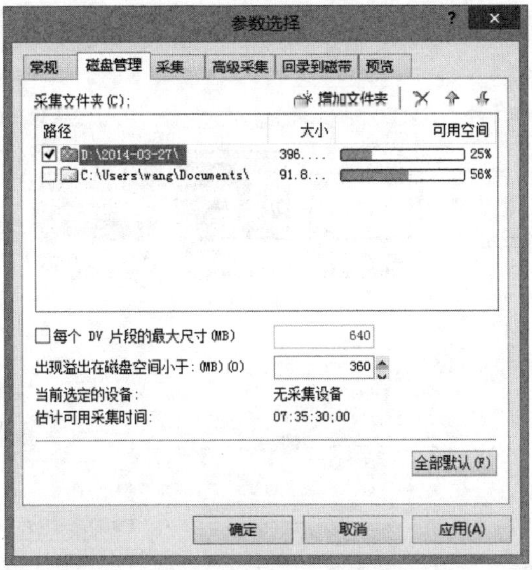

图 5-26　素材存储位置

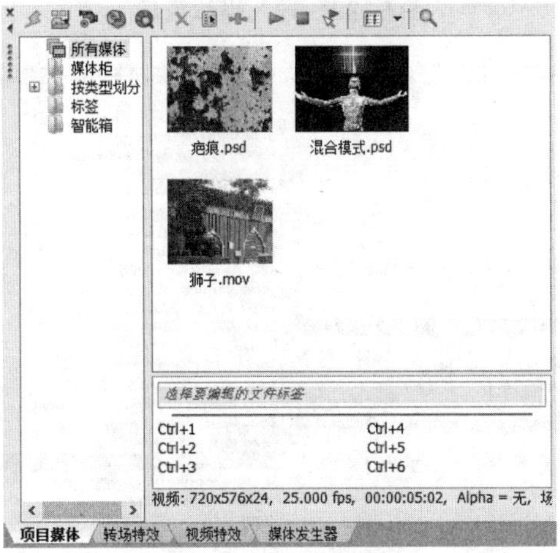

图 5-27　项目媒体

实训课题 8：导入音频视频素材

切换到“项目媒体”窗口，按照图 5-28 所示，点击“导入媒体”按钮，然后出现如图 5-29 所示的窗口。在合适的位置选择要导入的素材，完成之后，素材就会被导入到项目中来，并且放置在项目媒体窗口中。

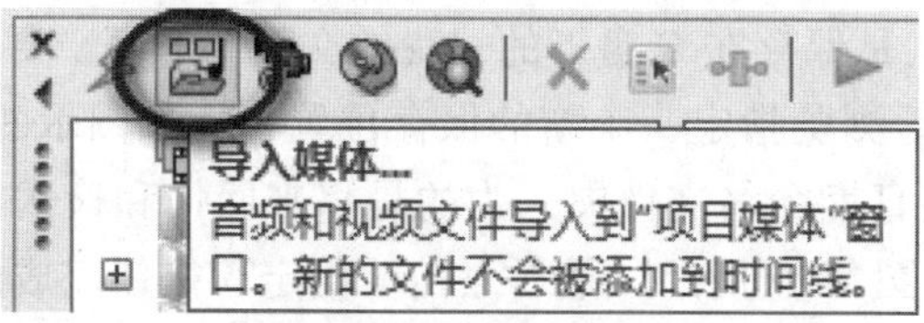

图 5-28　导入素材按钮

图 5-29　导入媒体窗口

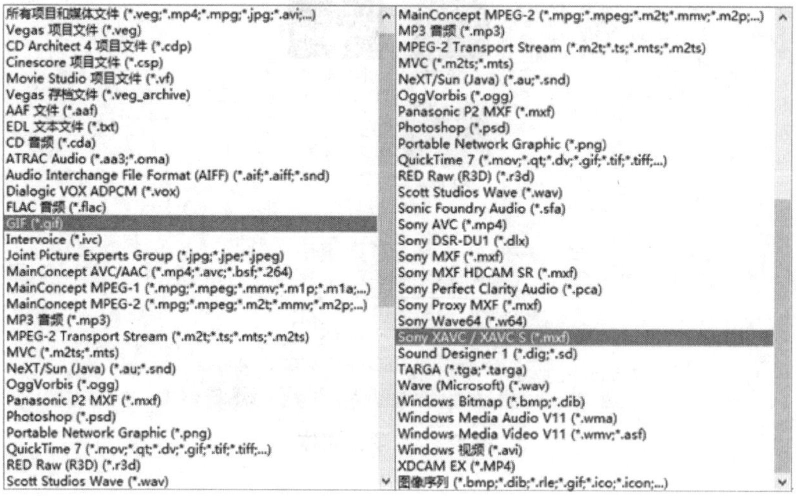

图 5-30　导入媒体类型

Vegas 中可导入的媒体类型有：

（1）视频，常用格式如 mp4、mpg、mov、avi、wmv 等。但是不支持 rm、rmvb、flv、f4v、mkv 等格式。

（2）音频，常用格式如 mp3、wav、wma 等。

（3）静态图片，常用格式如 jpg、psd、png、bmp、gif 等。

（4）序列帧图片，Vegas 也支持导入序列帧图片。

实际上在同类软件中，Vegas 可导入的素材格式是非常丰富的。如图 5-30 所示，列表中列举的全是 Vegas 能够支持的格式，数量非常多。

当导入一段新素材时，Vegas 会迅速分析并为音频建立快速索引文件，类型为“*.sfk”，非常小。sfk 的意思是 Sound Forge Audio Peak File，即音频峰值索引文件的意思。这个文件使你再次导入这个音频文件时不用再花时间去加载，因此应该保留，没必要删除它。

Vegas 还可以导入 VEG 项目文件，这样可以实现项目嵌套，类似 AE 的合成嵌套，从而使编辑、合成的能力极大提高，是一项极为有用的功能。将已经制作好的项目文件首先保存为*veg 文件，然后新建一个新的项目文件，此时可以导入原来的 VEG 文件，它现在就像一段普通素材。之后跟别的素材进行合成编辑，就能够实现更为复杂的特技效果。

实训课题 9：导入序列帧图片

序列帧图片，是使用其他软件导出的一系列相关图片，命名上连续编号，内容上前后相关联。从实质上看，它就相当于电影中的“帧”，每一张图片就是一“帧”，若干张图片连续起来，就是一段动画或者电影。

导入序列帧图片时，只要选中其中一张，系统会自动检测是不是序列帧图片，其实主要是检测命名上是否连续。如果是，则“打开序列”的选项能够勾选，否则，“打开序列”选项就变为灰色，不可使用。

Vegas 中导入序列帧图片时，出现如图 5-31 所示窗口。

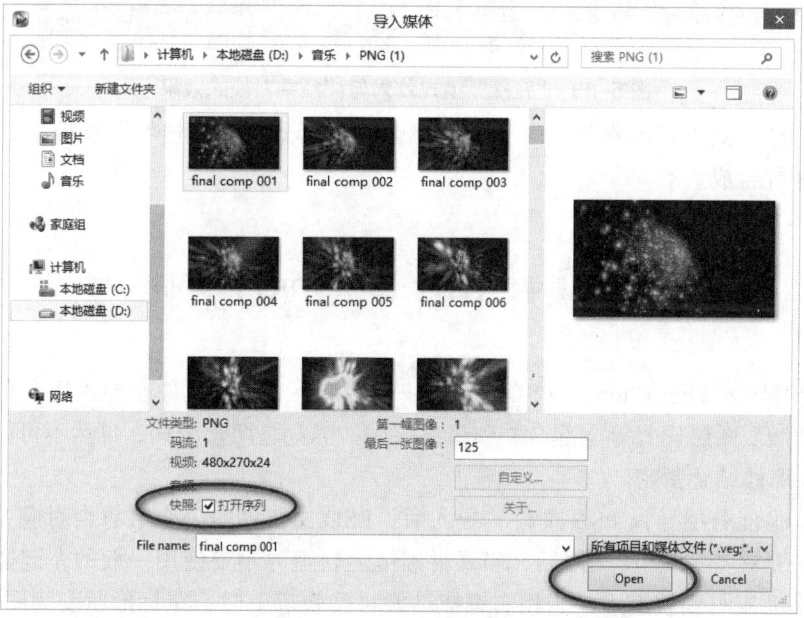

图 5-31　导入序列帧图片

点击其中某一张图片，再勾选下方的“打开序列”选项。点击“打开”按钮，出现如图 5-32 所示的参数设置窗口。其中主要是“Alpha 通道”选项，它决定了导入的图片是否会有黑边。

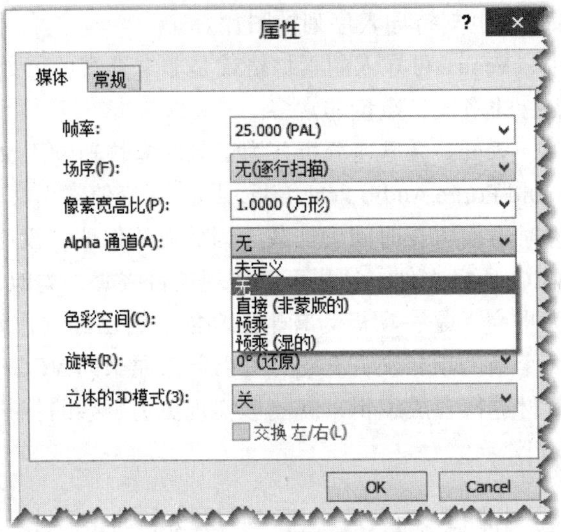

图 5–32　alpha 通道选项

主要有两种选择：直接和预乘。如图 5-33 所示，两幅图片演示了“直接”和“预乘”两种方式的不同效果，“直接”方式下图像边缘可能会有黑边，而“预乘”方式下则没有黑边。

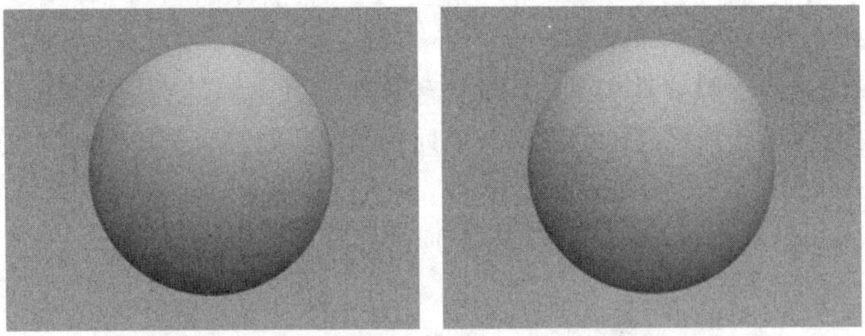

图 5–33　“直接”模式效果与“预乘”模式效果

无论哪一种方式，目的都是为了去掉图像带有的背景，实现透明背景效果，以便于图像和其他内容进行合成。

实训课题 10：导入 PSD 文件

Vegas 能够导入 Photoshop 的 PSD 文件，一般情况下，PSD 文件在导入后会自动实现合并图层。图层蒙版、图层样式等全部合并到最终层中。毕竟是两家公司，自然不可能像 Premiere 与 Photoshop 那样结合紧密。

但 Vegas 也能分层导入 PSD 文件，导入后，PSD 文件的每一个层将会对应 Vegas 一个轨道。操作方法是在导入 PSD 文件后，当素材被拖上轨道时不要使用一般的左键拖动，应该使用鼠标右键拖动素材到轨道上。当用右键拖动素材到轨道上时，鼠标形状变为图 5-34 左图所示形状，此时不要移动鼠标，在原地松开鼠标，之后会弹出菜单，如图 5-34 右图所示，应该选择其中的“增加交叉轨道”。

点击之后，PSD 文件会被分层放置在各个轨道上，形式如图 5-35 所示。

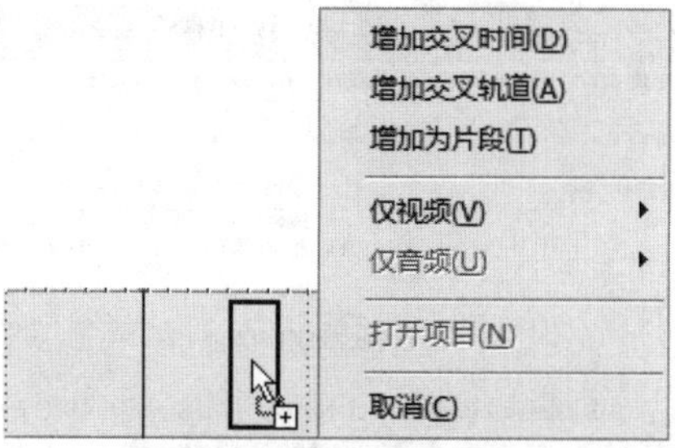

图 5–34　增加交叉轨道

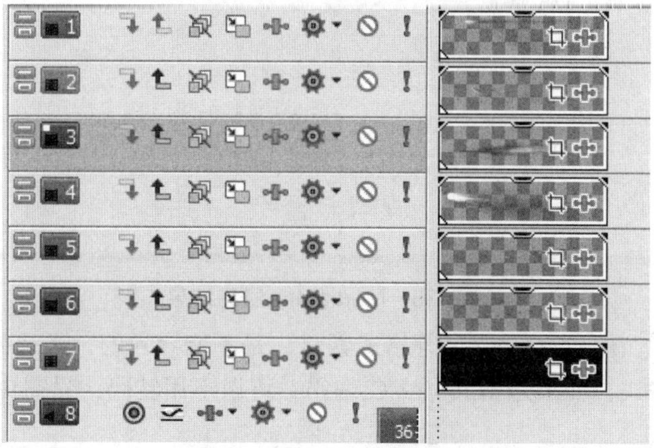

图 5–35　PSD 分层轨道

实训课题 11：不可识别格式素材的处理

遇到不可识别格式的视频素材，Vegas 会作出两种处理。一种是只导入素材中的音频，将视频丢弃，这是视频素材的编码不能识别。二是出现错误提示，如图 5-36 所示，提示打不开相应视频文件。遇到不能识别的音频素材，也是这个提示。

遇到这种情况，有两种办法可以解决。

方法一：使用 MediaInfo 软件进行分析，查看视频音频的编码。然后从网络上下载相应的编解码器进行安装。由于 Vegas 使用的是外部编解码器，因此，只要安装了对应的编解码器，原来打不开的素材就能顺利打开。

比如使用 Camtasia 录屏软件录制的教学视频，虽然名为 AVI 文件，但也不能正常导入。只有安装了 Camtasia 公司对应的 TSCC 编解码器，才能正常导入编辑。

MediaInfo 这款软件比较小，安装也简单。安装之后，桌面图标如图 5-37 所示，使用情况如图 5-38 所示。

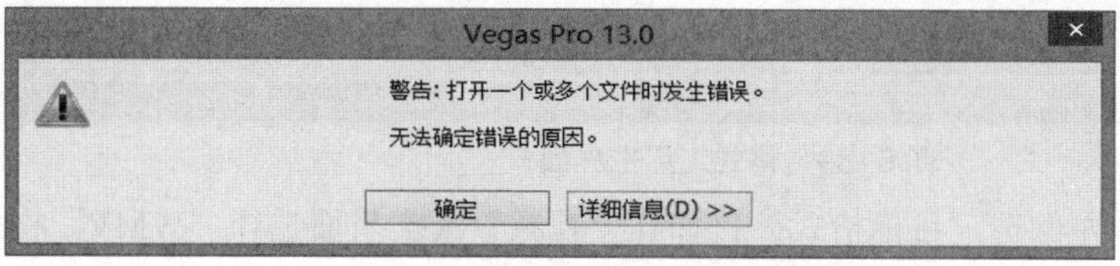

图 5–36　遇到不支持格式时的错误提示

图 5–37

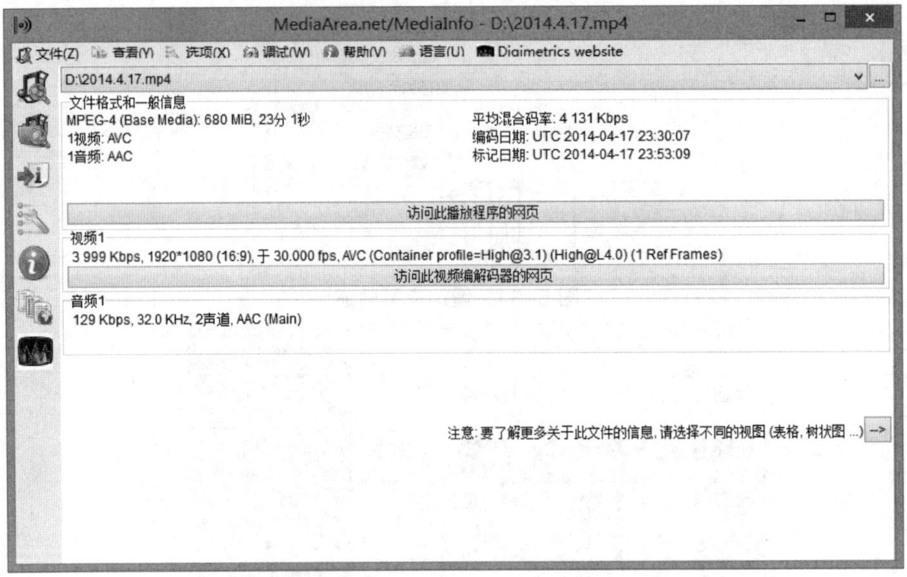

图 5-38　MediaInfo 侦测结果

针对 rm、rmvb、flv、f4v、mkv 等格式素材，是不能导入的，必须要转换格式才行。但是也要先查看编码格式，如果是 H264/AVC 编码，可以不用转码，只需更换封装格式为 MP4 或者 MOV 即可。

转换格式一般使用“格式工厂”这款软件，这款软件转换类型多，使用简单，不需要过多介绍。它的界面如图 5-39 所示。

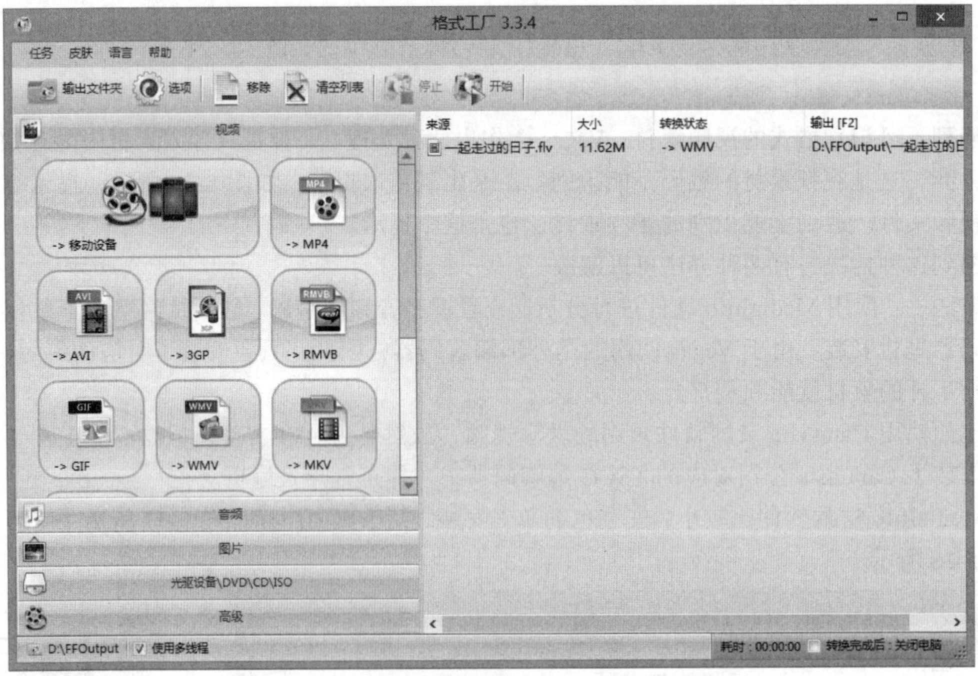

图 5-39　格式工厂主界面

一般操作步骤是先在左侧选定目标格式，比如在“视频”大类里面选择“WMV”格式，接着添加源文件，比如选择一个“一起走过的日子.flv”文件，确定之后再点击“开始”就可以转换了。转换进度完成后，在“ffoutput”目录下就能够找到转换格式成功后的文件“一起走过的日子.wmv”。这时候就能够正常导入了。

对于现在一些录播系统录制的节目，编码格式是 AVC H264 MP4，结果无法导入 Vegas 编辑。

MP4 格式现在有两种，一种是 MPEG MP4，一种是 AVC H264 MP4，后者更高级一些，清晰度更高一些，视频采用 AVC 编码，音频采用 AAC 编码。它包含了 3 个轨道，一个视频轨道，一个音频轨道，还有一个 Hint Track 轨道。这个 Hint Track 轨道描述了一个流媒体服务器如何把本地文件的媒体数据包装成符合流媒体协议的数据包。如果文件只是本地播放，可以忽略 Hint Track 轨道，它们只与流媒体有关。明确了这个道理，就知道影响它不能正常导入的原因就在这个 Hint Track 轨道。有了它，Vegas 会认为它是流媒体，和 rm、rmvb 是一类，自然无法导入。删除它，就变成本地文件，只是 AVC 编码的 MP4 文件，Vegas 就支持。

有一款小工具叫 AvcTools，能够对 AVC MP4 进行处理，比较简单实用。使用方法如图 5-40 所示。名为转换，实际只取消掉 Hint Track 轨道。转换完成后，就能成功导入 Vegas。

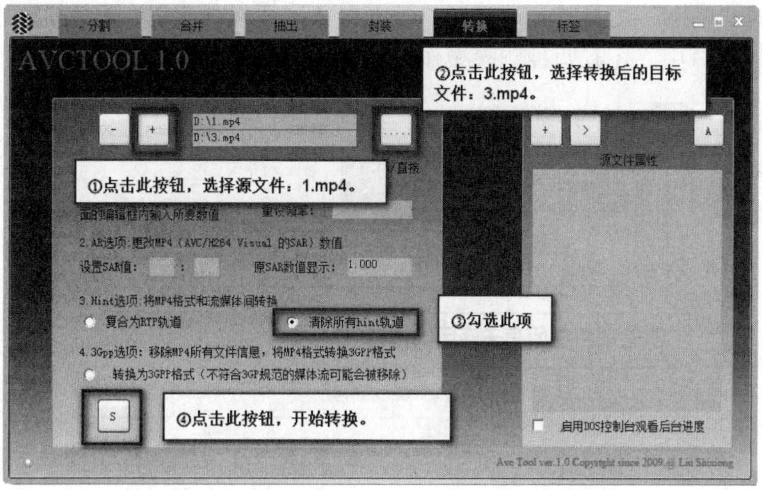

图 5-40　Avctools 软件

实训课题 12：管理素材

Vegas 对素材的管理都可以在“项目媒体”窗口中完成。

最常用的操作是导入操作，保存项目之后，各个素材的位置也被保存在项目文件中，下次打开项目，Vegas 会自动定位搜索项目中的素材位置，从而打开素材。

有时候会遇到这种情况，当再次打开项目文件后，会出现如图 5-41 所示窗口提示：

发生这种情况是由于在保存项目以后，素材的位置发生了变化。在原来的位置已经找不到该素材。遇到这种情况，可以重新搜索丢失的文件，如果实在找不到，也可以选择“忽略丢失的文件并且让它离线”。离线的素材在轨道上有“离线素材”等字样的提示。

对于离线素材，可以重新采集，操作方法是：在项目媒体窗口空白处单击鼠标右键，从弹出的菜单中选择“重新采集所有离线媒体”，选择之后 Vegas 会启动素材采集窗口，重新从录像带上采集丢失的素材。

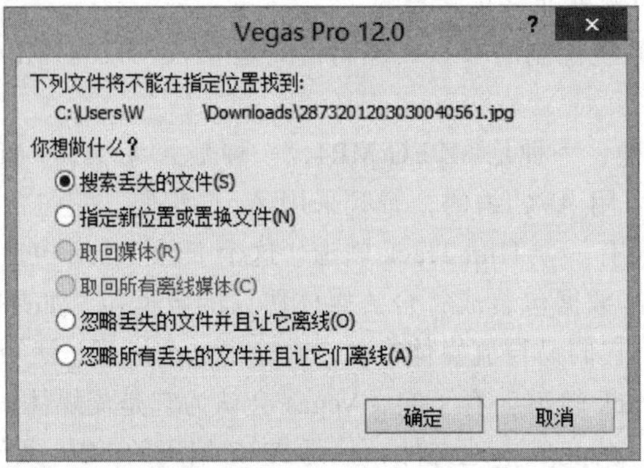

图 5-41 丢失素材的提示

也可以用另外一个素材替换，操作方法是：在项目媒体窗口空白处单击鼠标右键，从弹出的菜单中选择“替换”，之后 Vegas 让用户重新导入一段媒体素材，以替换原来离线的素材。

在项目媒体窗口中，还有两种删除操作，如图 5-42 所示。

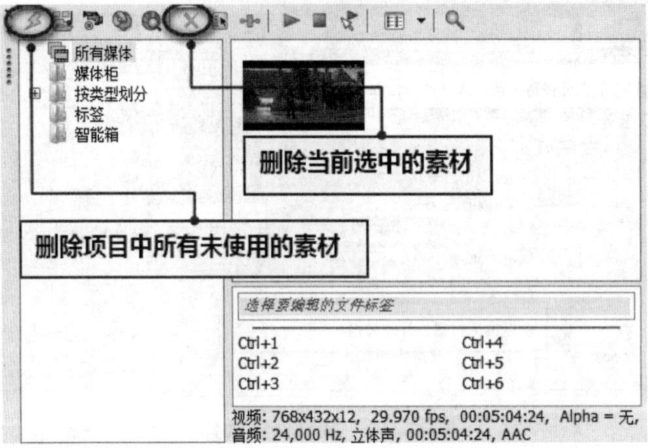

图 5-42 删除素材

实训课题 13：修剪素材

剪辑，顾名思义，剪在前，辑在后。

剪就是修剪的意思，是粗略地将多作素材去除的过程。

辑就是编辑的意思，既是调整各个素材片段之间前后关系的过程，也是重新组织素材和安排、使用镜头语言叙述情节的过程。当然还有详略的安排、素材修饰、衬托渲染等编辑过程，是非线性编辑的重点过程。

修剪有粗剪和精剪，总的原则是：粗剪层次，精剪节奏。

针对刚刚采集或者导入的素材，首先应该使用修剪器进行粗剪。

粗剪是对节目内容的第一次修剪，重点是筛选，筛选时一个要把握节目内容，拍摄坏的内容就可以舍弃掉，精彩的内容一定要保留。二是要注意节目时长，一般而言，拍摄的量都会多于最终剪辑成品的量，这就需要修剪，把不够精彩的内容裁切掉，同时把节目时长压缩在要求时长以内，比如一张 VCD 只能容纳 60 min 的节目，超过这个时长的内容则刻录不下。

实际做法是：双击项目媒体中的某一段素材，会自动载入到修剪器中，如图 5-43 所示。

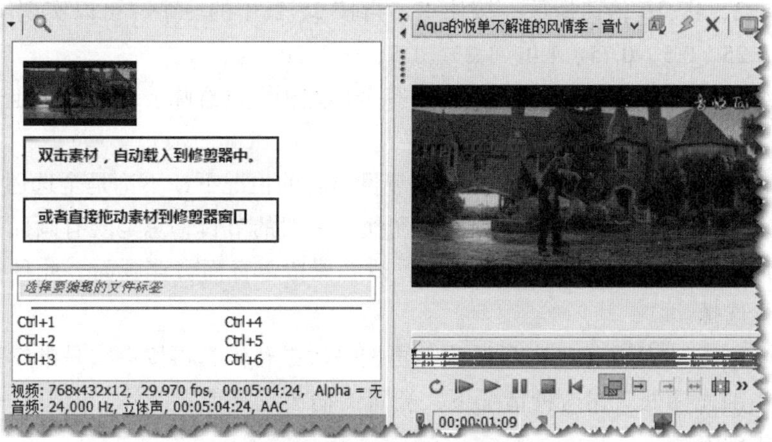

图 5–43　素材载入修剪器

当视频文件含有音频时，在修剪器中会同时显示音频波形，双声道同时显示。

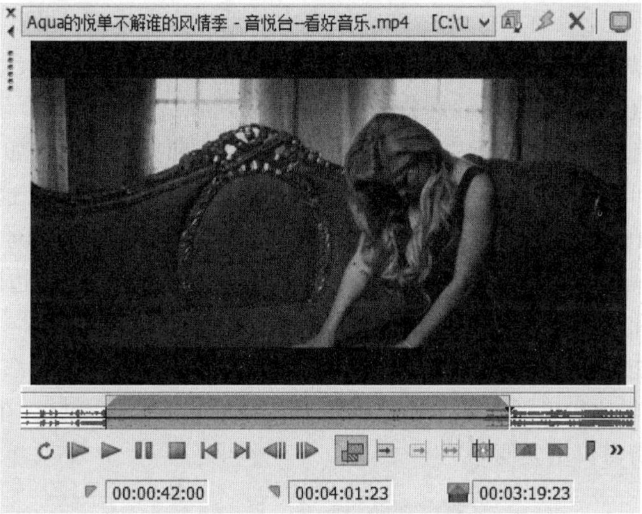

图 5–44　修剪器窗口

修剪素材时经常用到几个快捷键：

（1）J：正向播放和搜索。

（2）L：反向播放和搜索。

（3）K：暂停/停止。

（4）I：设置入点。

（5）O：设置出点。

这是很多非编软件都采用的快捷键，似乎快成了行业标准了。

在找到需要的画面入点后，按下“I”键，再找到画面出点，按下“O”，就完成了一段画面的选取。当然也可以用鼠标在素材上直接拖拉划出选择区域。这样不太精确。被选中的区域会变为蓝灰色，在素材上方的时间标尺上，也会出现两个黄色三角，框住了选定区域。可以用鼠标拖动这个黄色三角，改变入点和出点位置。

JKL 就好像专业编辑机的搜索滚轮一样。J 和 L 每按下一次，视频播放速度就会快一些，分别是 1、1.5、2、4、10 倍速播放。按住 K，再按 J、L 中的一个，可以实现增量为 0.25 的变速搜索。即 0.25、0.5、0.75、1.0、1.25、1.5、…、20。

（6）Ctrl+A：全选，对修剪器中的节目内容全部选中，也意味着它们全部上轨道，不作任何裁切。

（7）Tab：只选中视频或者音频，在选中节目内容的情况下，不论是全选还是选中部分，按下 Tab 键都会在选中视频和选中音频之间切换。一般的节目，总是既有画面也有配音的，有些时候，我们只想要视频画面而舍弃声音，或者保留声音而舍弃画面，此种情形下，就应该使用 Tab 进行选择。

（8）Enter 回车键，从光标处向后播放，再按一次是暂停，再按一次是继续播放，不过继续的起点却是当前光标处。在这种情况下，会看到播放总是走走停停，但总是一直从前往后播放，直到播放到末尾。

（9）空格键：和回车键类似，从光标处开始播放，再次按下是暂停，再按一次会继续播放，但总是从最早的光标处开始播放，有点循环播放的意思。

（10）M：制作标记，俗称“打点”，在需要选中的地方作上标记，可以对素材做多个标记。在素材上双击，可以快速选中两个标记之间的区域。标记一般自动编号，如“1”、“2”、“3”等，也可以由用户自己命名标记。

修剪窗口下方有 3 个时间提示：入点时间、出点时间和持续时间，如图 5-45 所示。

前两个的值都可以被修改。双击该时间值，它们就进入编辑状态，这时可以直接输入新值，例如要定位到 10 分 04 秒 15 帧，就输入“10.4.15”，或者输入“100415”。前一种方法的规则是：用“.”分隔时、分、秒、帧。后一种方法的规则是：省略掉左边的零和中间的冒号，数字连续，但中间和末尾的零不能省略。注意，帧数在 PAL 制下是从 0 ~ 24 帧。

通过这种方法能够快速定位到具体位置，很准确，专业的编辑人员都使用这种方式。

在 Vegas 中剪辑比较灵活，不是非得在修剪窗口中才能修剪素材，在轨道上同样可以修剪素材，而且比修剪窗口更方便。

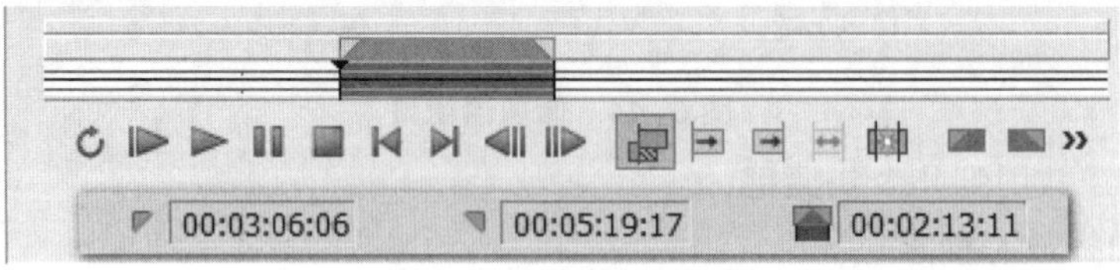

图 5–45　入点出点标记

实训课题 14：三点式编辑

在音视频剪辑中，最常用最重要的方法是“三点式编辑”。

所谓三点式剪辑，指在素材上指定两个点，分别为入点和出点，轨道上设置一个入点，3 个点即构成三点式编辑，如图 5-46 所示。

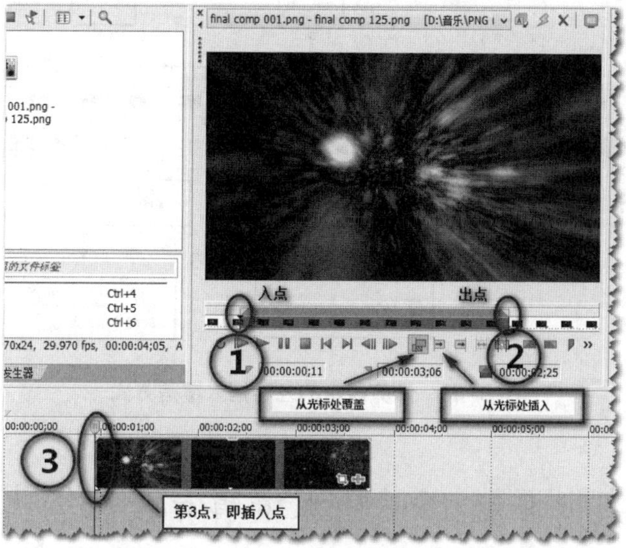

图 5–46　三点式编辑

三点式编辑，是绝大多数视频编辑软件都有的概念，体现了对素材裁剪处理的方法和思路。Vegas 也不例外，同样采用。三点式编辑步骤为：

步骤 1：在修剪器中选择第 1 点，通过预览再三斟酌，选择一个点作为入点，时间可以在下方时间码位置直接输入精确的数值来确定，比如，入点在 15 秒 13 帧处，可以在入点时间处直接输入：“1513”。输入之后按回车键，发现光标已经跳到 15 秒 13 帧处了。

步骤 2：在修剪器中选择出点，作为第 2 点。可以按“O”键。选择完成之后，素材下方就会出现图 5-47 这样的标志，它平常叫作“循环区域”，而现在却是“入点出点范围”的意思。两点之间就是选择的素材，它可以是整个素材，也可以是局部素材。

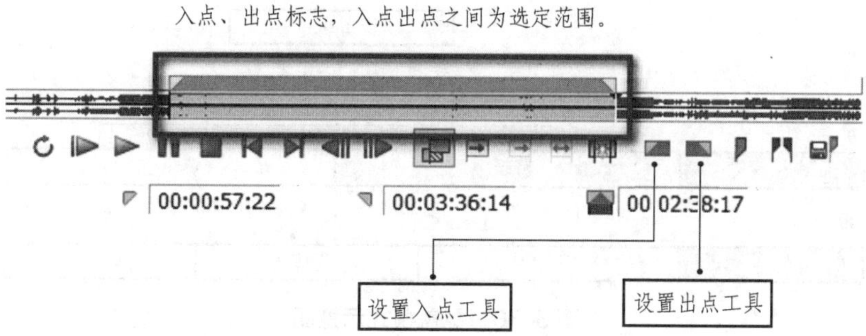

图 5–47　入点出点标记

步骤 3：在轨道上确定第 3 点，通常以光标所在位置作为第 3 点，也就是轨道上的入点位置。然后，在修剪器窗口中，按照图 5-48 所示，点击“从光标处插入”按钮，修剪器中选定的素材就插入到轨道上，轨道上原有素材依次向后移动。

这样，三点式编辑就已经完成。

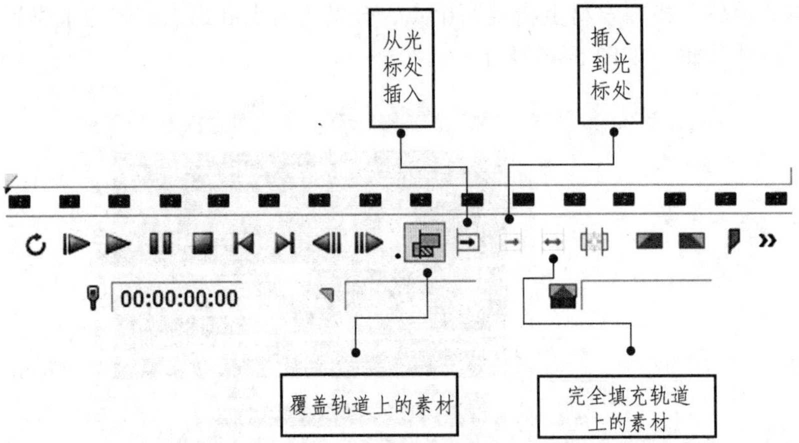

图 5-48　修剪器中的几种插入覆盖方式

实训课题 15：插入编辑与覆盖编辑

选定素材放置到轨道上时，一般有两种方式：插入和覆盖。它们的区别如图 5-49 和图 5-50 所示。

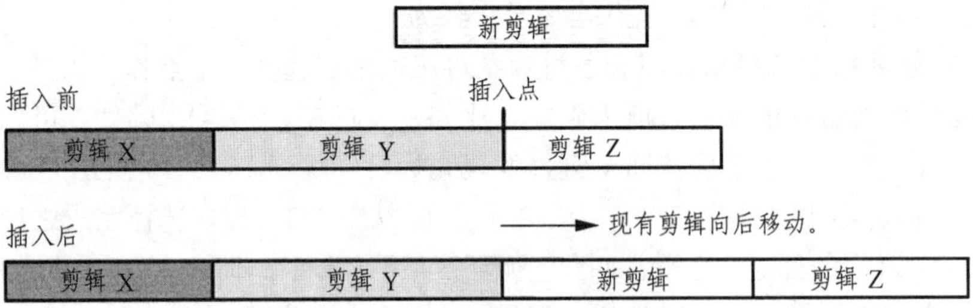

图 5-49　插入模式示意图

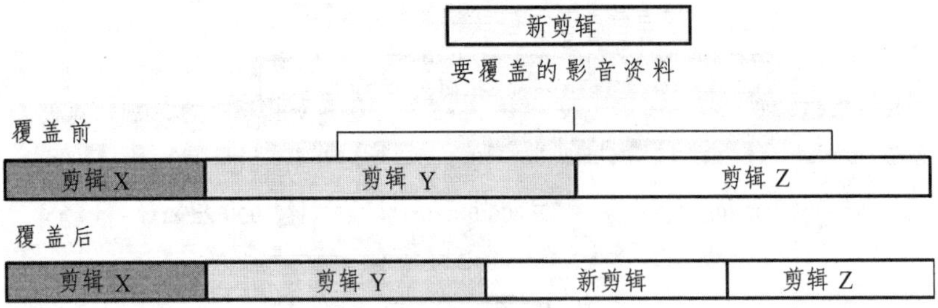

图 5-50　覆盖模式示意图

而插入模式又有两种方式：从光标处插入和插入到光标处。前者是以当前光标处为轨道入点，后者是以当前光标处为轨道出点。

Vegas 中还有四点编辑，它指的是在修剪器中选定入点和出点，然后在轨道上再次选定入点和出点，这样总共 4 个点，点击“完全填充轨道上的素材”按钮，选定的素材就会放置在轨道上两个点指定的范围内。这时，起实质作用的还是轨道上的入点和出点。如果素材长度大于轨道上的入点出点范围，则以轨道长度为准，对素材自动裁剪；如果素材长度小于轨道上的入点出点范围，也以轨道长度为准，对素材选定范围自动扩大。

实训课题 16：认识轨道上的素材

素材经过修剪器修剪，然后再放置到轨道上。还可以直接拖到轨道上，当然这意味着选择素材的全部内容，没有经过任何修剪。不过这种方式不推荐，还是在修剪器修剪之后再添加到轨道上才是正途。

添加到轨道上的素材，已经是粗剪之后的“半成品”了，它和项目媒体库中的素材已经有明显的区别。

最明显的特征，是这些素材带有一些特殊的标志和按钮，它们附加在每一段素材上，就像长在脸上的“雀斑”一样。观察图 5-51，就能发现这些特殊标志和按钮所在的地方。对于初学者，牢记这些标志和按钮，是学好 Vegas 的必备条件。

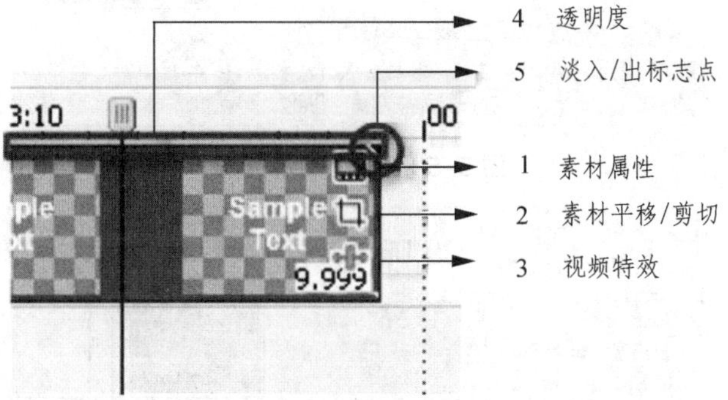

图 5-51　素材标记

从整体来看，轨道上的素材紧密相连，按照时间顺序或者故事情节依次排列，Vegas 中对轨道数量没有限制，用户可以使用多个轨道。轨道就像 Photoshop 中的层一样，同样的，上面的层遮盖下面的层，当两段素材在两个轨道上前后叠加时，重合部分总是显示上面轨道的内容，而下面轨道的内容则不会被显示。

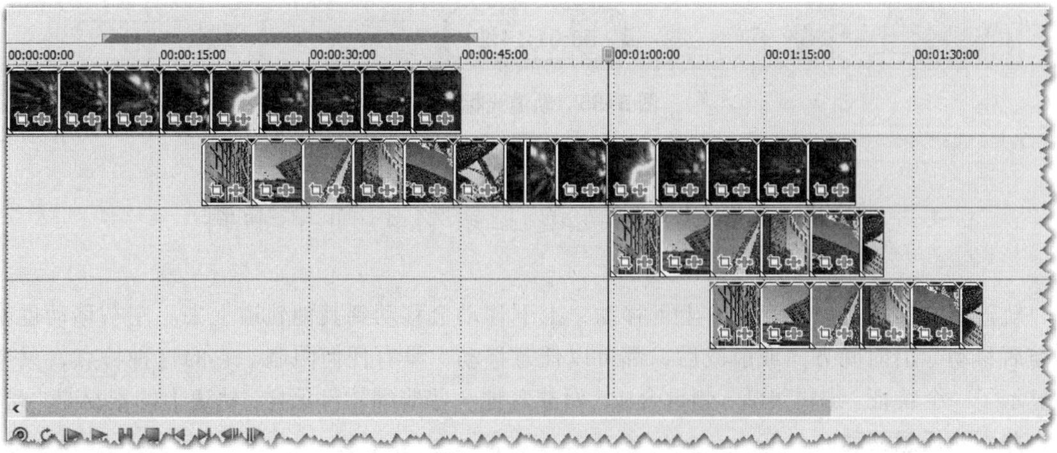

图 5-52　多轨道合成

Vegas 从一诞生就是多轨道的，它的轨道只有简单的两种：视频轨道和音频轨道。没有像其他非编软件那样将轨道分为视频轨、叠覆轨、字幕轨、声音轨和音乐轨。过多的分类反而限制了用户的自由发挥，显得死板。

Vegas 可以有很多个视频轨道和很多个音频轨道，在做合成的时候，这种多轨道带来了极大的方便，只要有素材，只管往上加，使用多少个轨道都无所谓，丰富的元素会创造极绚丽的效果。

在 Vegas 中，视频素材和它对应的音频素材紧邻放置。

在轨道上，拖动轨道光标可以前后移动轨道光标位置，如图 5-53 所示。拖动轨道光标头则是以一帧为一单位前后移动轨道光标，按"←"和"→"箭头键也能实现同样功能。

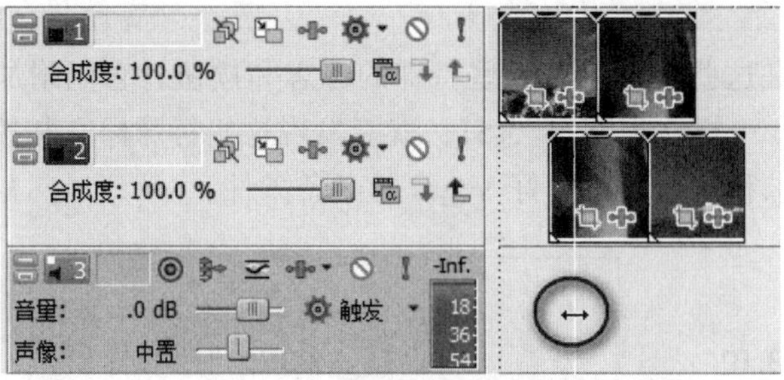

图 5-53　拖动轨道光标

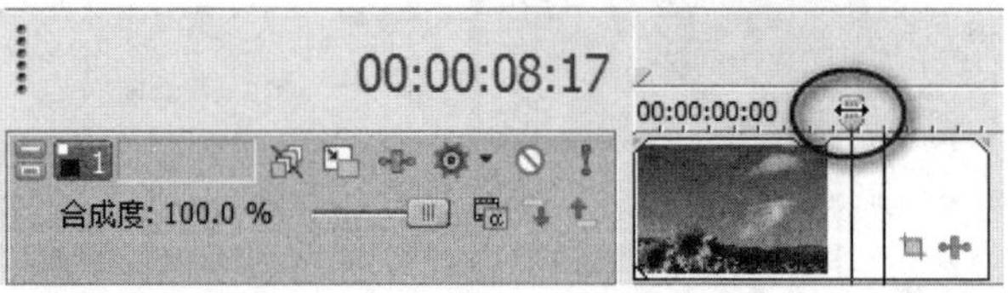

图 5-54　"←""→"键移动轨道光标

按"Ctrl+G"则可以快速定位轨道光标，通过输入要定位的时间值，能够准确地将轨道光标移动到指定位置。比如输入"201122"，表示定位到"00：20：11：22"处。遵循规则是：省略掉前置"0"和中间的"："，连续输入剩余数字即可。

在轨道底部的"光标定位"处输入时间值，也能快速定位光标，如图 5-55 所示。

图 5-55　轨道光标定位

实训课题 17：轨道上素材的简单编辑

轨道上的素材可以任意左右上下移动，上下移动会移动到其他轨道上去。左右移动也就是前后移动，沿时间方向或前或后，都可以任意移动，没有任何限制。它的这种特点，只突出显示了一个特征：编辑灵活，侧重合成。而非其他一些非编软件那样，轨道上的素材是"死"的，并不能任意移动。

移动素材的方法很简单，使用"标准编辑工具"就能实现常用的编辑操作。选中某一段素材，然后拖动鼠标就可以任意移动素材。移动时轨道上方会有提示，如图 5-56 所示。

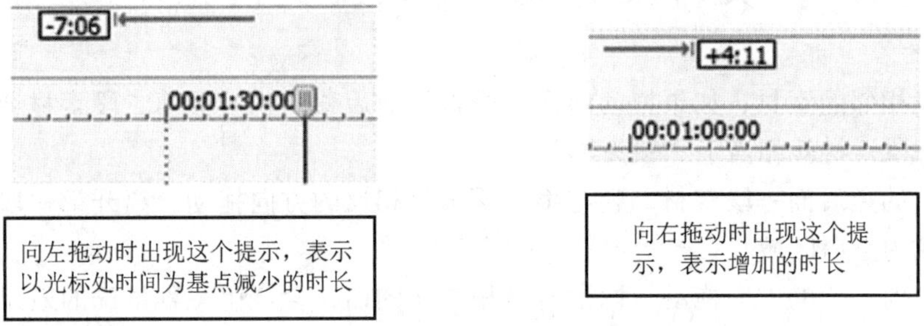
-7:06
00:01:30:00
向左拖动时出现这个提示，表示以光标处时间为基点减少的时长
+4:11
00:01:00:00
向右拖动时出现这个提示，表示增加的时长

图 5–56　移动素材位置

素材在轨道上的编辑操作比修剪器窗口的操作更加便捷，功能也更加强大。主要用到的操作键有：

（1）J：反向搜索。

（2）K：暂停。

（3）L：正向搜索。

（4）Enter：播放/暂停（光标就地停止）。

（5）Space：播放/停止（光标返回播放点）。

（6）S：分割（截断）。

（7）M：做标记点，俗称“打点”。

（8）G：组合，将匹配的视频和音频编组。

（9）U：解组，是组合的反向操作，将本来编组的视频和音频解组。

（10）I：标记入点位置。

（11）O：标记出点位置。

（12）R：标记视频区域。

（13）N：标记音频区域。

（14）`：折叠/展开轨道（按`，即大键盘数字 1 左边的那个键）。

（15）双击：选择循环区域。

（16）[、]：跳到素材头和素材尾（左右方括号）。

（17）<、>：跳到区域头和区域尾（如果无循环区域则指轨道上的有效素材）。

（18）→、←：←、→方向键，单帧移动光标。

（19）↑、↓：↑、↓方向键，缩放轨道显示比例，等同于搓动鼠标滚轮。

（20）→、←（小键盘 4、6 键）：向左移动素材、向右移动素材。

（21）↑、↓（小键盘 8、2 键）：向上跳动素材、向下跳动素材。

（22）Insert：插入关键帧。

（23）Delete：删除素材。

（24）Home 键：光标跳到起始点。

（25）End 键：光标跳到末尾点。

（26）Up：光标整数左移。

（27）Down：光标整数右移。

实训课题18：自动交叉淡化

对于两段相邻的素材，如果拖动前面一段素材前后移动，后面第二段素材会跟着自动前后移动，前一段素材就相当于“领头羊”。

如果移动的是后面一段素材，朝与第一段素材相反的方向拖动，离开第一段素材，空开的地方自动成为空白区域。

而如果向前一段的方向拖动，两段素材相交叉的话，会产生一种特殊的效果：自动交叉淡化，如图5-57所示。

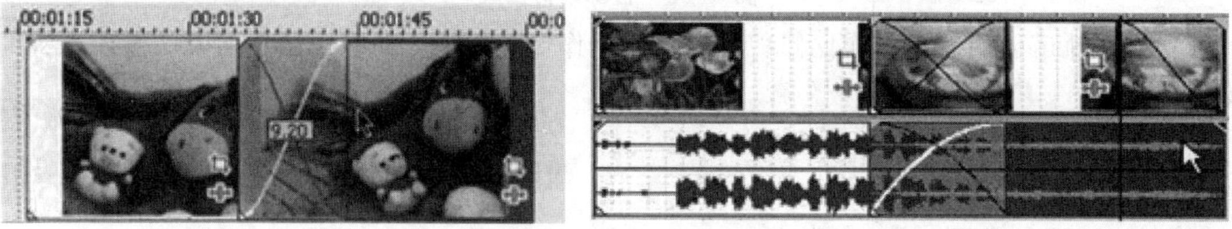

图5–57　自动交叉淡化

中间那个像“X”一样的曲线就叫“交叉淡化曲线”，表示第一段素材自动淡出，第二段素材自动淡入，中间的数值表示交叉持续的时长，比如这里持续9秒20帧。

多段素材连续交错时，也会自动出现交叉淡化效果，如图5-58所示。

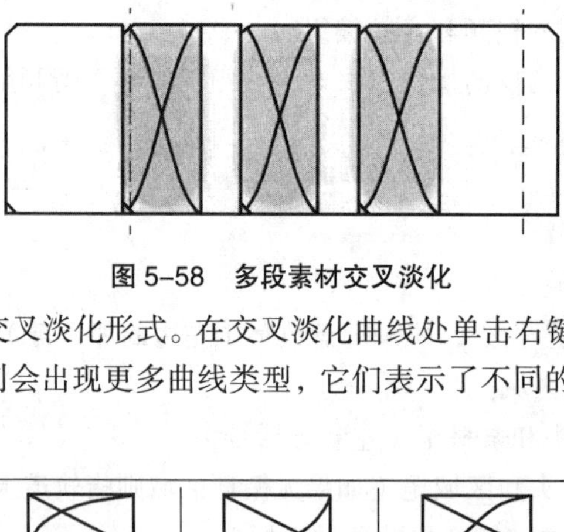

图5–58　多段素材交叉淡化

Vegas提供了很多种交叉淡化形式。在交叉淡化曲线处单击右键，在出现的快捷菜单中选择“渐变类型”菜单项，则会出现更多曲线类型，它们表示了不同的过渡运动形式，如图5-59所示。

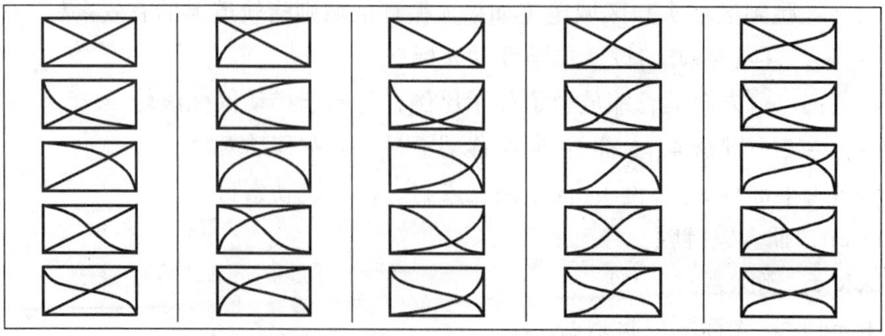

图5–59　交叉淡化曲线类型

在工具栏上，有一个开关按钮，控制着是否会自动产生交叉淡化，如图5-60所示。当这个按钮保持凹下状态的时候，才会自动产生交叉淡化。如果凸起的话，即使两段素材交错也不会产生交叉淡化。

自动交叉淡化 (Ctrl+Shift+X)
自动创建淡入淡出时，两个素材重叠。

图 5-60　自动交叉淡化开关

实训课题 19：自动吸附

在工具栏上还有一个按钮，也影响着相邻两段素材的操作，它就是“自动吸附”，如图 5-61 所示。当这个按钮保持凹下状态的时候，相邻两段素材的边缘接触时，接触部分会自动产生一条“蓝线”，两段素材的边缘好像有“磁性”一样自动吸附、自动对齐，用户不用担心交错或者留有细小缝隙，边缘处自动对齐，完美对接。

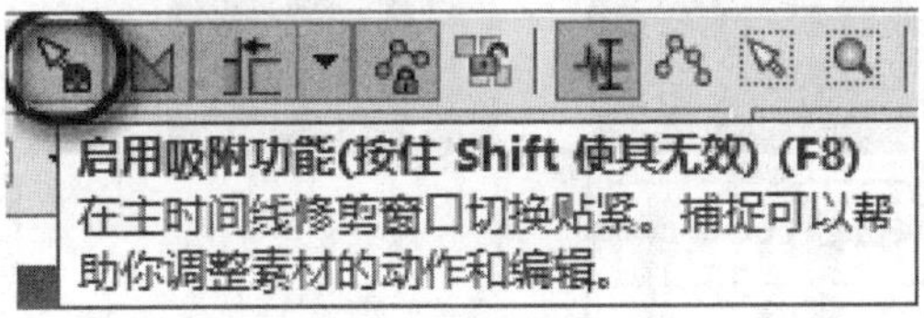
启用吸附功能(按住 Shift 使其无效) (F8)
在主时间线修剪窗口切换贴紧。捕捉可以帮助你调整素材的动作和编辑。

图 5-61　自动吸附开关

实训课题 20：无级缩放显示比例

较长的视频素材以最小的比例显示时，Vegas 只会显示首帧、中间帧和尾帧，其余帧忽略不显示。这样能够提高操作的响应速度，如图 5-62 所示。

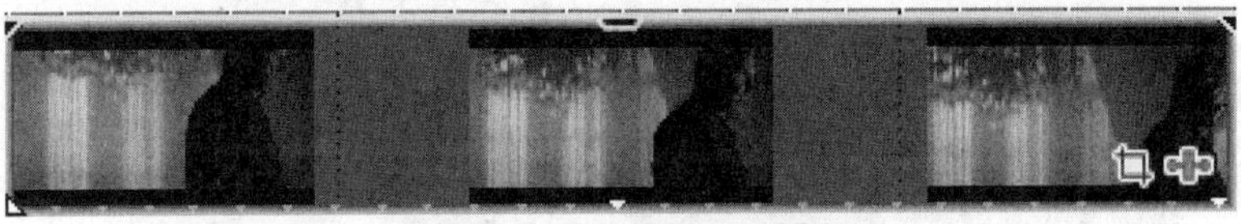

图 5-62　素材最小比例显示

只有当视频的显示比例逐渐放大时，Vegas 才会逐帧显示画面，如图 5-63 所示，这给精准的剪辑带来了极大的方便。

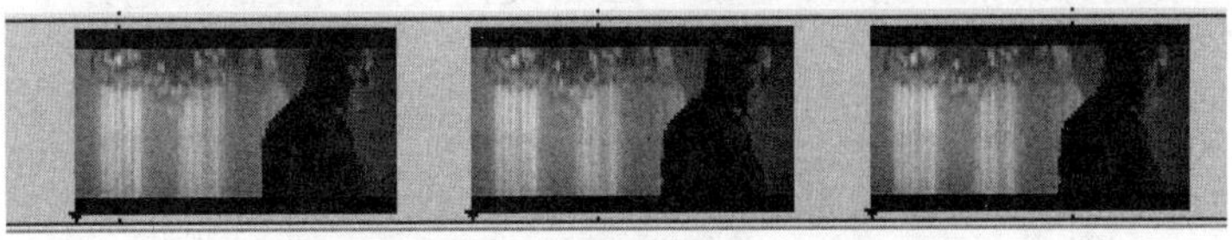

图 5-63　素材放大显示比例

轨道上的音频素材，会显示双声道的波形。当显示比例较小时，能够看到较密集的波峰，如图 5-64 所示。如果放大显示比例，则波峰会逐渐稀疏，直至越来越稀疏，最后接近直线。

如图 5-65 所示。

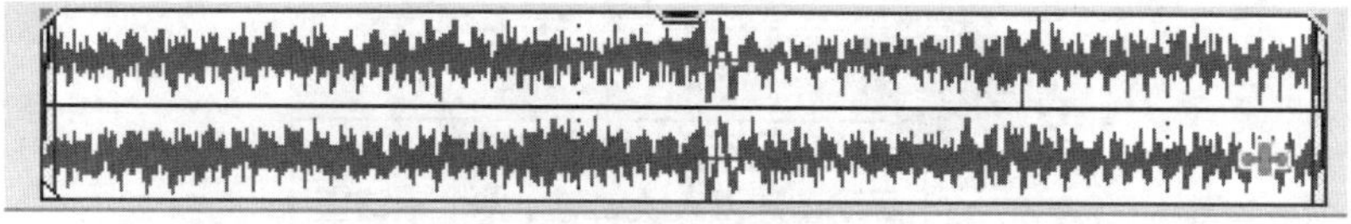

图 5–64 音频素材最小比例显示

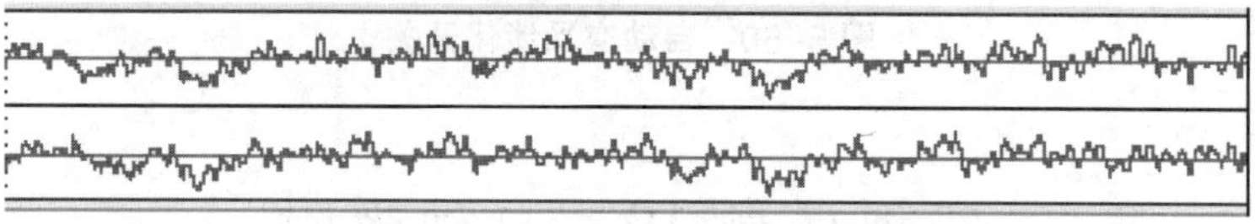

图 5–65 音频素材放大比例显示

利用这一点，可以很轻松地“卡点”，当我们在轨道上剪辑素材时，说话声音的起止、音乐的渐强渐弱、间歇、停顿等，都是最佳的剪切点。如果能够借助音频波形作为参考，那自然会剪得更准确。如图 5-66 所示，通过观察音频波形，找这样的停顿点。

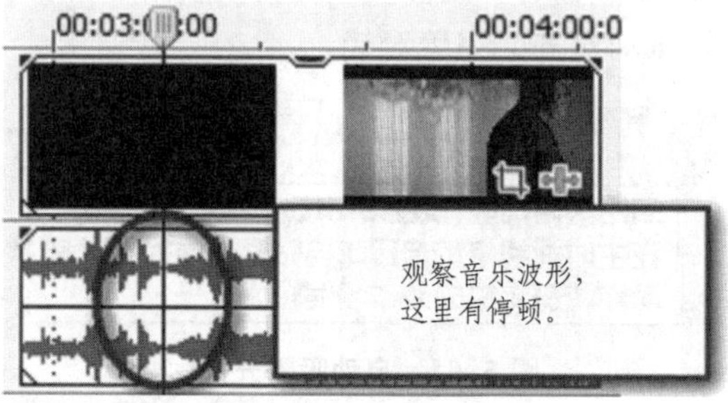

图 5–66 根据波形找修剪点之一

为了更准确，我们进一步放大显示比例，可以看到圈中的地方完全是直线，即意味着这里没有任何声音，从这里剪开，绝对不会影响前后两段声音，如图 5-67 所示。

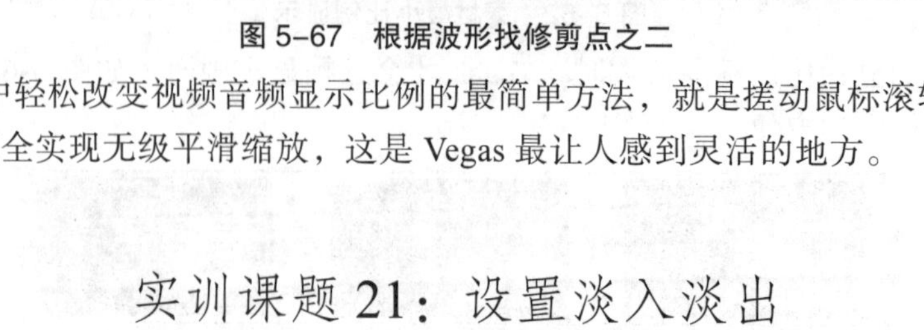

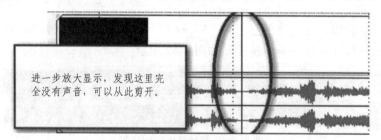

图 5–67 根据波形找修剪点之二

而 Vegas 中轻松改变视频音频显示比例的最简单方法，就是搓动鼠标滚轮，只需轻轻搓动鼠标滚轮，完全实现无级平滑缩放，这是 Vegas 最让人感到灵活的地方。

实训课题 21：设置淡入淡出

淡入淡出是视频编辑中常用的操作，比如一首歌曲的过门部分渐渐变强，再比如一个场景结束后慢慢淡去。

Vegas 把这种常用操作放在最顺手的地方，在每一段轨道素材的左上角和右上角都有一个特殊的标记，如图 5-68 中的所示的蓝色小三角形。

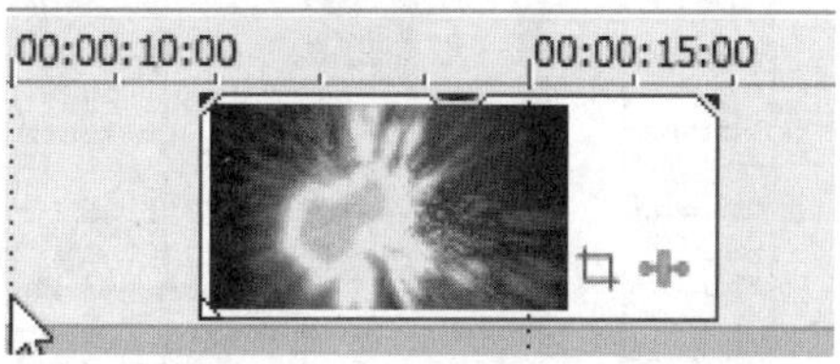

图5 68 素材淡入淡出标记

当鼠标在这两处地方稍作停留时，会出现一个小圆弧标志，这时向下拖动鼠标，就会拉出一条淡入淡出曲线。在素材头部的曲线叫淡入曲线，在素材尾部的曲线叫淡出曲线，如图 5-69 和图 5-70 所示。添加以后轨道素材上就多出两条波形曲线，如图 5-71 所示。

图 5–69 淡入曲线

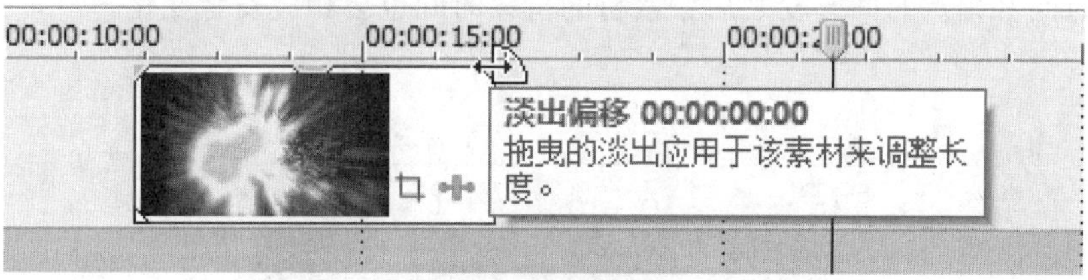

图 5–70 淡出曲线

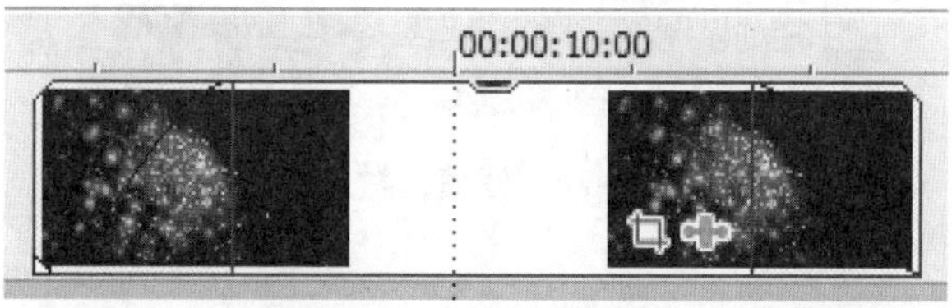

图 5–71 淡入淡出曲线

除了这种曲线形式，Vegas 还有几种曲线类型。在淡入淡出曲线上点击右键，选择弹出菜单中的“渐变类型”，就会显示所有可选的曲线类型，如图 5-72 所示。

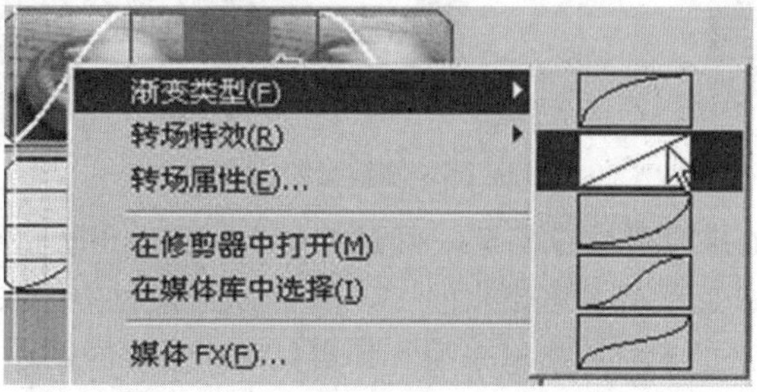

图 5–72 更多的淡入淡出曲线类型

不论是淡入曲线，还是淡出曲线，类型都一样，如图 5-73 所示。

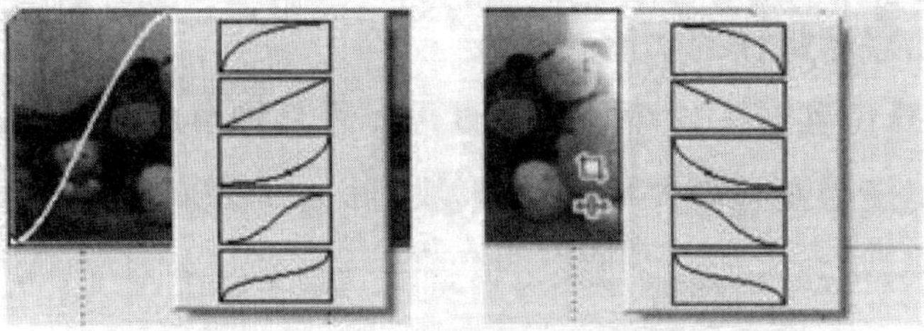

图 5–73　淡入曲线类型与淡出曲线类型

实训课题 22：修剪素材入点和出点

轨道上的素材是经过修剪以后的素材，如果原素材持续 5 s，在修剪器中只剪取了 3 s，添加到轨道上以后，素材长度是将是 3 s。

但是，有时根据需要，还可以再次修改素材的持续时间，以及入点位置和出点位置。修改办法是：将鼠标移到素材左侧边缘或者右侧边缘，然后拖动鼠标，如图 5-74 和图 5-75 所示。当素材入点时间和出点时间改变之后，素材的持续时间也会相应发生变化。

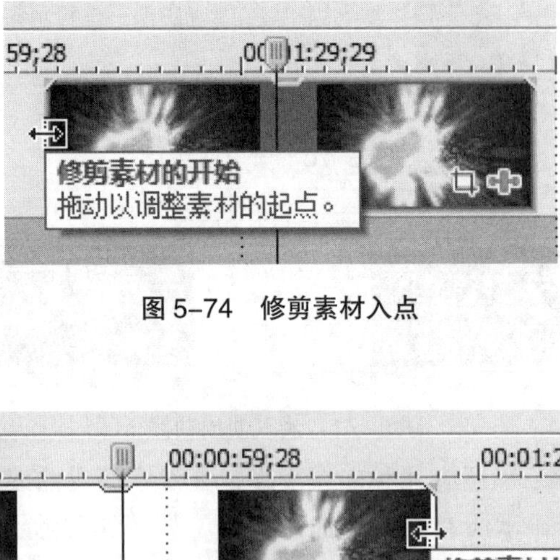

图 5–74　修剪素材入点

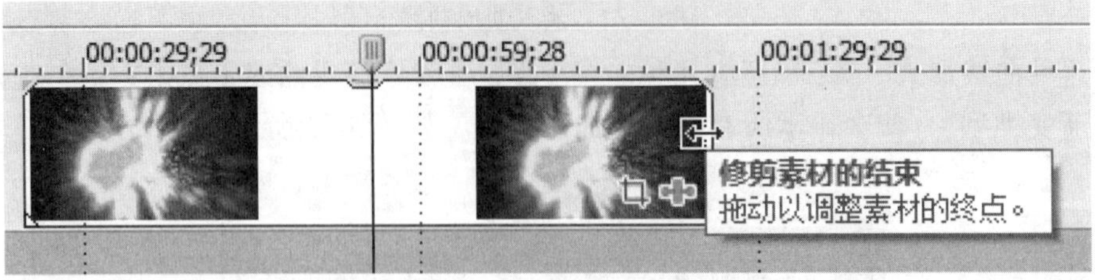

图 5–75　修剪素材出点

这里一定要注意，如果原素材持续 5 s，经过修剪以后在轨道上持续 3 s，修剪以后，新的持续时间可以延长，比如变为 4 s，多出来的 1 s，重新从原素材中提取。还可以无限延伸，比如拉伸到 20 s。延伸出来的素材从哪里来呢？其实只是原素材的循环重复。对于素材重复，Vegas 也有特殊的标记，如图 5-76 所示，素材顶部的那些小三角缺口就表示重复点。

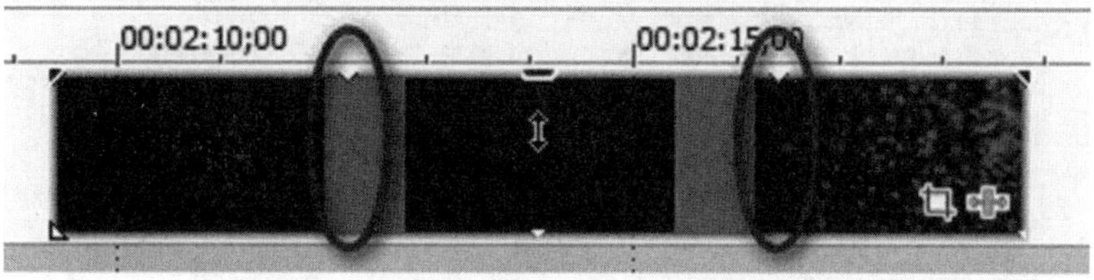

这些缺口，就是自动重复标志

图 5–76　素材重复标志

图片这样的静态素材，默认在轨道上持续 5 s。如果修剪出点，则持续时间会无限变长，拉多长就有多长。

不管是视频素材，还是音频素材，修剪入点和出点的方法都相同。

实训课题 23：复制、剪切素材片段

轨道上的素材，就像一个一个字符一样，自由自如地进行复制、移动。我们平时在 Windows 环境下非常熟悉的一些常规操作，都可以用到轨道素材上面来，比如：

（1）按 Ctrl 键+单击可以多选。

（2）选中首个素材，按住 Shift 在末尾处单击，可以选择连续相邻的多个素材。

（3）Ctrl+C 复制，Ctrl+V 粘贴。

（4）鼠标拖动选择一段时间范围，其实就是选择“循环区域”，操作方法是：在素材以外任何地方按下鼠标，然后继续拖动鼠标，就可以圈选一定范围内的素材。也可以将光标停留在轨道标尺上方，左右拖曳可圈选出一个选区，选区内的素材会高亮显示；左右拖曳选区上的黄色三角形可以增加或减少选区范围；将光标停留在选区上方进行移动，还可以调整选区位置。如图 5-77 所示，在轨道空白区域拖动，即可拖出一段循环区域。

鼠标在循环区域标记的两侧拖动，可以改变循环区域的范围，如图 5-78 所示。

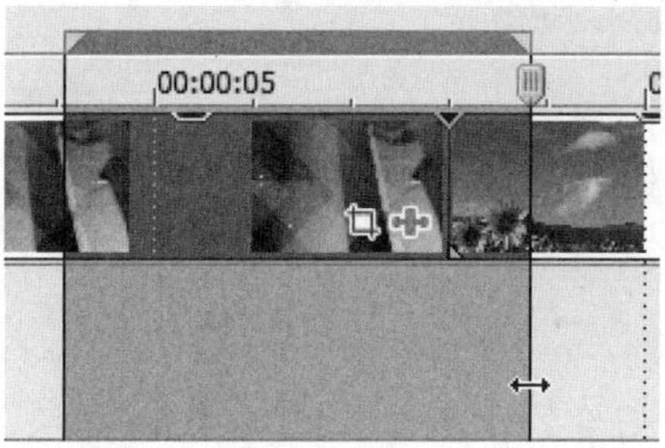

图 5–77

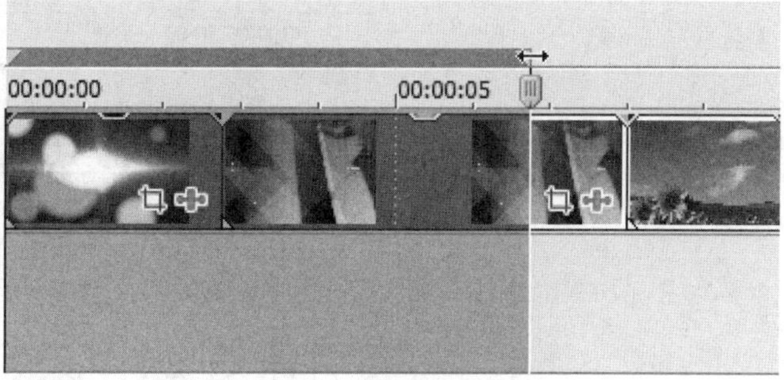

图 5–78

复制素材的基本方法是：Ctrl+C 复制，Ctrl+V 粘贴，这和其他 Windows 操作完全一致。

可以按“循环区域”进行复制，首先划定一段“循环区域”，然后复制粘贴，则只有循环区域中的内容被复制，如图 5-79 所示。

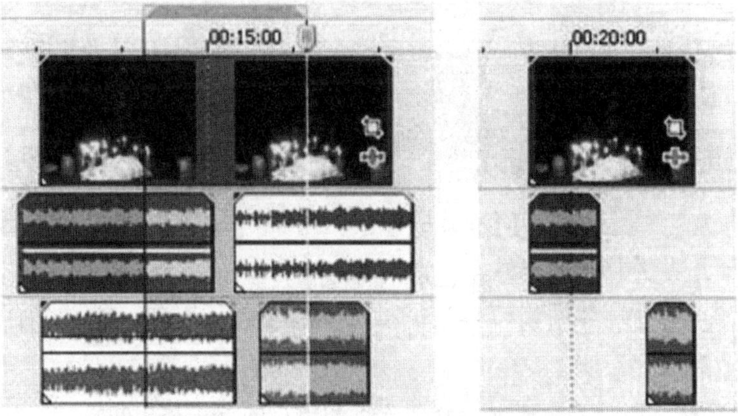

复制前选区情况　　　　粘贴后

图 5-79　复制循环区域

Vegas 中还有两种复制效果：

（1）粘贴重复。

（2）粘贴插入。

粘贴重复：可以将源素材复制多份，方法是：选择菜单“编辑/粘贴重复”，则会出现如图 5-80 所示窗口。在其中设置份数，如当前显示的是“2”表示复制 2 份。

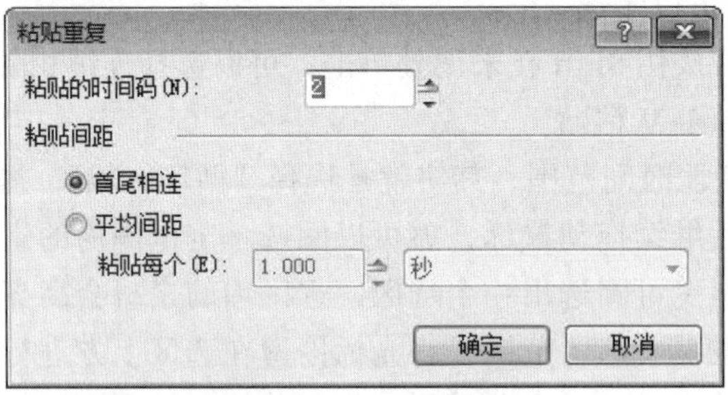

图 5-80　粘贴重复

粘贴插入：选择菜单“编辑/粘贴插入”，将源素材复制到当前光标处，而光标处原来的素材会插入新复制的素材，等于将原来的素材撑开为两部分。这实际上等于覆盖式插入。

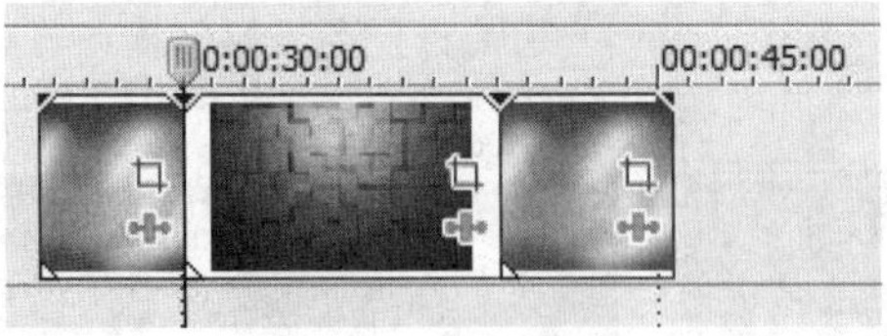

图 5-81　粘贴插入

实训课题 24：分割与解组

1. 分割素材

很多时候我们需要将不需要的素材删除，或者将一段素材从某处一分为二，然后再调整它们的前后顺序。这些时候都需要将素材进行切割。Vegas 中对素材的切割非常方便，最常用的方法是使用快捷键，对应的快捷键是“S”。

操作方法是：首先选中切割点，然后在切割点处按一下“S”键，这样就能轻松地将素材从该处分割为两段，如图 5-82 所示。

还有一种办法，先将光标放在要分割的位置，然后选择编辑菜单中的“分割”命令，视频剪辑就被分割开了。在这两种方法中，推荐大家使用“S”键来分割，比较简单快速。

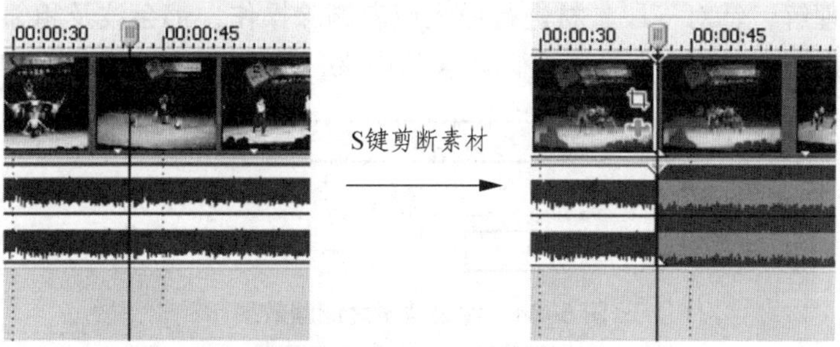

图 5-82　分割素材

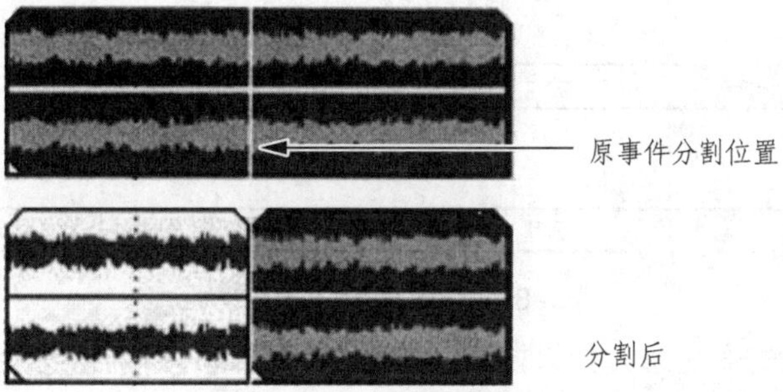

图 5-83　分割素材示意图

虽然剪辑被分成了两个部分，但是它们仍然连接在一起，所以在播放的时候，感觉不到分割，和一个完整的整体是一样的效果。如果刻意的拉开一段距离，那效果就不一样，中间会有黑场出现。

2. 素材编组与解组

默认情况下，一段素材的视频和音频，Vegas 将共视为一个整体，对其自动编组，比如要移动视频，音频也跟着移动。

有时候需要将这种编组拆开，单独编辑视频，或者单独编辑音频。这时按快捷键“U”，就能够解除分组。

反过来，如果需要将一段音频和视频编组，则应该将视频和音频的头部对齐，然后一齐选中视频和音频，按快捷键“G”，也就是执行“分组/建立新分组”。这样，这两段视频音频就合在一起了。

实训课题 25：波纹编辑与自动跟进

“波纹编辑”是非编软件中一个最基本的概念。Vegas 中为了通俗易懂，使用自动跟进来表达和实现这个概念。

这里要注意一下，严格意义上的波纹编辑不像自动跟进这么简单，但为了通俗易懂，我们使用自动跟进这个概念来代表波纹编辑。实际上 Vegas 中对波纹编辑实现的也非常简单，仅实现了自动跟进的功能，没有更复杂的操作。

“波纹编辑”指的是，当在轨道上插入或者删除片段时，其后相邻的片段都会自动后退或者前移。形象地理解，针对一段素材进行插入或者删除操作，都会波及相邻素材，就像水波荡漾一样。这就是“波纹编辑”这个名词叫法的由来，如图 5-84 和图 5-85 所示。

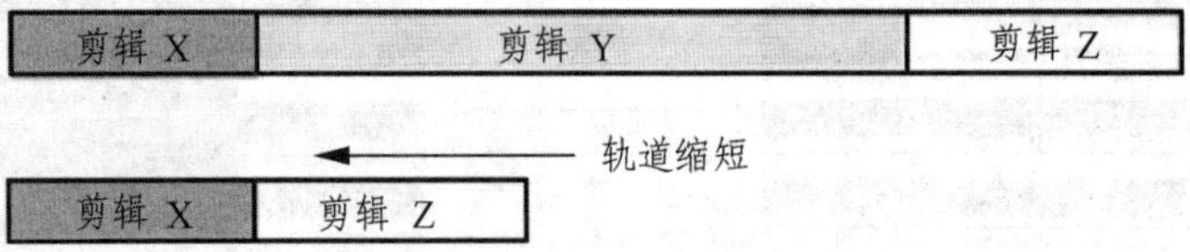

图 5-84　波纹剪辑之删除效果

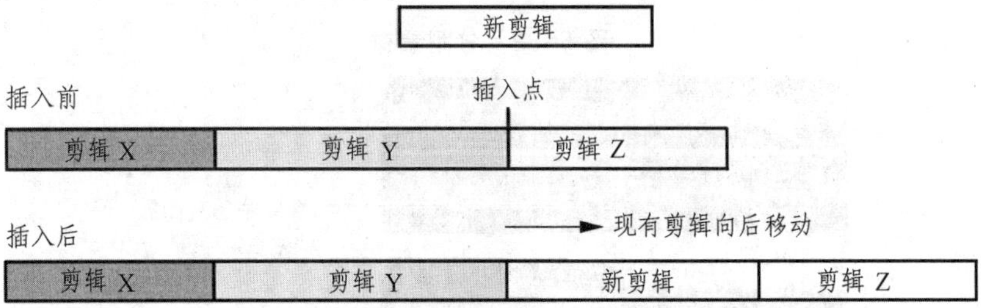

图 5-85　波纹编辑之插入效果

“自动跟进”也是这个意思。如果插入一段素材，那么其后的素材会自动向后推。如果删除一段素材，那么其后的素材会自动前移跟进。

在工具栏上，如图 5-86 所示，这个按钮就是自动跟进，当它凹下时，打开自动跟进。凸起时，关闭自动跟进。

图 5-86　自动跟进开关

自动跟进表现在两处地方，一个是插入操作，当操作一段新素材时，原有素材自动向后移动；二是删除操作，当删除某一段素材时，后面原有素材会自动往前移动，弥补上删除的空隙。

删除素材的方法就是选中素材，然后按 Del 键。

按下 Ctrl+F，所有轨道的素材自动跟进。

实训课题 26：其他修剪工具

新版 Vegas 中新增了几个编辑工具，使它跟 Premiere 等主流软件的编辑方式更进一步接近。还有一个变化，就是将常用编辑工具栏放置到了轨道底部，几个工具进行了整合，形成了新的工具栏，如图 5-87 所示。

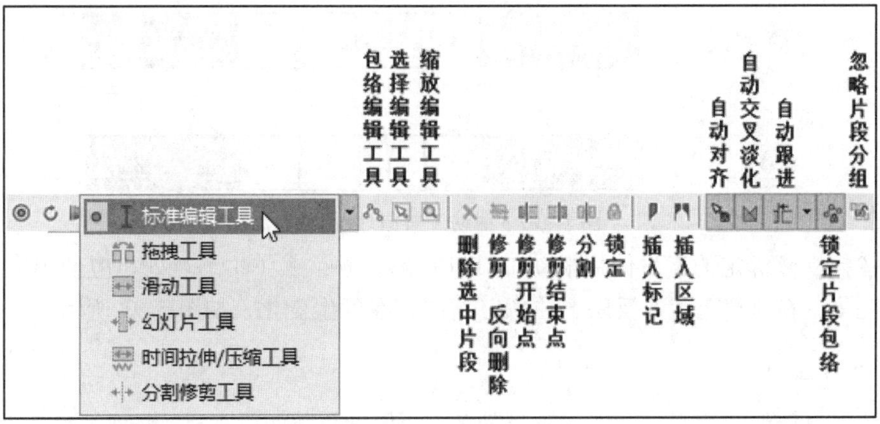

图 5–87

1. 滑动工具

在轨道上针对已经修剪过的素材，如果选择滑动工具在素材内部左右拖动，或者按住 Alt 键在素材内部左右拖动，则表示滑动修剪。

所谓滑动修剪，就是素材的总长度不发生变化，但是素材的入点出点发生变化，相应的素材内容也发生变化。

当使用滑动工具时，鼠标形状会发生变化，如图 5-88 所示。

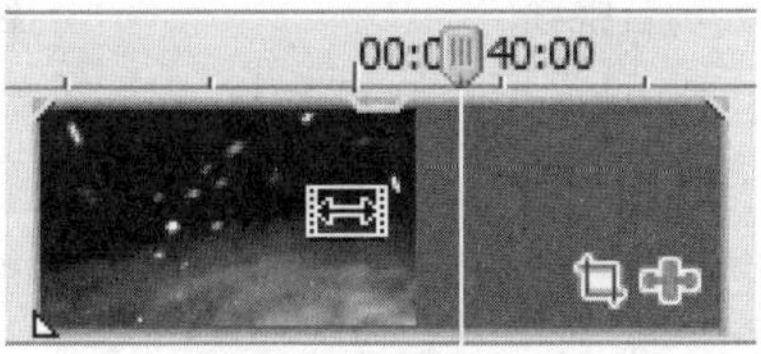

图 5–88　滑动工具

当使用滑动工具在素材内部左右拖动时，预览窗口相应发生变化，新旧入（出）点节目内容对比显示。通过观察可以确定改变前和改变后的入（出）点（见图 5-89）。

图 5–89　使用滑动工具时的预览窗口

滑动工具工作原理如图 5-90 所示。

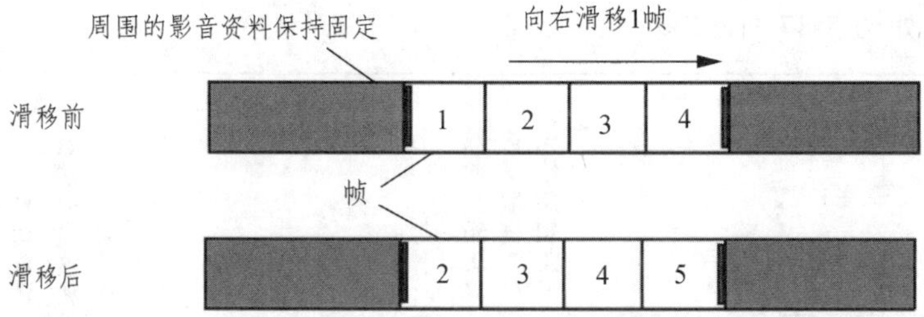

图 5–90　滑动工具原理示意图

针对音频视频绑定的素材使用滑动工具进行修剪时，入（出）点处相应的视频音频内容一起发生变化，在轨道上就有反映，注意：是内容在发生变化，如图 5-91 所示。

2. 幻灯片工具

幻灯片工具能够改变素材和相邻素材的关系，假设相邻两段素材，修剪素材 A 的出点时，相邻素材 B 的入点会自动跟着变化，但是两段素材的总时间长度不会发生变化。

图 5–91　滑动工具修剪音视频

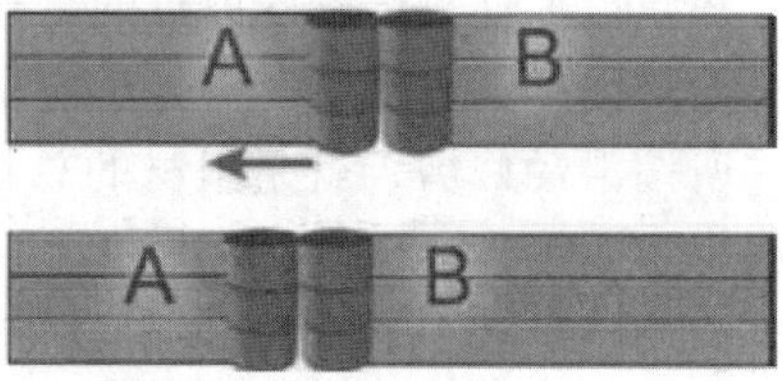

图 5–92　幻灯片修剪示意图

使用该工具在素材内部左右拖动时，可以左右移动该段素材，该段素材的长度不会发生变化，3 段素材的总长度也不会发生变化，只是该段素材的位置发生变化，或前移，或后移。将该段素材向后拖动，轨道变化如图 5-93 所示，预览窗口的变化如图 5-94 所示。

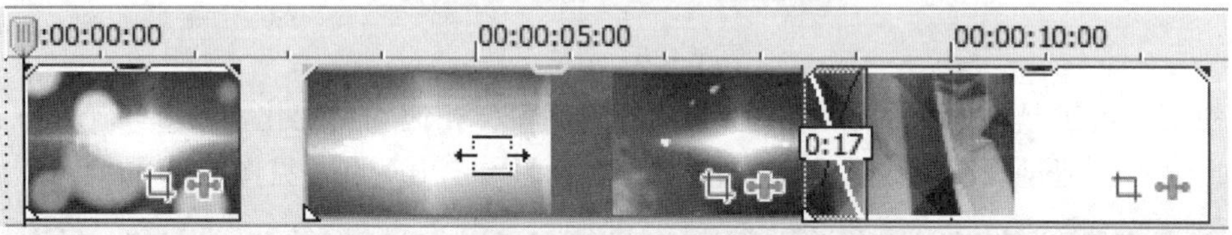

图 5–93　使用幻灯片工具时轨道操作的变化

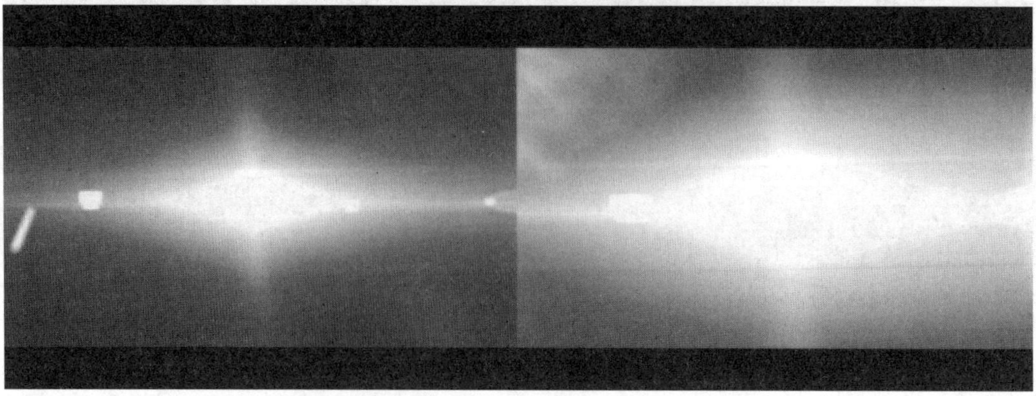

图 5–94　使用幻灯片工具时预览窗口的变化

将该段素材向前拖动，轨道变化如图 5-95 所示，预览窗口的变化如图 5-96 所示。

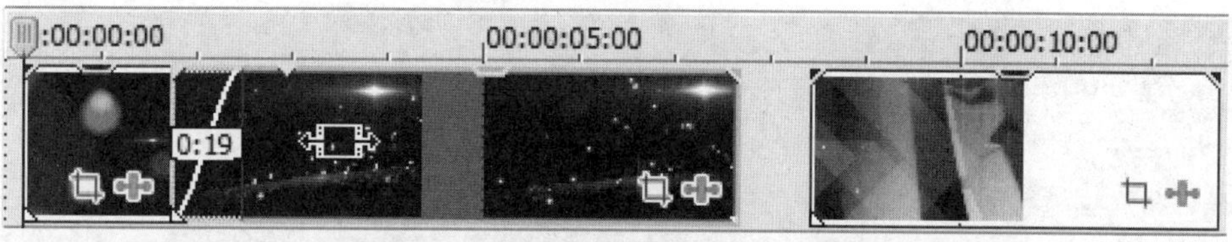

图 5–95　使用幻灯片工具向前拖动素材

图 5–96　使用幻灯片工具向前拖动素材时预览窗口的变化

看起来该工具好像没有什么特殊的地方，其实，这个工具最正确的用法在于拖动两段素材的接缝处。如图 5-97 所示，选择该工具，移到两段素材的接缝处，此时屏幕提示“修剪相邻”。这才是该工具的真正作用。

图 5–97　修剪相邻

下面通过几幅屏幕抓图的对比来看该工具的作用。这是原始的 3 段素材，它们的时长以及排列顺序如图 5-98 所示。

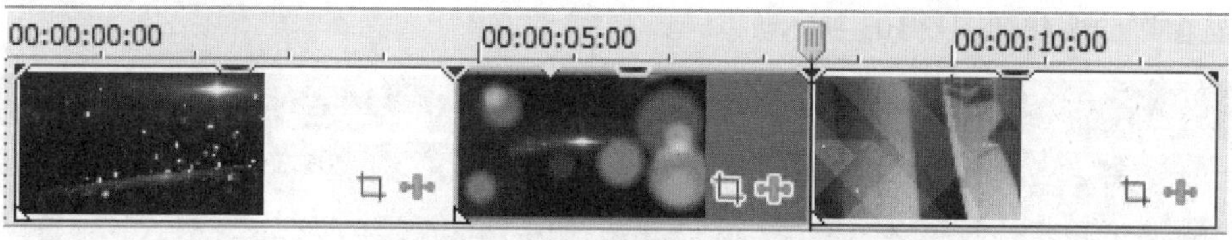

图 5–98　修剪相邻前的素材安排

使用幻灯片工具，移到后面两段素材的接缝处向右拖动，如图 5-99 所示。

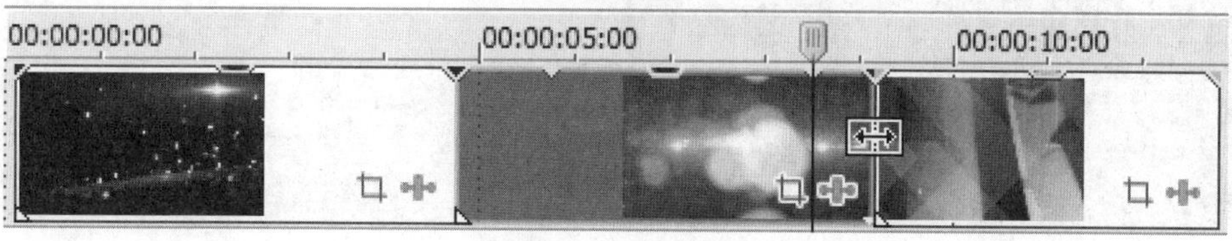

图 5–99　向右拖动

此时预览窗口变化如图 5-100 所示。

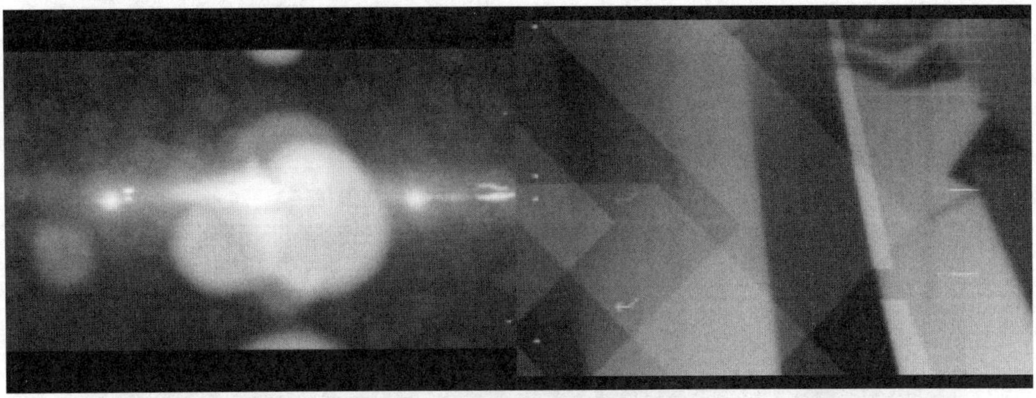

图 5-100　向右拖动时的预览窗口变化

向右拖动一段距离之后松开鼠标，此时轨道变化如图 5-101 所示。观察之后发现，3 段素材的总时长没有发生变化，但第二段素材出点改变，持续时间变长，相应的第三段素材的入点改变，持续时间变短。

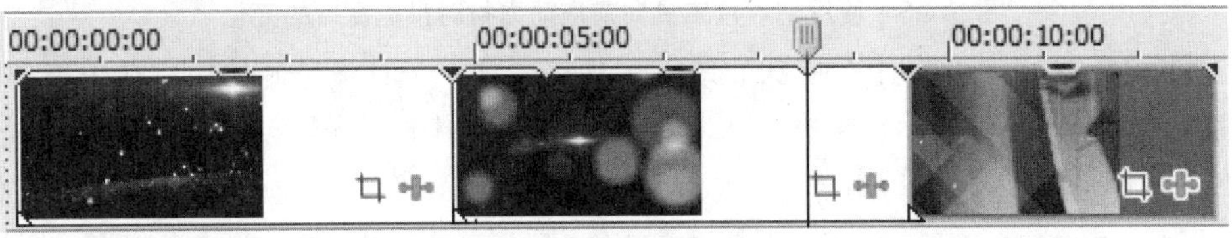

图 5-101　拖动之后的轨道变化

再看向左拖动的情况，同样的道理，选择第一段素材和第二段素材接缝处，使用幻灯片工具在该处向左拖动。此时轨道变化如图 5-102 所示。

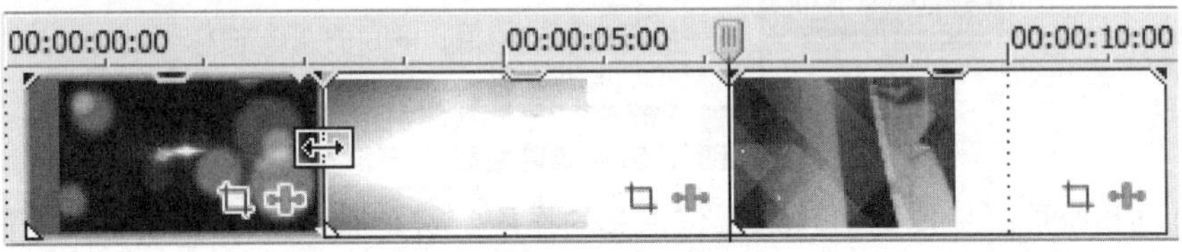

图 5-102　向左拖动

预览窗口的变化如图 5-103 所示。

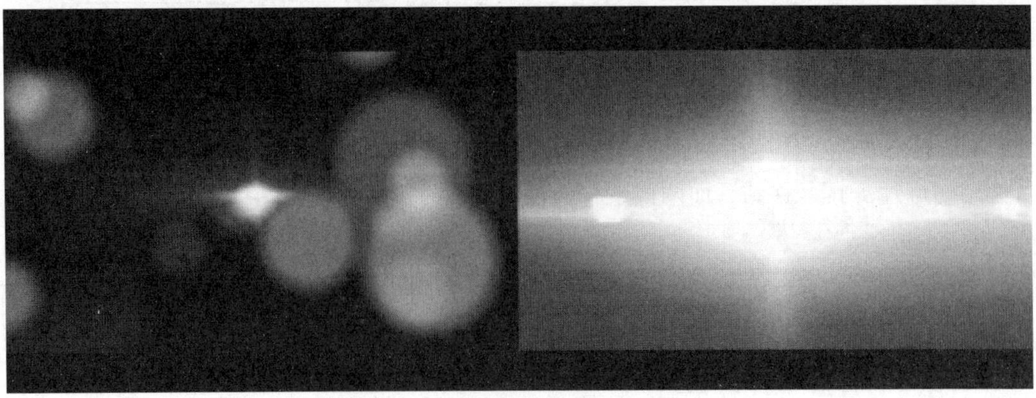

图 5-103　向左拖动时的预览窗口变化

改变前后的轨道如图 5-104 和图 5-105 所示，注意以轨道光标为参考进行对比观察。

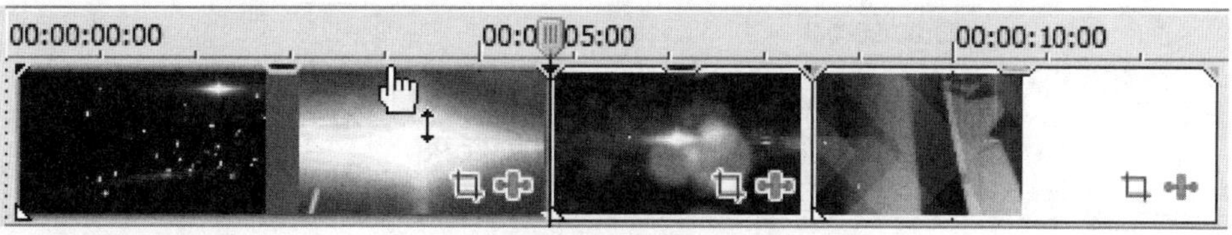

图 5–104　改变前轨道

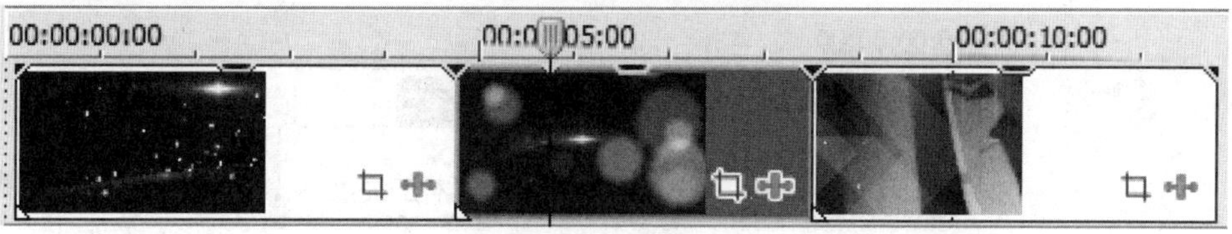

图 5–105　改变后轨道

该工具的快捷键是 Ctrl+Alt 键，按下这两个键，鼠标指向两段素材的接缝处，然后左右拖动鼠标，就会达到修剪相邻的目的。

3. 分割修剪工具

该工具有两个作用，一是分割，二是修剪入（出）点。

先来看它的分割作用。选择该工具，将鼠标移到轨道上需要切割开的地方，此时轨道提示如图 5-106 所示。

图 5–106　分割修剪

按下鼠标左键，素材立即被分割成两段，轨道变化如图 5-107 所示。

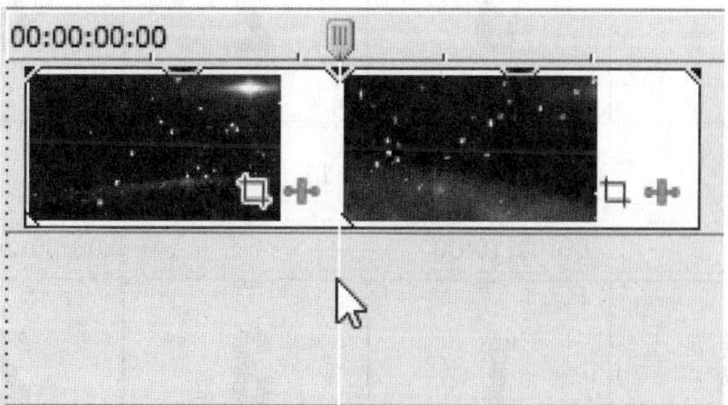

图 5–107　修剪之后结果

再来看它的修剪作用，使用该工具，将鼠标移到素材的边缘时，无论是左侧边缘还是右侧边缘，都会提示修剪素材的入点或者出点，如图 5-108 和图 5-109 所示。

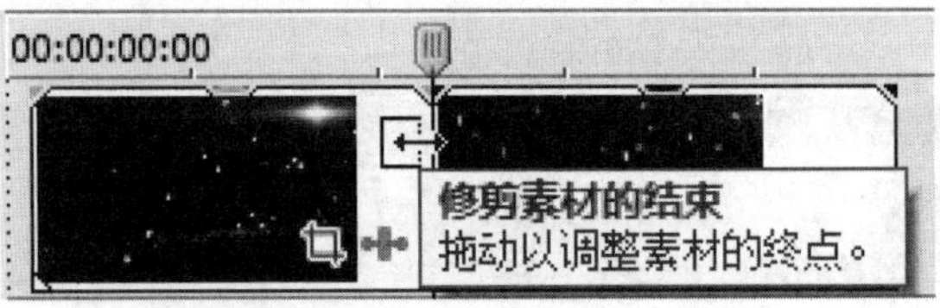

图 5–108

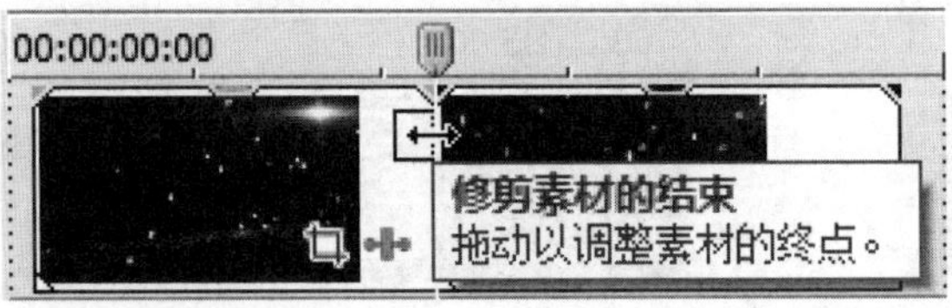

图 5–109

看来这个工具只是将原来的标准编辑工具和分割工具结合在一块了。

4. 拖曳工具

该工具负责修改素材的排列顺序，但不管怎么改动，全部素材的总时长不会变化，只是各个片段的顺序发生了变化。

在轨道上安排 4 段素材，使用拖曳工具调整它们的顺序。请注意使用该工具时的鼠标形状，如图 5-110 所示。

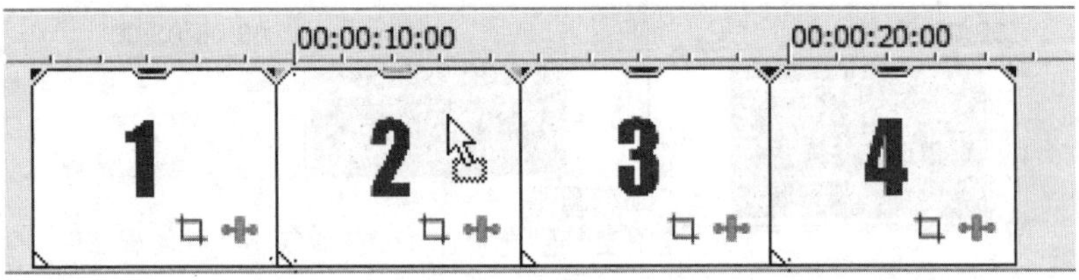

图 5–110

调整后的效果如图 5-111 和图 5-112 所示。

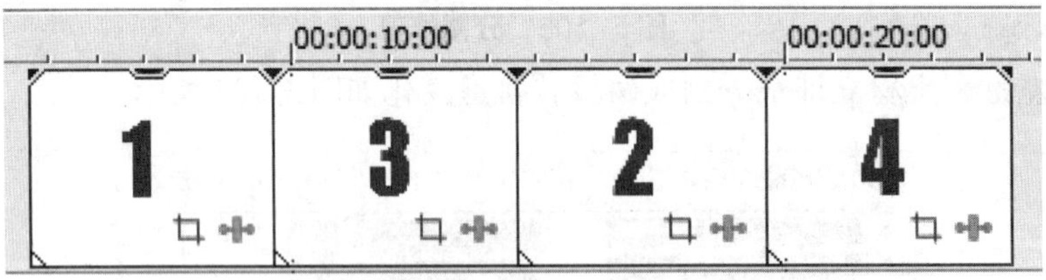

图 5–111

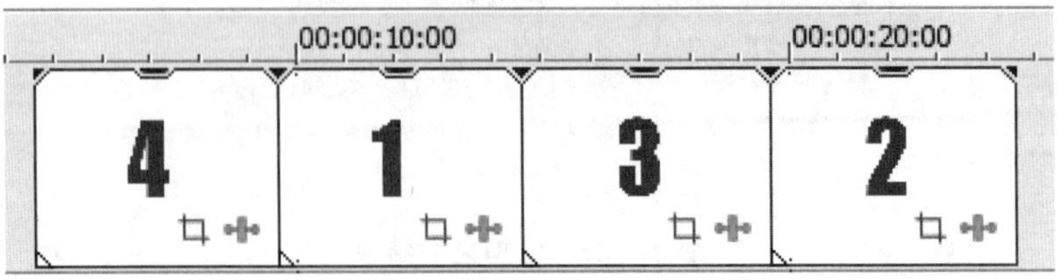

图 5–112

5. 时间拉伸/压缩工具

使用该工具能够改变素材的持续时间，等于变速工具。以前是使用快捷键 Ctrl 配合标准编辑工具来修改素材持续时间，现在有了这个专用工具，等于是使变速操作更加突出和集中了。

这个工具的使用情况如图 5-113 所示，使用该工具在素材边缘拖动，向左拖是缩短持续时间，向右拖是延长持续时间。

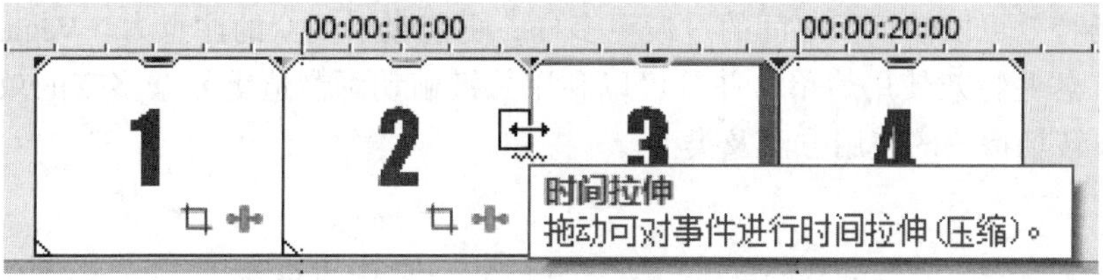

图 5–113

改变素材持续时间之后，轨道变化如图 5-114 所示。

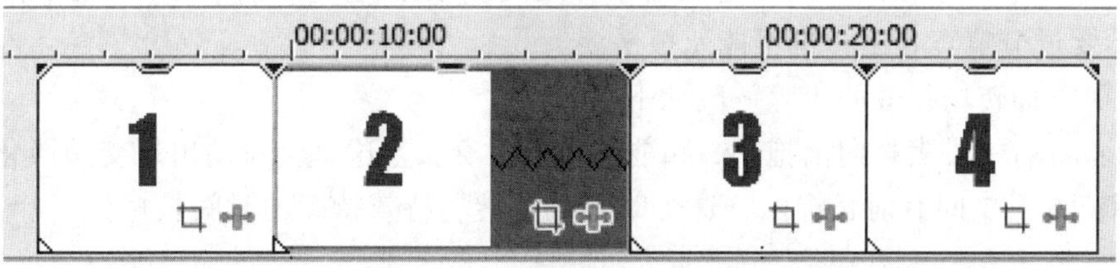

图 5–114

最后利用一张图表将 Vegas 中一些常用而重要的编辑操作总结如表 5-1 所示。

表 5–1　常用编辑操作

配合按键	拖曳左边缘	拖曳中心区域	拖曳右边缘
无	修剪入点	移动事件	修剪出点
Ctrl	拉伸事件	复制事件	拉伸事件
Alt	固定入点位置	移动事件而不移动事件位置；事件框的位置不变，事件素材内容左右移动	固定出点位置
Ctrl+Alt	同时对两个相邻事件进行剪切，让两个事件之间的距离保持不变	移动事件而不移动事件内容	同时对两个相邻事件进行剪切，让两个事件之间的距离关系保持不变

第 6 章 转场特效

利用转场特效可以使镜头之间的过渡更多样，更能吸引观众的注意力。Vegas 提供了 25 类转场特效，这些特效使用简单，并且可以利用关键帧动画制造更复杂多变的效果。本章主要介绍 Vegas 转场特效的使用方法及类型。

实训课题 1：添加转场特效

转场特效一般发生在两段前后连接的素材之间。根据镜头组接的规律和情节需要来合理添加。既不要过分喧宾夺主，也不能死板平淡。

Vegas 中添加转场特效的步骤一般如下：

步骤 1：将后一段素材向前拖动，和前一段素材交叉。这里会自动出现交叉淡化曲线，如图 6-1 所示。并且中间有时长提示，这个时间就是转场特效持续的时间长短。

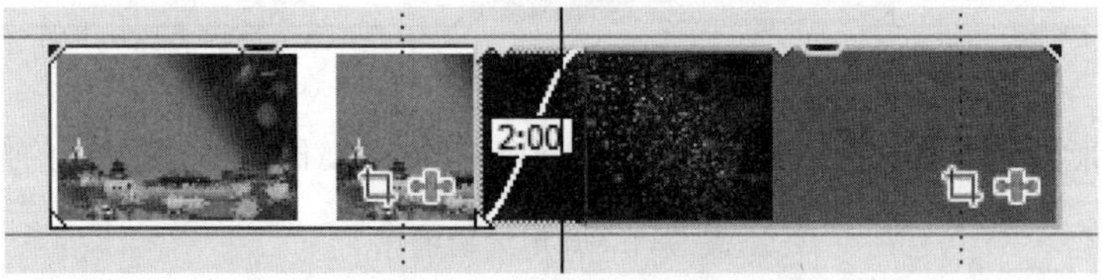

图 6–1 交叉淡化曲线

步骤 2：在转场特效窗口中选中某一种特效，直接拖到两段素材的交叉淡化处。松开鼠标，弹出该转场特效的参数设置窗口，如图 6-2 所示。

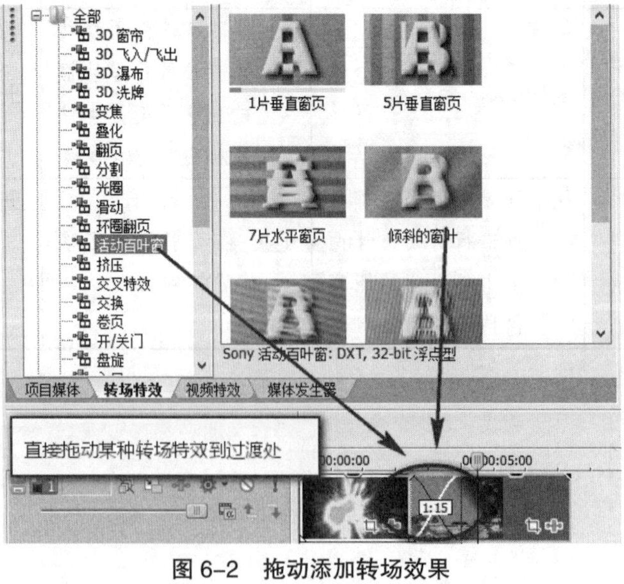

图 6–2 拖动添加转场效果

步骤 3：边观察预览窗口，边适当调节该种转场过渡特效的参数，直到效果满意为止，如图 6-3 所示。

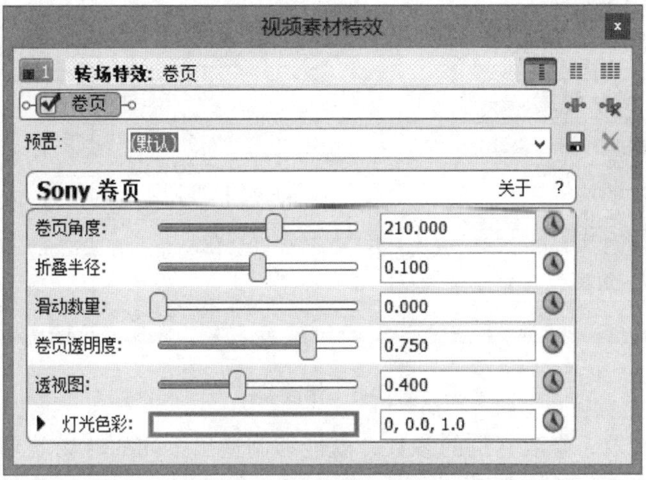

图 6–3　转场特效参数设置

步骤 4：参数设置完成以后，直接关闭该窗口，关闭该窗口和关闭正常的 Windows 窗口一致。Vegas 会自动保存参数设置，不能再点 “保存” 按钮，这是和其他同类软件操作的不同之处。

步骤 5：成功添加转场特效之后，如图 6-4 所示，两段素材交错部分出现交叉淡化曲线，并且提示该种转场特效的名称。这时在轨道上可以预览观察该种转场特效的效果。如果不满意，可以点击图 6-4 所示中像 “X” 模样的按钮，然后再继续修改参数，直到满意为止。

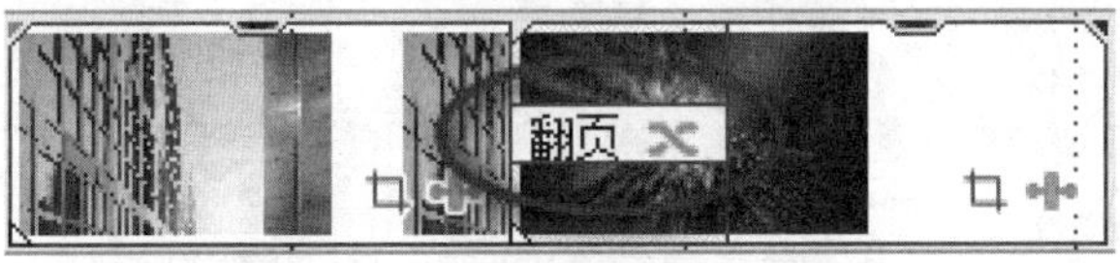

图 6–4　已经添加的转场特效

实训课题 2：编辑修改转场特效

添加了转场特效之后，在存在转场的地方会出现转场特效的名称以及一个特殊的标志，如图 6-5 所示。点击这个像 “X” 一样的标志，就会打开转场特效的编辑窗口。

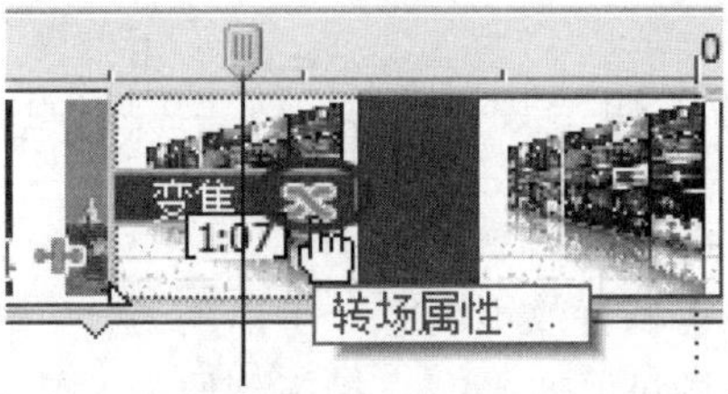

图 6–5　转场特效标志

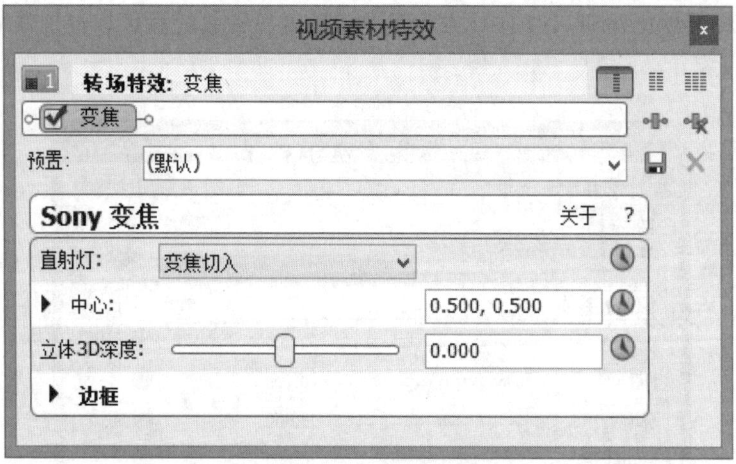

图 6–6　修改参数

同样一种转场特效，修改它们的参数，就能够制造出不同的转场效果。比如变焦特效，我们在图 6-7 右侧窗口看到有“变焦划入，中心”和“变焦划入，左上”等众多类型，其实都是变焦特效，只是各自参数不同而已。

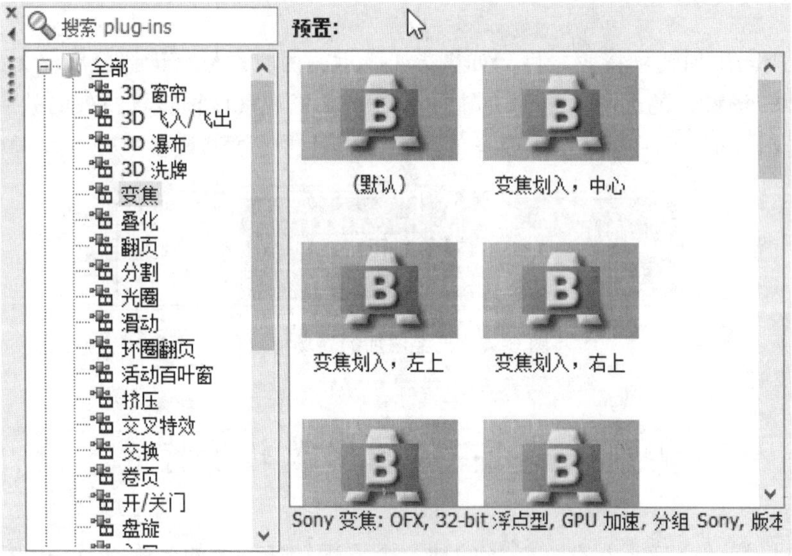

图 6–7　全部转场特效

实训课题 3：替换转场特效

如果对已经使用的某一种转场特效不满意，可以用另外一种替换掉。替换方法为：从转场特效窗口中拖动一种新的转场过渡效果，直接拖到原来的转场特效处，松开鼠标，则原转场特效就被替换掉，如图 6-8 所示。

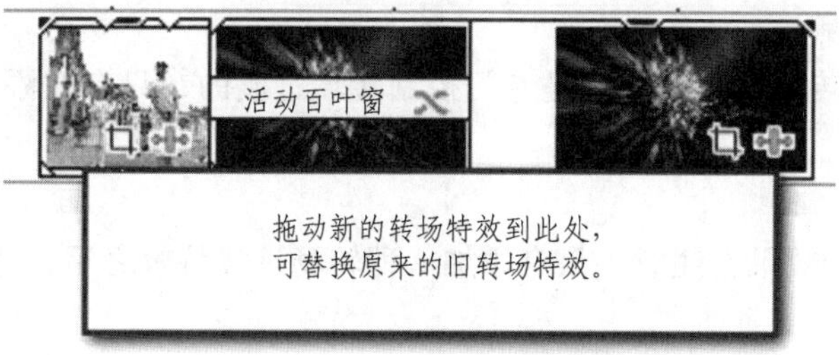

图 6-8　替换转场特效

实训课题 4：删除转场特效

针对已经添加使用的转场特效，要想删除的话，仍然点击图 6-9 所示的像“X”一样的标志，此时会出现参数设置窗口。

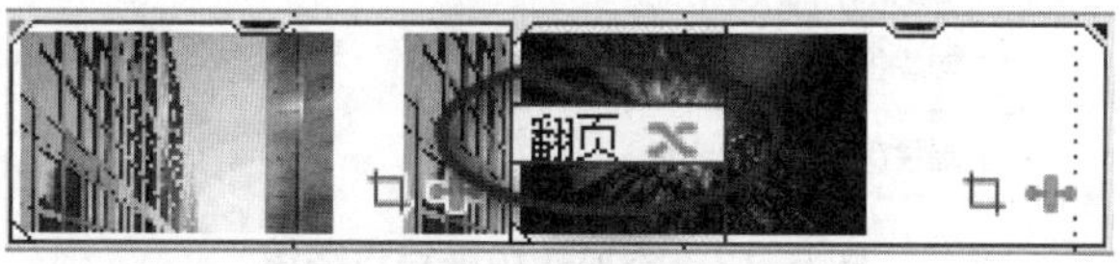

图 6-9　转场特效标志

在图 6-10 所示的窗口中，点击圈选的这个按钮，即可清除当前该种过渡特效。

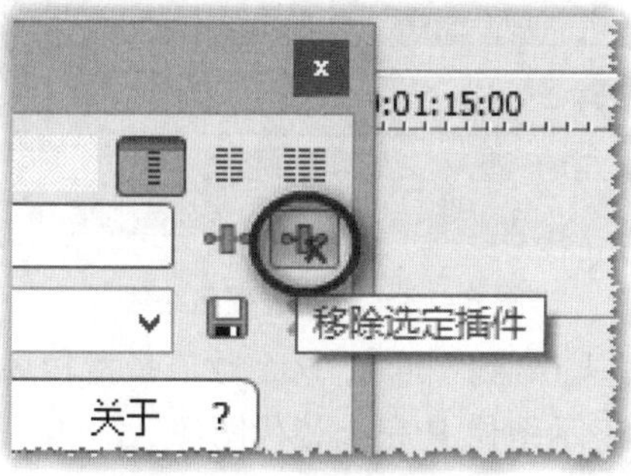

图 6-10　移除转场特效

删除之后，两段素材之间没有了转场标志，只有普通的交叉淡化曲线，如图 6-11 所示效果。

图 6-11　移除后的情形

实训课题 5：转场进程包络线

为了使转场效果更具花样，转场进程更复杂多变，Vegas 中设置了转场进程包络线来进行更精确、更复杂的控制。

需要注意的是，转场进程包络线是专门控制转场过渡的，只有在添加了转场效果时它才会起作用。

使用方法：

步骤 1：添加转场效果，注意，只有添加一种转场过渡特效之后，才会出现“转场进程”包络线。

步骤 2：在转场过渡处单击右键，出现快捷菜单，选择“插入包络线/转场进程”。

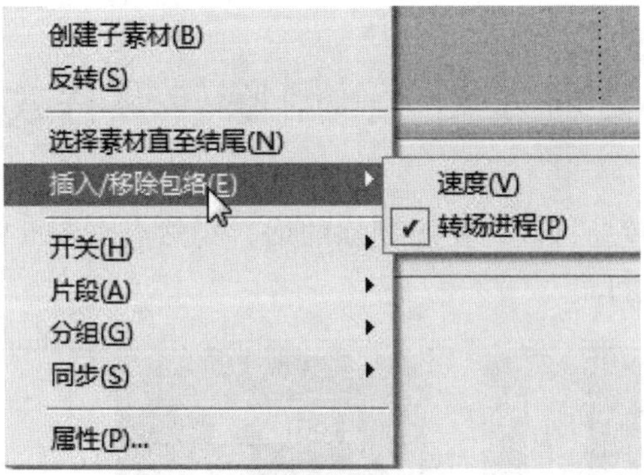

图 6-12 添加转场进程包络线

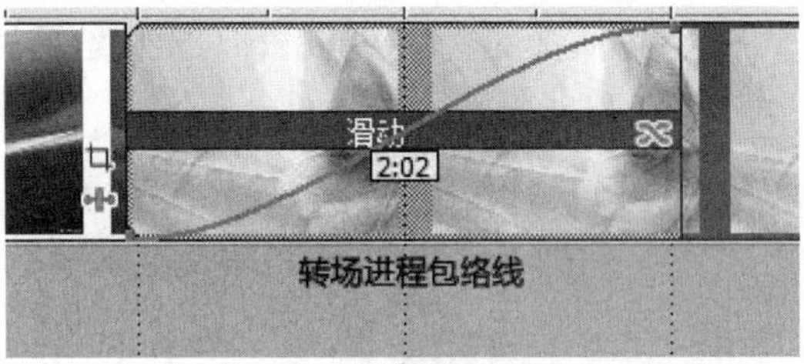

图 6-13 转场进程包络线

如图 6-14 所示，转场进程从 0%到 100%，这个数值是指转场进度，也就是转场完成程度，0%表示图像 B 未进入，100%表示图像 B 完全替代图像 A。

步骤 3：调节转场进程包络线，在曲线上双击添加节点，拖动可调节节点位置。

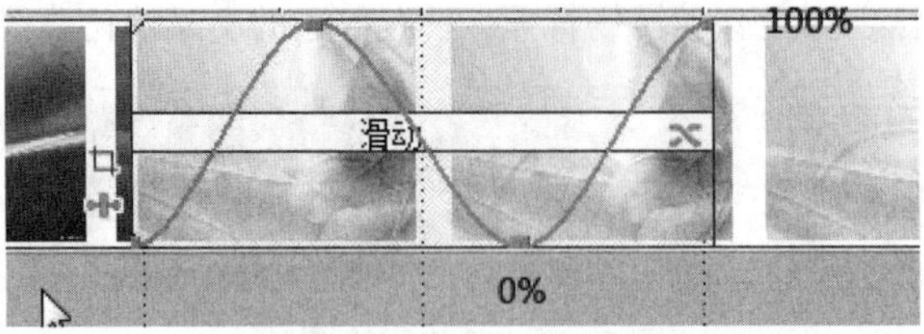

图 6-14 调节以后的转场进程包络线

如图 6-14 所示的曲线就表示了图像 B 从进入到完全替换图像 A，然后又退出，再接着重新进入，直至完成转场过渡。

比较图 6-13 和图 6-14，可以看到，过渡过程呈现更复杂的变化形式，比原本平淡的效果要好得多也复杂得多。

实训课题 6：转场特效中的关键帧动画

Vegas 在转场特效中也能制作关键帧动画，通过不同关键帧点，赋予不同参数，就能够实现更复杂多样的效果。在转场特效参数设置窗口中，点击“动画”按钮，可展开关键帧动画设置区域。如图 6-15 和图 6-16 所示，其中图 6-16 所示的关键帧动画制作按钮是新版 Vegas 所带来的形式。

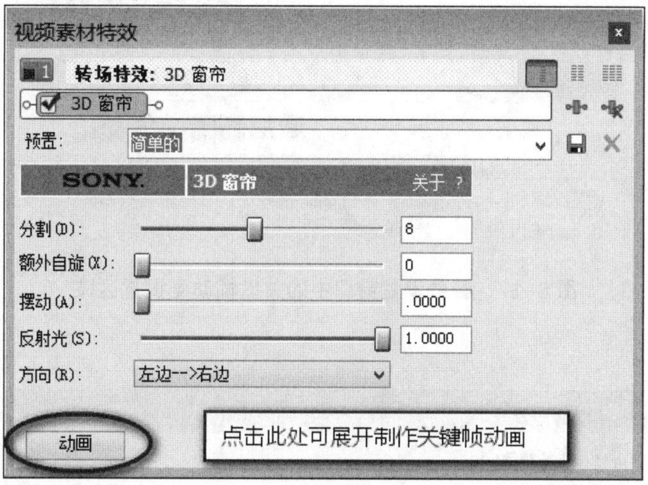

图 6–15　展开关键帧动画设置

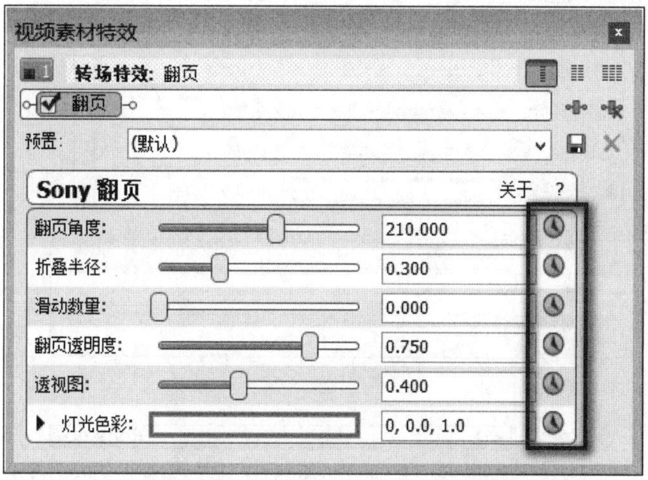

图 6–16　另一种形式的关键帧动画设置按钮

展开动画制作区域以后，参数设置窗口的形式有所变化，如图 6-17 和图 6-18 所示。其中图 6-17 所示的形式也是新版 Vegas 的形式，它带有运动曲线调节功能，因而能够制作更复杂的动画形式。

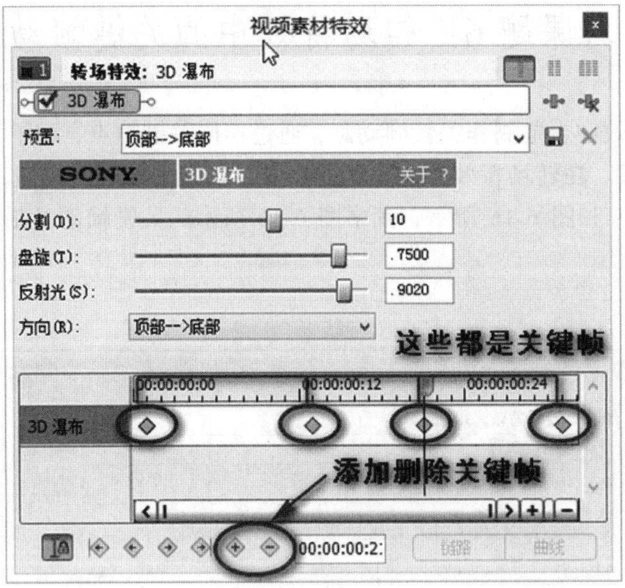

图 6-17　参数设置窗口中的关键帧动画设置区域

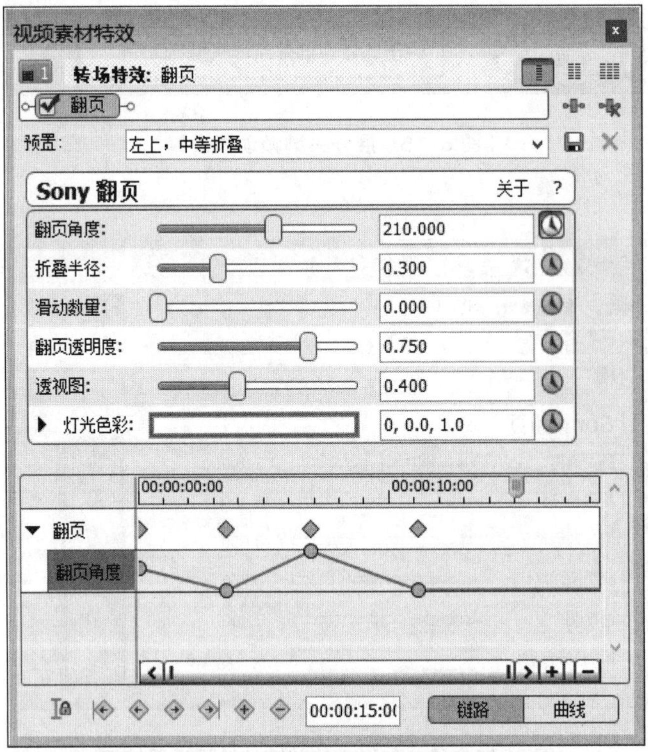

图 6-18　带运动曲线的动画设置区域

观察图 6-19 和图 6-20，发现动画制作区域主要由一段时间线、若干参数、关键帧控制区、关键帧、运动曲线等部分组成。

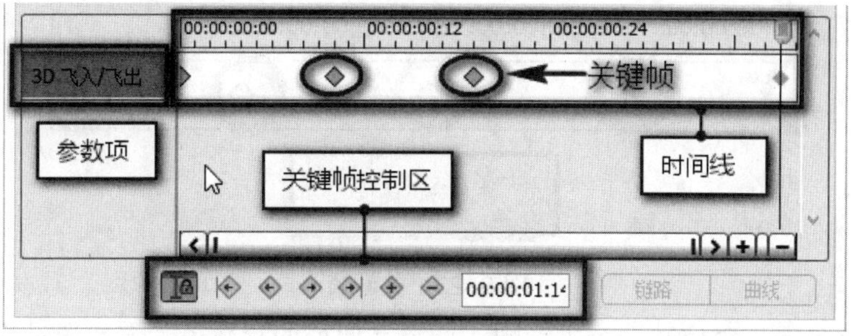

图 6 19

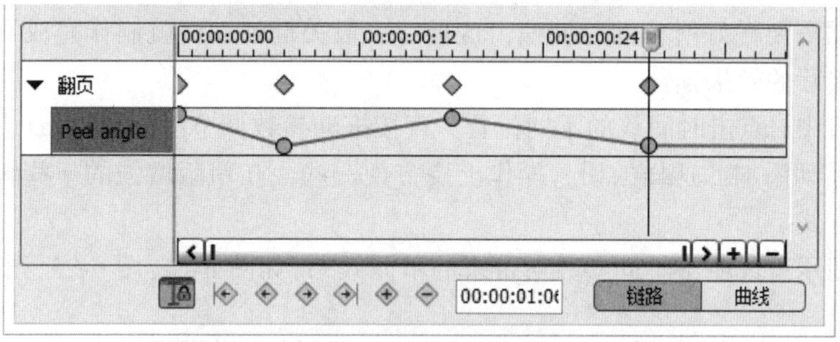

图 6-20　带运动曲线形式的动画制作区域

制作关键帧动画，首先要认识时间线，如图 6-21 所示，动画制作区域的时间线和轨道时间线是同步对应的，完全一致，相当于整个轨道时间线的一小段，其时长就是转场过渡从开始到完成的时间。

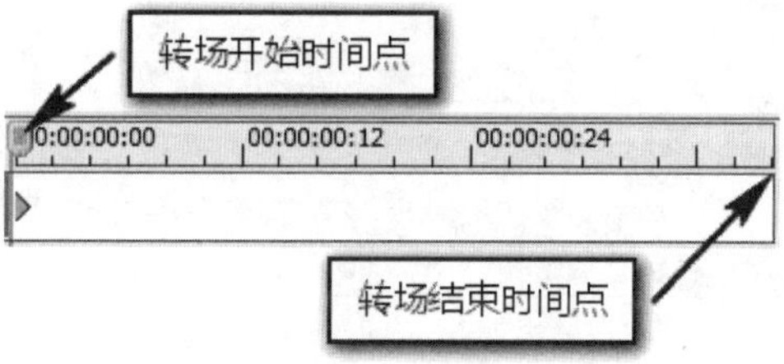

图 6-21　动画制作区域的时间线

其次是要学会添加关键帧，如图 6-22 所示，利用添加、删除关键帧按钮，可以在时间线上添加和删除关键帧。

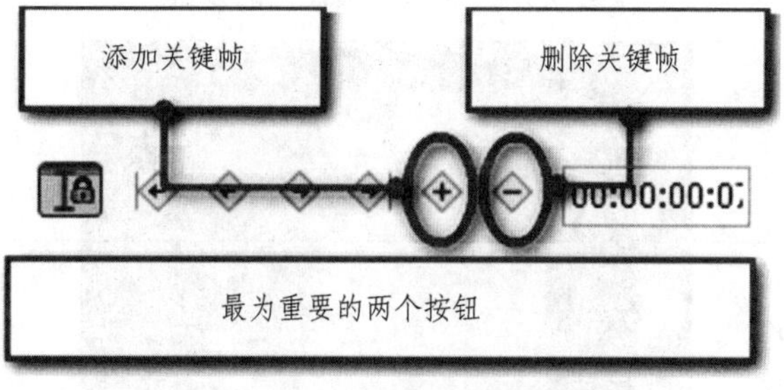

图 6-22　添加删除关键帧

当点击添加关键帧按钮之后，在时间线上会出现一个小菱形的标志，这就是关键帧，它记录了时间线在这一点处的参数变化值。

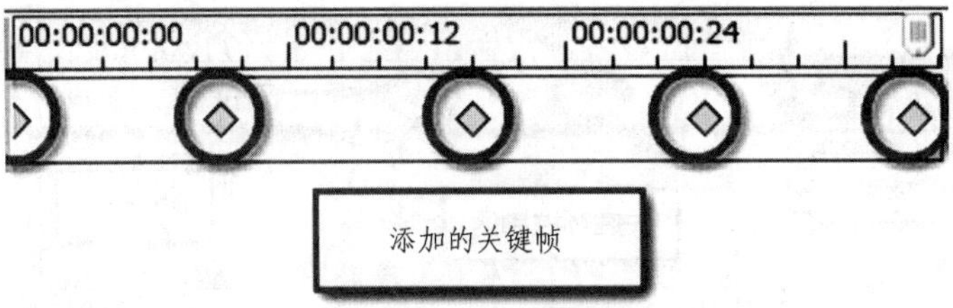

图 6–23 关键帧

第三是调节参数，对应某一个关键帧，调节在此处的参数值，多数通过拖动滑杆就能够调节。然后再选好另一处时间点，继续添加关键帧，修改参数值，完成关键帧的添加。以此类推，直到根据需要做好所有的关键帧，这样，一段关键帧动画就制作完成了，在轨道预览窗口可以看到实际的效果预览。

在有的窗口中，点击时间线的不同位置，直接拖动参数调节滑杆，Vegas 会自动添加一个关键帧，不必手动添加。这样的话，操作上要方便一些。在新版增强的一些转场特效中往往采用此种操作方式。

下面几张图示就说明了不同参数所带来的不同效果，如图 6-24、图 6-25、图 6-26 和图 6-27 所示。

图 6–24 第二个节点处的参数

图 6–25 第二个节点处的效果

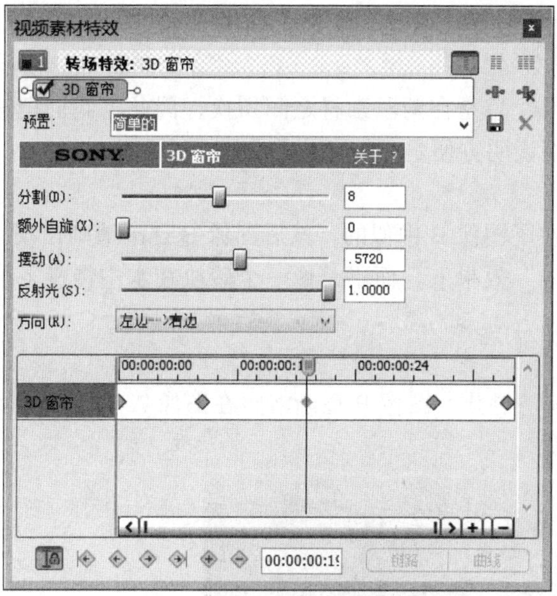

图 6–26　第三个节点处的参数

图 6–27　第三个节点处的效果

实训课题 7：叠化转场效果

Vegas 中的转场特效共有 25 类，如图 6-28 所示，专门集中在转场特效窗口。

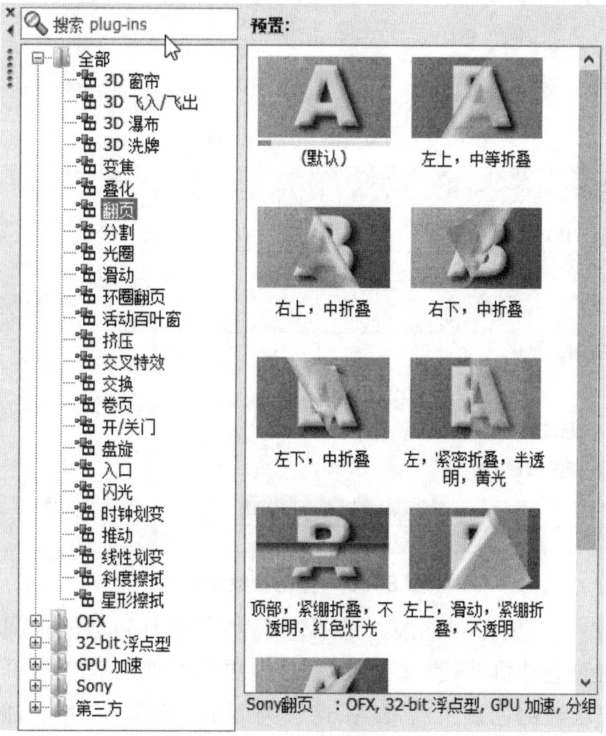

图 6–28　Vegas 转场特效窗口

在这众多的转场特效中，最常用最重要的有 4 种：叠化、交叉、划像（划变）、闪光。

下面我们来详细介绍一下 Vegas 的转场特效。

首先需要说明两个概念。一般的转场效果，总是在两段素材之间切换，因此，我们把这两段素材称为图像 A 和图像 B，这是为了下面说明方便。

叠化转场效果：

一个画面逐渐消失，就好像图像 A 溶解在了图像 B 中似的，然后图像 B 逐渐清晰出现。其特效主要体现在前后两个画面的“水乳交融”效果上，而不是像一个砖块在水中慢慢下沉那样生硬。

叠化是最常用的过渡方式，有 3 种类型：

第一类叫作叠化效果，包括加法叠化和减法叠化。图像 B 逐渐溶解在图像 A 中，但是图像 A 中较亮的颜色停留时间较长，最后才消失。

图 6–29　叠化效果

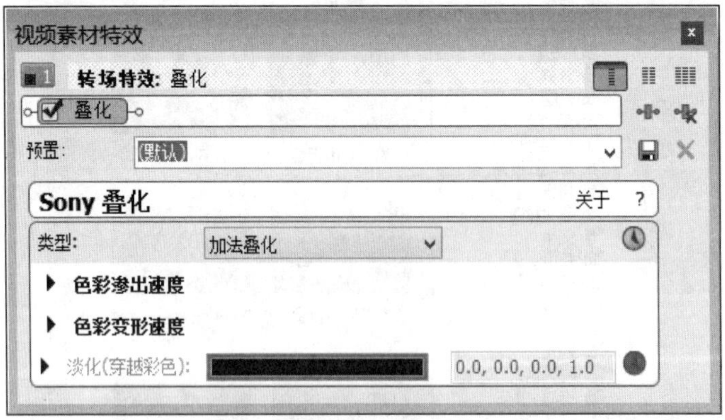

图 6–30　叠化参数设置

第二类叫作色彩渗出，或者叫洇湿，是图像 A 和图像 B 过渡的中间过程中，画面的颜色由图像 A 和图像 B 的颜色随机替代，既像溶解，也更像图像 B 洇湿散开的效果，或者反过来说图像 A 在图像 B 中逐渐褪色直至消失。在这种类型中，图像 A 中较暗的颜色停留时间较长，最后才消失。

图 6-31　叠化效果之色彩渗出

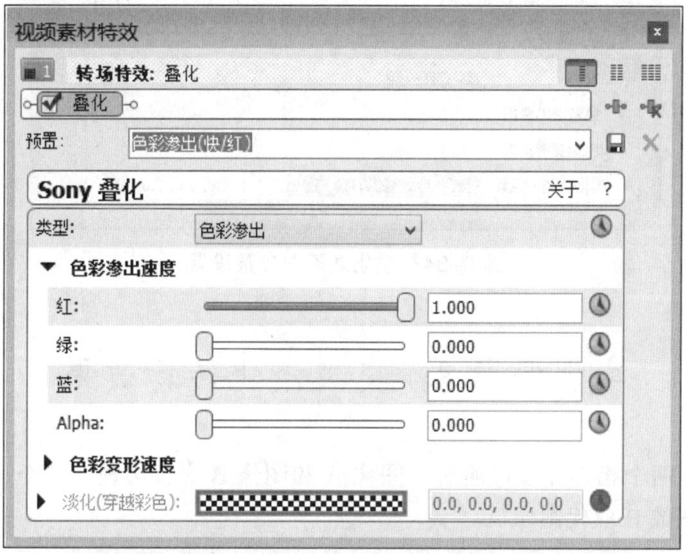

图 6-32　叠化之褪色参数设置

第三类叫淡化，图像 A 慢慢消失在一种色彩里，比如白色，然后画面 B 再从白色里慢慢显示出来，这个过程就是：图像 A→白色→画面 B，中间白色一闪而过，所以叫闪白，当然不一定是白色，也可以是其他颜色，比如黑色，那就可以叫闪黑，其他情况类似，不过白色用的多一些，大多的叠化都是属于这一类。

这个特效有 3 个主要参数：

（1）色彩渗出速度，决定颜色渗出反应快慢。

（2）色彩变色速度，决定颜色融合改变快慢。

（3）淡化（穿越彩色），这个选项决定淡化的颜色。这个选项也可叫作闪白，常见是用白色闪白，也可以使用其他颜色。

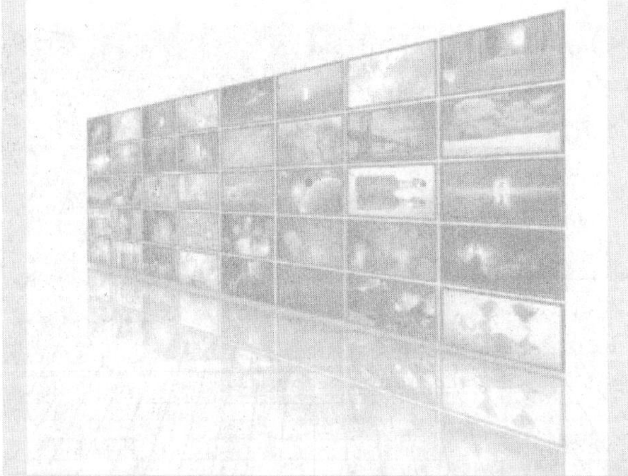

图 6-33　叠化效果之淡化

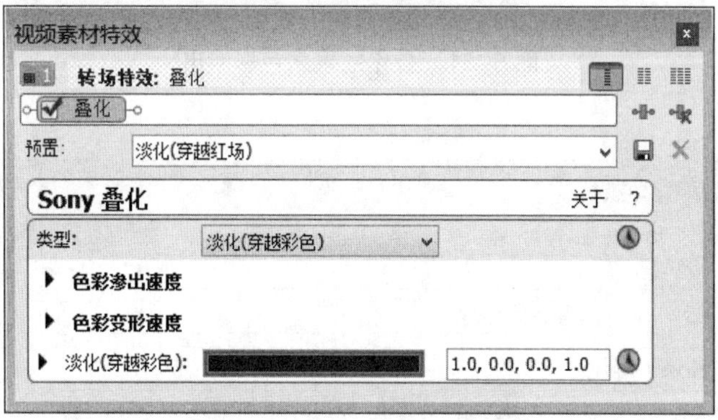

图 6-34　叠化之闪白参数设置

实训课题 8：交叉淡化转场效果

交叉淡化是指两个相邻片段过渡时，图像 A 和图像 B 交替出现，一个逐渐消失，一个逐渐出现，最终由图像 B 取代图像 A。

图 6-35　交叉效果

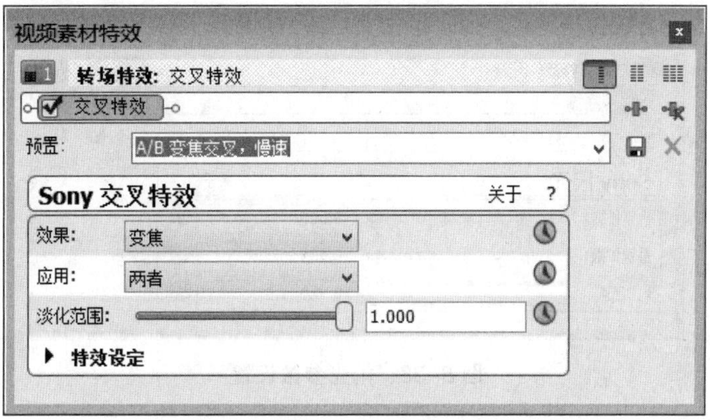

图 6–36　交叉参数设置

共有 3 种形式：一种是变焦交叉（Zoom）；一种是像素晶格化交叉（Pixelate）；一种是模糊化交叉（Blur）。

变焦交叉类似于叠化，图像 A 逐渐淡化然后图像 B 出现。像素晶格化指图像 A 变成由小到大的方格，好像每个像素结晶化似的，然后过渡到图像 B。模糊交叉指图像 A 逐渐变得模糊，然后出现图像 B。

该特效主要参数有：

（1）效果：有 3 种交叉效果，变焦、像素化和模糊化。

（2）淡化范围：取值越大，图像 A 的色彩渗出范围越大。

实训课题 9：闪光（闪白）转场效果

闪光是指图像 A 消失在闪光里，继而图像 B 在闪光中逐渐显示。就像打过闪光灯一样。预设光包括强光、柔光和黄光。参数主要是水平扩散和垂直扩散，分别用来设置光线的扩散方式；色调用来设置闪光的色调，决定闪什么色的光。这个效果跟叠化里面的闪白很类似。

图 6–37　闪光效果

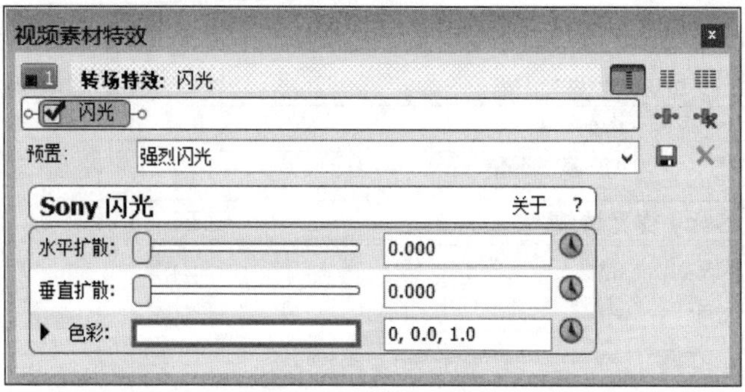

图 6–38　闪光参数设置

该特效参数如下：

（1）水平扩散：决定光线的水平扩散方式。取值越大，光线散射距离越远，中心处的闪光效果越弱，光线持续时间越长。取值越小，光线扩散越短，瞬间散射光越强。

（2）垂直扩散：决定光线的垂直扩散方式。取值越大，光线散射距离越远，中心处的闪光效果越弱，光线持续时间越长。取值越小，光线扩散越短，瞬间散射光越强。

（3）着色（色彩）：决定了闪光的色调。比如取为黄色的话，就以黄光散射。

实训课题 10：划像（划变）转场效果

划变转场效果包括时钟划变和线性划变。最为常用的是线性划变转场效果。

它指的是两个相邻画面过渡时，图像 B 以水平、垂直或者对角线等各种角度和方式逐渐扫除图像 A 进而取代图像 A。时钟划变转场中对画面扫除是以时针运动的方式进行；线性划变转场中对画面扫除是以线性运动的方式进行。

这两个特效的参数综合介绍如下：

（1）方向：时钟划变方向，有顺时针方向和逆时针方向。

（2）角度：线性划变角度。

（3）羽化角度：时钟划变中边缘羽化程度。

（4）羽化：线性边缘羽化程度。

图 6–39　时钟划变效果

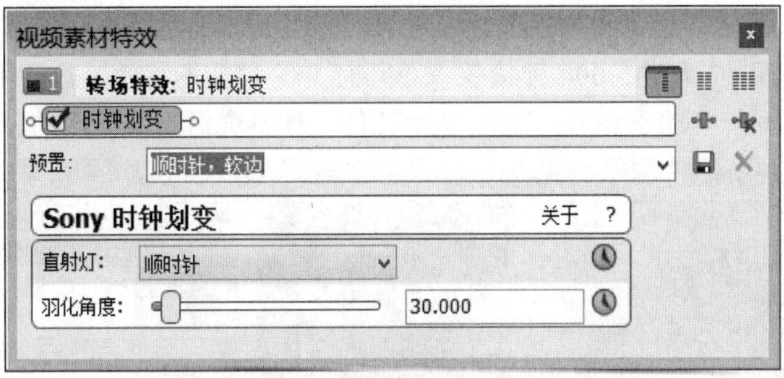

图 6–40　时钟划变参数设置

图 6–41　线性划变效果

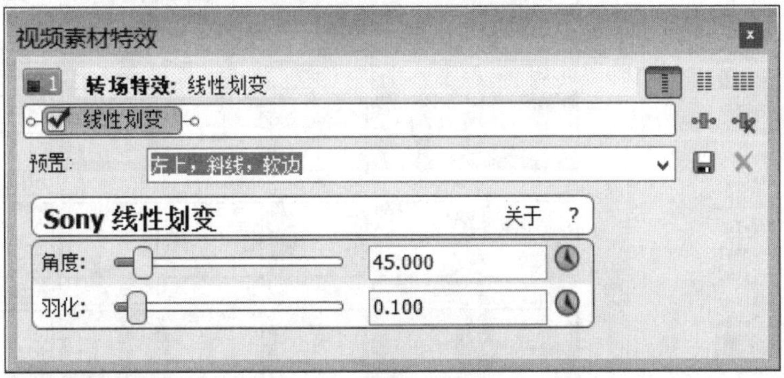

图 6–42　线性划变参数设置

实训课题 11：两款优秀的第三方转场特效介绍

1. SpiceMaster 2.5 PRO

由 Pixelan 软件公司开发的 SpiceMaster，俗称“香料”，功能非常强大，集成转场、视频特效，操作简便，可扩充性好，是影视制作中一款非常有用的插件。发展到 2.5 版本以后再没有出新版本，而是并入 CreativEase 插件中。

它有庞大的效果库，创建的效果说眩丽夺目一点儿也不为过。其中基本效果库 13 大类，386 种特效，效果库 17 大类，600 种特效，总共有 986 种转场特效，这还不算某一种效果参数变化所带来的变种。不夸张的说，有了这个插件，你不会做不出惊人的转场特效来。

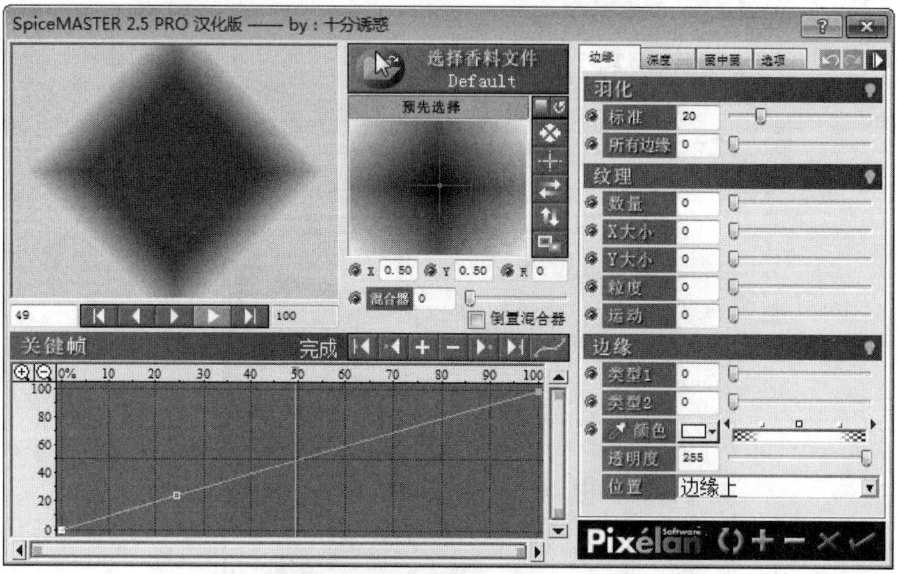

图 6–43 SpiceMaster 的主界面

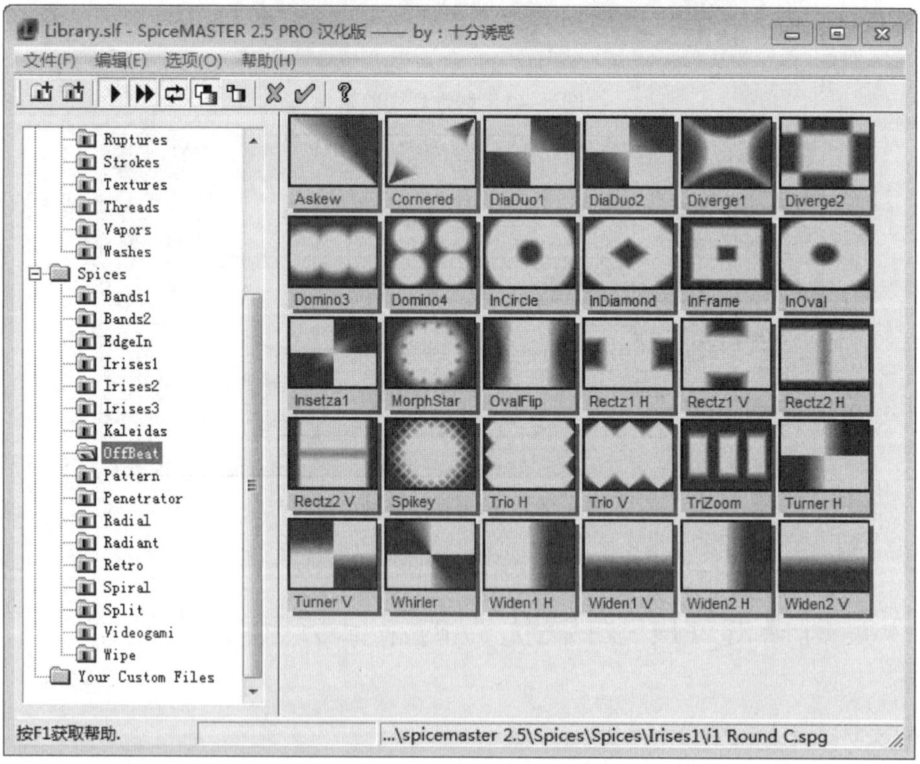

图 6–44 SpiceMaster 的遮罩库

2. 3D Six–Pack

3D Six-Pack 是 Pixelan 软件公司的一款绚丽的三维转场插件，有 250 多个很棒的 3D 粒子转场，效果更好看，更逼真自然。

此插件包括 6 种效果：页面效果、变形效果、散布效果、粒子效果、爆炸效果和特殊效果，共有 6 大类 222 种效果。

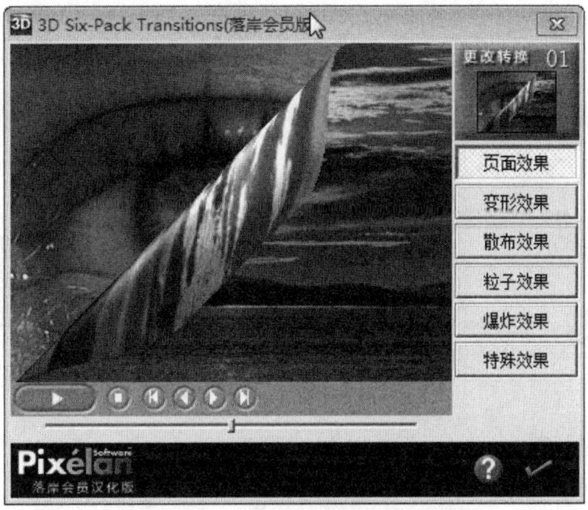

图 6–45　3D Six–Pack 的主界面

实训课题 12：转场特效应用实例

实例目的：制作一段视频，展示、罗列 Vegas 中的全部转场效果。

实现步骤：

步骤 1：首先进行必要设置。点击菜单：选项/参数选择，然后按照图 6-46 所示，勾选“添加选定的媒体时自动交叠”，其他参数保持默认。

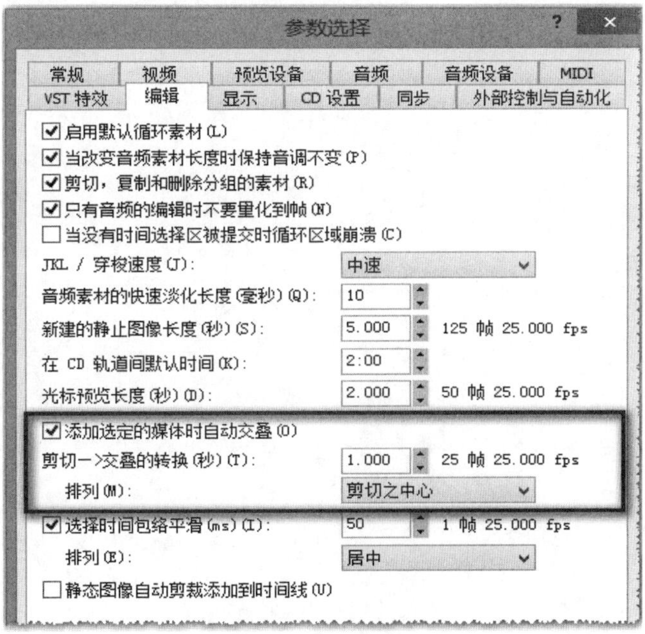

图 6–46　设置参数

这样做的目的是使添加的图片素材自动实现交叉淡化效果，从而留出添加转场效果的余地。

在 Vegas 中，图片素材自动持续 5 s 时间，按照步骤 1 设置之后，每两张图片之间自动交叉 1 s。我们暂时对图片持续时间和转场过渡的持续时间不做修改，按照默认值继续往下做。

步骤 2：导入多张图片，比如一次导入 30 张图片。

在项目媒体中选择“导入素材”，选择首张图片，然后按下 Shift，再选择最后一张图片，这样就能够一次导入多张图片。将已经选中的 30 张图片一次性拖入轨道，如图 6-47 所示，它们会自动排列，并且自动交叉。

图 6-47 图片自动交叠

步骤 3：将一个个的转场特效拖到两张图片交叠处，不断重复此过程，直到将所有的转场效果都添加完成。

图 6-48 在交叠处添加转场特效

步骤 4：添加片头字幕和片尾字幕，也可以考虑添加一首自己喜欢的音乐作为背景，最后渲染输出。

第 7 章　视频特效

实训课题 1：视频特效简介

视频特效，就像 Photoshop 里面的滤镜一样，施加在素材上，使素材能够实现一种特定的效果，或达到修饰美化的目的，或达到纠偏修正的目的。总之，视频特效是一款视频编辑软件的核心和灵魂。

Vegas 的视频特效，比同类软件丰富而实用，但比 AE 少。不过 Vegas 精心挑选的这些特效却更加注重实用。Vegas 的视频特效多达 80 种，如图 7-1 所示。

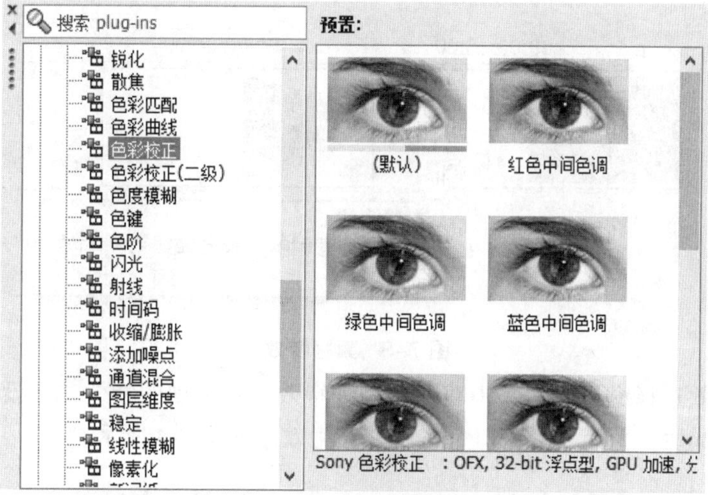

图 7–1　视频特效窗口

按照功能来分类，我们将所有特效分为 6 大类。这 6 大类分别是：

（1）扭曲变形类，相当于 Photoshop 中的扭曲类滤镜，能够使画面扭曲变形。

（2）模糊锐化类，一类使画面变得模糊，另一类使画面变得清晰。

（3）风格化类，给画面制造一种特殊的风格，从而具有某种感情倾向。

（4）光效类，实现炫目的光线以及发光、扫光、星光等效果。

（5）抠像遮罩类，主要用于合成，是视频编辑软件中最吸引人的部分。

（6）调色类特效，包括校色和调色，我们在以后章节单独介绍。

实训课题 2：给素材添加特效

给素材添加视频特效的方法有两种：

一种是将视频特效窗口中的某一种特效拖到轨道上的素材上面，松开鼠标后，Vegas 会自动打开这种特效的设置窗口。推荐使用这种方法。

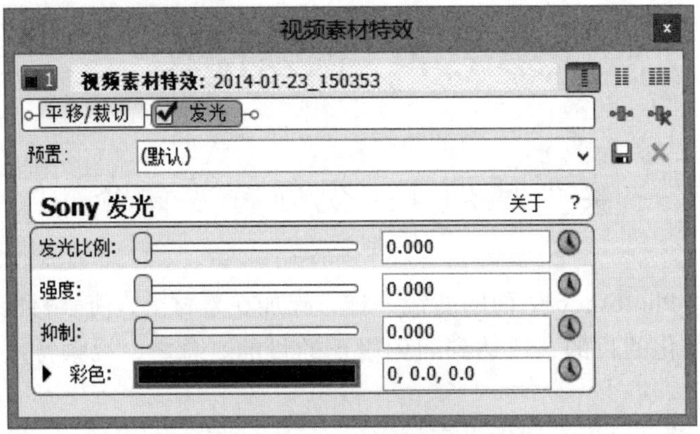

图 7-2　特效参数设置

第二种办法是点击一段素材的“素材特效”按钮。“素材特效”的形状如图 7-3 所示。

图 7-3　素材特效

之后出现特效选择窗口，在其中双击某一种特效，在出现的特效参数设置窗口中修改特效参数。修改完成后，直接关闭窗口，特效就会生效。如图 7-4 所示。

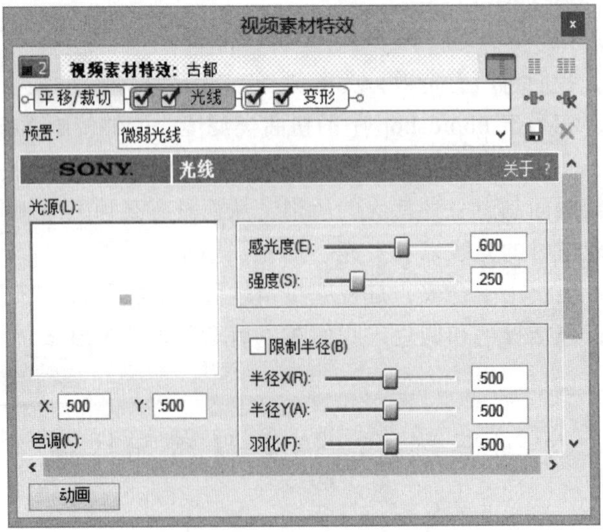

图 7-4　添加特效

Vegas 能够实时渲染，实时预览，给素材添加的特效不存在还要渲染这一说法，添加上去，就直接改变了素材的效果，将来输出的结果和当时预览看到的结果是完全一样的。

实训课题 3：特效链

一段素材能够添加多种特效，每种特效单独作用于素材，多种特效综合作用于素材。但是，特效的前后次序不同，所产生的综合效果不同。这多种特效前后链接，称为“特效链”，形式如图 7-5 所示。特效链中的特效，其前后次序可以拖动改变。改变之后，素材的最终效果也会发生变化。

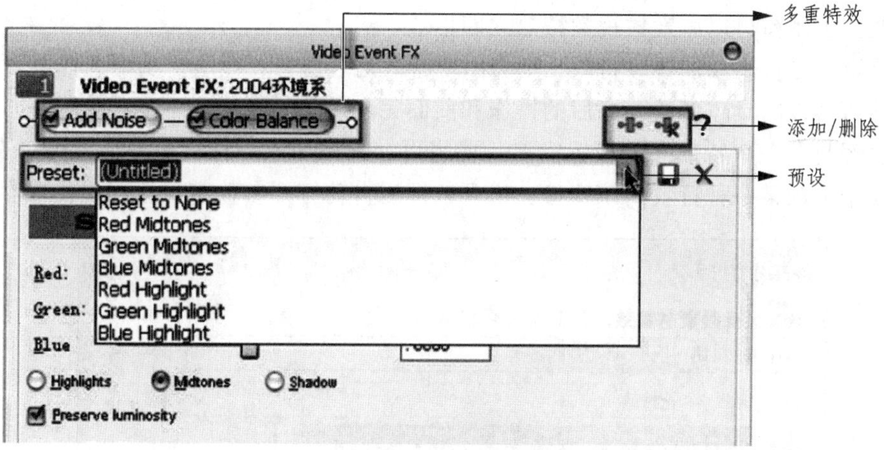

图 7–5　特效链

在渲染时，Vegas 会按照“特效链”的顺序渲染，排列在前面的特效先起作用，排列在后的特效后起作用。

实训课题 4：编辑素材特效

轨道上的每一段素材，都会带两个特殊的标记，一个是“素材平移（ ）”标志，一个是“素材特效（ ）”标志，如图 7-6、图 7-7 所示。

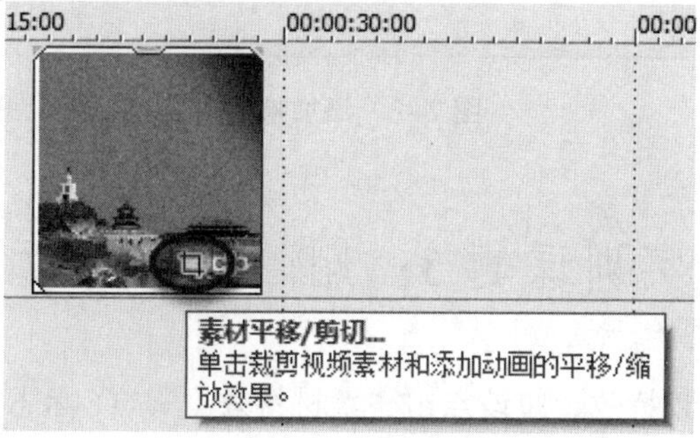

图 7–6　素材平移剪切

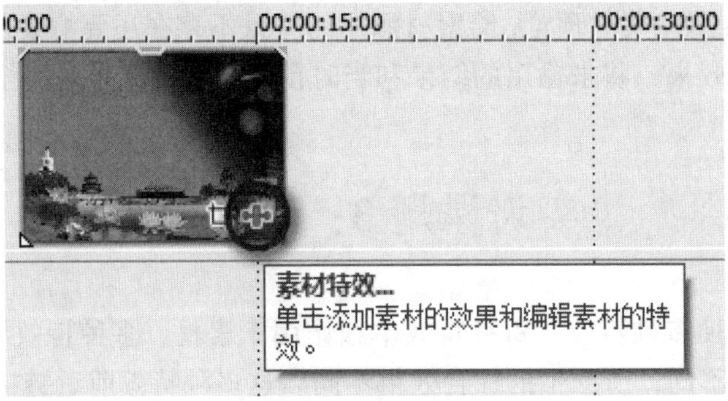

图 7–7 素材特效

点击“素材特效”标志，会打开素材特效参数设置窗口。在该窗口中可以修改素材特效的各项参数。关闭窗口以后素材视频特效立即生效。

如果该素材是首次添加视频特效，则会出现特效列表窗口，让用户从中选择某一种特效，再接着修改该特效的具体参数。之后的操作和前面完全一致。

如果已经打开一个特效参数设置窗口，要想再继续添加某一种特效的话，可以直接从视频特效列表中拖动某一种特效到该窗口。松开鼠标后自动打开参数窗口让用户设置参数。

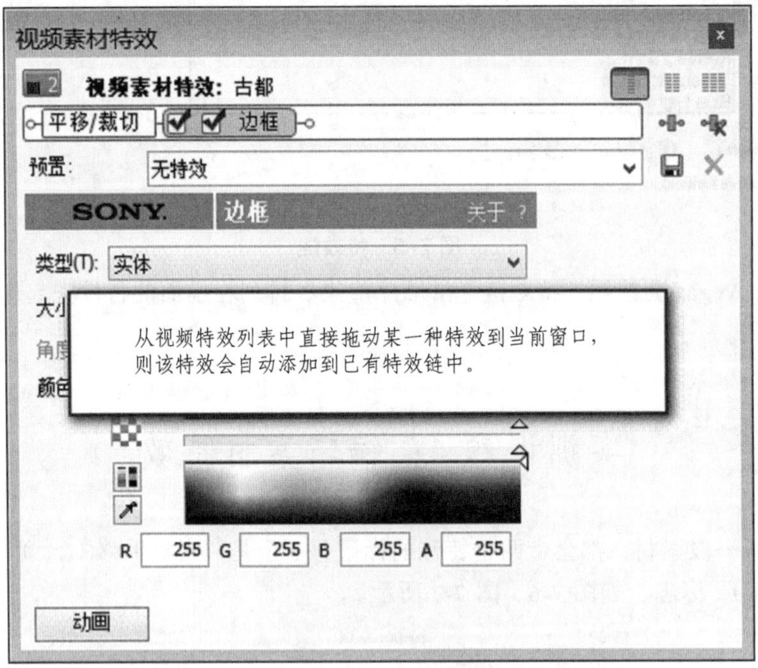

图 7–8 添加特效

实训课题 5：删除素材特效

要删除某段素材的视频特效，应该点击“素材特效（ ）”标志，进入视频特效参数设置窗口，然后，点击图 7-9 所示的按钮，则会删除当前已添加的视频特效。

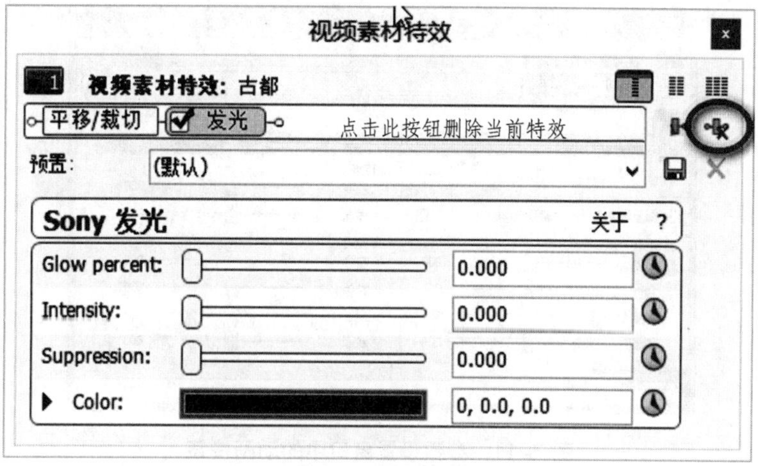

图 7-9　删除视频特效

实训课题 6：复制素材特效

Vegas 中，素材特效也可以任意复制粘贴。操作非常简单，只需要两步。

步骤 1：在已经添加了某种特效的素材上单击鼠标右键，弹出菜单如图 7-10 所示。选择其中的“复制”。

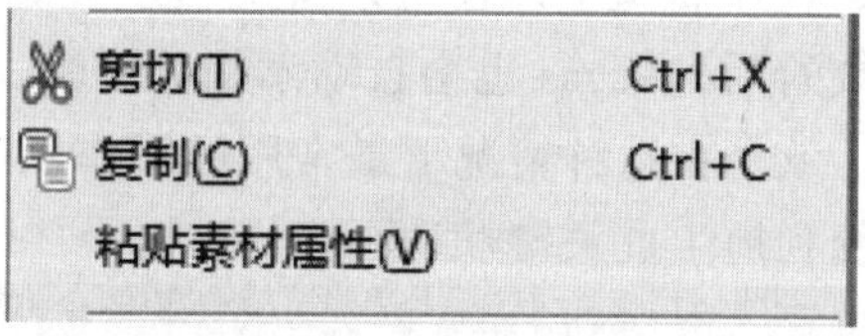

图 7-10　复制素材特效

步骤 2：选中另外一段需要复制特效的素材，再次单击鼠标右键，在弹出的菜单中选择“粘贴素材属性”。这一步骤可以多次重复。这样的话，一段素材的特效可以给其他多段素材多次粘贴。

复制素材特效，可以达到一次设置，多次应用的效果，省事不少。

实训课题 7：素材特效中的关键帧动画

在素材特效中也可以应用关键帧以制作关键帧动画，这样素材特效就不再是静止的，还会具有变化多端的动画效果，比如由浅到深的颜色变化，从弱到强的扭曲效果等。

在素材特效中有两处地方可以进入关键帧动画制作。一个是如图 7-11 所示，点击“动画”按钮，在视频特效窗口的底部会扩展出现关键帧制作区域。

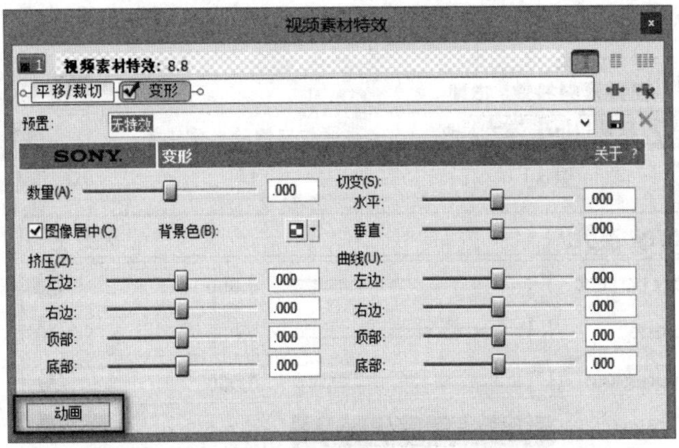

图 7–11　参数设置窗口中的动画按钮

在动画制作区域中，顶部是时间线，它的长度和素材在主轨道上持续的时间是完全一致的，但是表现出来的形式却是使用相对时间。首端是素材开始时间，一般从“00：00：00：00”开始，末端是素材持续的时间长度。点击图 7-12 所示的按钮可以将光标定位到主轨道上轨道光标所在的时间处。

图 7–12　同步光标

时间线的下面是小轨道，在小轨道上双击可以添加一个关键帧，或者拖动特效窗口上部的参数滑杆直接调节特效参数的话，Vegas 也会自动添加关键帧。

调节参数以形成关键帧，就是在这种情况下最常用的操作手法。

使用这个方法，能够很便利地生成关键帧动画。

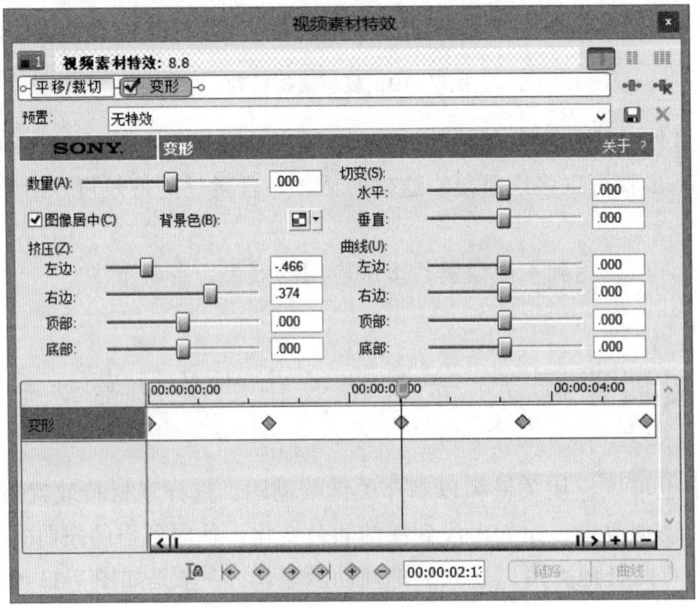

图 7–13　调节参数自动添加关键帧

第二个进入关键帧动画制作的地方如图 7-14 所示，尤其在新版中这种形式出现比较多。

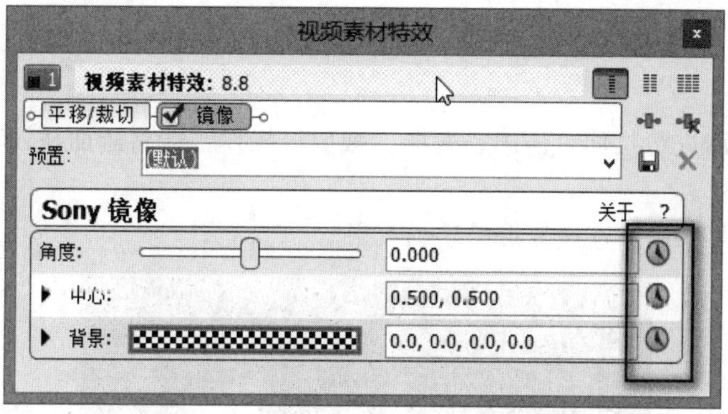

图 7-14　另一种形式的动画按钮

在各项参数的右端有一个类似“小钟表”的图标，点击它，在窗口底部就会展开出现关键帧动画制作区域，如图 7-15 所示。

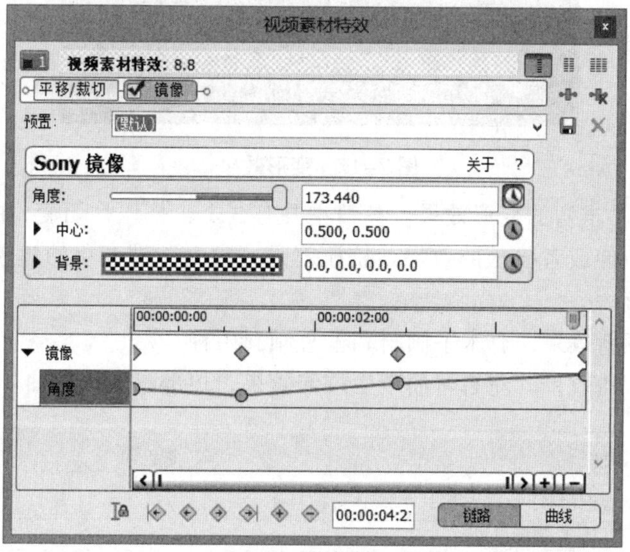

图 7-15　动画制作区域

在这种形式的动画窗口中，直接拖动参数滑杆即可自动生成关键帧，而不是双击添加关键帧。

图 7-15 所示的是“链路”形式，反映同关键帧关联的参数变化。“曲线”形式如图 7-16 所示。用鼠标直接拖动节点即可调节参数值的大小。

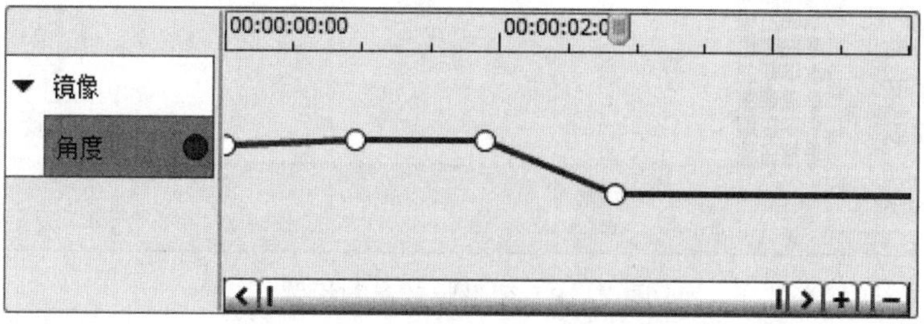

图 7-16　以曲线形式反映参数变化

实训课题 8：扭曲变形类特效

1. 变　形

变形特效对画面进行拉伸、压缩、弯曲、裁剪等操作，能将画面挤压、切变和扭曲。如图 7-17 所示效果。

结合关键帧，可以制作连续变形的动画效果。

图 7–17　变形效果

Vegas 已经预置了丰富的变形效果。参数主要有 3 个：挤压、切变、曲线。

挤压能够制造拉伸或者挤压的效果，挤压就是一端大一端变小的效果，可从上下左右四个方向产生挤压变形。

切变能够制造倾斜效果，有水平倾斜和垂直倾斜两种。

曲线能够制造弯曲效果，左右弯曲产生拉伸效果，顶部和底部弯曲才产生弯曲效果。

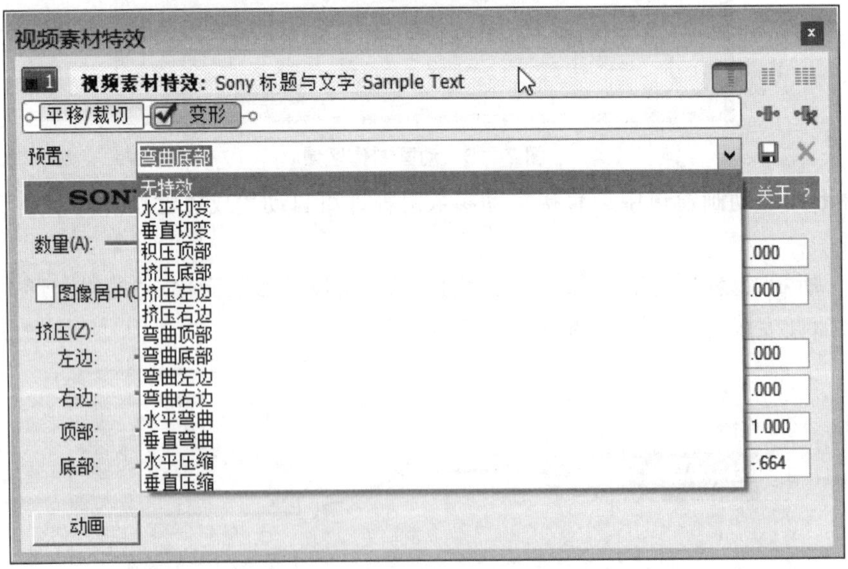

图 7–18　变形特效参数设置

利用关键帧动画功能，在预置变形效果的基础上能够制作各种各样变形动画。

2. 波　浪

波浪化特效，能使画面产生像波浪一样的扭曲效果。

结合关键帧，可以制作丰富的波浪变形的动画效果。不光针对文字，对任何图形、视频素材都可以实现波浪变形动画效果。

图 7–19　波浪效果

本特效只有 3 个参数：振动频率、振幅、相位偏移。振动频率越大，波浪越多。振幅值越大，振动幅度越大。相位偏移是在振动频率、振幅固定的情况下，波浪相位发生偏移变化，直观效果就是外观不变，但形状里面的内容错位变化。

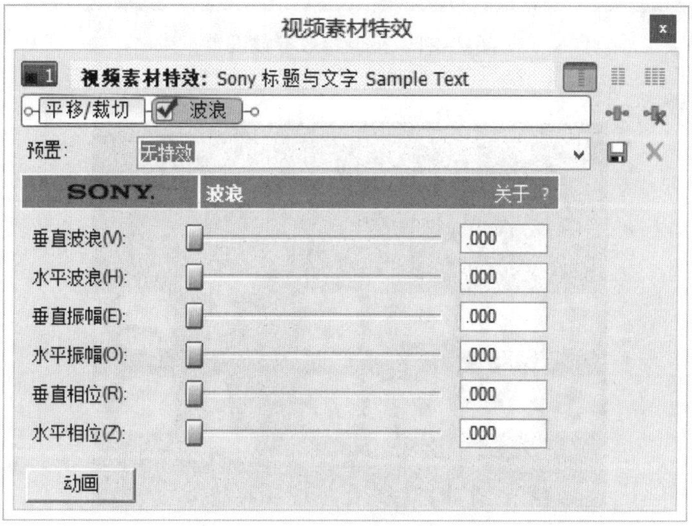

图 7–20　波浪特效参数设置

这些参数既可单独调节，也可联合调节，配合关键帧，能够制作丰富的动画效果。

3. 镜　像

这个特效比较简单，可产生倒影折射效果。结合关键帧，可以产生丰富的折射倒影动画效果。折射角度、中心点和背景颜色都可以制作成动画效果。最简单的应用效果如图 7-21 所示。它只有 3 个参数：

中心点，也可以叫作镜像法线，使素材沿中心点对折。拖动中心点可控制镜像离原素材的远近。

角度：取值在±180°，角度值为零时，沿水平线产生镜像效果，负值时镜像顺时针旋转，正值时镜像逆时针旋转。

背景颜色：设置倒影透明区域的填充颜色。

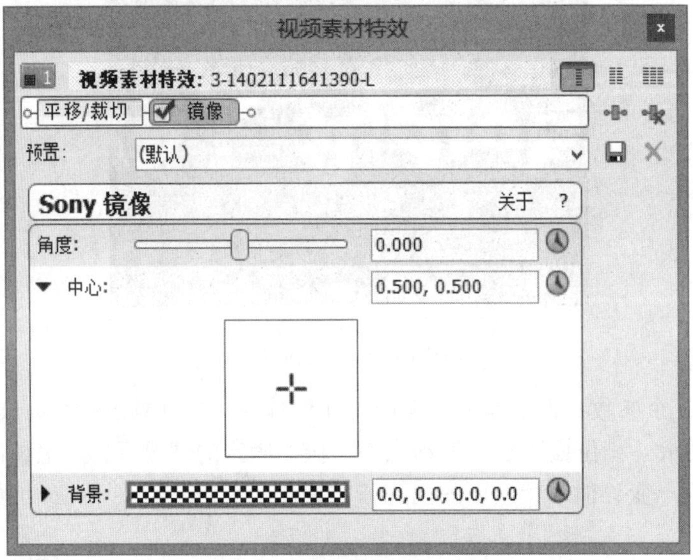

图 7-21 镜像特效参数设置

图 7-22 镜像效果

4. 球面化

球面化特效使画面全部或者部分区域产生球形膨胀“凸出”或“凹入”效果。

参数也只有 3 项。“中心点”设置凸出或者凹入点，数量（Amount）设置凸出或者凹入的强烈程度，取负值时向里面凹进，取正值时向外凸出。缩放（scaling）设置在凸出或者凹入时，原图像缩放变形的程度，分为水平缩放（horizontal）和垂直缩放（vertical）两项分别进行调节。这个特效有丰富的关键帧动画功能。

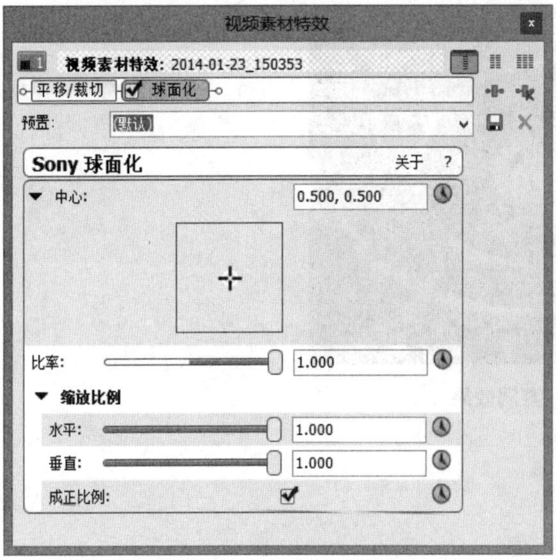

图 7–23　球面化参数设置

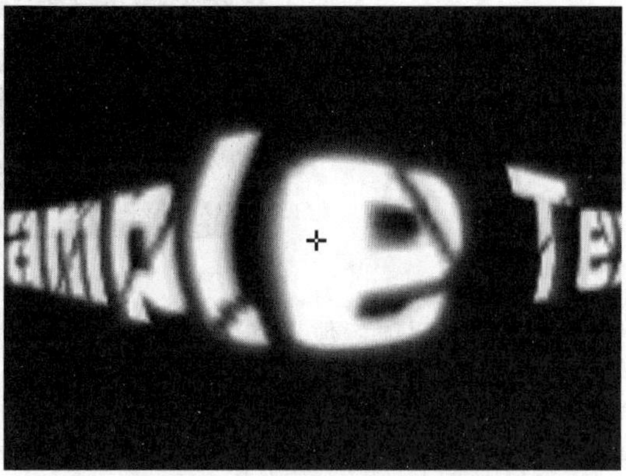

图 7–24　球面化效果

5. 收缩/膨胀

这个是老版本的效果，在新版本中演变为球面化。利用关键帧动画可以制作出逐渐鼓出的效果。

图 7–25　收缩膨胀参数设置

6. 漩　涡

模拟水流漩涡的效果。利用这个特效可以制作文字旋入旋出的动画效果。

图 7-26　漩涡效果

参数只有两项：数量和缩放比例。

数量取值为±1，正值顺时针，负值逆时针。

图 7-27　漩涡参数设置

实训课题 9：模糊锐化特效

1. 高斯模糊

作用：使画面变得模糊。

参数：水平范围、垂直范围、红绿蓝和 alpha 通道。范围的取值范围为 0 ~ 1。

新版 Vegas 中这个特效的功能增强不少，如图 7-28 所示，每项参数后面都带有“码表”，表示这一项可以制作关键帧动画，多项参数组合起来可产生复杂多变的动画效果。举例来说，比如制作一行由模糊逐渐变得清晰的文字效果，可以这样做，如图 7-29、7-30 所示。

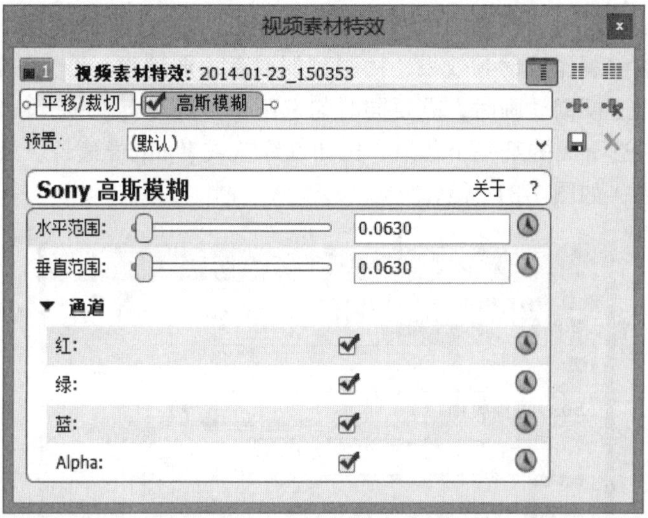

图 7–28　高斯模糊参数设置

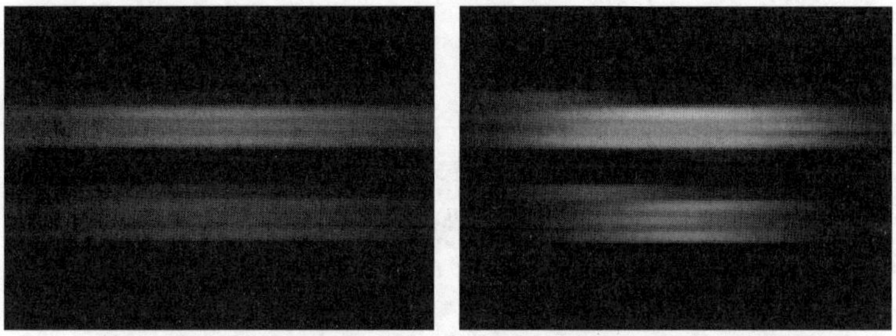

图 7–29　模糊文字效果

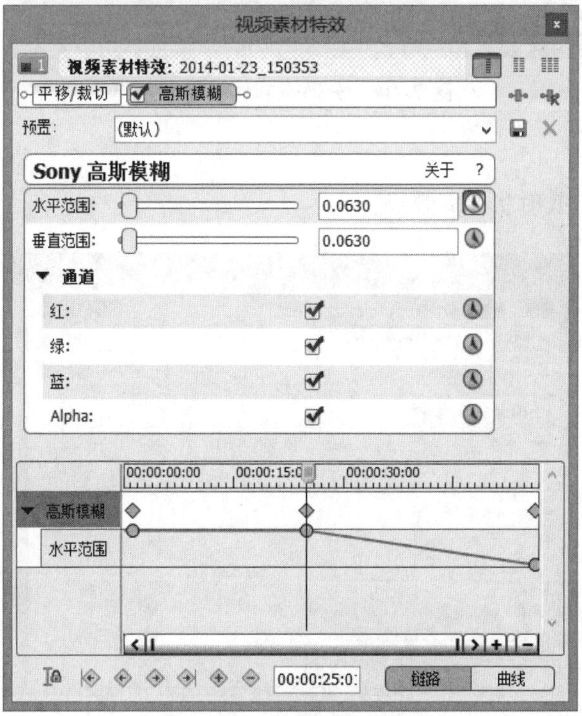

图 7–30　制作模糊文字

这个特效还能按通道单独模糊画面中的某一种颜色，共有红、绿、蓝和 alpha 透明度 4 种选择。模糊过程也能够制作成动画效果，由强到弱或者由弱到强，产生丰富的动态效果。

请注意，制作通道模糊动画时，需要同时勾选两个“码表”，一是勾选上面的水平范围或者垂直范围，二是勾选下面的某一个通道，比如红绿蓝或者 alpha 通道。只有两者结合起来才能成功制作动画效果，如图 7-31 所示。

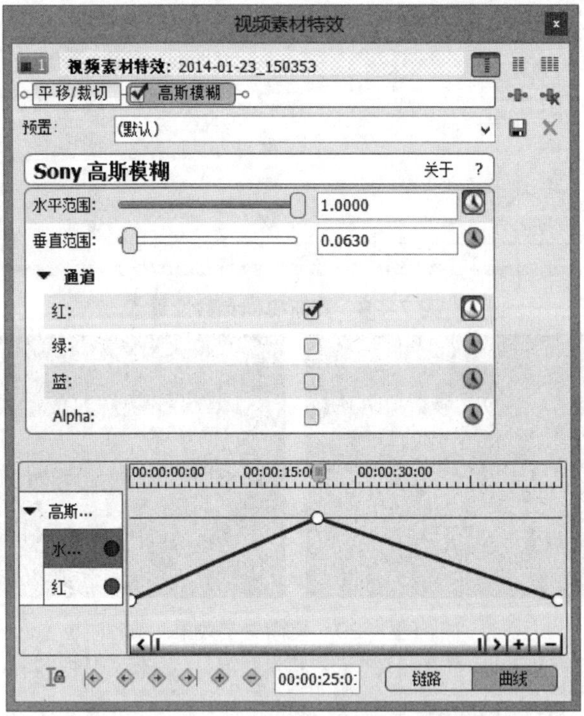

图 7–31　分通道制作模糊效果

2. 径向模糊

径向模糊能够制造散射状模糊效果。

图 7–32　径向模糊参数设置

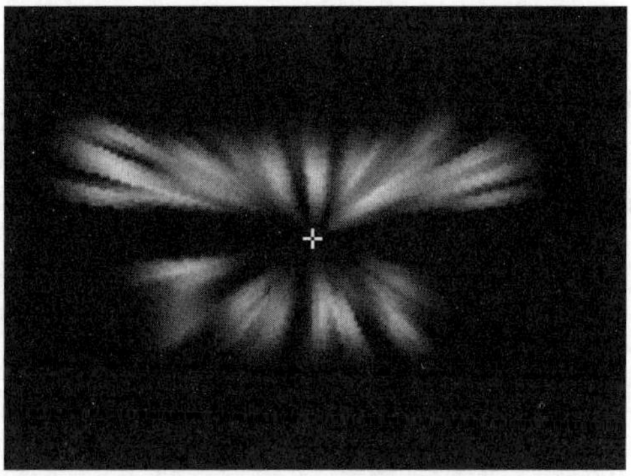

图 7–33　径向模糊效果

参数只有 3 个：中心点、类型和强度。类型有 3 种，只是算法不同，效果略有差异。强度当然就是模糊的程度了，值越大，模糊程度越强烈，值越小，模糊程度越弱。

参数后面也跟有“码表”，同样表示各项参数都能够制作关键帧动画。

径向模糊在制作文字类特效的时候非常有用。

3. 快速模糊

作用：能够轻微降低视频清晰度的特效。

使用这个特效，即使把参数调到最大，也不见得有明显的效果。经测试，色彩差异相对较大的情况下才能看出来一些轻微的模糊效果，如果色彩差异相对较小，模糊效果轻易看不出来。模糊前后对比效果如图 7-34 所示。

参数只有一个：混合数量。取值在 0 ~ 1。

快速模糊一般用在人脸或者人皮肤的柔和处理方面。使相邻像素的对比降低，从而显得柔和。

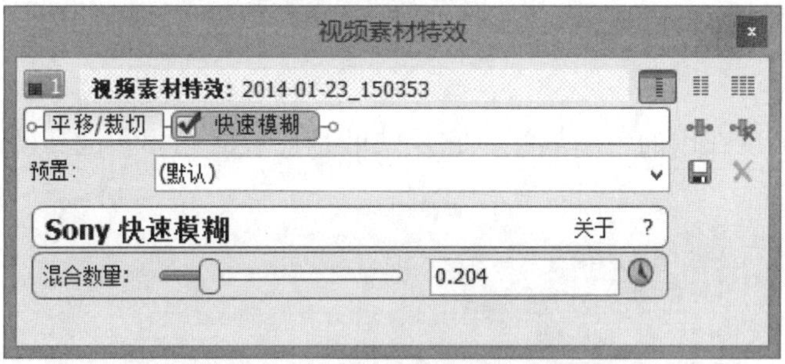

图 7–34　快速模糊参数设置

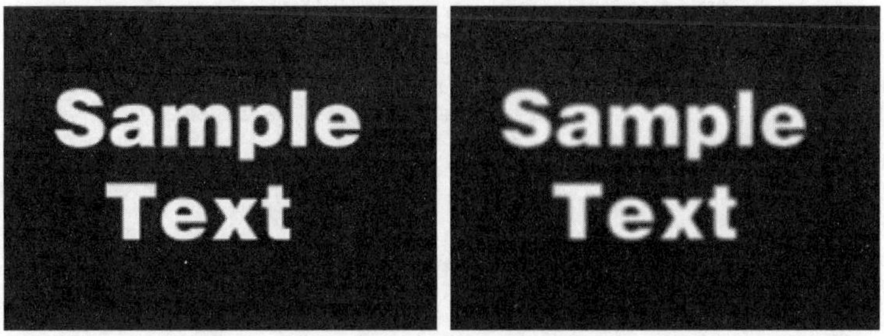

图 7–35　快速模糊前后效果对比

4. 线性模糊

这个特效比较简单，能够使画面按一定的角度产生模糊效果。

参数也只有两个：角度和比率。角度在 0 ~ 360°变化，比率取值在 0 ~ 1。

线性模糊也同样多用于制作文字效果。

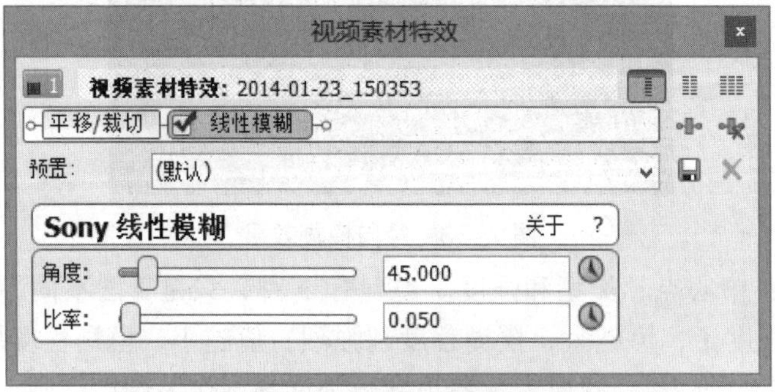

图 7–36　线性模糊参数设置

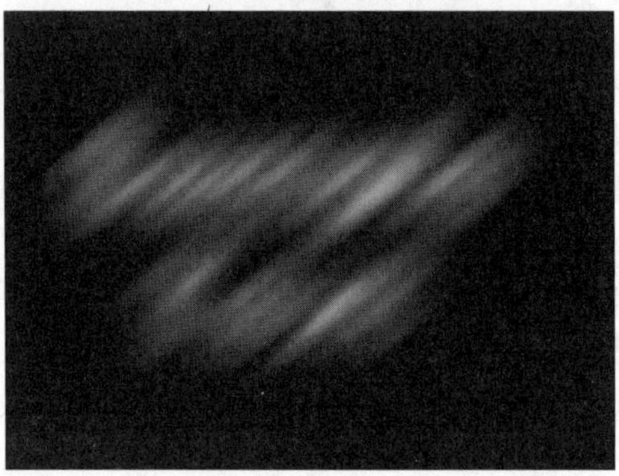

图 7–37　线性模糊效果

5. 色度模糊

色度指不包括亮度在内的色彩属性，它反映的是色彩的色相和饱和度。

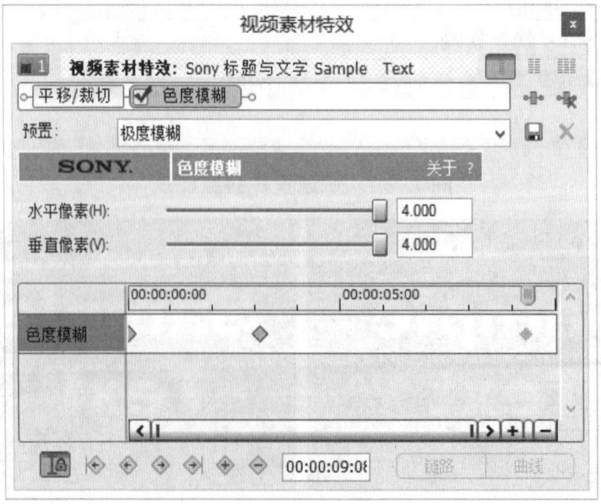

图 7–38　色度模糊参数设置

这个特效可以使图像像素的色度值发生模糊，不过平常使用效果很不明显，肉眼几乎看不出变化。但是和色度键等抠像工具结合使用，却能够让高对比度的边缘部分更加顺畅自然，边界变得柔和起来，不再那么“锐利”。

在使用蓝或绿屏抠像时，原始画面往往因为摄像机、环境光等各方面的原因，造成头发丝等部位抠像不干净。在使用“色键”抠像之后，再使用“色度模糊”作细致调整，效果比较满意。使用前后效果对比如图 7-39 所示。

这个特效也有一定降噪作用。

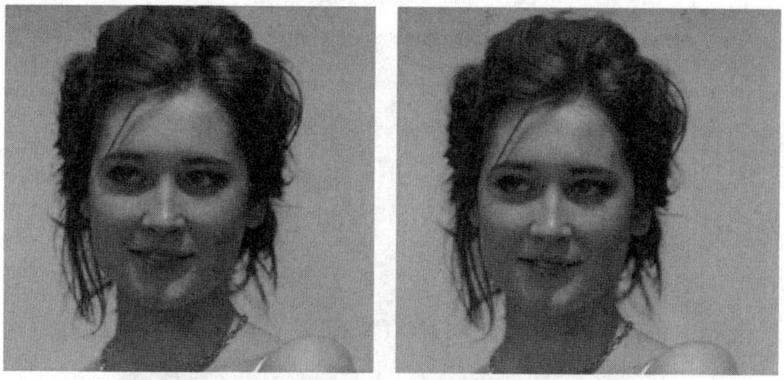

图 7-39　色度模糊前后效果对比

6. 散　焦

这个特效模拟相机失去焦距时所拍摄的效果，从而达到一种特殊的模糊效果。主要参数是“半径”，值越大，模糊得越厉害。其他参数对于效果影响不大，可以忽略。

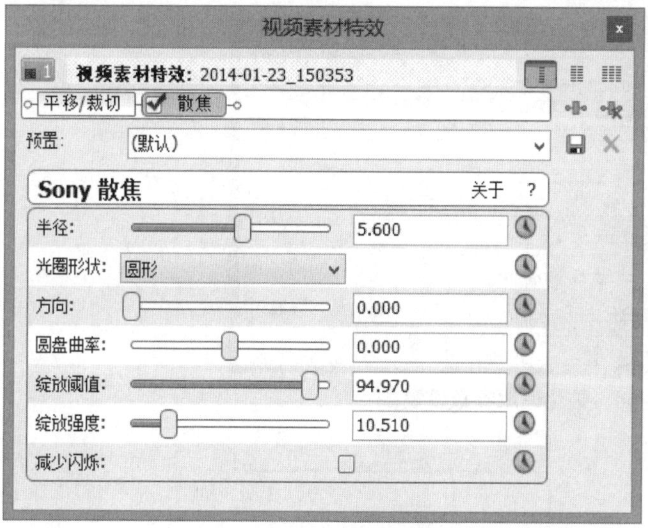

图 7-40　散焦特效

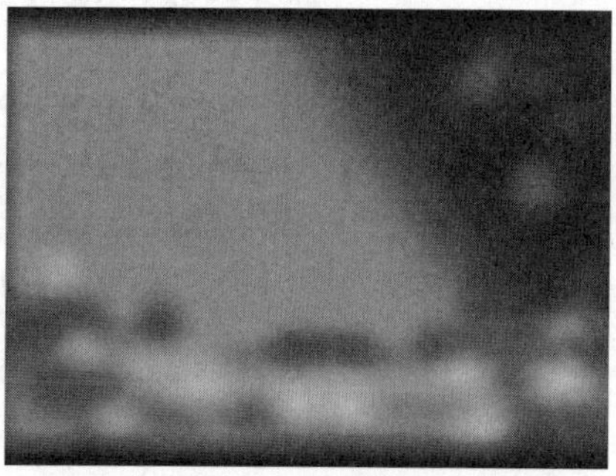

图 7-41　散焦效果

7. 锐　化

这个特效通过增加相邻像素间的对比度使画面图像变得清晰。它对画面图像进行轻微的锐化处理，因此效果不是很明显。当数量过大时会带来边缘生硬的负面影响。所以调节值应该轻微变化。锐化的参数很简单，只有一个：比率。

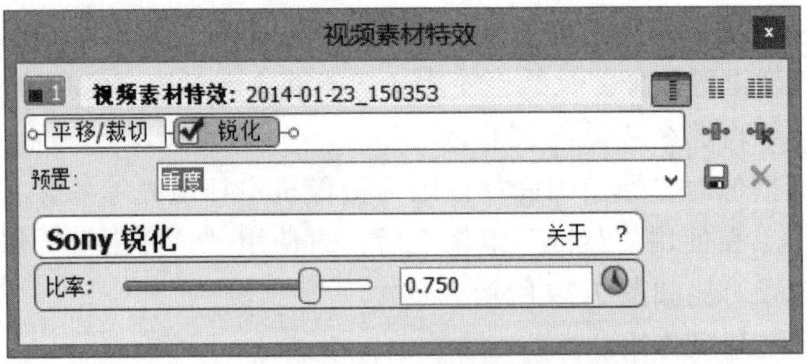

图 7–42 锐化参数设置

图 7–43 锐化效果

8. 钝化遮罩

钝化遮罩也是一种锐化工具，而且相比“锐化”特效，参数控制更加精细，锐化效果更加理想。Photoshop 里面称之为“USM 锐化”。

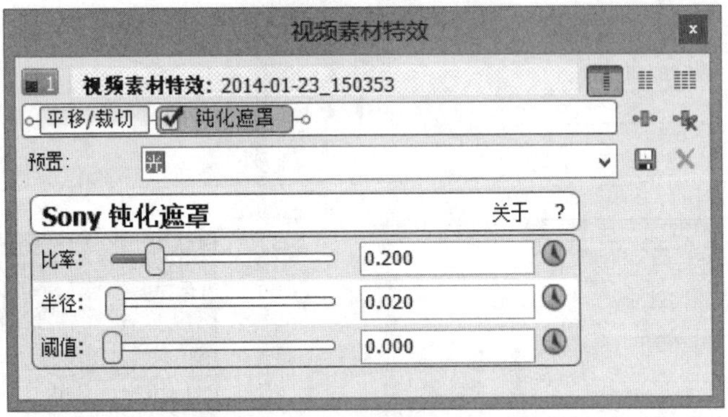

图 7–44 钝化遮罩参数设置

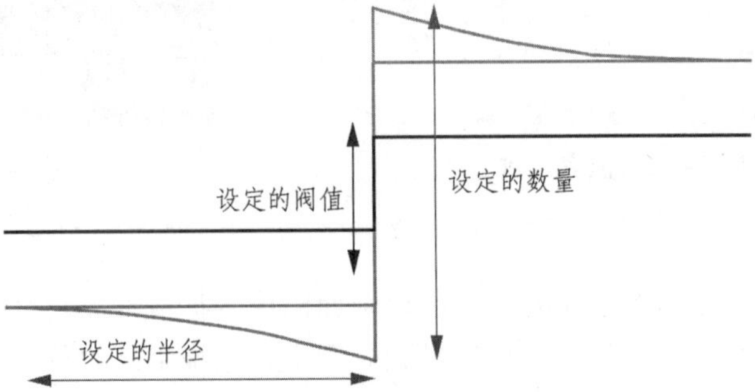

图 7–45 钝化遮罩参数示意图

这个特效在画面图像中查找颜色发生显著变化的区域，对区域边缘增大对比度，减少过渡像素的数量，加强边缘相邻颜色的对比度，突出区域的边缘。同时也能够对连续色调予以保护，产生的噪点较少。

钝化遮罩比锐化提供了更多的选项，可以达到精细的控制。参数共有 3 项：比率、半径、阈值。

比率：指锐化总量，控制区域边缘锐化的强度，强度越大，锐化效果越明显。取值最大时为现有清晰度的一倍。

半径：指的是区域边缘上的某个像素，只有在以它为圆心的半径内才进行锐化，超过半径外的部分则被忽略。它决定了锐化的宽度范围。该值如果设置得过高，图像周围会出现明显的亮光。

阈值：指相邻两个像素的差值范围，相邻像素间的差值达到该值所设定的范围时才能够被锐化。该值为零时，锐化所有内容。增加该值时，只有那些差异很大的像素才会被锐化，因此，阈值越大，能被锐化的像素越少。

这个特效还有一定降噪作用。

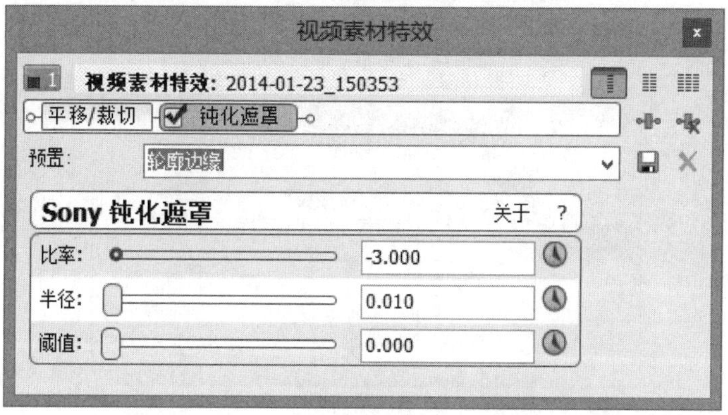

图 7–46　轮廓边缘参数设置

图 7–47　轮廓边缘效果

实训课题 10：风格化类特效

1. 边　框

这个特效比较常用，多数时候，我们需要对画面加个简单的白边，尤其在三维空间运动时，更能呈现画面的立体感。

参数主要有类型、大小和颜色。类型主要有实色、模糊、斜边、半透明等。大小指边的宽度，取值从 0 ~ 1。颜色当然指边框的颜色了。

结合关键帧动画，可以制作边框从细到粗变化的动画效果。

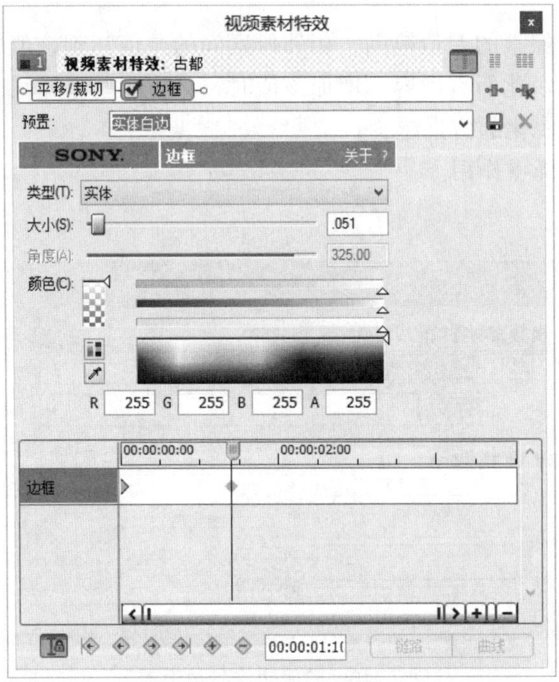

图 7-48　边框特效参数设置

图 7-49　边框效果

2. 径向像素化

这个特效产生散射状的像素化效果。参数很简单，只有类型和强度。类型有两种：径向和环形，强度取值从 0 ~ 1。

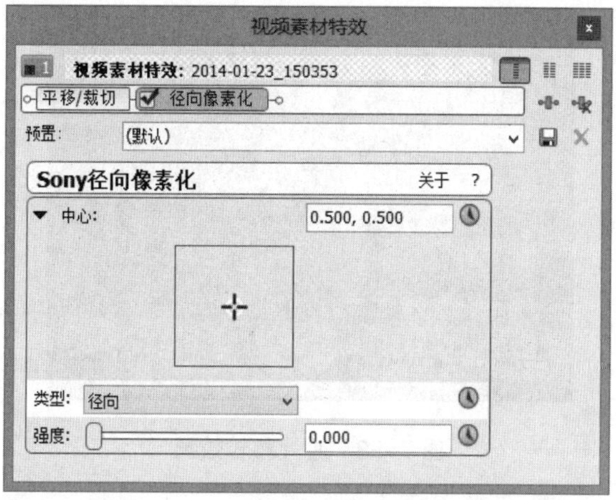

图 7-50　径向像素化特效参数设置

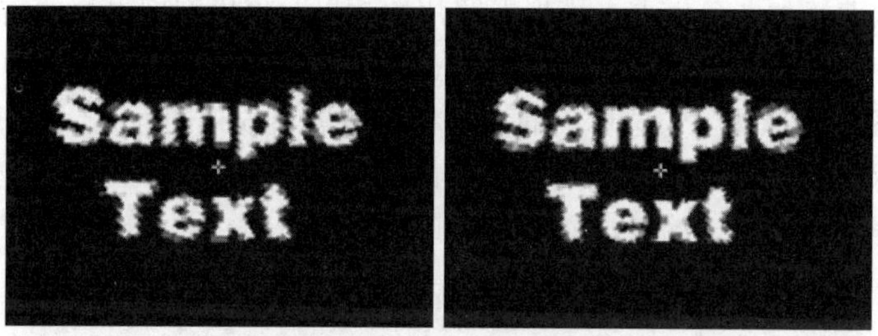

图 7-51　径向像素化效果

3. 胶片颗粒

这个特效使画面产生颗粒状的结晶效果，用来模拟胶片老化以后结晶的模样。当然实际使用过程中，参数调整很轻微，颗粒也细小稀疏，不会像图示那样过重过强烈。

参数有 3 项：数量、颗粒度、色度。数量指颗粒的凸起程度，取值在 0 ~ 1，取值最大时凸起程度最强烈，颗粒度指颗粒的密度和模糊程度，取值也在 0 ~ 1，最大时颗粒最密集、最模糊。色度主要使颗粒颜色的饱和度发生变化，色相变化不明显。

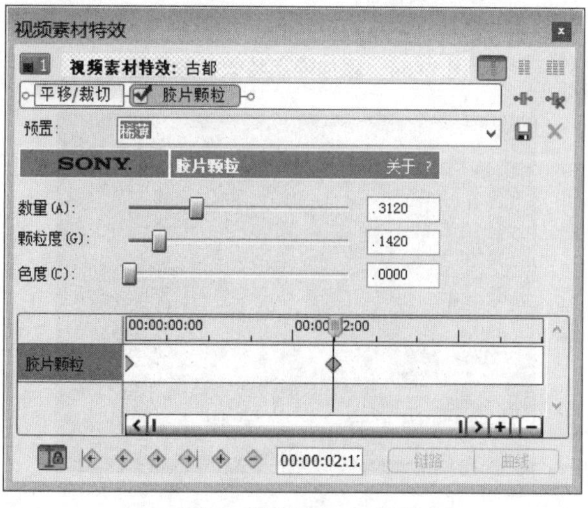

图 7-52　胶片颗粒特效参数设置

图 7–53　胶片颗粒效果

4. 添加噪点

这个特效给画面添加杂色斑点，模拟老照片的效果，也模拟旧电视的雪花现象。

参数有 4 项：噪点级别、单色、高斯噪点、动态化。噪点级别取值在 0 ~ 1，值越大，噪点越多越密集，颗粒感越强。勾选单色的话，将产生黑白效果的噪点。高斯噪点指使用高斯模糊算法产生的噪点，从效果看，噪点分布趋向均匀，颜色差异变小。勾选动态化，噪点颜色随机分布，差异变大，对比趋于强烈。

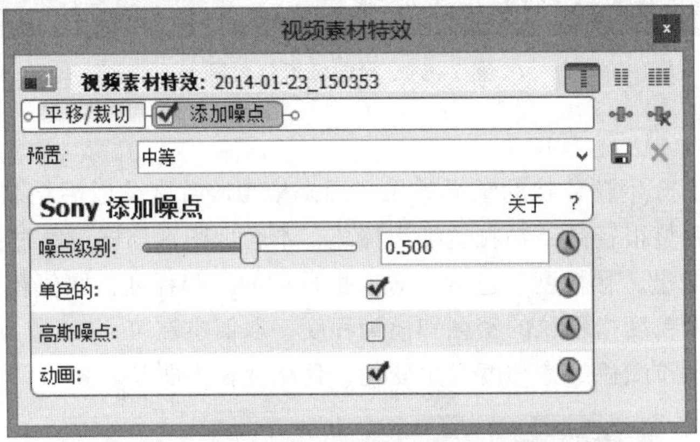

图 7–54　添加噪点特效参数设置

图 7–55　添加噪点效果

5. 像素化

也可称为晶格化，能使画面每个像素变成矩形状，好像结晶的效果。参数有两项：水平像素化和垂直像素化。

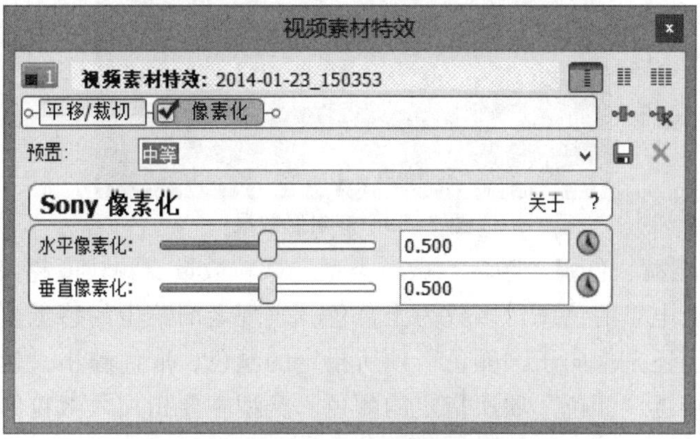

图 7–56　像素化特效参数设置

图 7–57　像素化效果

6. 电影效果

也可称为老电影效果，模仿旧电影胶片的效果。

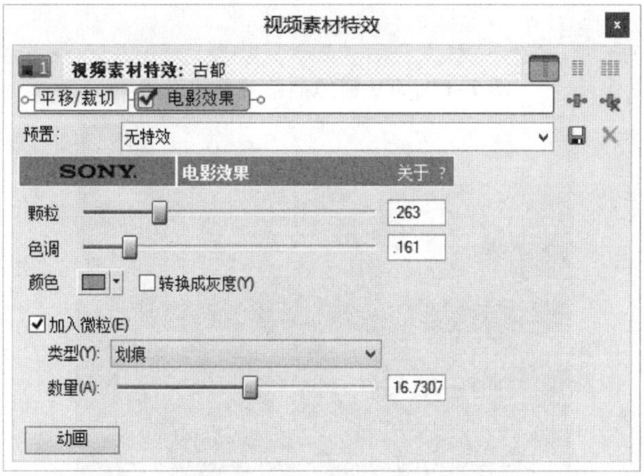

图 7–58　电影效果特效参数设置

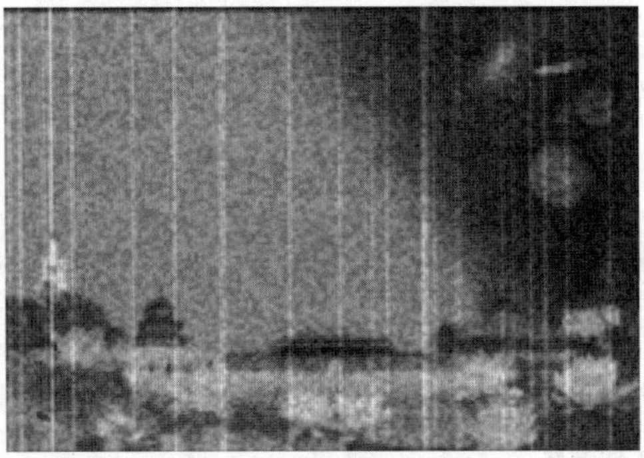

图 7-59　老电影效果

参数有 5 项：颗粒、色调、颜色、微粒类型、微粒数量。颗粒值越大，画面颗粒越密集强烈。颜色指表现老电影的色调，多数为土黄色，表现老旧蒙尘的感觉。而色调则决定画面色调偏向于原始颜色还是偏向于“颜色”项所指定的颜色，取值越小，越接近原始画面的色调，值越大，则越接近“颜色”项所指定的颜色。类型主要指加入微粒的类型，有划痕、抖动、毛发、灰尘、闪烁 5 种。数量则决定了加入微粒的多少。

7. TV 模拟器

电影效果模拟老电影的效果，而 TV 模拟器则模拟旧电视的效果。这种效果并不常用。

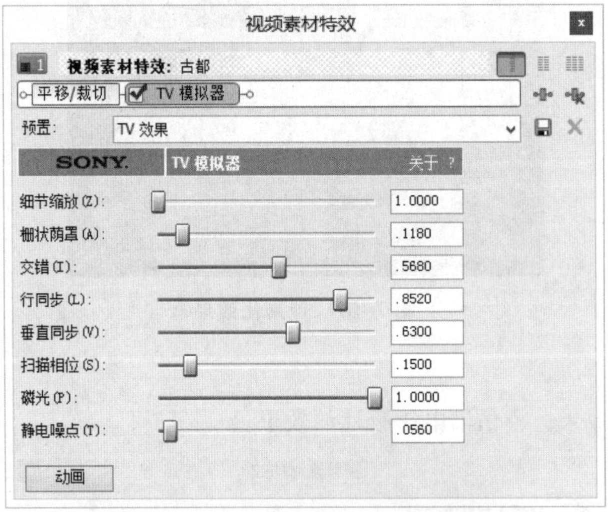

图 7-60　TV 模拟器特效参数设置

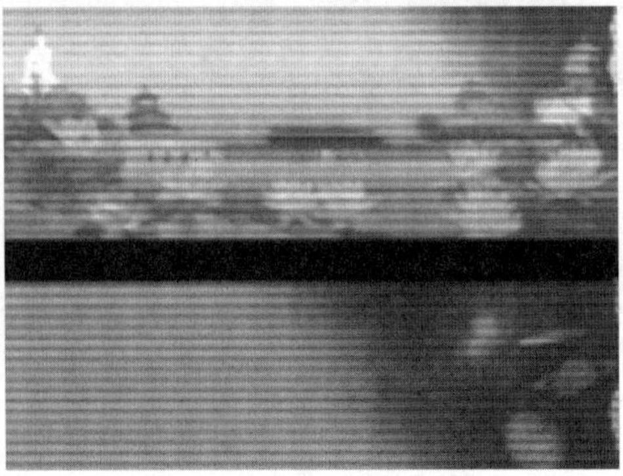

图 7-61　TV 模拟器效果

8. 新闻纸

模拟旧报纸和旧印刷品的效果。也不常用。

参数只有两项；点大小和类型，类型有 3 种：单色、彩色和印刷错位。

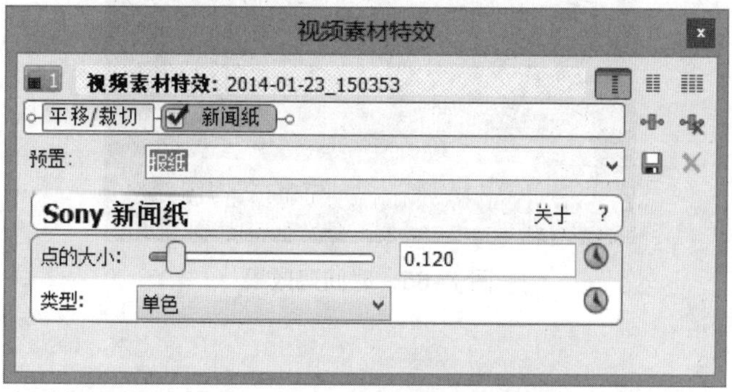

图 7-62　新闻纸特效参数设置

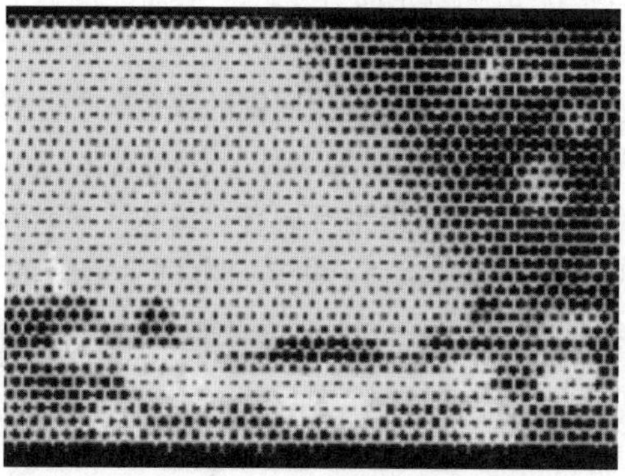

图 7-63　新闻纸效果

9. 时间码

有时候需要在节目中加上时间码，按“时：分：秒：帧”的格式显示。此时，这个特效就能够实现。所加的时间码的形式如图 7-64 所示，并且在节目播放时，这个时间码还会自动计时变化。这个特效不太常用，因此对其参数忽略不讲。

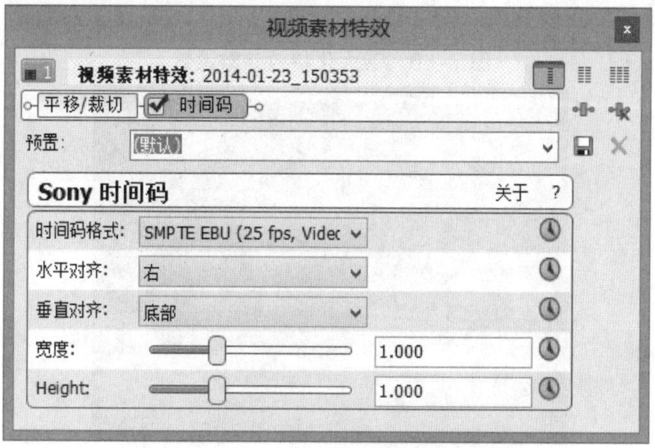

图 7-64　时间码特效参数设置

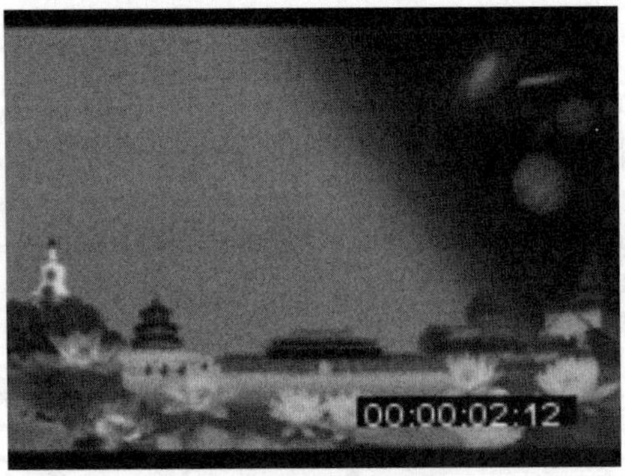

图 7–65　时间码效果

10. 最小与最大

将图像中高光部分的每个像素扩大或者变小，以替代周围相邻像素，当然，图像中每个像素都会扩大或者变小，但是优先从高光部分变起，从而亮的地方看起来变化最明显。最终整个画面效果看起来和模糊化的效果相似。

或者说，这个特效用最暗或最亮的颜色替代周围的颜色，产生类似马赛克和模糊化的效果。

最大化时最亮部分优先变化，最小化时最暗部分优先变化。

主要是操作类型参数（Operation），类型有两种：最大（Maximum）和最小（minimum）。其余两项参数是水平范围（Horizontal range）和垂直范围（Vertical range）。

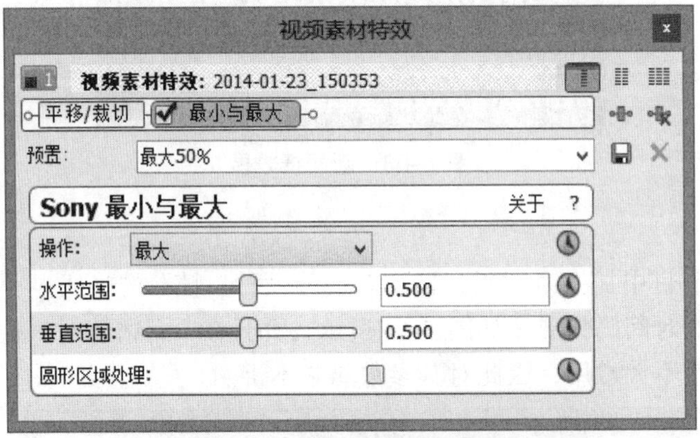

图 7–66　最大化特效参数设置

图 7–67　最大化效果

图 7–68　最小化特效参数设置

图 7–69　最小化效果

利用这个特效可以制作一种发光文字效果，如图 7-70 所示。结合关键帧动画，不难制作出动画效果。

图 7–70　发光文字效果参数设置

图 7–71　发光文字效果

11. 中间值

这个特效综合了“最大和最小”两种效果，偏移值大于 0.5 时是“最大”特效，偏移值小于 0.5 时“最小”特效，因此就称为“中间值”。其他参数和“最小与最大”相同，效果也相同。

参数有 3 项：水平范围、垂直范围和偏移。如果勾选“圆形区域处理”，则溢出边缘的像素从另一边循环折回。

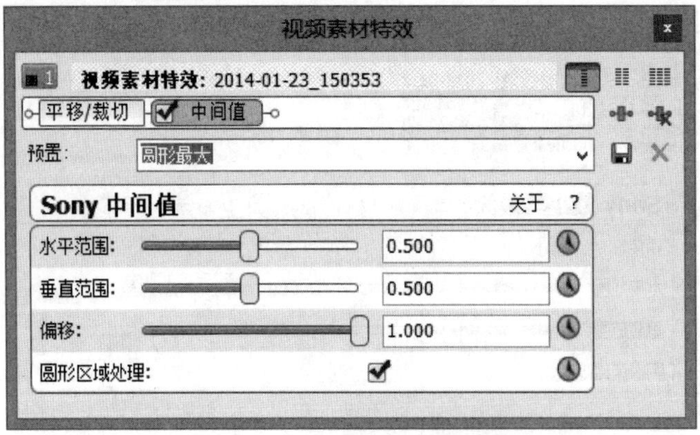

图 7–72　中间值特效参数设置

12. 立体 3D 调整

这个特效专为制作立体 3D 电影而设。

3D 电影，就是需要戴专用眼镜看的那种电影，现在很流行。Vegas 也能够制作这样的电影，不过需要双机位拍摄两段一模一样的素材，一段当作左眼，一段当作右眼。最佳的解决方法还是使用支持 3D 功能的摄像机来拍摄，然后使用拍摄所得的素材制作 3D 电影，比如使用索尼 3D 摄像机 TD10E 和 TD20E，它们拍摄的 3D 素材称为双流视频。

3D 电影的制作过程在这里简单介绍一下。

（1）首先创建一个支持 3D 效果的项目，注意项目设置参照图 7-73 和图 7-74 所示。

① 立体的 3D 模式设置改为“混合”，如图 7-73 所示。

② 去交错方法改为“两场混合”，如图 7-74 所示。

（2）接着将两个机位拍摄的素材放到上下两个轨道，对齐调整好。

（3）选中上下两个轨道上的这两段素材。

（4）点击右键，选择“对作为立体的 3D 子素材”，如图 7-75 所示。

（5）这时就可以添加这个立体 3D 调整特效了，戴上立体眼镜，边看边调节，如图 7-76 所示。

（6）渲染输出时的参数设置为：立体的 3D 模式改为“补色立体（绿/洋红）”。如图 7-77 所示。

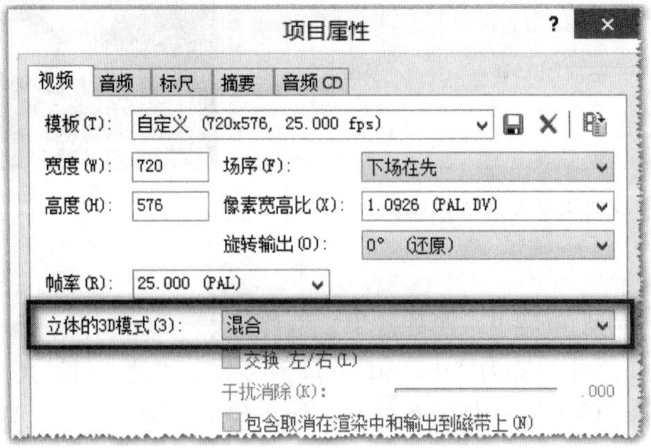

图 7–73　制作立体 3D 电影的项目属性设置一

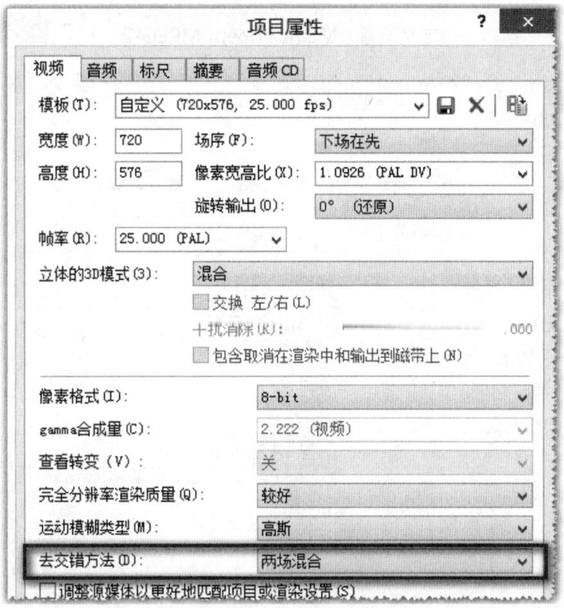

图 7–74　制作立体 3D 电影的项目属性设置二

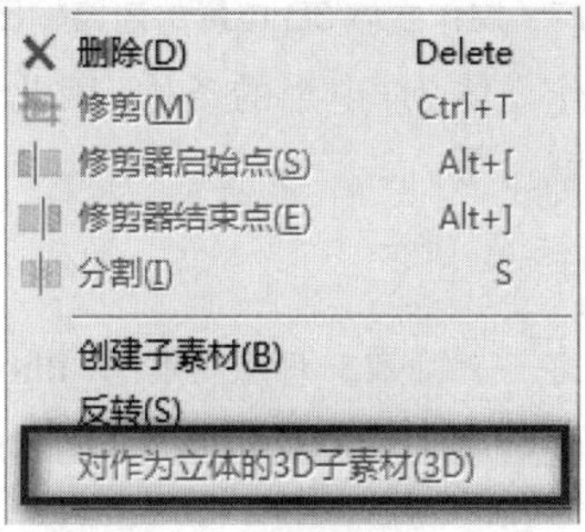

图 7–75　制作立体 3D 电影

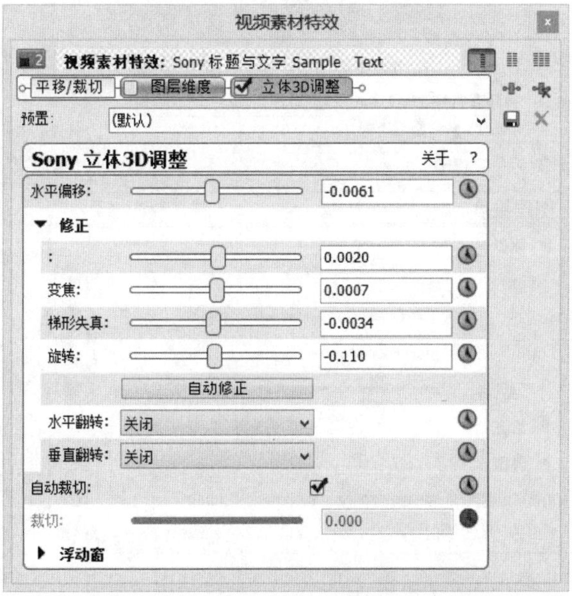

图 7–76　立体 3D 调整特效参数设置

图 7–77　制作立体 3D 电影的渲染输出设置

由于一般情况下并不具备制作立体 3D 电影的条件，因此这个特效的使用我们不做详细介绍，大家只知道有这么一个特效就行了。

13. 图层维度

这个特效是 Vegas 新版增加的一个特效，有点类似于 Photoshop 的图层样式功能，目的是使素材具有阴影、发光、浮雕效果。这个特效一般需要结合子母轨使用。

（1）阴影效果：类型有内阴影和外阴影两种。其余参数分别是：高度、模糊、不透明度。这些都比较好理解，尤其是有 Photoshop 基础的话，更容易理解使用。

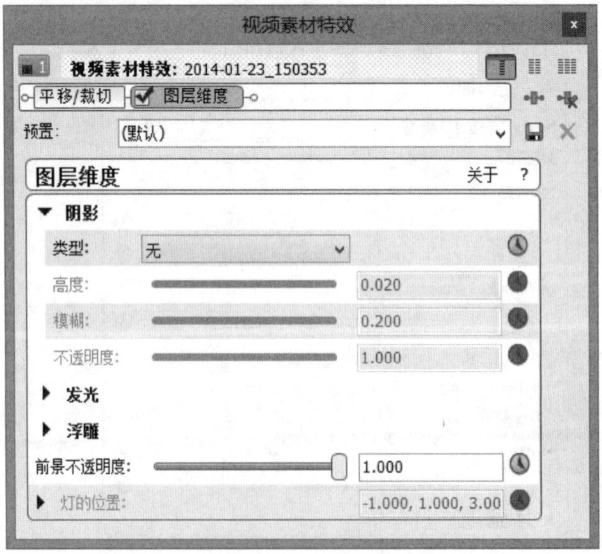

图 7–78　图层维度特效之阴影参数设置

（2）发光效果：类型有 4 种，分别是内部、外部、边缘、双重。其余参数只有两项：比率和彩色。

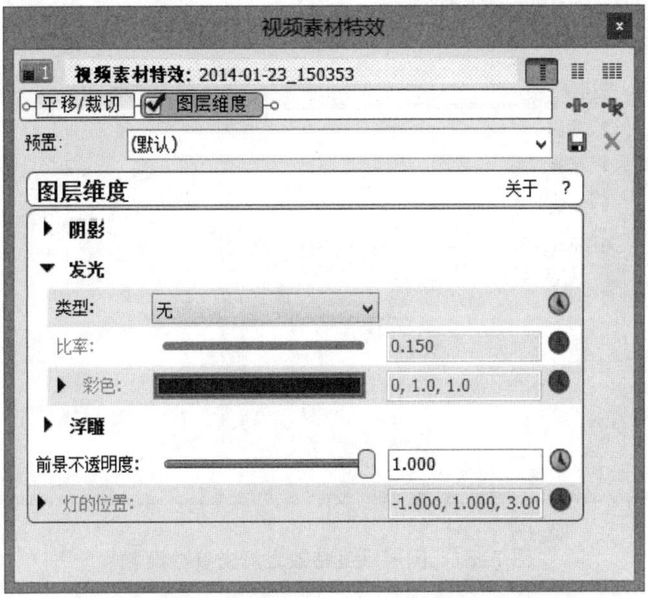

图 7–79　图层维度特效之发光参数设置

（3）斜面浮雕效果：参数分别是前景、背景、灯光强度、环境光、平滑度、反光、前景不透明度。

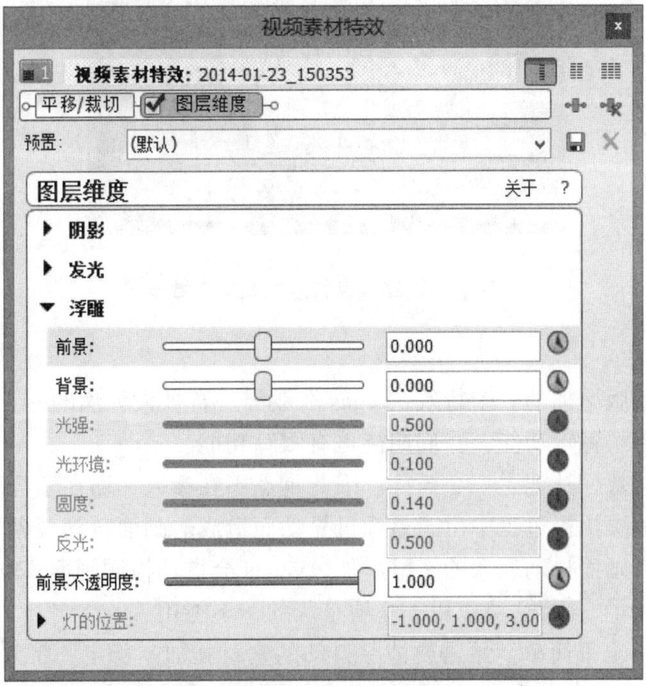

图 7–80　图层维度特效之浮雕参数设置

（4）不管哪一种效果，都有一个“灯光位置”参数。如图 7-81 所示，左边方框中指定灯光的位置，右边滑动条指定灯光的颜色。

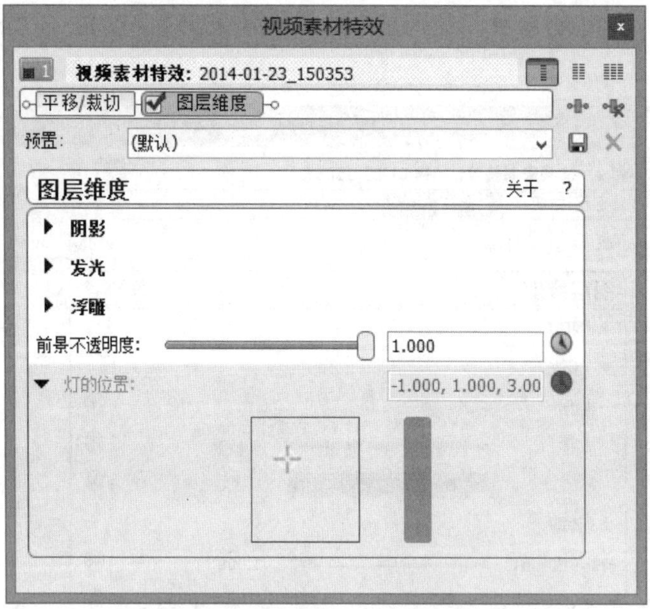

图 7-81　图层维度特效之灯光参数设置

图 7-82　图层维度特效之阴影参数设置

14. 稳定特效

这个特效也是新版增加的一个特效，Vegas 在业界一直被人诟病的一点就是没有跟踪和稳定功能。现在终于有了稳定功能，我们期待再有跟踪功能。

这个功能叫作特效，其他是一个插件。因此重点不在参数，而在于应用。

稳定，是为了解决拍摄过程中由于摄像机晃动而造成的画面抖动现象。

这项功能要给有画面抖动现象的素材添加，Vegas 会自动检测画面。现在的情形由于给一张静态图片添加上去了，因此，“应用”这项是灰的，不能用。

这个特效的使用也很简单，给需要消除抖动的素材施加“稳定”特效，然后点击图示中的“应用”按钮，Vegas 会自动分析检测并且最大程度消除抖动。完成以后，用户可以预览稳定之后的画面，如果发现效果不理想，返回来继续修改“平称平滑”和“稳定量”两项参数，之后再点击“应用”继续消除抖动，直至达到一个满意的效果。

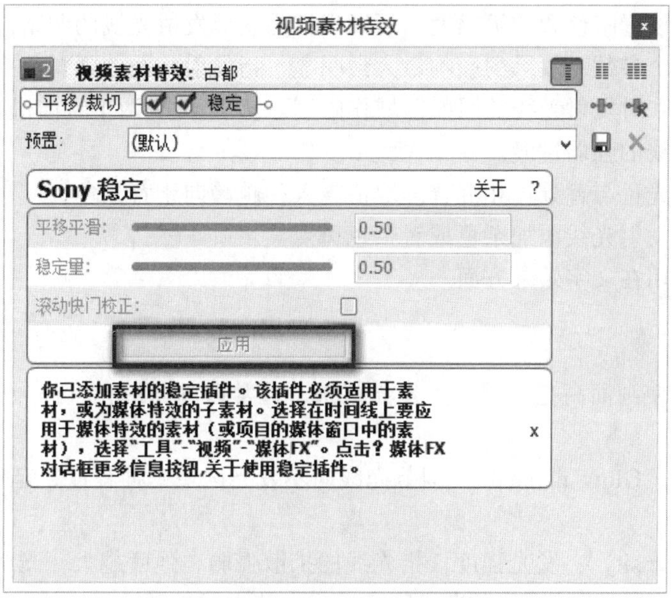

图 7-83　稳定特效

实训课题 11：光效类视频特效

1. 光　线

这个特效能够制造光芒四射的效果。各项参数含义如下：

（1）光源：设置发光点，可以使用鼠标拖动光源位置。

（2）色调：发光颜色。

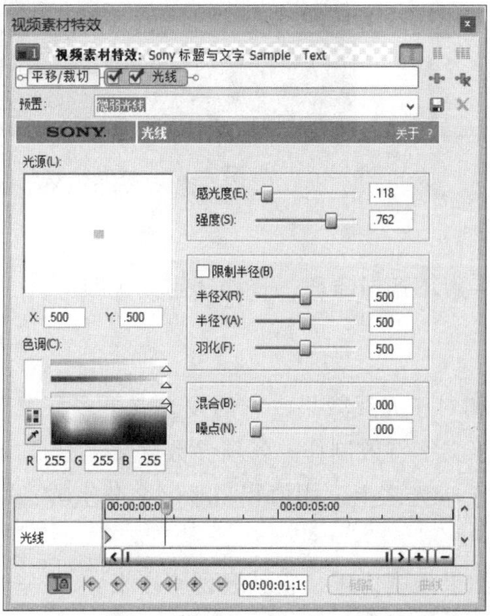

图 7-84　光线特效参数设置

图 7-85　光线效果

（3）感光度：设置暗色调的敏感度，可以理解为调节发射光线的明暗。

（4）强度：这个参数对效果的影响最大最明显，指发射光线的强弱。

（5）限制半径：对发射光线的照射区域作限制。从 X 和 Y 两个方向进行约束，同时调节羽化值，能控制光线的强弱过渡。

（6）混合：指光色与背景色相混合。取值越大，越趋向于背景色。

（7）噪点：为发射光线添加杂色或者杂色斑点。

这个特效多数用在文字效果方面。

2. 发　光

这个特效能够使画面高亮区域产生发光效果，通常以画面最亮点作为光源中心。各项参数含义：

（1）发光比例（Glow percent）：调节光线向不发光区域延伸程度，延伸越小，整体发光越弱。

（2）强度（Intensity）：发光强度，指光线的扩散强弱，强度越大，光线延伸范围越广。

（3）抑制（Suppression）：和发光强度相反，它使光线扩散范围变小。

（4）颜色（color）：定义发光颜色。

轻微的发光能够制造光色朦胧的效果，在婚庆类节目制作中经常用到。这个特效也在文字特效中用的较多。

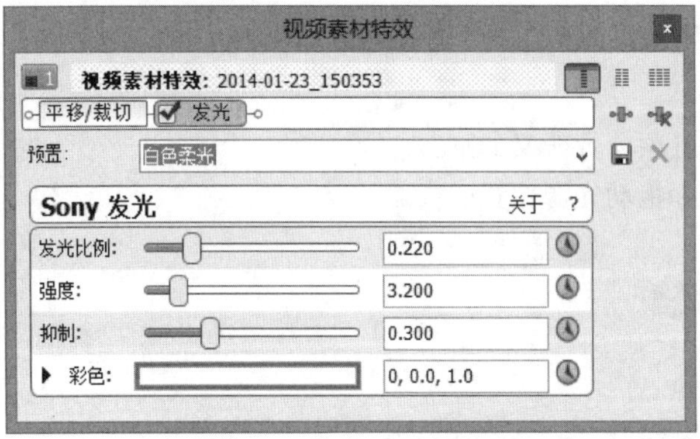

图 7–86　发光特效参数设置

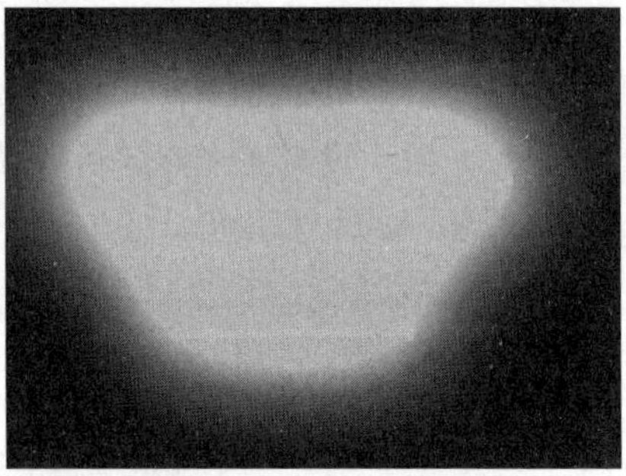

图 7–87　发光特效

3. 镜头光晕

这个特效模拟眩光光斑和太阳光斑效果。一般不调节参数，直接调用预置即可。

4. 强　光

这个特效制造一种交错发射光线的效果，相对于光线效果，它的发光点更多，发光区域更集中，但光线较短，所以叫作强光。经常用于文字特效制作。各项参数含义：

（1）阈值：光线有亮光和暗光，亮光衬托于暗光之上。阈值相当于一个分水岭，以上算作亮光，以下算作暗光。值越大，光线会越少。

（2）辉度：指定暗光强度。受制于强度，如果强度为零，它就表现不出来。

（3）强度：指定暗光和亮光强度，值越大，光线越亮。

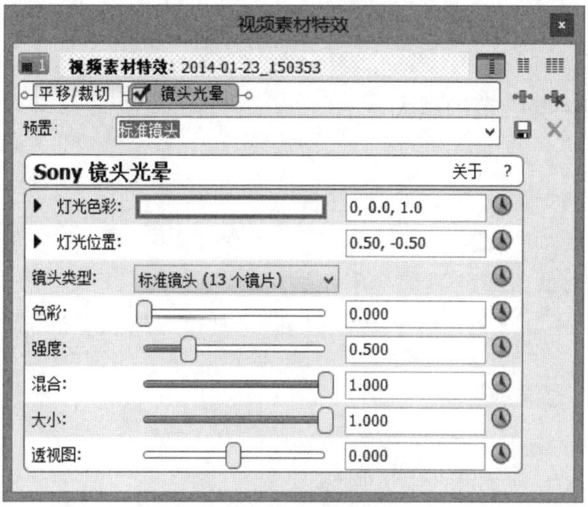

图 7–88　镜头光晕特效之一

图 7–89　镜头光晕之标准镜头效果

（4）半径：光线的作用范围。值越大，光线散射越远。

（5）X 形：发光点的多少，一般为 4 个，最多达 6 个。4 点发光最常用。

（6）中心爆裂：发光部分产生多个重影并且发生错位。

（7）侧面：约束中心爆裂产生的方位，作用并不明显。

（8）方向：光线旋转偏移角度。

（9）柔化边缘：使边缘产生柔和效果。

（10）减少闪烁：勾选后，光线范围稍有收缩，但影响不大。

（11）仅显示效果：原始素材不显示，只显示光线。

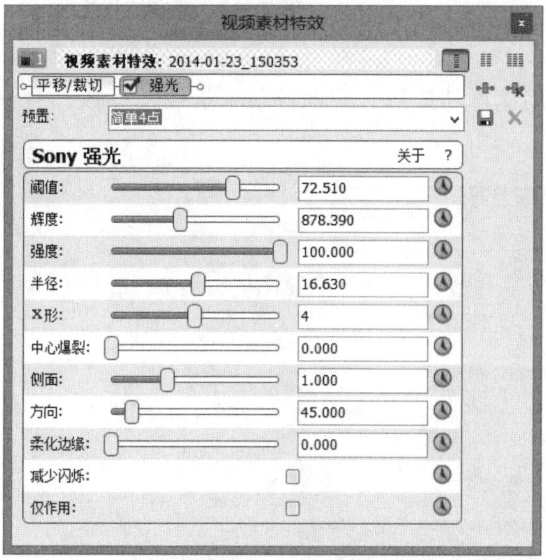

图 7–90　强光特效参数设置

图 7–91　强光特效效果

5. 闪　光

这个特效是强光特效的升级版，功能比强光更加丰富强大，并且带有遮罩功能。各项参数的含义和强光相似。

重要参数主要有：

（1）阈值：取值越大，发光范围越小。

（2）增强：即发光强度，值越大，光线越亮，范围越大。

（3）色相：即光线的颜色。

（4）方向：光线旋转角度。

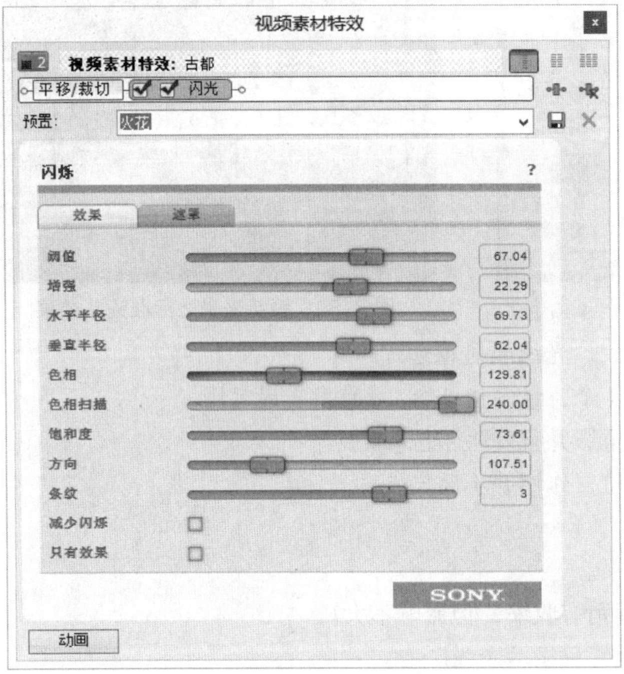

图 7-92　闪光特效参数设置

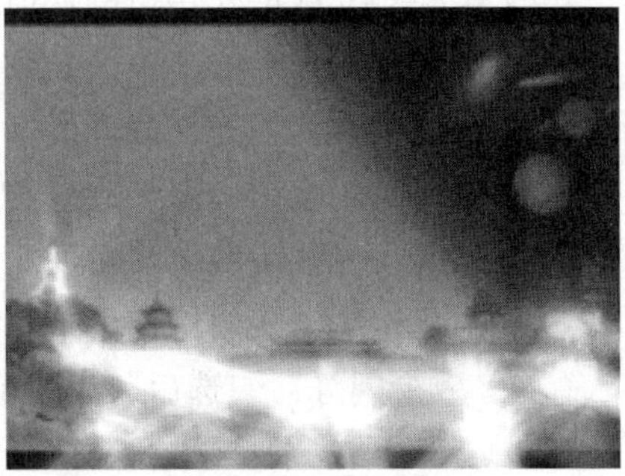

图 7-93　闪光特效效果

遮罩：

遮罩能够限制发光的区域，如下例，使用遮罩功能后，逐渐调节“进度”参数，会看到一连串运动的发光效果。

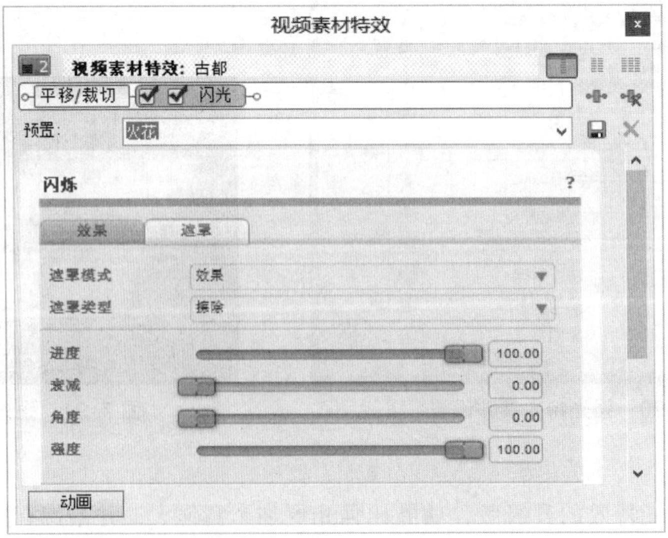

图 7-94　闪光特效之遮罩参数

图 7–95　闪光特效之遮罩效果

6. 射　线

这个特效的效果也非常酷，能制作一种光芒四射的效果。各项参数和强光特效以及闪光特效非常相似，只是光线形式不同。各项参数比较简单，因此不再细述。

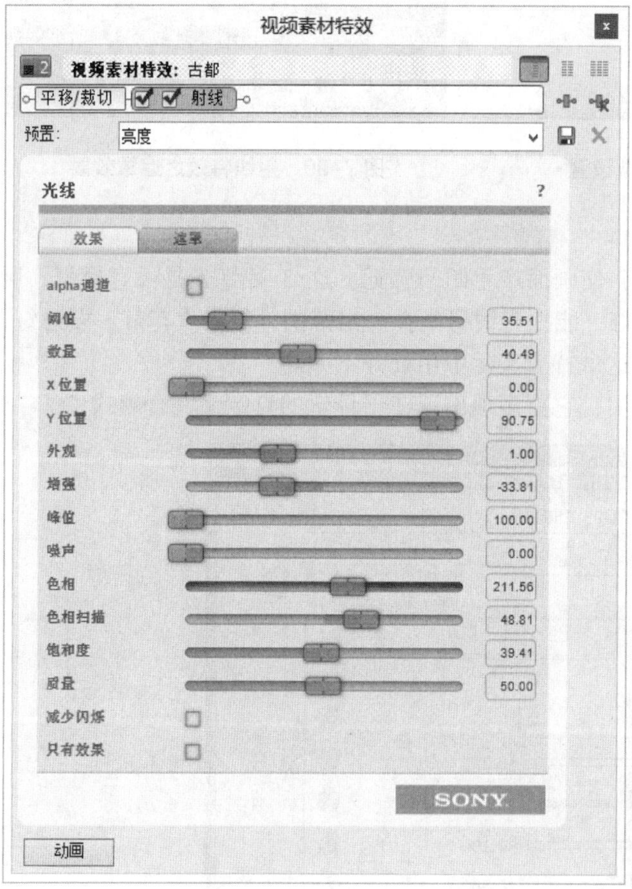

图 7–96　射线特效参数设置

图 7–97　射线效果

遮罩：添加遮罩效果后，能够约束发光的范围和位置。

可以看出，闪光和射线这两个特效都是 Vegas 重点加强的特效，在新版中增强了不少新功能。这也算是 Vegas 弥补了自己以前在光效这方面的不足吧。

用好这两个特效，可以制作出非常绚丽的光线效果。

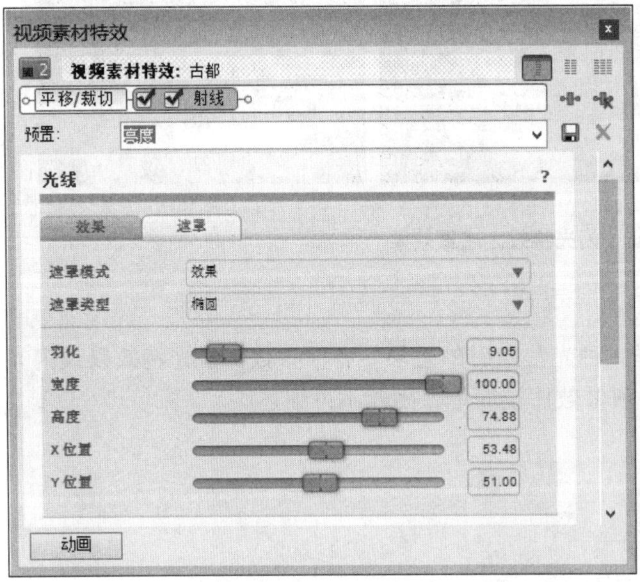

图 7–98　射线特效之遮罩参数设置

图 7–99　射线特效之遮罩效果

7. 凹凸映射

这个特效给画面添加灯光照射效果，使画面产生凹凸感觉。这 3 种灯光是：直射灯，照射的光线是平行的，例如太阳光。聚光灯，能把光线聚集在一定范围，例如汽车灯。漫射灯，光线照在物体上，被反射向各个方向。这个特效实际中用处并不大。

这个特效一般也需要结合子母轨使用，它更多地出现在子母轨的自定义混合模式中。

图 7–100　凹凸映射特效参数设置

图 7–101　凹凸映射效果

8. HitFilm Light Flares 光线效果

这个特效本来是一款外挂插件，新版的 Vegas 中将其收入内置特效中，这对用户来说真是一个好消息。有了这个特效就可以制作媲美 AE 的光晕效果。

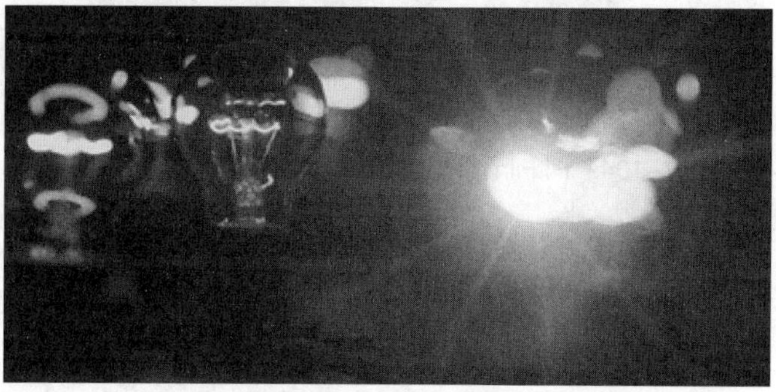

图 7–102　HitFilm Light Flares 光线效果

这个特效虽然没有汉化，参数也多，看起来较难。但实际上使用不难，一边观察实际效果一边调节参数，就能够轻松地完成特效制作。

如图 7-103 所示，主要参数都能够制作关键帧动画，因此，它的光晕可以实现运动变化，这样就更加强大。

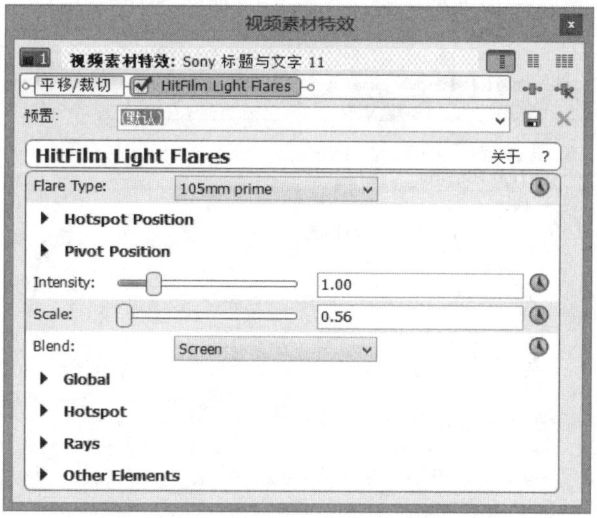

图 7–103　HitFilm Light Flares 参数设置

这个特效内置了多达 39 种光晕类型，如图 7-104 所示。

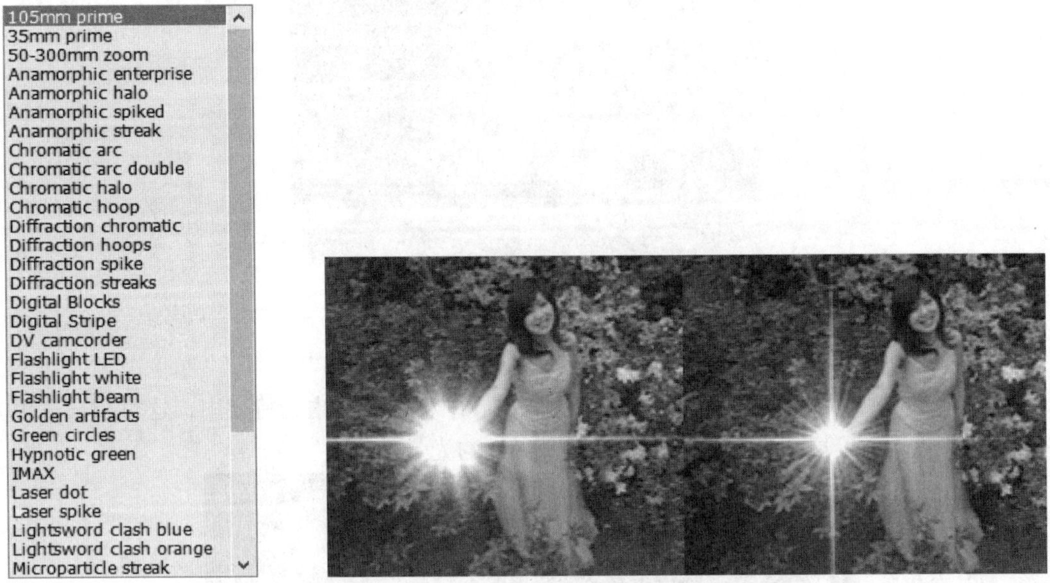

图 7–104　HitFilm Light Flares 光线类型及效果示例

实训课题 12：外挂插件实现粒子效果

目前 Vegas 中并没有粒子特效，但在视频合成中，粒子效果却被大量应用，尤其现在越来越成为流行元素。现阶段要使用粒子效果，只能借助第三方插件来实现。常用有两种办法，一是使用 AE 制作粒子特效，二是使用“幻影粒子”这款插件。其中尤以“幻影粒子”的效果为佳。

下面我们简单讲一下使用“幻影粒子”制作粒子效果并在 Vegas 中制作合成的方法。

步骤 1：首先，给素材添加“幻影粒子”特效，如图 7-105 所示。

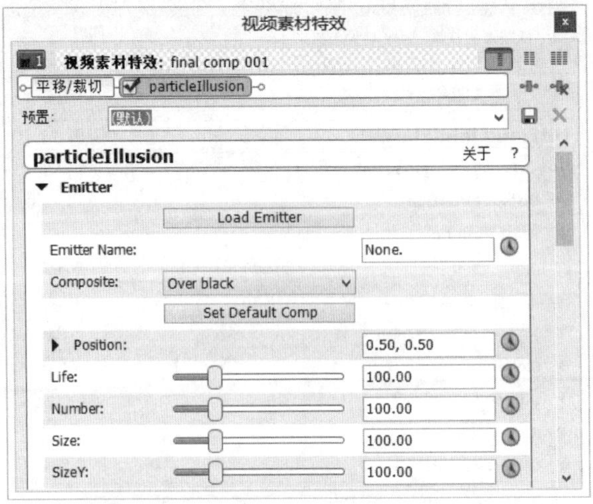

图 7–105　幻影粒子特效参数设置

步骤 2：点击“load emitter”载入粒子素材库。选择一种粒子形式，点击“OK”完成。

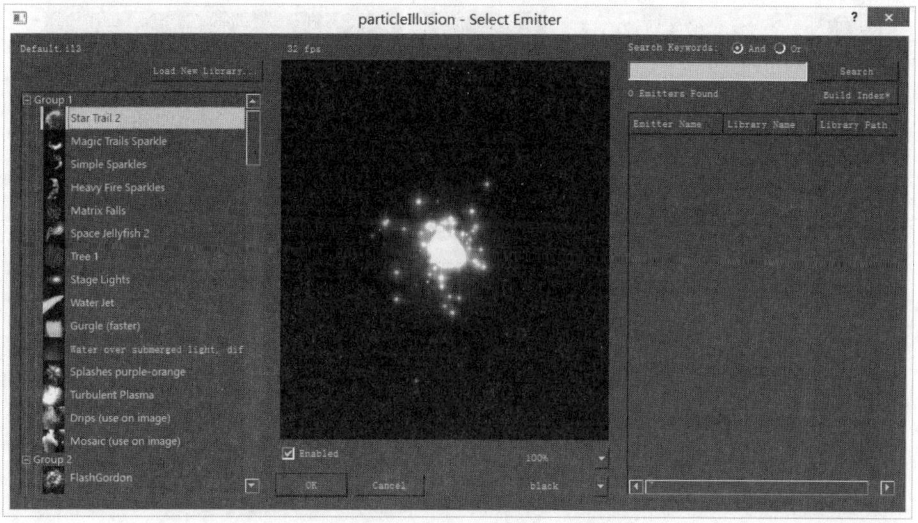

图 7-106 幻影粒子插件工作界面

步骤 3：之后又回到 Vegas 中，在窗口中调节参数直到完成。这是个稍微复杂的过程，我们不详述。这样生成的粒子素材直接替代了原素材。

常用的另外一种方法是：

步骤 1：采用能够单独使用的“幻影粒子”版本，而不是作为插件形式出现。单独启动“幻影粒子”这款软件。

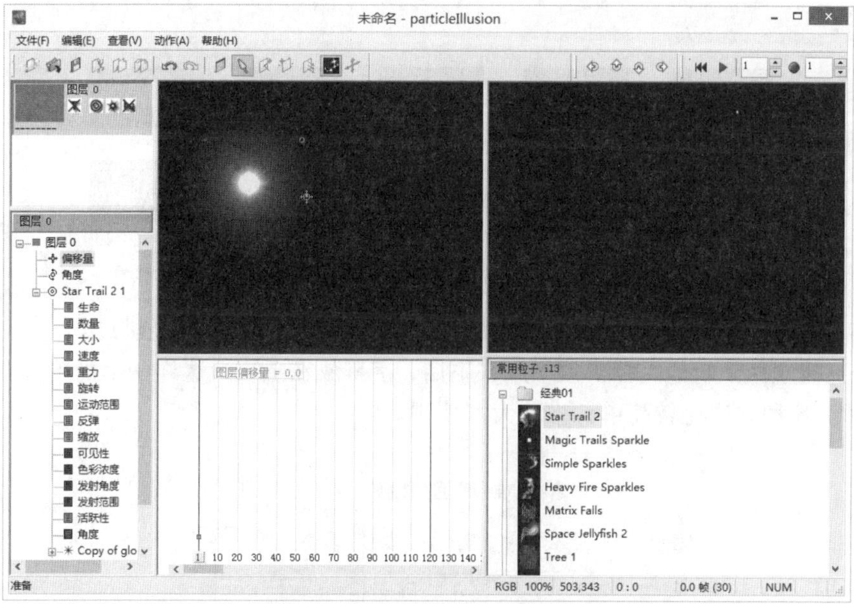

图 7-107 幻影粒子独立版界面

步骤 2：在右侧粒子库中选择粒子形式，在中间窗口中调节参数，并且制作运动动画。

步骤 3：制作好后，点击动作菜单/保存输出，将这些粒子效果导出成 TGA 序列图片。

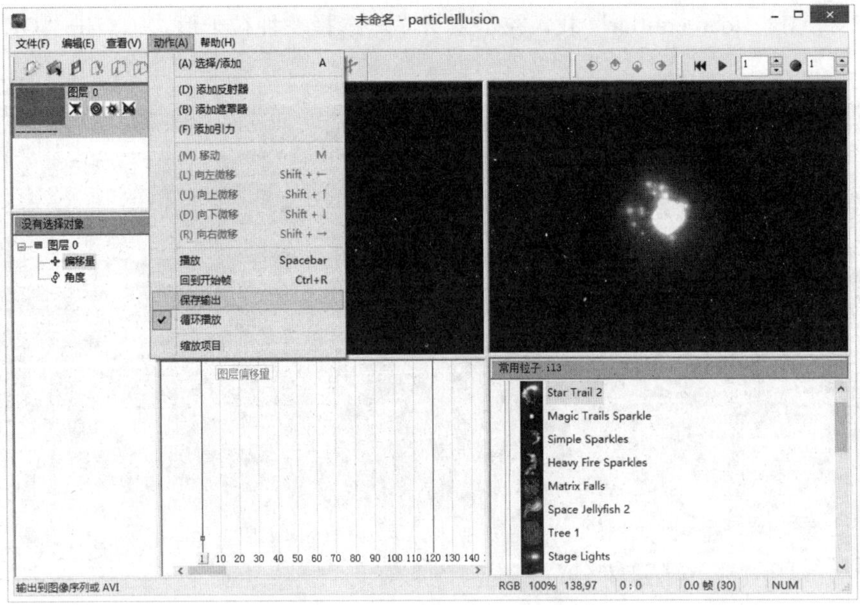

图 7–108　幻影粒子保存输出方法

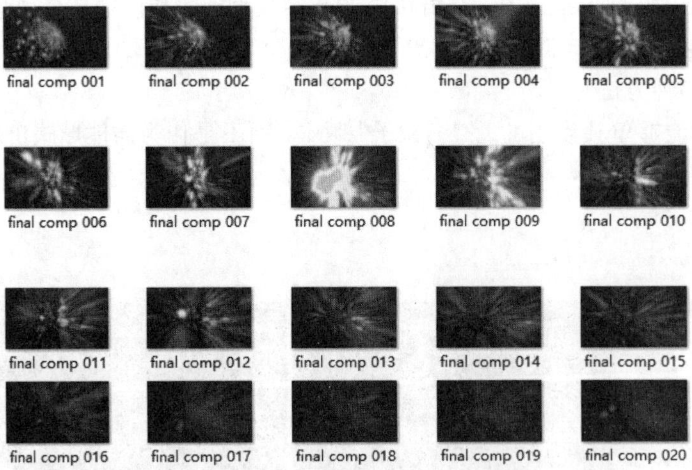

图 7–109　幻影粒子输出的序列图片

步骤 4：在 Vegas 中导入这些序列图片，导入方法在前面章节已经讲过。

步骤 5：建立两个轨道，粒子效果放在下层，字幕放在上层，这样一个简单的合成效果就制作完成了。这种方法比较简单，推荐大家使用。

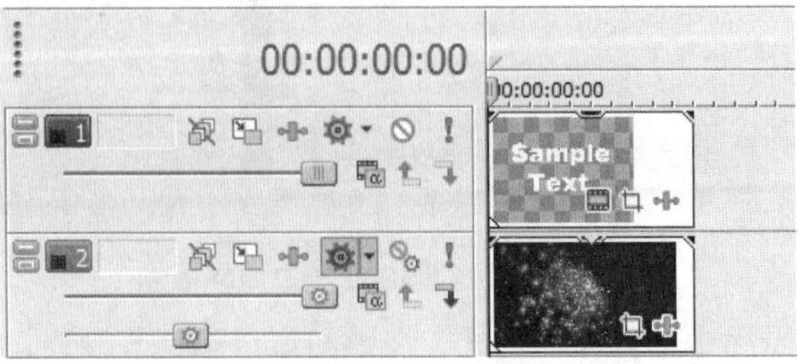

图 7–110　Vegas 幻影粒子中导入粒子序列图片

图 7–111　使用幻影粒子后的效果

实训课题 13：HitFilm 特效

在新版 Vegas 中内置了非常著名的 Hitfilm 插件，这个原来的插件除了前面介绍的光晕特效之外，还有几个功能强大非常有用的特效。

1. 漂白特效（Bleach bypass）

该特效可以用作调色，也可以用作光效。顾名思义，它的作用就是提高强光部分的亮度，使其更加明亮。

图 7–112　漂白特效

打开该特效后，参数窗口如图 7-113 所示。

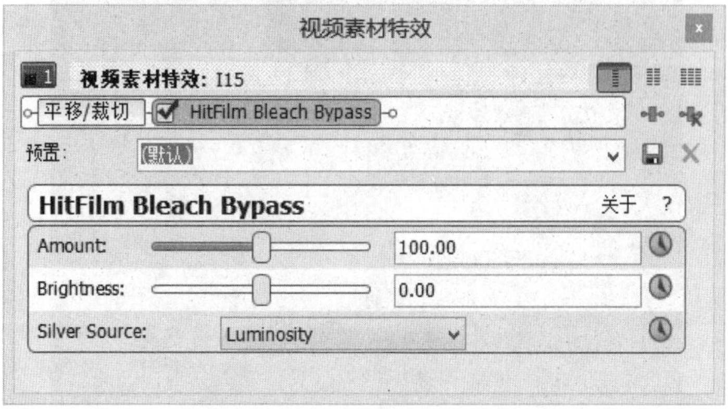

图 7–113　漂白特效参数设置

使用该特效后的效果如图 7-114 所示。

图 7–114　漂白特效应用效果对比

2. Three strip Color 三色调色

可以认为该特效是通道调色，它可以调节红绿蓝 3 个颜色通道的颜色强度，从而达到改变素材颜色的效果。

该特效参数比较简单，只有 3 个调节选项，如图 7-115 所示。拖动滑杆可以直接调节红、绿、蓝三色通道。使用该特效后的效果如图 7-116 所示。

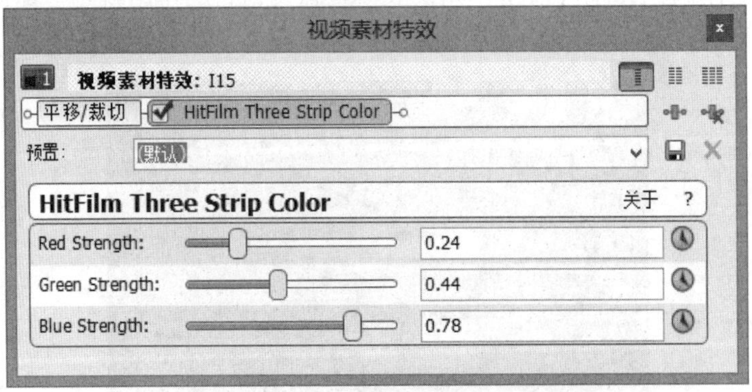

图 7–115　三色调色参数设置窗口

图 7–116　三色调色应用效果对比

3. Vibrance 自然饱和度

这是一个优秀的调色特效，顾名思义，它在调节饱和度方面非常出色，否则 Vegas 也不会收录它了。

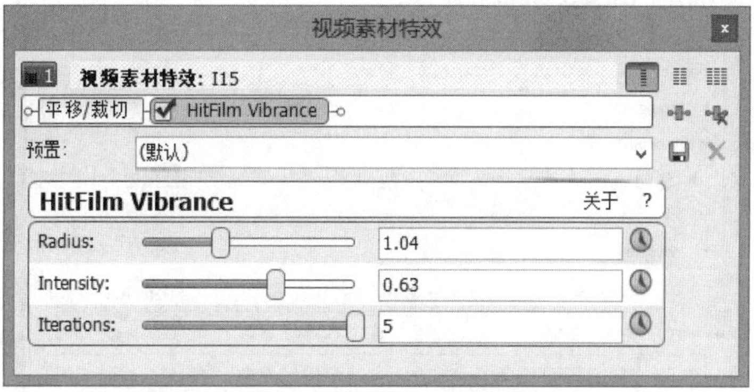

图 7–117　自然饱和度参数设置窗口

该特效作用以后的效果如图 7-118 所示。

图 7–118　自然饱和度应用效果对比

4. Witness protection 局部马赛克（证人保护）

该特效直译是证人保护的意思，理解为局部马赛克效果。在电视节目制作中该特效非常有用，它能够跟踪目标对象，将指定区域使用马赛克效果模糊化。该特效主要参数有：

（1）Size 大小：马赛克区域的大小程度。

（2）Edge Softness：边缘羽化程度。

（3）Shape：马赛克形状，包括 X 轴缩放、Y 轴缩放和旋转值。

（4）Position：位置，决定马赛克位置，可以在预览窗口直接指定。对于运动的对象需要结合关键帧，手动指定目标位置，Vegas 会将这些位置点自动记录为关键帧。不能自动跟踪是该特效的一个缺陷。

（5）Method：马赛克化的方式，主要有羽化和像素化两种。

（6）Pixelate：像素，决定像素化时的细节设置，包括像素块的大小和像素块随机化的概率。

该特效的使用情况如图 7-119 所示，使用后的效果如图 7-120 所示。

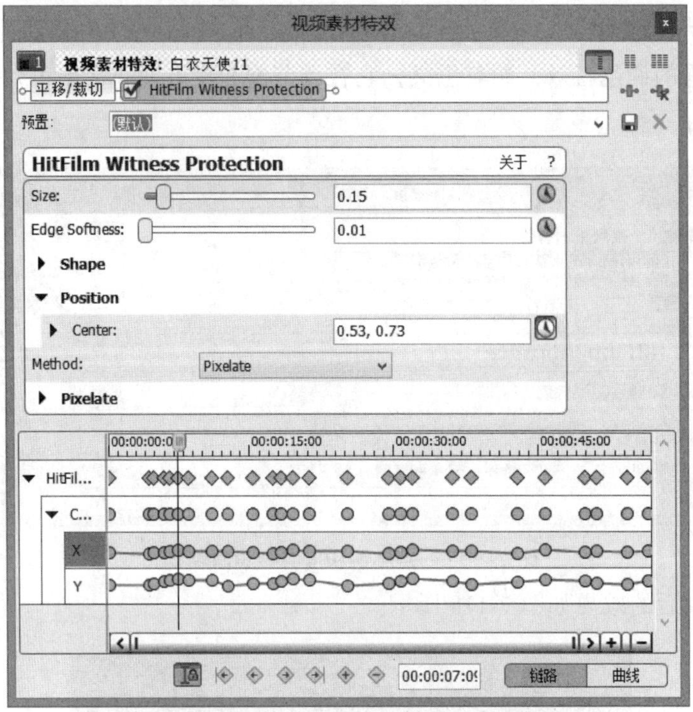

图 7-119 局部马赛克参数设置

图 7-120 局部马赛克应用效果

实训课题 14：制作视频特效展示

实训目的：展示所有视频特效的效果。

步骤 1：选中一张图片作为素材，然后给这张图片添加不同的视频特效，来展示各个视频特效的作用及其效果。中间过程中还可以通过关键帧动画制作不同参数下的不同效果。

步骤 2：导入一张图片作为素材，如图 7-121 所示，将其拖到轨道上，复制若干份，数量根据要展示的视频特效来决定。

步骤 3：新建一个轨道，放置透明背景的静态字幕文字，文字内容和当前视频特效相对应。

这样不断连续添加字幕文字，有多少个视频特效，就应该添加多少个字幕文字。将字幕轨道放置在图片素材的上方，如图 7-122 所示。

图 7-121　导入素材

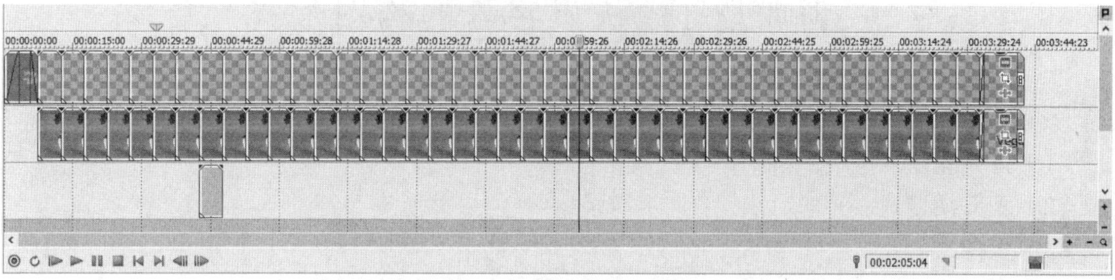

图 7-122　轨道素材安排情况

步骤 4：调节各个素材的视频特效的详细参数，使其富于变化，能够充分展示该特效的作用。此时，局部效果的预览窗口如图 7-123 所示。

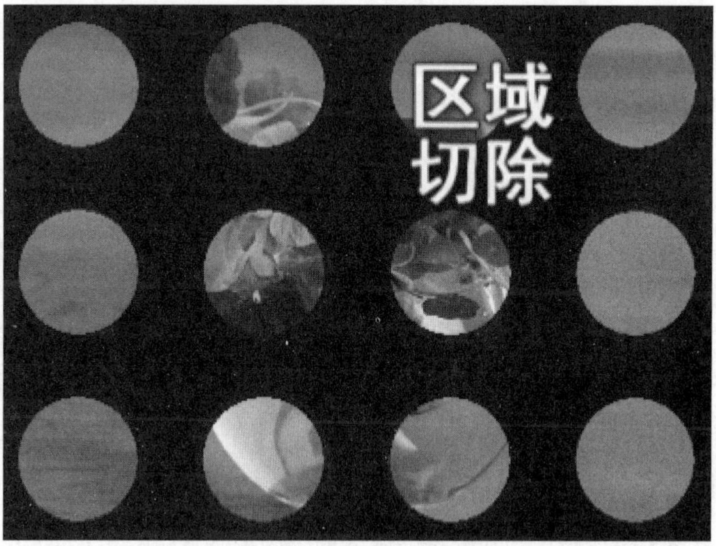

图 7-123　预览窗口

步骤 5：对于抠像特效“色键”，由于其抠像之后背景透明，为了清晰展示，有必要在其下方再放置一张背景素材，内容可以不限，能够看清楚就行。

步骤 6：对整个工程再稍做完善，做一下片头片尾，即可完成本实例制作，最后渲染输出。

第8章　字　幕

字幕是视频制作中必不可少的元素，无论是屏幕底部的对白提示，抑或是电影片头片尾字幕，或者 MV 中的唱词，都离不开字幕。

在字幕运用中，最主要是考虑字幕的构图形式。字幕构图有其一般规律，也有创新变化形式。了解字幕构图的规律，按照规律运用好基本形式的字幕，是字幕制作的基本功。

实训课题 1：认识字幕的构图形式

字幕的构图形式主要有 6 种：

（1）整屏式。

（2）底部横排式。

（3）竖排式。

（4）滚动式。

（5）固定式。

（6）混合式。

1. 整屏式

整屏式是指字幕成为电视屏幕上最主要的构图元素，并且占据了屏幕主要位置的构图形式，如图 8-1 和 8-2 所示。

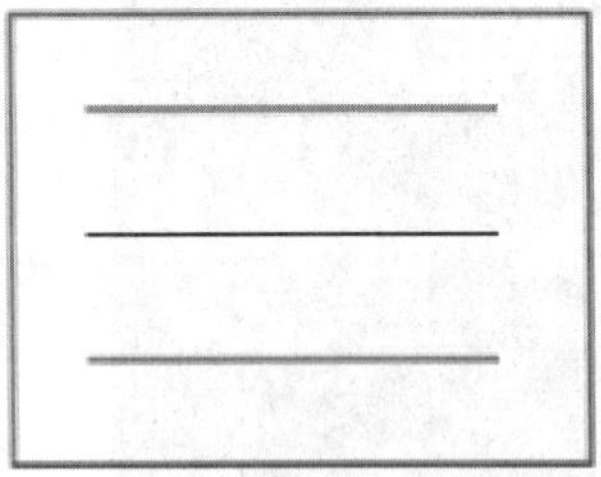

图 8–1　整屏式字幕

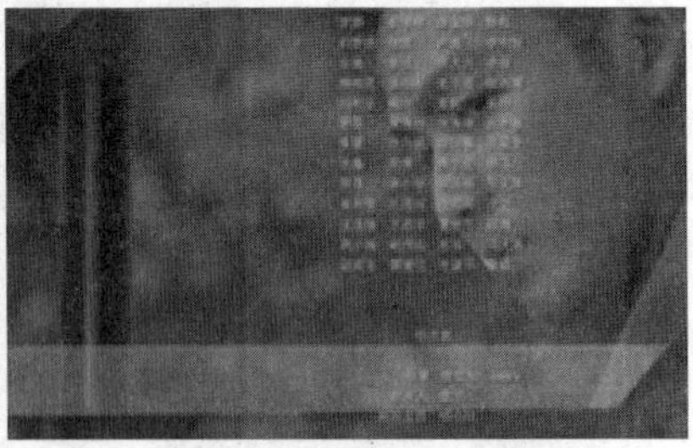

图 8–2　整屏式字幕实例

2. 底部横排式

底部横排式是指字幕横向排列在屏幕的底部的构图形式，如图 8.3、图 8.4 所示。可以说，这种形式是字幕最基本、最常用的形式，电视剧中的人物对白、翻译字幕、电视新闻节目中播音语言显现、新闻人物语言、内容提要、新闻标题等，都是以这种形式构图的。它的好处在于：字幕位于屏幕的底部，不会对电视画面构成干扰，但又处于屏幕的主画面位置，位置比较重要、醒目，况且横向排列的形式也符合观众的阅读习惯，因而比较受欢迎。

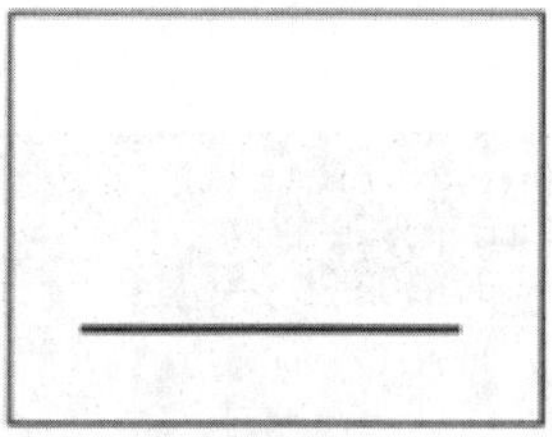

图 8–3　底部横排式字幕

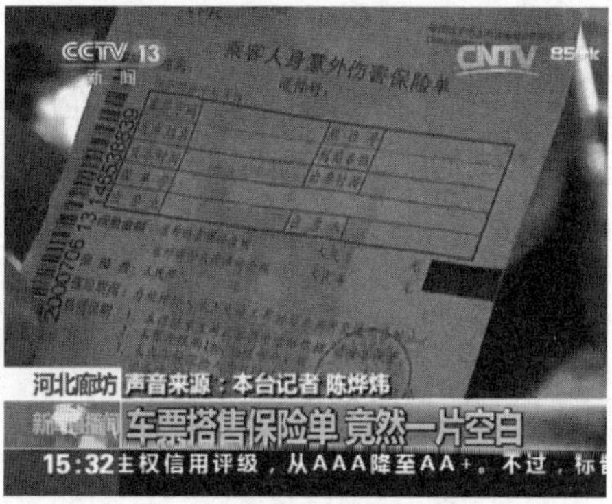

图 8–4　底部横排式字幕实例之一

3. 竖排式

竖排式是指字幕竖直排列在电视屏幕的左边或者右边边缘的形式，如图 8-5 和 8-6 所示。

竖排式字幕主要是起到说明性的作用。在新闻节目中，主要是用来介绍新闻人物或相关人员的身份、姓名等信息。一般有两列，一列介绍身份，另一列介绍姓名，两列错开，一列高，一列低。

另外一种用途是：在传统文化类型的节目中，古诗文等内容以书法字的形式竖排出现，有很好的古色古香的味道。

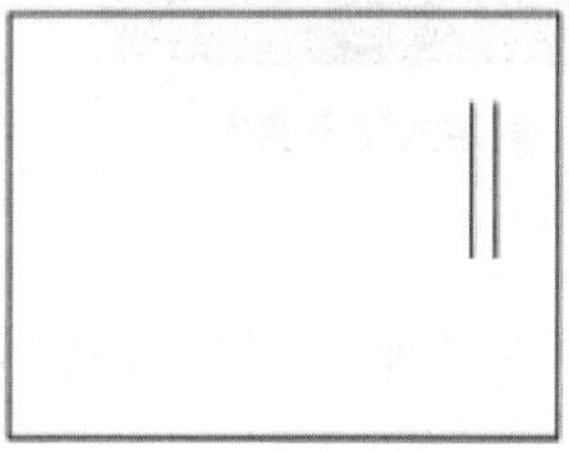

图 8–5　竖排式字幕

图 8–6　竖排式字幕实例

4. 滚动式

滚动式是指字幕以滚动的形式通过屏幕，逐次展示其所传达信息的一种形式，如图 8-7 和 8-8 所示。

常见的形式是置于屏幕底部，偶尔也有置于屏幕顶部的。当然，也可以置于屏幕的左边或者右边，这时候，其形式是垂直滚动，而不是水平滚动。

滚动字幕所承担的传播功能一般是提示信息功能，由于其滚动显示，信息量大，可以反复滚动，循环播放，因而在新闻节目中使用较多。

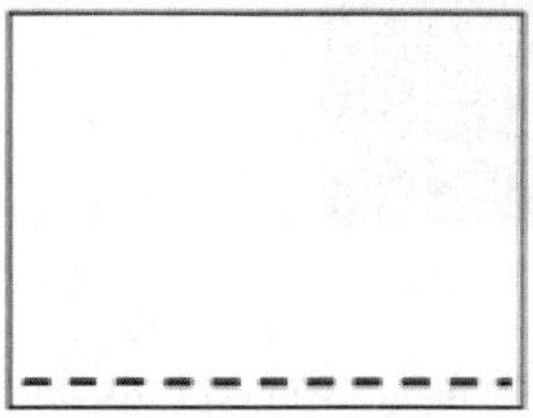

图 8–7 滚动式字幕

图 8–8　滚动式字幕实例

5. 固定式

固定式是指字幕以小方块的形式固定在屏幕的某一位置的构图形式。

固定字幕主要是用来传播诸如天气情况、股市行情、时间、外汇牌价、节目名称或标志等内容。

图 8-9　固定式字幕

图 8-10　固定式字幕实例

6. 混合式

很多时候，字幕形式只是以上构图形式中的一种，很少采用两种以上形式混合出现，但偶尔也有。混合式就是把以上几种构图形式综合起来运用。

图 8-11　混合式字幕

在字幕运用中，衬以字幕条，是近年来字幕采用比较多的一种形式。结合 Photoshop，尤其是运用图层样式功能，可以在很短的时间内制作出炫目的字幕条。

实训课题 2：字幕文字的艺术规律

文字设计应该遵循以下 4 点基本法则。

1. 文字设计应该符合主题信息

形式应该跟内容保持统一，或者说，形式应该很好地表现主题内容，否则的话，形式和内容不能很好地搭配作用，两者分离，看起来是很单调的。下面的图示就很好地说明了这一点。

图 8-12　文字符合主题信息

一般来说，文字是题眼，是画面中最吸引人注意的地方。因此对于文字要下一番工夫进行艺术化的处理，不能简单粗糙地往那儿一摆就算了事。

图 8-13　电影无间道海报

《无间道》系列堪称香港警匪片的巅峰之作了。两个年轻人被各自安排进了警局与黑社会作卧底，使他们有了双重身份，他们一边要隐藏自己的真实身份，取得身边同伙的信任，一边又要给各自老大传送消息，在这种无间地狱下，他们都想尽早脱离，于是一声激烈的角斗就此展开。海报中“无间道”3 个字采用的是中间镂空的描边字体，图形类似迷宫，而且紧凑无间，传达出对于无间世界的迷离与困顿，难以自拔，同时又充斥着紧张冲突的气氛，给人一种不安定的感觉。

2. 文字设计应符合整体风格

字体、字号、颜色以及文字排列的形式都非常重要。使用得当就能够有力地突出主题。如图 8-14 所示，黑体并不能突出表现作品的意境，而使用类似手写体的书法字体就能够恰如其分地表现主题和意境。

初学者往往只选用最常用的默认字体“宋体”，这是懒惰的表现，应该多选用几种字体比较比较，多对比一下便能看出不同风格的差异来了。在现代影视作品中，使用黑体要多于宋体，因为宋体显得纤细，张力不够，而黑体粗壮醒目，比宋体要好看一些。

图 8–14　文字应符合整体风格

3. 文字设计应该突出信息的重点

前面说过，文字是题眼，是画龙点睛的“眼睛”。处理得当，整体画面就活了，栩栩如生。

图 8–15　文字应突出重点

但是不是所有文字都同样对待，对于重点表现的文字更要突出醒目，其字体字号颜色甚至排列形式都应该变化一下，达到更加突出的目的。如图 8-15 中的“意境”二字，变化一下形式以后，立即感到效果不同。

4. 文字应该醒目并符合人们的阅读习惯

如图 8-16 所示的几种形式，都是在使用文字时应该注意的。

图 8-16　文字应符合阅读习惯

实训课题 3：简单的静态字幕

Vegas 的字幕也突出其实用性，其形式都是电影电视剧中最常用的形式，像其他软件那样花里胡哨的字幕形式并不多。

Vegas 的字幕制作全部集中在“媒体发生器”中，共有 4 种字幕：（继承）文字、标题与文字、PTT 字幕、滚动字幕。其中的（继承）文字是旧版本的字幕制作方式。PTT 字幕是新版中增强的字幕制作工具。

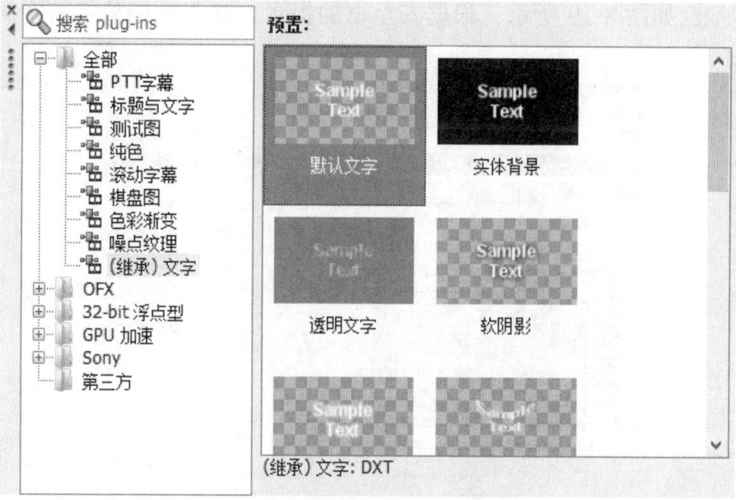

图 8-17　媒体发生器中的字幕

静态字幕指出现位置固定不变的字幕形式，算是使用最多的，也是最基础的字幕形式。

点击“媒体发生器”，选择其中的“(继承)文字”，在右侧的预置栏中会显示常用各种方案，如“默认文字”、“实体背景”等等。使用最频繁的还是带透明背景的字幕：“默认文字”，由于除过文字以外，其他部分透明，这样和原有素材合成时非常方便。

用鼠标拖动“默认文字”方案到视频轨道上，会出现编辑文字的窗口，如图 8-18～8-21 所示。

首先需要设置的是帧大小和持续时间。帧大小也就是画面尺寸，这个应该和项目设置保持一致，如项目设置是 720×576，这里默认也是 720×576，不做修改。持续时间指字幕持续多长时间，默认是 10 s，实际应该根据合成需要合理设置持续时间。修改持续时间的方法是：按照“时:分:秒:帧”的格式，忽略掉所有冒号和数字前面的“0”，直接输入剩下的有效数字，比如 15 s，完整格式是：“00:00:15:00”，直接输入“1500”即可。

（1）编辑标签：在此窗口中对字幕文字做一些简单设置，比如文字内容、字体、字号、文字简单修饰等，如图 8-18 所示。

图 8–18　文字编辑窗口

（2）布局标签：如图 8-19 所示，根据安全框的提示，直观地摆放字幕在屏幕中的位置。

图 8–19　字幕布局窗口

（3）属性标签：在此窗口中设置字幕文字的前景色、背景色、字间距、字符缩放、行间距（多行文字）等属性，如图 8-20 所示。这些设置和一般文字编辑软件的属性设置非常类似，因此不再详述。

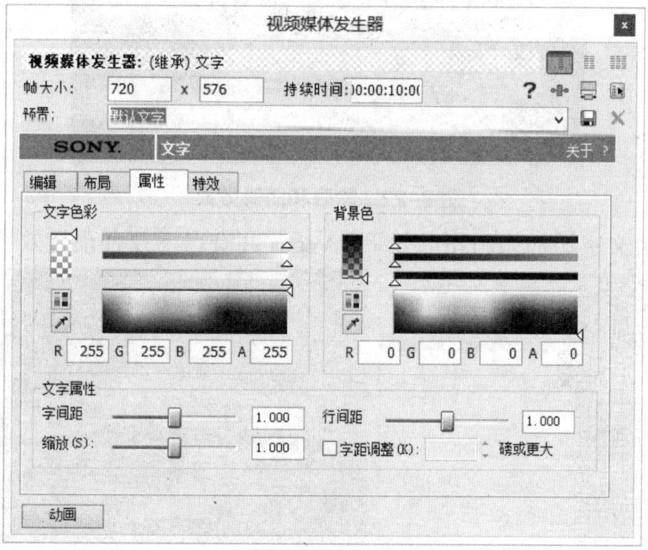

图 8–20 文字属性设置窗口

（4）特效标签：在此窗口中，设置字幕文字的轮廓属性、阴影属性、变形属性，如图 8-21 所示。

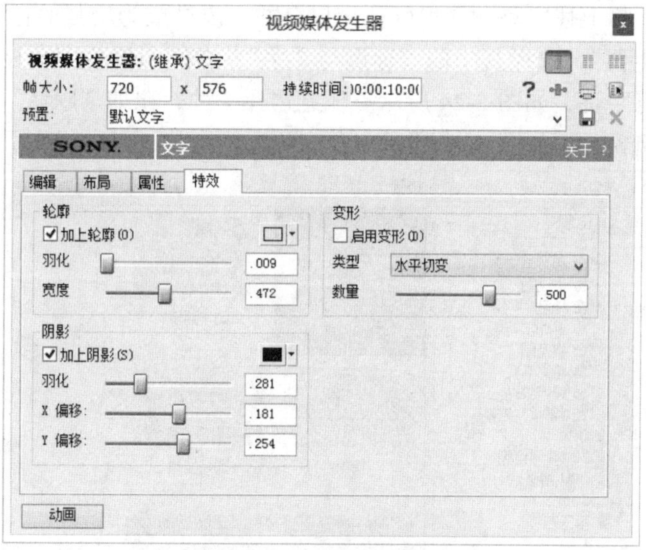

图 8–21 文字特效设置窗口

按照图 8-21 所示参数，给字幕文字添加轮廓和阴影特效之后的效果，如图 8-22 所示。

图 8-22　轮廓和阴影效果

变形属性是指给文字添加倾斜扭曲效果，Vegas 共有以下几种预置效果，如图 8-23 所示。

图 8-23　文字变形效果

实训课题 4：增强的字幕效果

在最新版本中，将上述字幕功能增强，窗口合并，改进成为增强的标题与文字功能。

点击“媒体发生器”，选择其中的“标题与文字”，右侧预置栏中会显示各种预置效果，包括静态字幕和动态字幕，如图 8-24 所示。任意选择一种，比如“默认”方案，将其拖到轨道上，出现文字编辑窗口，如图 8-25 所示。

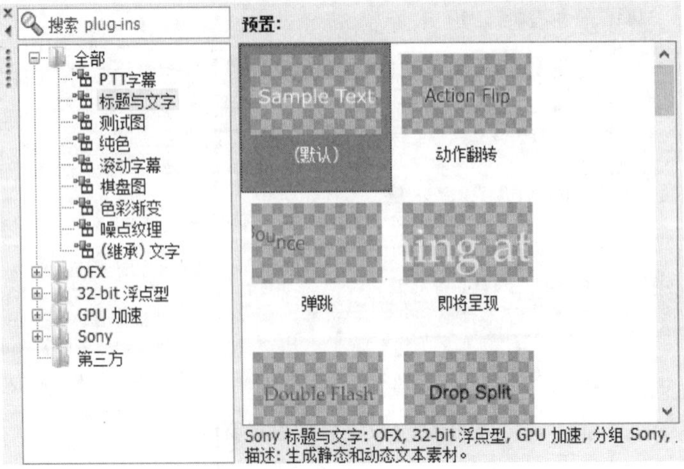

图 8-24　标题与文字窗口

图 8-25　标题与文字参数设置窗口之一

从图 8-26 所示可以看到，这个窗口的内容非常丰富，包括文字常规属性、文字前景色、文字背景色、文字比例、文字位置、字间距、行间距、轮廓、阴影、动画方案等。

在这众多的属性中，最突出最引人注目的当属“动画方案”属性，它提供了类型众多的动画方式，使原本表现平淡的静态文字转变成为动态文字，效果丰富了很多，弥补了 Vegas 以前在动态字幕方面的不足。

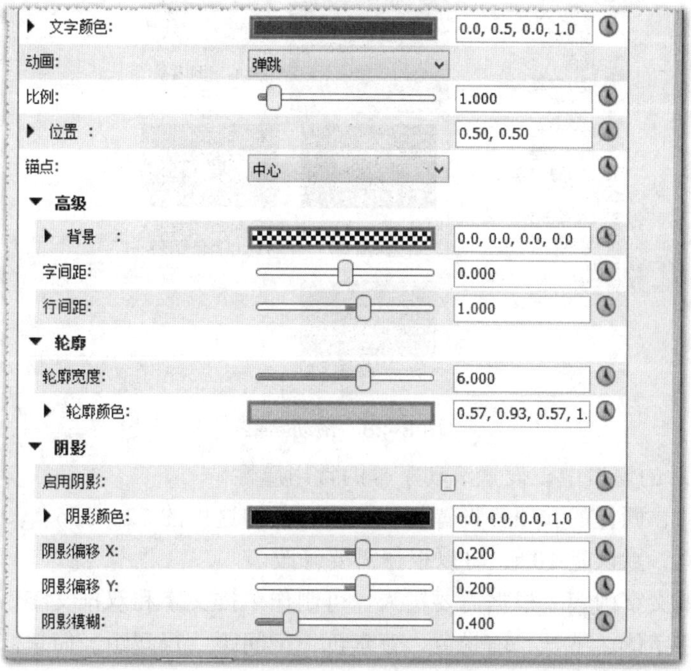

图 8-26　标题与文字参数设置窗口之二

实训课题 5：制作滚动字幕

滚动字幕，最常见的就是电影中的演员表，那种形式想必大家记忆犹新。

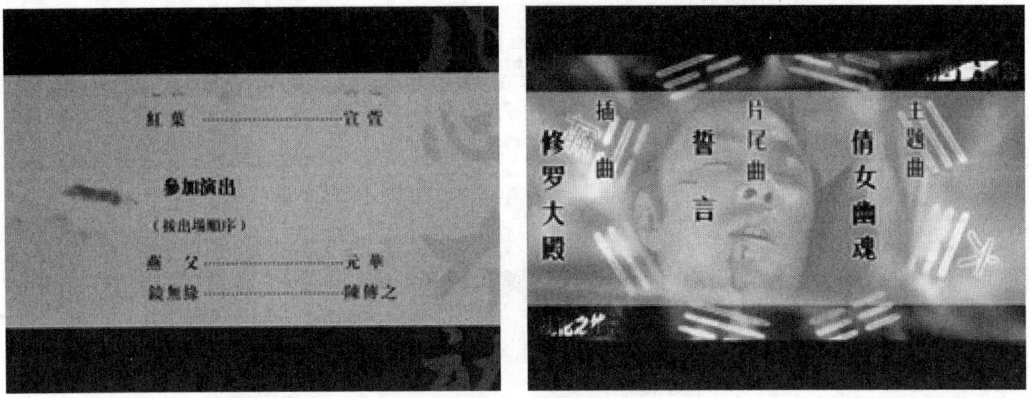

图 8–27　滚动字幕实例

Vegas 中制作滚动字幕再简单不过，显得非常专业，看起来和电影中的效果一模一样。

制作方法是：在“媒体发生器”中点“滚动字幕”，在右侧的“预置”中有多种模板可选，比如我们选择“简单滚动，黑色背景”，把它拖到视频轨上，就能生成电影中的演员表效果，如图 8-28 所示。

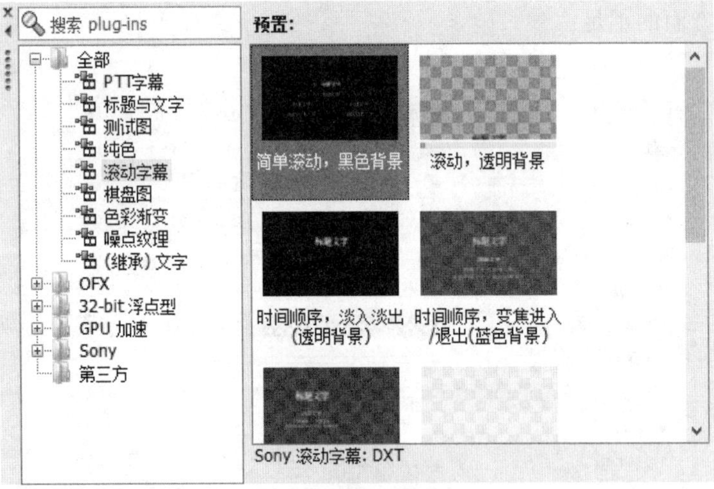

图 8–28　滚动字幕

在图 8-29 所示的窗口中，设置滚动字幕的常用属性。

（1）画面尺寸，同样的和项目设置保持一致，比如这里的 720×576。

（2）持续时间，默认是 10 s，可以根据需要修改。

（3）滚动字幕文字内容，根据需要输入，可制作单排文字和双排文字。

（4）设置文字字体、字号、前景色、背景色、字间距、行间距、简单修饰等。

（5）文字运动方向：有向上滚动和向下滚动两种。

根据以上参数，结合实际需要，制作出的滚动字幕效果如图 8-30 所示。

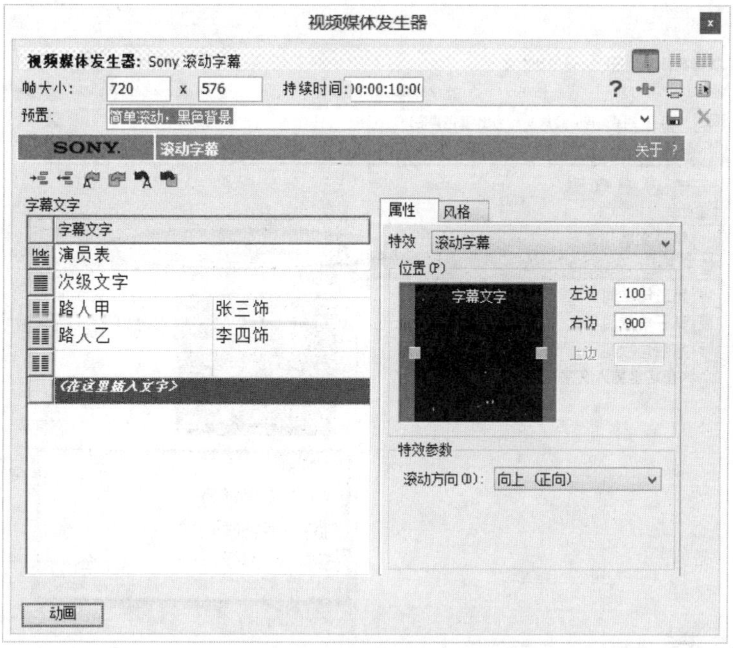

图 8-29　滚动字幕参数设置

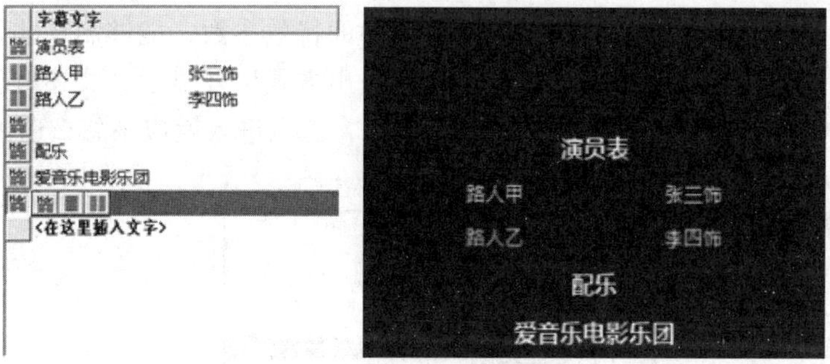

图 8-30　滚动字幕效果

实训课题 6：制作爬行字幕

爬行字幕在电视上经常见到，屏幕底部不断滚动出现的新闻、广告等，就是这种形式。Vegas 中利用滚动字幕可以实现爬行字幕效果。

制作方法是：在“媒体发生器”中点“滚动字幕”，在右侧的“预置”中选择“滚动，透明背景”，把它拖到视频轨上，然后按照图 8-31 所示修改参数。主要在 3 处：

（1）修改特效类型为：时间顺序，由原来的滚动字幕修改为时间顺序。

（2）特效参数修改为：进入方式为“从右边慢慢进入”，退出方式为“由左边慢慢退出”，显示方式为“一次显示一条”。

（3）根据需要适当修改字幕文字内容。

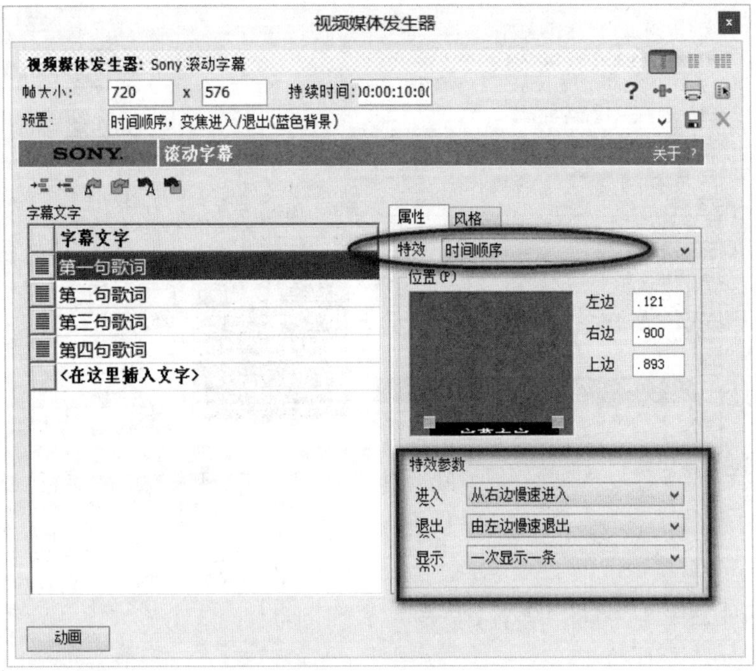

图 8-31 爬行字幕

其实，不光是制作爬行字幕，利用滚动字幕中的特效参数，能够制作非常丰富的动态字幕效果，比如淡入淡出字幕效果等。进入方式、退出方式以及显示方式还有很多类型，如图 8-32 所示，其中进入方式和退出方式是一一对应的，怎么进入就应该怎么退出。

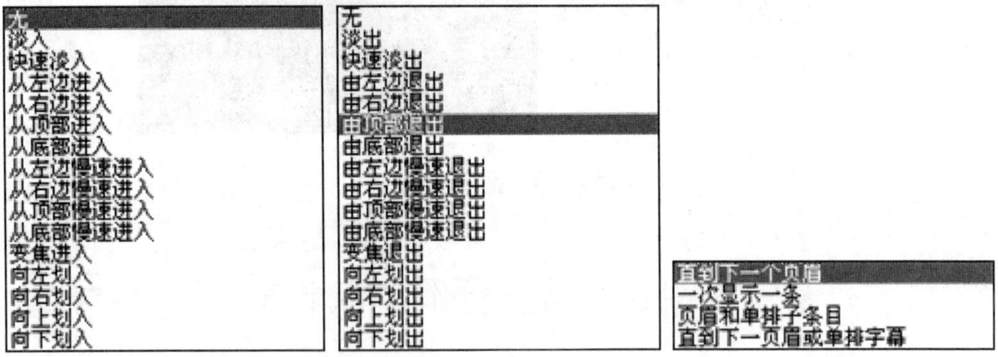

图 8-32 爬行字幕特效参数

实训课题 7：新版 PTT 字幕功能

利用 PTT 字幕工具制作字幕的步骤为：点击‘媒体发生器’，选择其中的“PTT 字幕”，再从预置效果中选择其中一种，比如选择“居中”方案，如图 8-33 所示。将其拖到轨道上，完成 PTT 字幕添加。

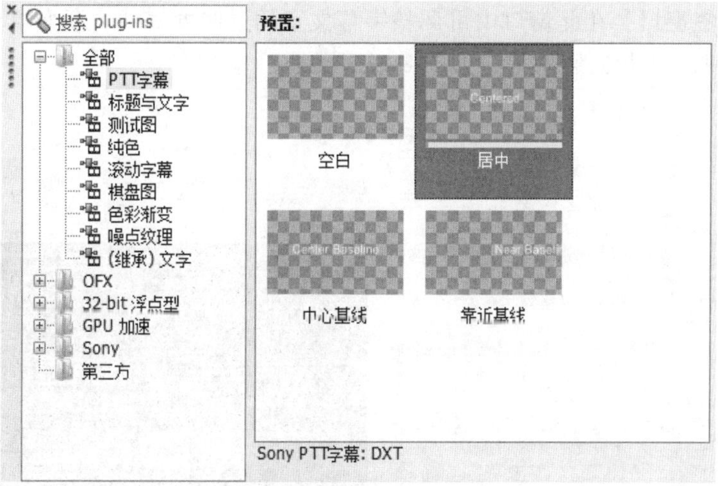

图 8–33　PTT 字幕

打开之后，会打开 PTT 字幕参数设置窗口，如图 8-34 所示。其中包括 3 个标签窗口：变形标签、变形标签、布局标签。每一个标签窗口中都具备强大的关键帧动画制作能力。以变形标签为例，窗口主要分为 4 部分，左侧是动画属性设置区域，右侧是一个小的预览窗口，右下角是运动曲线区域，也可以直接拖曳调整关键帧。

在左侧，每项属性前面都有一个小螺旋按钮，当按下这个螺旋按钮时，能够自动记录关键。和 AE 的操作很类似，当拖曳滑杆时，会自动在右下角的运动曲线上添加一个关键帧，继续沿时间线移动光标，再次拖曳调整滑杆，又会自动添加一个关键帧，依次类推，通过这种简单的方法完成关键帧动画。

（1）变形标签窗口。在变形窗口，主要能够制作文字的位移动画、旋转动画、缩放动画、倾斜动画，如图 8-34 所示。

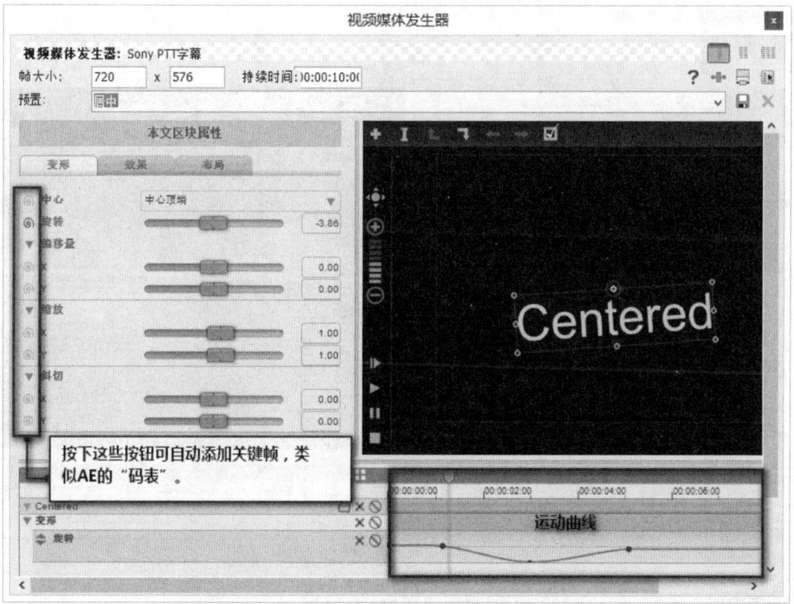

图 8–34　PTT 字幕参数设置之变形窗口

（2）效果标签窗口。在此窗口中可调整字幕文字的透明度属性、渐变填充效果、高斯模糊效果、光晕效果、下拉阴影效果，如图 8-35 所示。

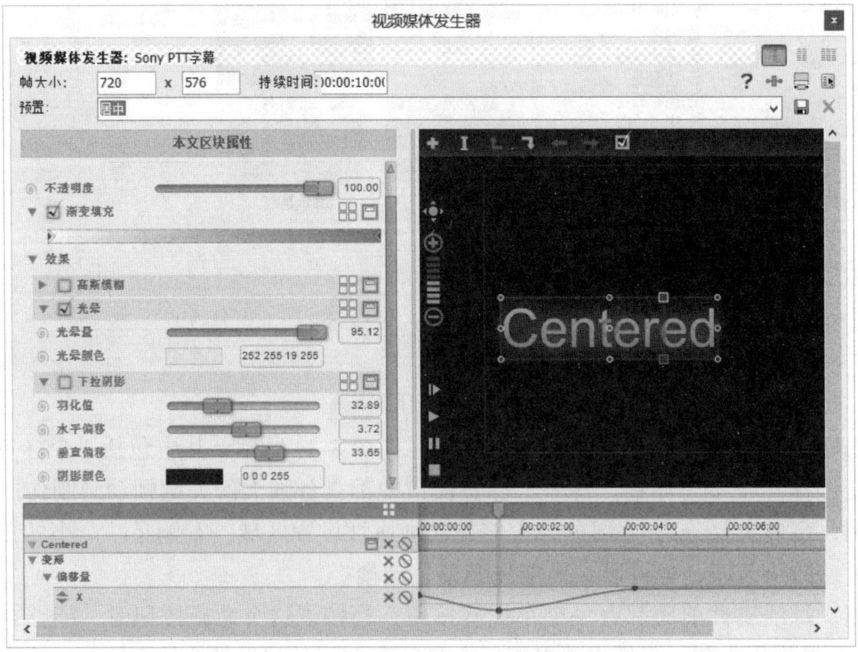

图 8–35　PTT 字幕参数设置之效果窗口

（3）布局标签窗口。在此窗口中可调整文字的字间距、行间距、沿路径运动、逐字出现等效果，如图 8-36 所示。

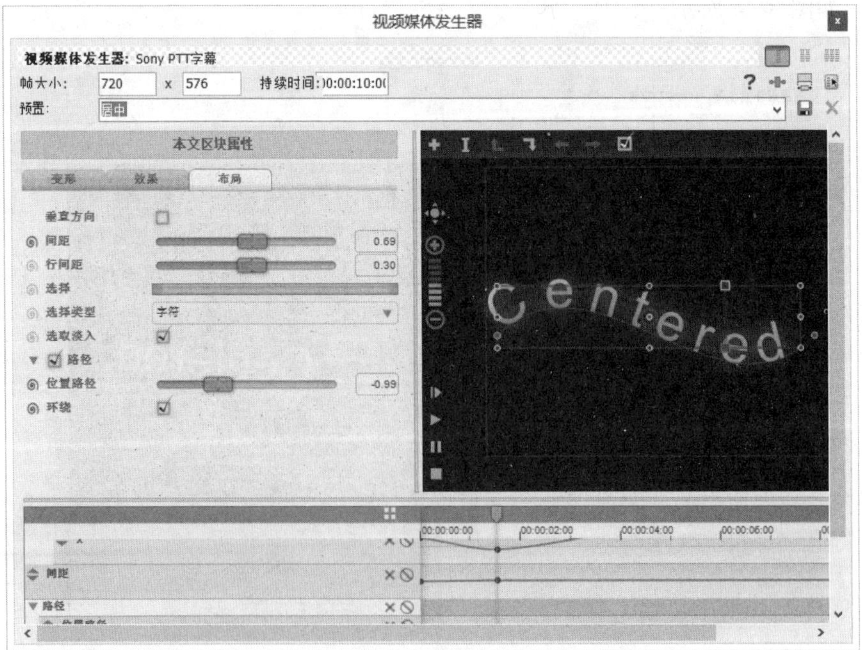

图 8–36　PTT 字幕参数设置之布局窗口

实训课题8：唱词字幕

唱词字其实不算新的字幕形式，不过是一句一句出现的字幕而已，就是字幕制作量比较大。比较专业的视频制作软件都有专门的制作唱词字幕的功能，只需要简单的一些定义就能根据模板自动生成形式相同但内容不同的字幕段来，并且根据模板自动定位，不用一句一句去调整位置。Vegas在这方面比较弱，制作唱词字幕比较麻烦。

Vegas中制作唱词字幕的步骤如下：

（1）先听音乐和对白，在需要唱词的地方打上标记（快捷键 M）。这是关键，如图 8-37 所示。

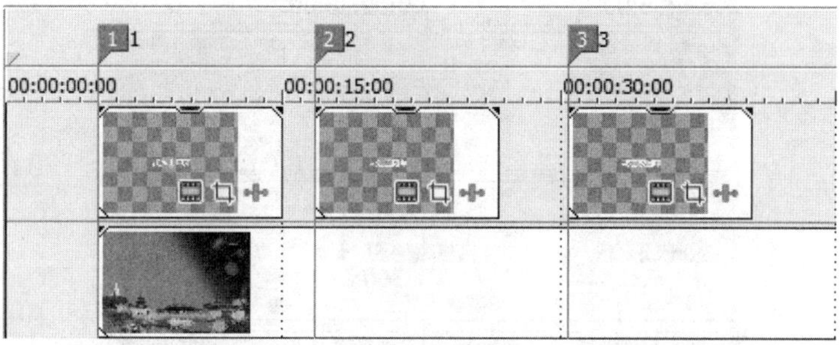

图 8-37 打点做标记

这个过程不要怕麻烦，并且标记的时间要卡好，最好能够跟口型完全吻合。标记位置如果不准确的话，可以左右移动。这样反复调节，直到所有唱词都做好标记，并且每个标记的位置都调整准确。

（2）在第一个标记处先制作第一句歌词，将固定字幕拖入轨道，在字幕窗口中输入文字，排好版，调整好样式，比如用白色勾边等，完成后关闭窗口。

（3）把这一句歌词放置在屏幕底行，这时可以考虑在Photoshop中制作一个渐变颜色的字幕条放在字幕的底下起衬托作用。

（4）接下来将这一句唱词反复复制，复制到每个标记处，有多少句唱词就复制多少个。复制的时候可能出现如图 8-38 所示，取默认选项即可。

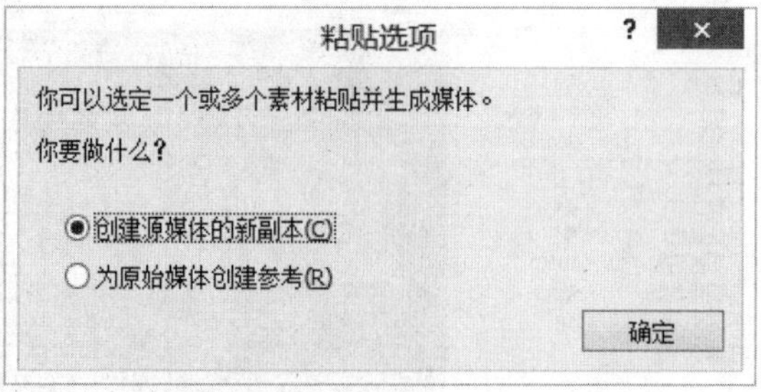

图 8-38 复制选项

（5）返回来从头开始，逐句修改字幕文字内容，改成具体歌词内容。

（6）最后试听试看，如有不准确的地方，再仔细调整其时间点，直到完成所有唱词。

这种方法就是工作量大，没有技术含量，靠的就是耐心了。

实训课题9：制作变色唱词字幕

在 MTV 中经常见到随着人唱歌的声音，歌词会逐渐变色，直到这一句唱完进入下一句，又会出现唱词变色。这种效果 Vegas 中也能轻易实现，步骤如下：

（1）创建 3 个轨道，从上往下依次是轨道 1、轨道 2、轨道 3。轨道 1 放置一个白色文字透明背景的字幕。轨道 2 放置一个蓝色文字透明背景的字幕，字体字号完全相同，文字位置也完全相同。轨道 3 放置 MV 背景视频，如图 8-39 所示。

（2）打开轨道 1 白色字幕的素材平移/裁切窗口（即上层字幕），勾选遮罩（mask），使用矩形遮罩工具，在文字上画出一个矩形遮罩，开始的时候把文字完全罩住，如图 8-40 所示。

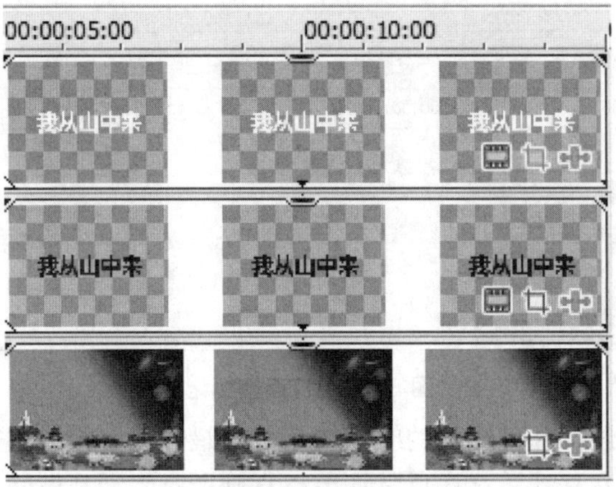

图 8–39　创建 3 个轨道

（3）然后在开始处和结束处定义关键帧。开始的时候，矩形遮罩完全遮盖白色文字，到结束的地方，如图 8-40 所示，选中矩形左侧的两个节点，方法是用鼠标在左上角的节点上面单击。选中的两个节点变成黄色显示，鼠标不要离开左上角的节点，保持选中状态，然后拖动两外节点向右移动，缩小遮罩形状，使其不再遮盖白色文字，如图 8-41 和图 8-42 所示。

图 8–40　第一帧时的遮罩形状

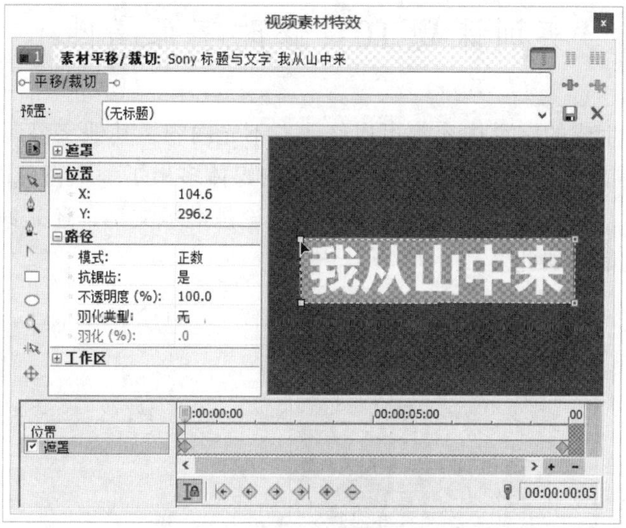

图 8-41　移动左侧两个节点

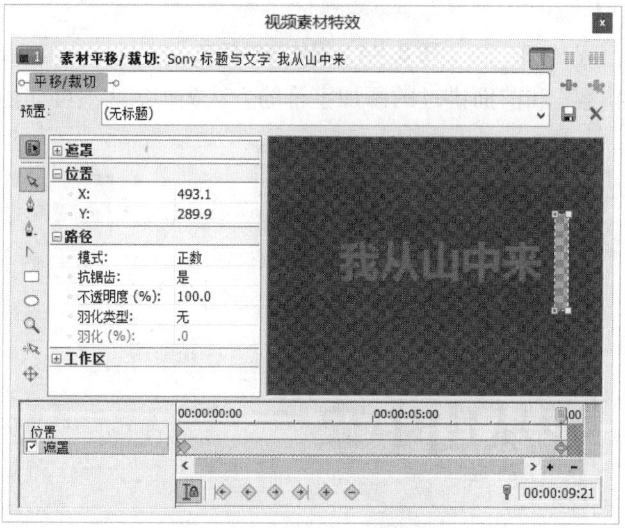

图 8-42　最后一帧的遮罩形状

（4）播放这一段动画，就会发现白色缓缓地往右退去，露出底下的蓝色文字，看起来文字由白色渐渐地变成了蓝色，效果如图 8-43 所示。

图 8-43　变色字幕的最终效果

实训课题 10：修改字幕属性

任何时候，对于生成的字幕内容都可以修改，不光内容，其他字幕属性也能够随时修改。观察图 8-44，可以看出，由“媒体发生器”生成的媒体多出了一个特殊的标记，我们称之为“媒体属性”。单击它，打开字幕属性设置窗口。无论是继承文字，还是滚动字幕，或者 PTT 字幕，修改字幕属性都是如此。

图 8–44　媒体属性标志

至于具体修改的内容，和前面讲过的添加字幕的方法类似，就不再详述了，如图 8-45 所示。

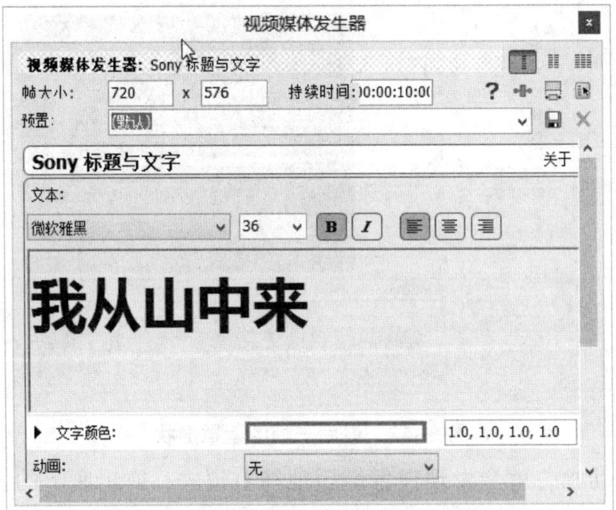

图 8–45　修改字幕属性

在参数修改窗口还有一项功能非常实用，叫作“匹配素材长度”。

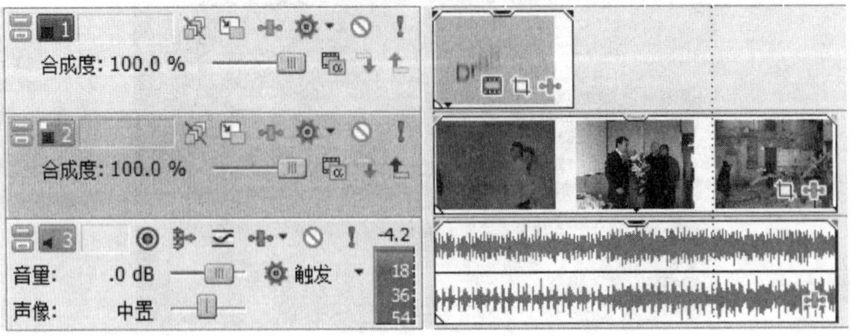

图 8–46　字幕时间短于素材时间

在字幕持续时间短于素材时间的情况下，如果只是采用简单的拖动拉长字幕持续时间的话，素材只会不断重复。假设是滚动字幕的话，会发现本来已经上滚到顶端的字幕重复之后又从底部重复滚动上来了，这显然不是我们想要的结果。

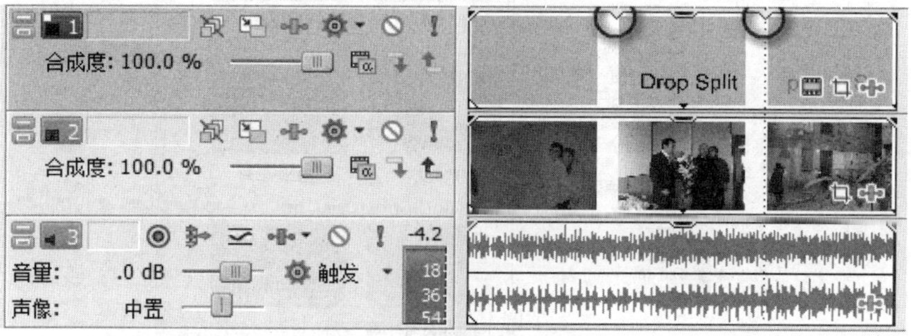

图 8–47 字幕循环重复

我们想让字幕真正的持续时间加长，和素材时间一样长，不要循环重复，只出现一次。正确的做法就是如图 8-48 所示，点击“匹配素材长度”按钮，它会自动检测下层轨道素材的持续时间，然后将字幕的持续时间自动修改为和它完全相同。

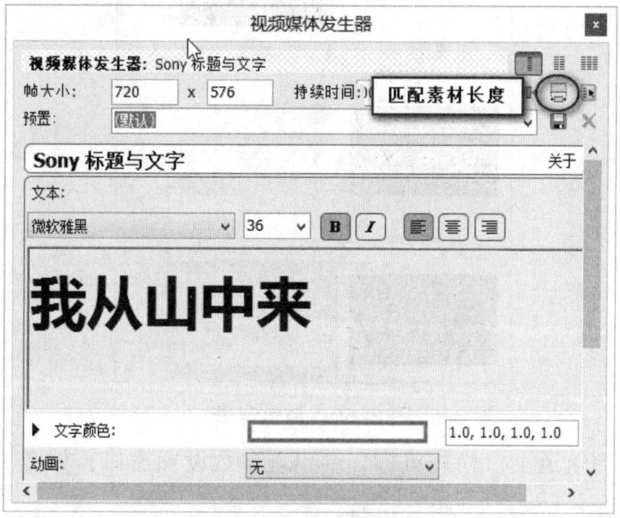

图 8–48 匹配素材长度

实训课题 11：认识媒体发生器

媒体发生器是 Vegas 另外一个特色功能，其作用就是生成一些实用的素材，这些素材不是实际拍摄所得，而是由电脑模拟计算生成。

字幕实际上也是生成媒体的一种，而且是最主要的一种。除了字幕，常用的还有噪点纹理、色彩渐变、纯色等，如图 8-49 所示。

1. 纯色填充

有时候需要一些纯色背景素材，这时候不必借助 Photoshop 等外部软件来制作，Vegas 内部就能够生成。如图 8-50 所示，图中的色块就是 Vegas 提供的一些常用纯色填充图。

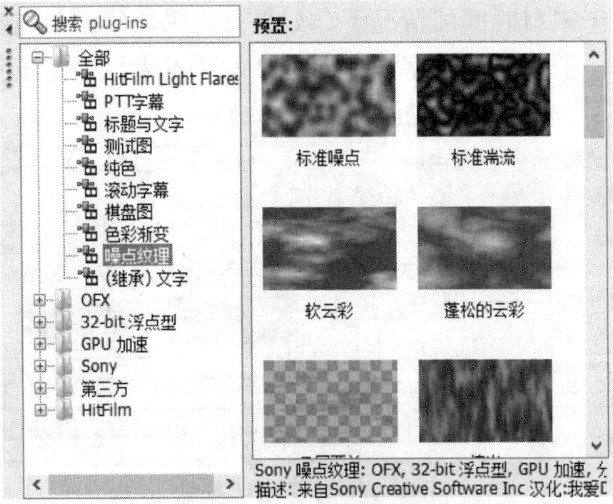

图 8–49　媒体发生器

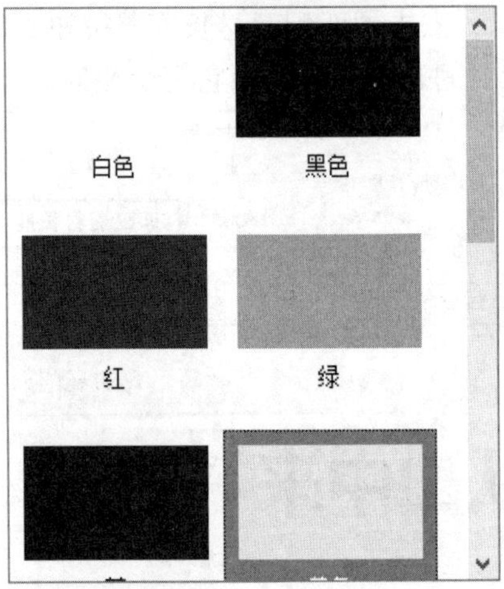

图 8–50　纯色背景

选中任意一个拖到轨道上，松开鼠标，会出现参数设置窗口，如图 8-51 所示。

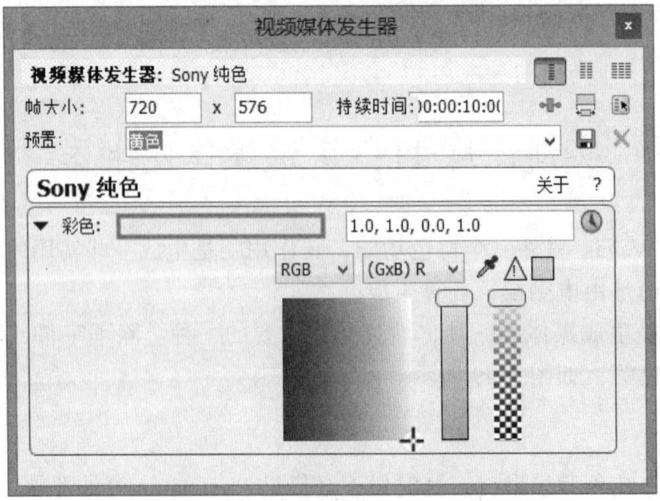

图 8–51　纯色填充参数设置

重要的参数有 3 项：

（1）画面尺寸：会自动检测项目设置，根据项目设置生成画面尺寸，比如这里的 720×576。

（2）彩色：指填充色，可以使用吸管吸取预览窗口颜色，也可以直接指定 RGB 值决定是什么颜色。

（3）持续时间：默认持续 10 s，当然可以修改持续时间。

2. 色彩渐变

色彩渐变就是能够生成一些渐变色的背景素材，如图 8-52 所示。

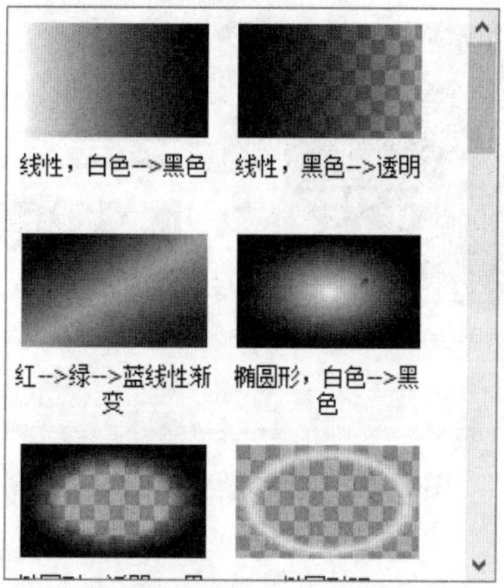

图 8–52 色彩渐变

观察图 8-53 发现 Vegas 提供的渐变类型比较多，预置效果共有 18 种。任意选择一种拖到轨道，随即打开参数设置窗口。

点击其中的预置下拉列表，会发现其实这 18 种预置效果用一个窗口全部能够实现。

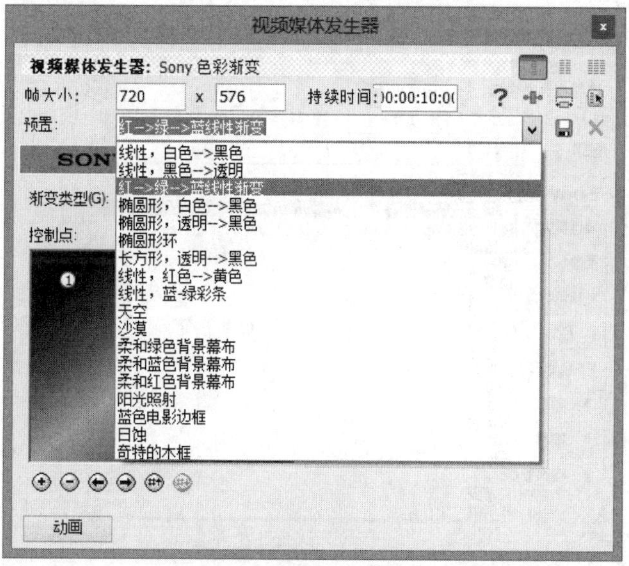

图 8–53 色彩渐变预置方案

其中最关键的设置在于“控制点”。如图 8-54 所示，缩略图中那些小圆球就是控制点，Vegas 允许最多添加 9 个控制点。选中某个控制点，修改其颜色值和透明度，即可改变该控制点周围的色彩值。拖动某个控制点，即可轻松地旋转改变渐变过渡的方向。通过这种方法，可以制作复杂的渐变过渡。

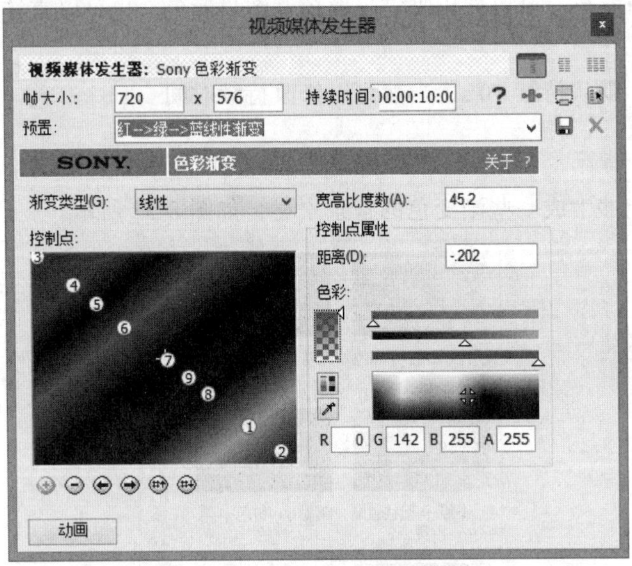

图 8–54　色彩渐变参数设置

3. 噪点纹理

噪点纹理能够产生比渐变色更复杂的背景图案，类似云彩、熔岩、岩浆等这样的复杂纹理（参见图 8-49）。

任意选择其中一种拖到轨道上，之后弹出参数设置窗口。点击其中的预置下拉列表，发现其中共有 20 种预置效果。同样的，这 20 种预置效果使用一个窗口即可实现（见图 8-55）。

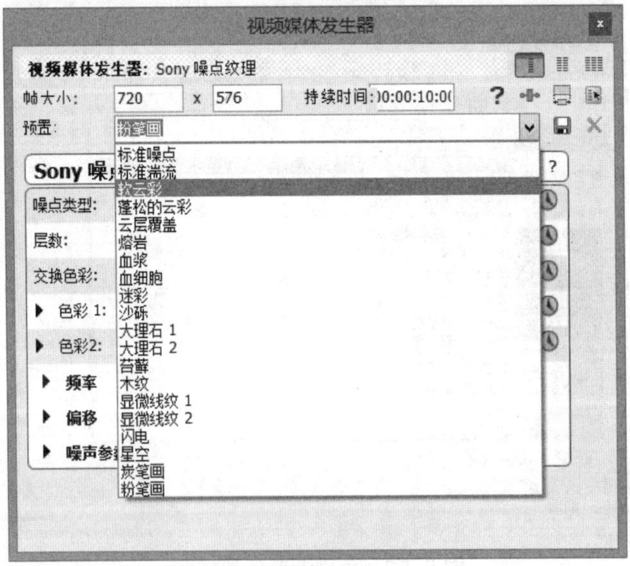

图 8–55　预置纹理

其中最关键的参数是“噪点类型”，共有 7 种类型，如图 8-56 所示。

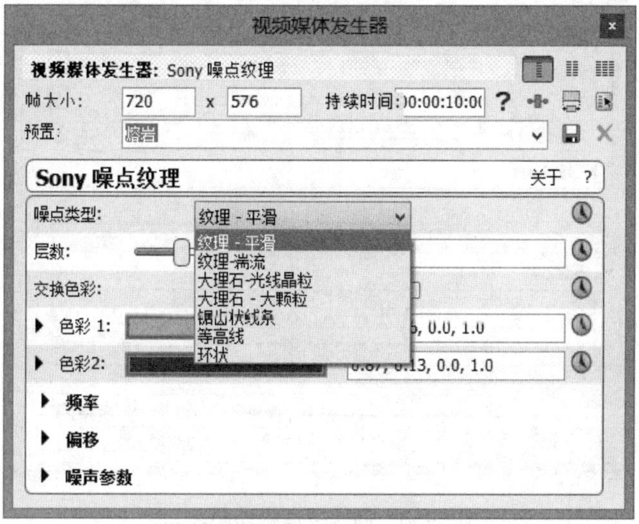

图 8–56 噪点类型

除了噪点类型重要，还有 3 个参数起决定作用，它们就是频率、偏移和噪声参数。

实训课题 12：制作动态背景

媒体发生器生成的背景素材都可以利用关键帧动画制作成动态的背景纹理。以“云彩”为例，结合关键帧动画制作流动的云彩。

步骤 1：选择噪点纹理中的“软云彩”，将其拖到轨道上。在参数窗口中只针对偏移参数做修改，就能够制作滚动的云彩，其他参数保持默认。

步骤 2：如图 8-57 所示，选择“偏移”参数，点下右侧的“码表”进入关键帧动画制作。

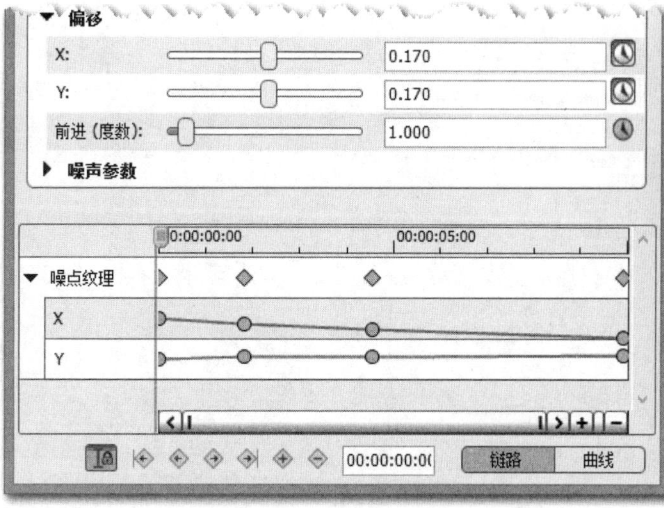

图 8–57 制作关键帧动画之一

步骤 3：在不同时间设置不同的偏移值，注意移动幅度不要过大，云彩流动要流畅。

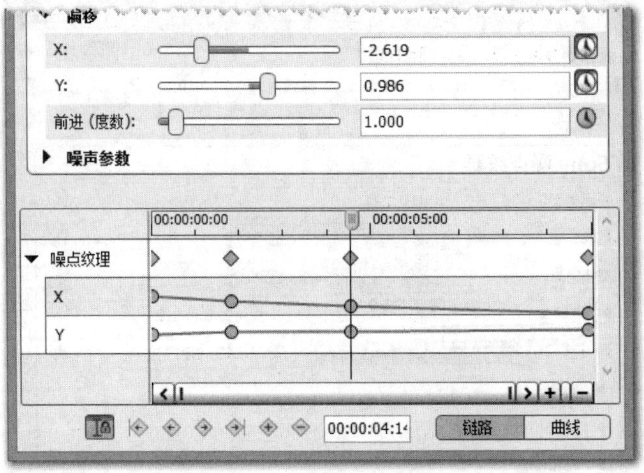

图 8-58 制作关键帧动画之二

制作好的部分效果如图 8-59 所示。参照此办法还可以制作更多的动态效果。

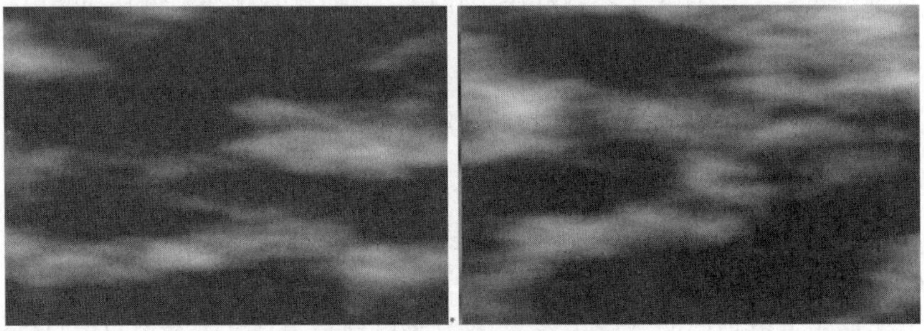

图 8-59 动态背景效果

第 9 章　画面运动与速度控制

无论哪一种影视作品，都由许多场景来表现主题，而场景又由许多画面构成。画面中不但包含表现主题的画面内容，还包含色彩、构图、运动节奏、配音等艺术要素。只有处理好这些元素，才会产生美的画面。

画面色彩处理我们在以后调色部分专门讨论，这一章专门探讨画面构图和画面运动。

实训课题 1：画面构图三要点

画面的内容是由景别和拍摄角度决定的，但不论是前期拍摄还是后期编辑制作过程中，重要的一环就是要处理好画面构图。因为画面构图是对画面内容和形式整体的考虑和安排。

画面构图有个总原则，那就是变化中求统一。

一般构图方法有 3 个要点：

（1）画面主题图形的位置。

（2）非主题图形的位置以及与主题图形的关系。

（3）画面底形的位置以及与图形的关系。

在这 3 个要点中，第一要点是构图的决定因素，它在画面中的位置决定了画面的样式。

构图的样式分为两大类：对称式构图和均衡式构图。

（1）对称式构图：主形置于画面中心，非主形置于主形两边，起平衡作用，底形被均匀分割。

对称式构图一般表达静态内容。对称构图的变化样式有：金字塔式构图、平衡式构图、放射式构图等。

（2）均衡式构图：主形置于一边，非主形置于另一边，起平衡作用，底形分割不均匀。

均衡式构图一般表达动态内容。其构图的样式有：对角线构图、弧线构图、渐变式构图、S 形构图、L 形构图等。

平常影视画面构图的应用可以简单处理，只要将对象的主要部分置于画面中心，将对象整体与边框距离处理得当，背景底形不重复，就是成功的构图。

这里要注意，“画面中心”并不是画面的等分中心，它是以人的视觉方式确定的。这一中心，是以黄金分割定律原理确定的位置，即以 1∶0.618 的比例分割画面，得出画面中的 4 个相交位置，这 4 个位置即是接近画面中心的“构图中心点”。这一构图方式也称“黄金分割线”，或者“九宫格”。

我们将主题对象的主要部分，置于 4 个交叉点中的其中任何一点，即可得到优美的构图形式。

还有一种构图方法，叫黄金螺旋线，它的构图模型如图 9-2 所示，按此方法被分割的矩形都符合黄金分割比例。相对于三分法这个静态的方法，黄金螺旋在我们用眼睛捕捉画面时提供了一个流动的线条。

图 9-1　九宫格式黄金比例

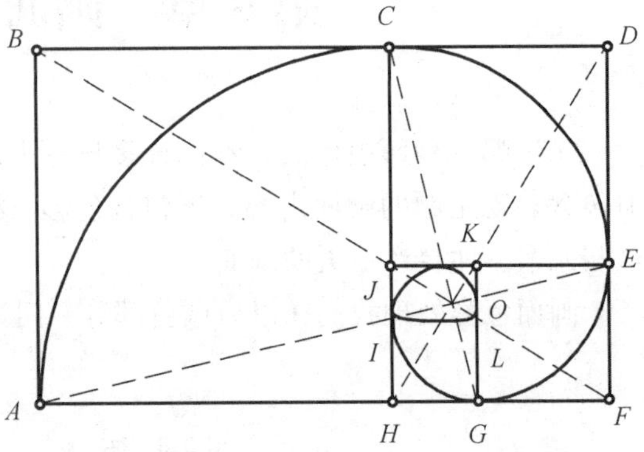

图 9-2　螺旋线式黄金比例

黄金螺旋线应用的要点是将要突出的焦点放在螺旋芯里面就行，就是螺旋紧密的那一端，而非发散的一端，如图 9-3 所示。

图 9-3　影视作品中黄金螺旋线的应用

实训课题 2：画面运动规律

画面运动不单单是指画面的运动内容，还包括推、拉、摇、移、跟、晃、甩等运动镜头语言的应用，尤其是根据静止的画面内容凭空制造出眼花缭乱的运动形式来，更是画面运动的真实意义所在。

既然是运动，就有其内在的规律，画面运动也不例外，下面就是一些应该考虑和遵循的运动规律。

1. 速　度

运动必然有速度，但速度却不一定要用快来表现。真正的速度是用模糊、闪烁、加速、减速和快慢变化来表现的。

速度是由时间、距离、帧数 3 方面因素构成的。这 3 个因素中，距离最为关键。同样的时间内，运动距离越远，速度应该越慢，反之应该越快。体现在关键帧动画中，则是相邻两个关键帧距离越近，运动速度越快；相邻两个关键帧距离越远，则运动速度越慢。

图 9–4　速度的体现

2. 节奏感

运动要有节奏，要有张有弛，有快有慢，有起有伏，单调的节拍和呆板的动作只能给人僵硬、死板的感觉，是最要不得的。初学者往往制作的画面运动都是这种情形。

最好的解决办法是多观察生活，比如我们发现生活中赛车、短跑中，多数都遵循这样的节奏：停止 – 慢速后移（蓄力）– 加速向前 – 持续 – 变慢缓冲 – 刹车（停止）。其实画面运动也是同样的道理。

节奏感还需要与音乐配合，或者可以说音乐主导节奏。但这是一个非常困难的事情，如果使节奏跟上音乐的起伏与节拍，更多地需要不断观察、尝试，才可以慢慢掌握其中的规律，用文字是很难表述清楚的。

3. 运动的惯性

运动中的物体都有其惯性，比如生活中汽车刹车动作，因为汽车向前运动的速度太快，所以刹车时它有一定的惯性，向前冲出一段距离才能完全静止下来。速度越快，其惯性也就越大。另外，高速运动中的物体在静止下来之前，视觉中它必然会产生一定的挤压变形，这也是惯性在起作用的表现。

就像高速运动中的物体会有运动模糊现象一样，由运动状态向静止状态转变，必然会有惯性。因此，我们在控制画面运动时不能不考虑这一点，也不能不表现出这一点，否则，会看起来不真实。

4. 加速和减速

运动并不全是匀速运动，在运动的开始有个加速的过程，在结束运动的时候有个减速过程，这都是物体在生活中真实的运动状态。那么，表现画面运动的时候也应该赋予运动对象加速和减速的动作，这样才会真实。借用动画制作的术语来讲，加速叫作缓入，减速叫作缓出。

实训课题 3：认识素材平移窗口

在视频剪辑过程中镜头运动最常用，诸如推拉摇移种种效果，我们都称为画面运动。在 Vegas 中，把画面运动称之为“素材平移/裁切”，简称为“素材平移”。

轨道上的素材会呈现两个按钮，其中按钮“口”就是“素材平移”，如图 9-5 所示。

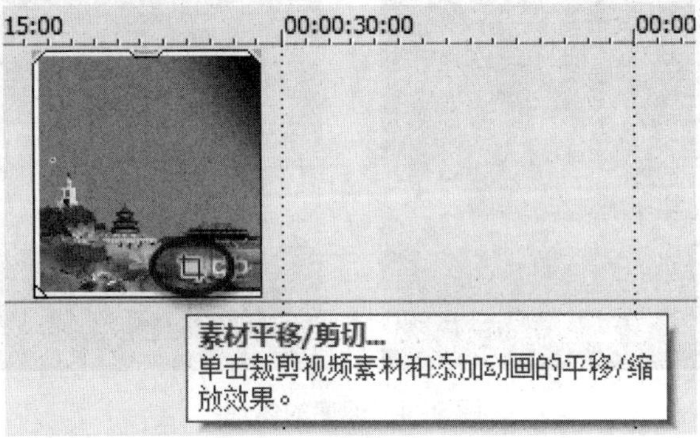

图 9-5 素材平移标志

点击“素材平移”按钮，出现素材平移窗口，如图 9-6 所示。

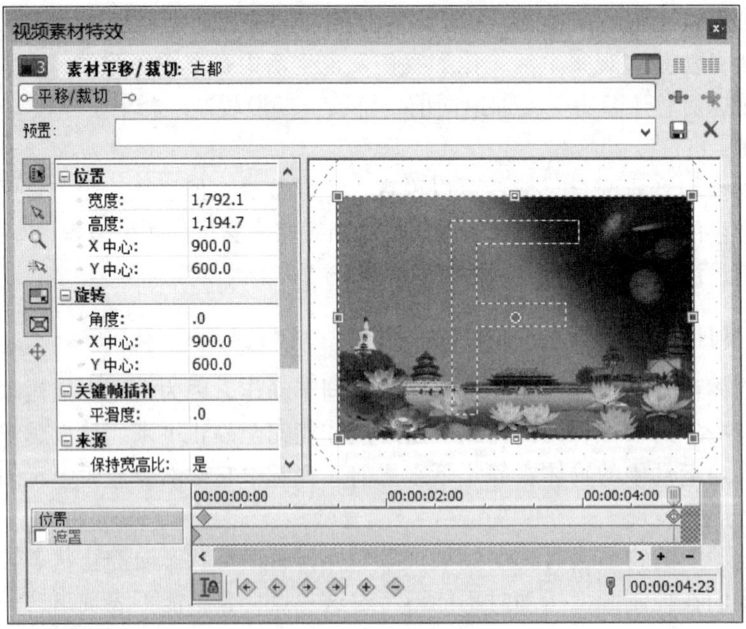

图 9-6 素材平移窗口

窗口分为 3 个区域，左侧是工具，右侧是操作区，底部是关键帧动画区域。

操作区最醒目的就是有一个大大的“F”型标志，我们称之后“运动标志”。在这个“F”

周围，有 8 个控制点，再往外有一个圆。这就是这个标志的整个组成部分。

无论当前使用什么工具，只要搓动鼠标滚轮，就会缩放显示比例，操作区的缩略图会放大缩小。当然，这种缩放并不是实际画面真正的放大缩小，只是显示比例的改变。有时候缩略图过大找不到操作手柄，我们就需要将其缩小，如图 9-7 所示。

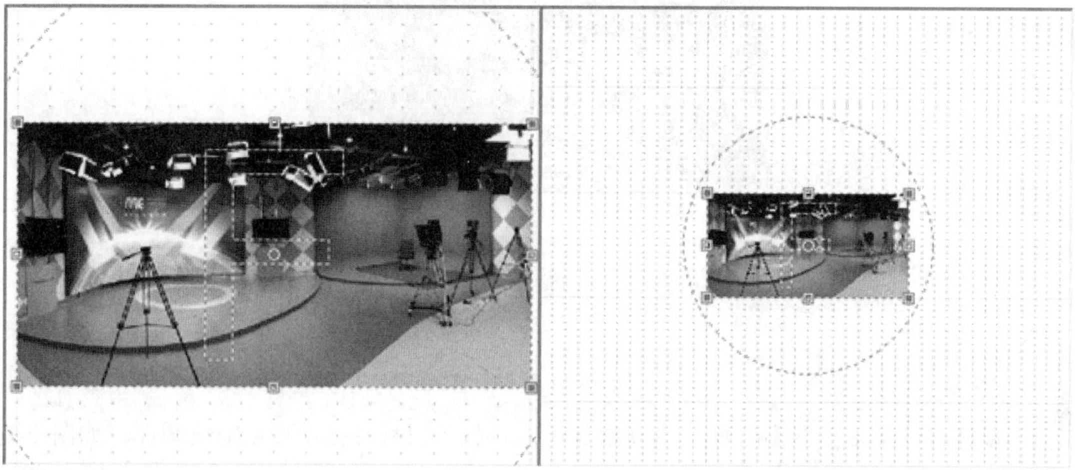

图 9–7　显示比例的缩放

鼠标移到背景区域时，鼠标形状会变成手形，表示可以平移画面，此时拖动鼠标可以平移网格背景，可以将画面缩略图移动到任意位置观察，当然，这种移动也不是实际位置的移动，只是为了便于观察而已。如果不慎移动到画面外，要想恢复的话，可以单击鼠标右键，则弹出如图 9-8 所示的菜单，选择其中的“还原”即可。

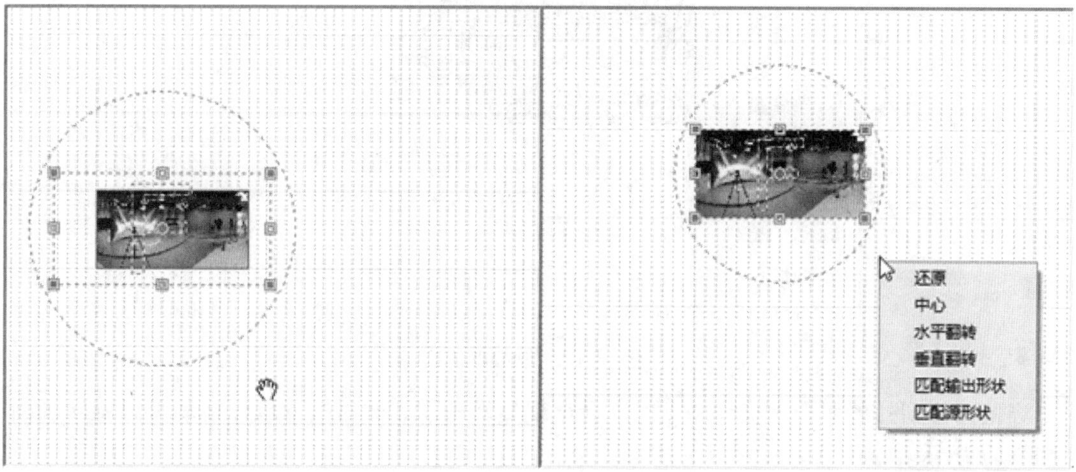

图 9–8　还原显示比例

在“F”标志四周，鼠标进入不同的区域，鼠标形状会有不同变化。如图 9-9 所示，鼠标一旦进入缩略图内，鼠标立即呈现移动标志，按下鼠标拖动时可以移动画面。

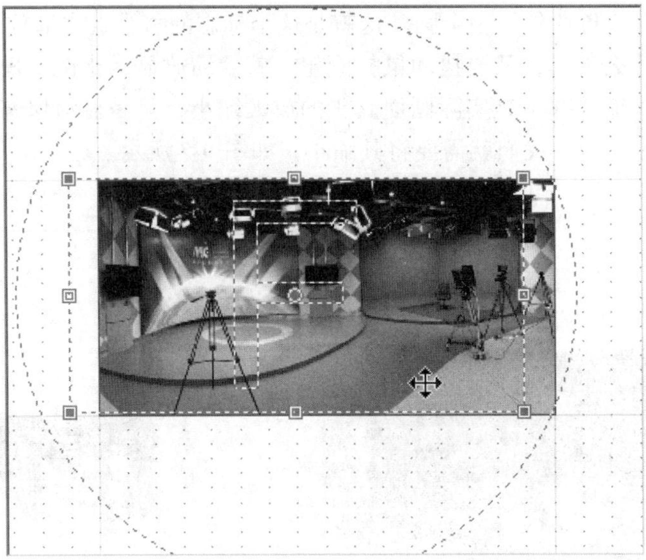

图 9–9　移动标志

当鼠标移动到 8 个控制点时，出现缩放标志，按下鼠标并拖动可以缩放画面，如图 9-10 所示。

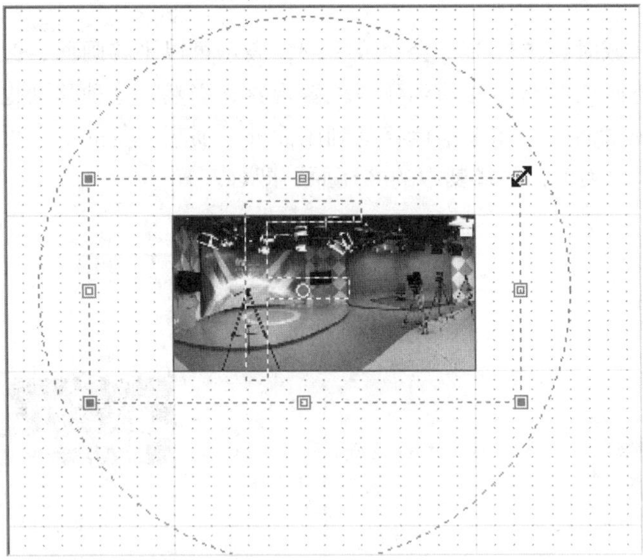

图 9–10　缩放标志

当鼠标移到外侧那个大虚线圆上时，会出现旋转标志，此时按下鼠标拖动可以旋转画面，如图 9-11 所示。

这些操作都是最常用的，总结起来如图 9-12 所示。

最后要记得一点，所有这个标志的运动形式都和实际画面的运动是完全相反的，就像在镜子中等到的结果一样。向左拖动“运动标志”，实际画面向右运动。向外拉动放大“运动标志”，可实际画面却是缩小，一切完全相反。

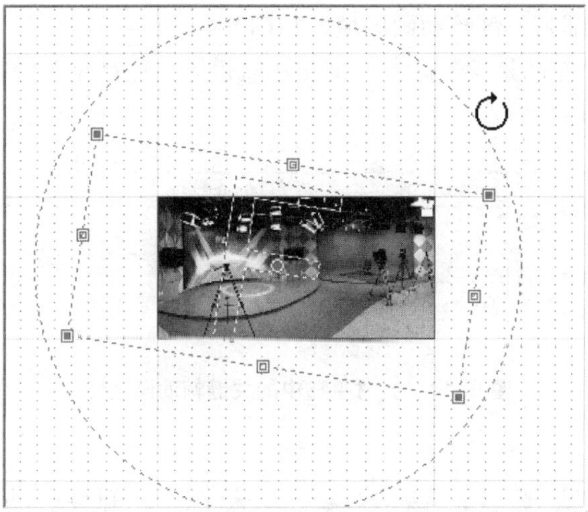

图 9-11　旋转标志

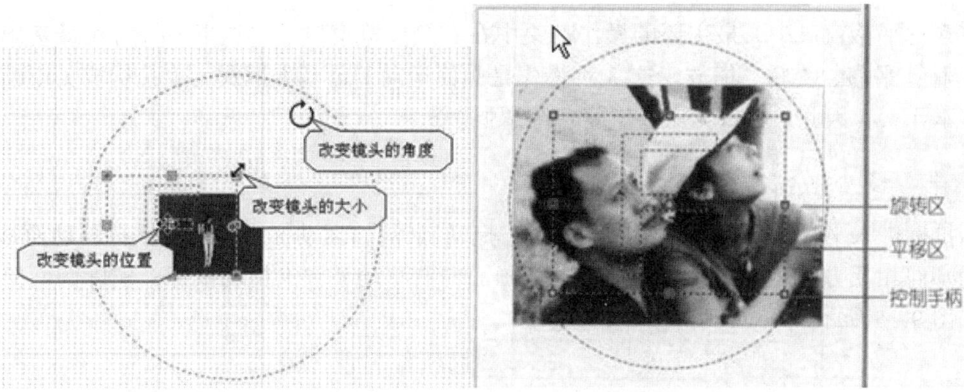

图 9-12　3 种常用操作标志总结

素材平移窗口的左侧是工具栏区域，提供了针对素材平移常用的操作工具。如图 9-13 所示，其内容比较简单易懂，因此不再赘述。

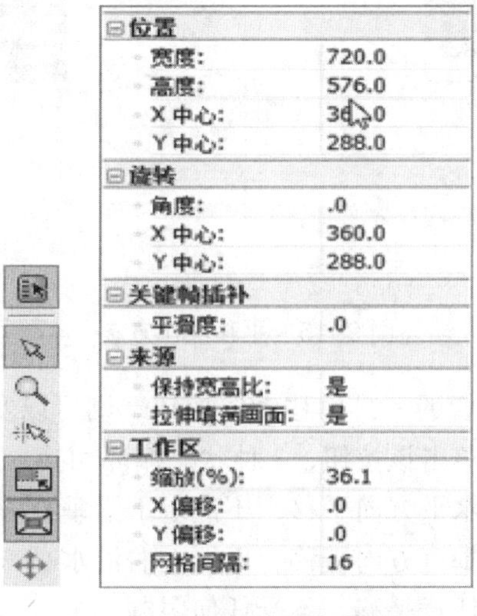

图 9-13　工具栏及参数区域

素材平移窗口的底部是关键帧动画区域，如图 9-14 所示。

它由 3 部分构成：左侧是参数区，上部是小轨道区，底部是关键帧操作按钮。小轨道的时间长度和素材持续时间一致。

图 9–14　素材平移中的关键帧动画区域

实训课题 4：素材最基本的 3 种运动方式

在素材平移窗口中，最主要的操作都集中在右侧预览窗口。在这里，最常用最基础的操作有 3 种：平移、旋转、缩放。这 3 种操作是画面运动的最基本形式，也是构成关键帧动画的最基本元素，因此，建议大家一定要熟练掌握。

1. 平　移

当鼠标进入平移区时，鼠标变成十字状，拖动鼠标，“运动标志”会随鼠标移动而移动。但画面却向相反方向运动。往左移动，实际画面向右移动，往上拖动鼠标，实际画面向下移动，如图 9-15 所示。

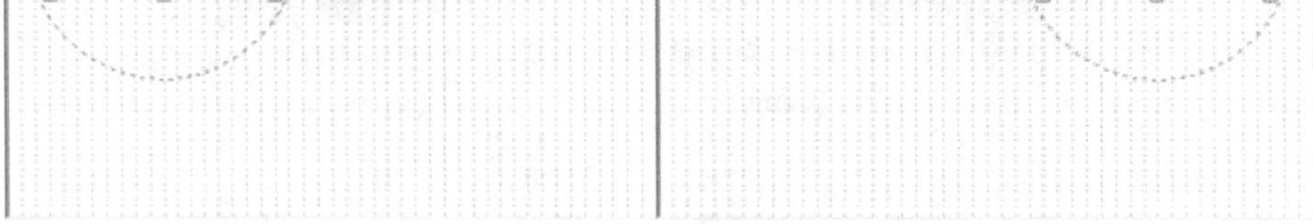

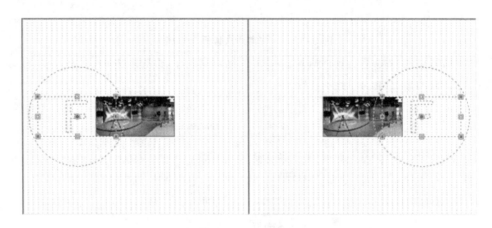

图 9–15　平移操作方法

在移动过程中，按下工具栏的“自由移动”按钮，则可以实现水平锁定、垂直锁定和自由移动 3 种运动状态的转换。单击该按钮，3 种状态循环切换，鼠标形状如图 9-16 所示。

水平锁定时，画面只能沿水平方向平移，不能上下沿垂直方向运动。

垂直锁定时，画面只能沿垂直方向竖移，不能左右沿水平方向运动。

自由移动状态下，则可以任意平移，不受任何限制。

这 3 种方式在实际操作中应根据实际情况灵活运用。

如果在运动过程中需要对齐，则应该按下“自动吸附”按钮，这样“运动标志”的矩形框就能够自动吸附到背景网格线上，实现自动对齐功能，如图 9-17 所示。

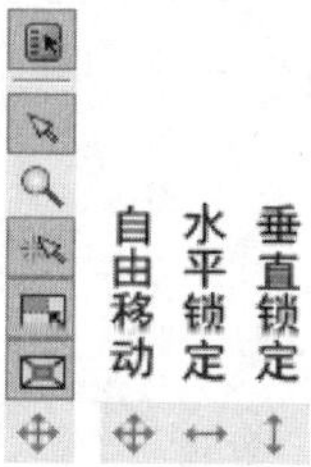

图 9-16　锁定标志

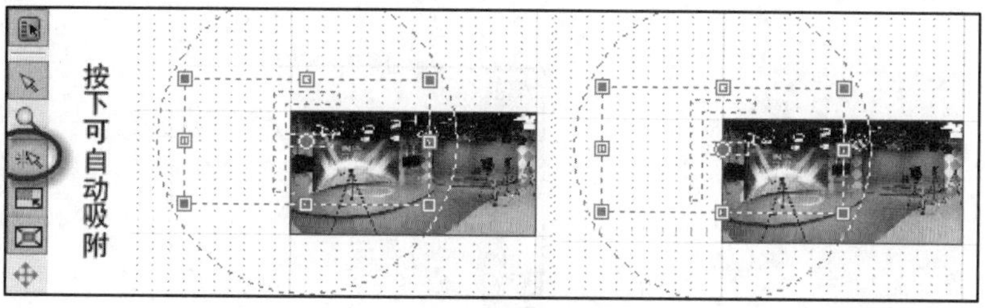

图 9-17　自动吸附

在素材平移窗口中，使用的是第四象限，进行位移时，素材左上角处是坐标原点。沿 X 轴处右延伸是素材宽度，沿 Y 轴向下延伸是素材高度。

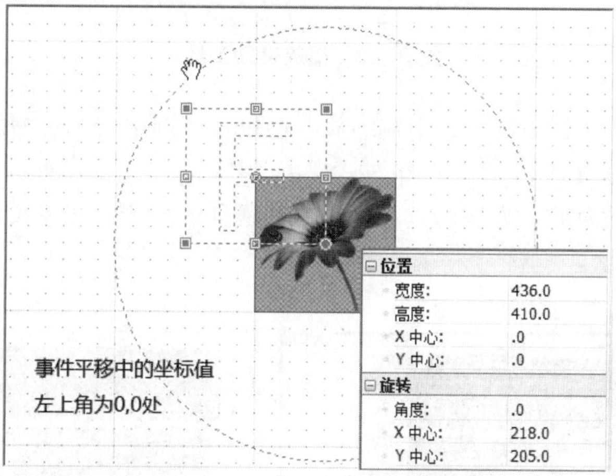

图 9-18　素材平移之坐标原点

2. 缩　放

鼠标移到“运动标志”的 8 个控制手柄上，鼠标变成双向箭头，拖动鼠标可以缩放画面，但是缩略图效果和实际画面效果相反，向外拖动是缩小，向内拖动是放大。

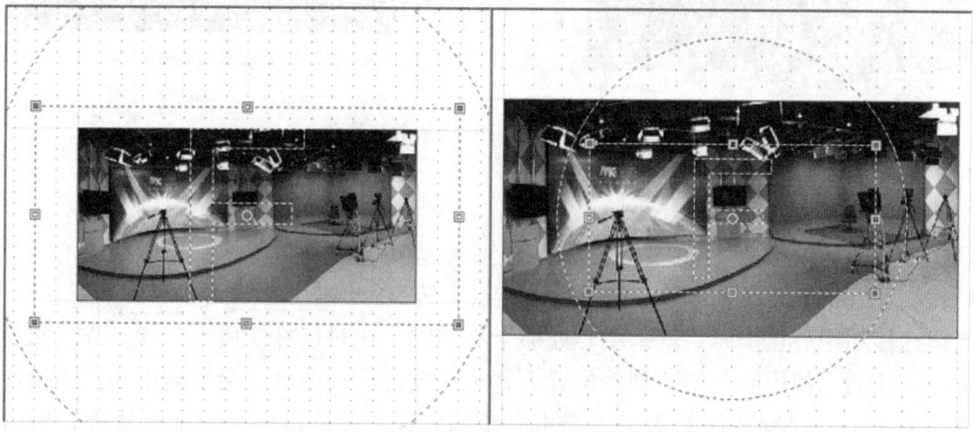

图 9-19　缩放操作

在缩放时还经常用到两个按钮，如图 9-20 所示，一个使缩放时保持原宽高比例，另一个作用是在缩放时沿中心点对称缩放，也就是拖动一边，另一边会向相反方向对称运动。这两个按钮都在按下时有效，直到弹起。

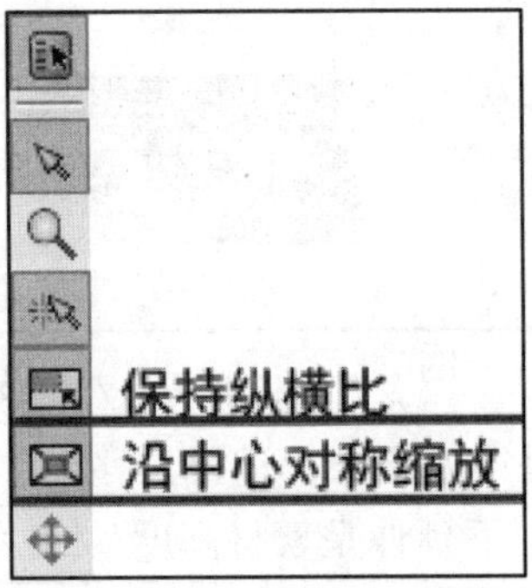

图 9-20 缩放辅助工具

如果“自动吸附”按钮被按下，则在缩放时会以一个网格为单位缩放。取消“自动吸附”的话，则是无级平滑缩放。

在改变方框大小的时候，方框的宽和高按照比例同时改变，按住 Ctrl 键，可以单独改变高和宽，如图 9-21 所示。

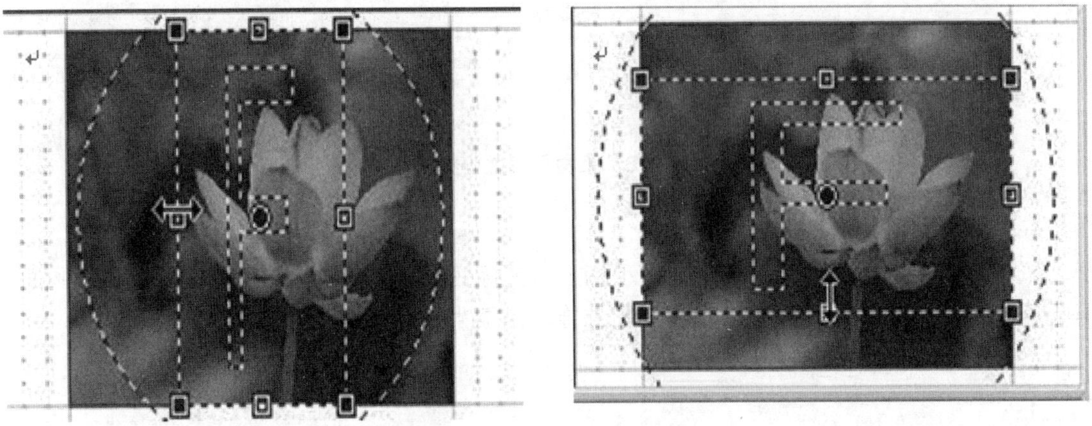

图 9-21 按 Ctrl 键缩放宽高

3. 旋 转

鼠标移到“运动标志”的旋转区，鼠标变成弯箭头，拖动鼠标，画面围绕中心点旋转。正转反转都可以，但只在二维平面内围绕中心点旋转。

当鼠标移到中心点上时，就是中心处那个小圆圈，这时鼠标变成十字状，拖动鼠标，会拖动中心点移动，使中心点偏移到新位置，这个时候再旋转的话，会以新中心点为圆心，原中心点和新中心点之间的距离为半径产生一个圆，这个圆就是画面的旋转轨迹，如图 9-22 所示。

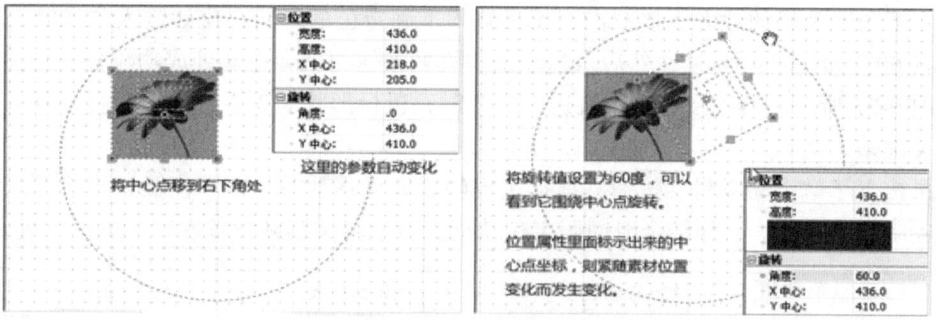

图 9-22　素材平移之旋转中心点

在旋转时，如果“自动吸附”按钮被按下，则会以一个网格为单位进行旋转，为 1° ~ 2°。取消“自动吸附”的话，则可以实现无级平滑旋转。

实训课题 5：素材平移中的关键帧动画

在素材平移中，利用关键帧制作画面运动动画，是最常用的基本技能。Vegas 在素材平移窗口中已经提供了制作关键帧动画的功能。

在素材平移窗口的底部，就是关键帧动画制作区域，如图 9-23 所示。顶部是时间线，它的持续时间和素材本身的持续时间一致。因此，在头部和尾部定义关键帧的话，动画持续时长就是素材的总时长。时间线的下方有两条轨道，一条是“位置”轨道，一条是“遮罩”轨道。我们要用的就是“位置”轨道。这里一定要小心，关键帧一定要定义在“位置”轨道上，如果不小心定义在“遮罩”轨道上的话，则不能实现位移动画。

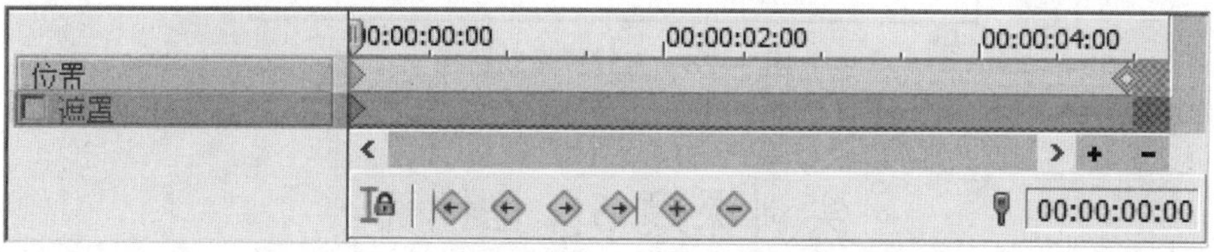

图 9-23　关键帧动画区域的位置轨道和遮罩轨道

关键帧动画的制作也很简单，只要明白两个关键帧即可构成动画这个道理就好。因此，利用图 9-24 所示的两个按钮，在适当位置添加关键帧。比如这里在首尾两处添加了两个关键帧，那么这两个关键帧就构成了一段动画。

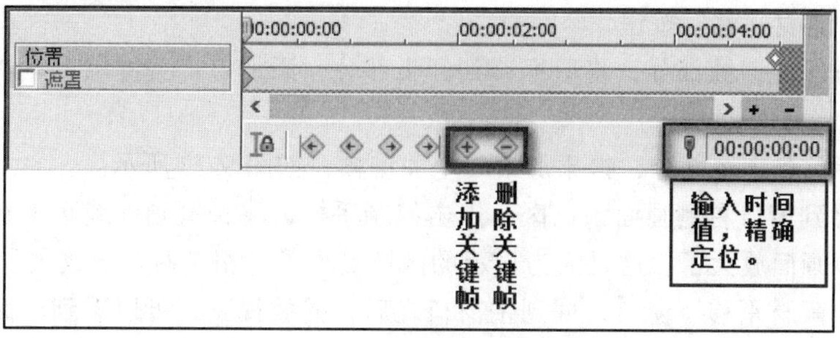

图 9-24　动画制作中常用操作

在右下角时间码的地方直接双击，然后输入准确定位的时间，比如输入“200”，即将光标定位在 00：00：02：00 处，然后点击添加关键帧按钮，就会在此处成功添加一个关键帧。

如图 9-25 所示，当把鼠标移到轨道空白处时，鼠标形状变为手形，这时直接双击即可添加一个关键帧。

如果按下了“自动吸附”按钮，拖动关键帧，即可移动关键帧的位置，当接近光标时，会自动吸附到光标处。这样结合时间码定位功能，就能将关键帧设置在精确的时间处。

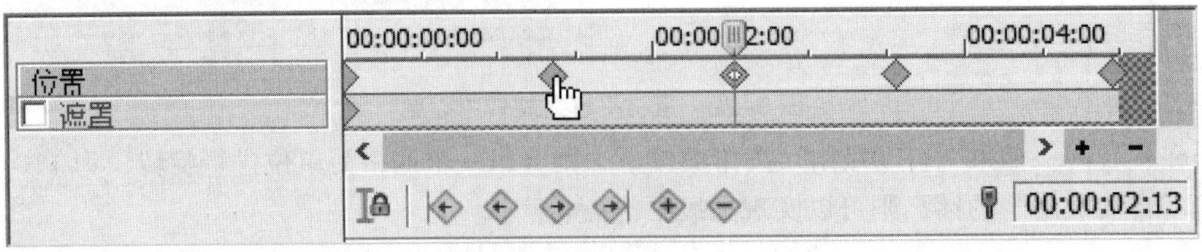

图 9–25　双击添加关键帧

在图 9-25 中，随意定义了 5 个关键帧，利用这 5 个关键帧制作了一段画面在屏幕上随意移动的动画。遗憾的是，关键帧之间的运动只能是直线运动，不能为曲线运动路径。运动路径的示意形式如图 9-26 所示。

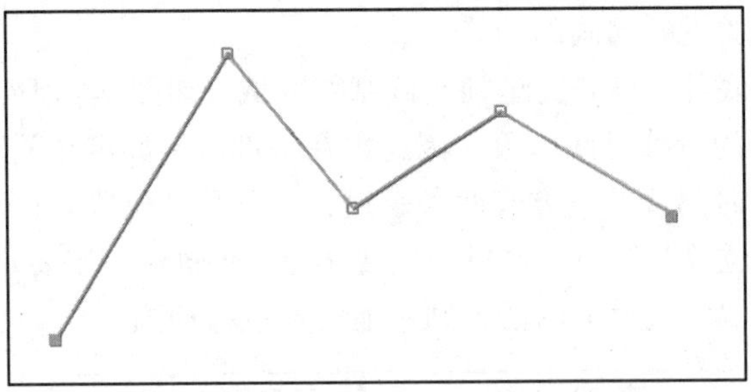

图 9–26　直线式运动路径

实训课题 6：拉镜头

拉镜头，就是让画面从远及近，逐渐变大，最后到特写画面的运动形式，在电影电视中很常见。操作方法：

（1）将素材放到轨道上。

（2）点击“素材平移”按钮。

（3）在下方的关键帧部分，将鼠标移到开头部分，添加一个关键帧，点击控制手柄，将预览画面放大。

（4）将鼠标移到末尾部分，再添加第二个关键帧，如图 9-27 所示。

（5）鼠标移到窗口右侧画面预览区，点击控制手柄，将预览画面缩小，在实际预览窗口可以看到，实际画面放大了。这是因为显示的区域变小了，相应的等于放大了局部画面。

（6）关闭“素材平移”窗口，回到主窗口之后，播放视频，可以看到画面由远到近，逐渐地拉近，产生拉镜头的效果如图 9-28 所示。

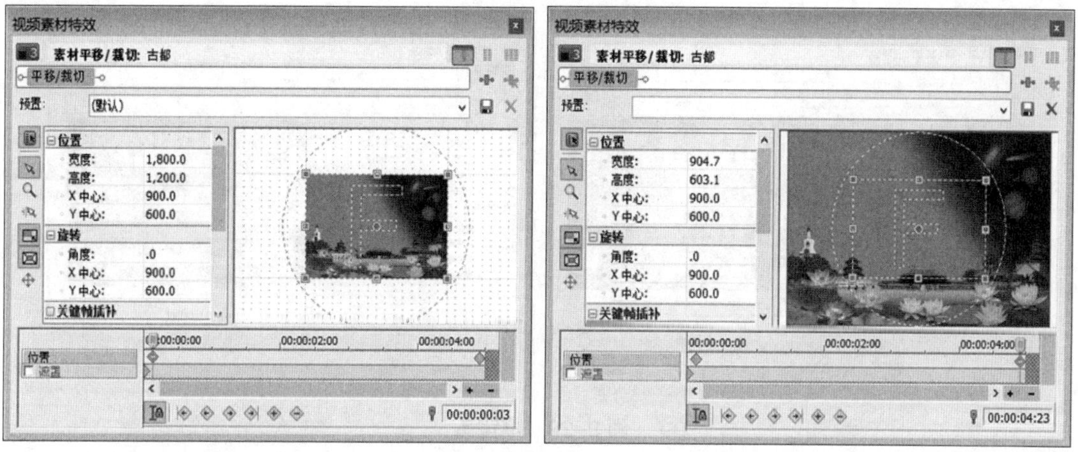

图 9-27　拉镜头

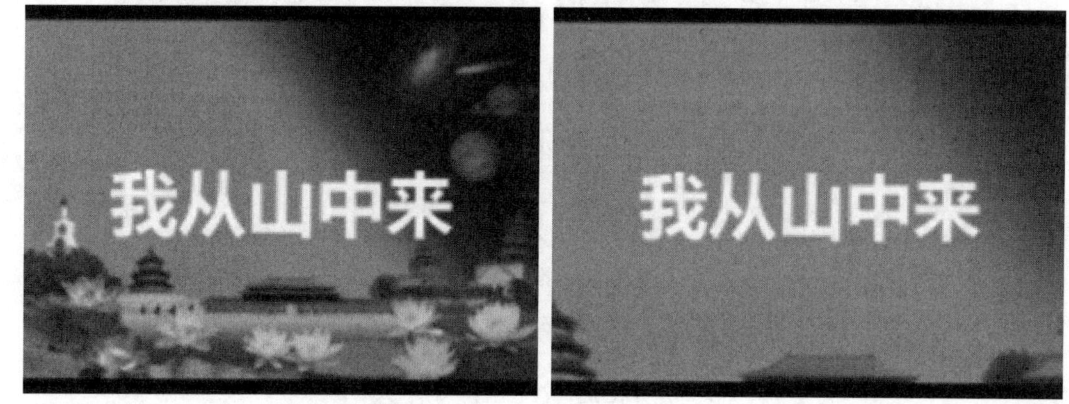

图 9-28　拉镜头效果

实训课题 7：推镜头

推镜头，就是让画面从近及远，逐渐变小，最后到远景的运动形式，操作方法：

（1）将素材放到轨道上。

（2）点击“素材平移”按钮。

（3）在下方的关键帧部分，将鼠标移到开头部分，添加一个关键帧。点击控制手柄，将预览画面缩小。

（4）将鼠标移到末尾部分，再添加第二个关键帧，如图 9-29 所示。

（5）鼠标移到窗口右侧画面预览区，点击控制手柄，将预览画面放大，在实际预览窗口可以看到，实际画面缩小了。

（6）关闭“素材平移”窗口，回到主窗口之后，播放视频，可以看到画面由近到远，逐渐地推远，产生推镜头的效果如图 9-30 所示。

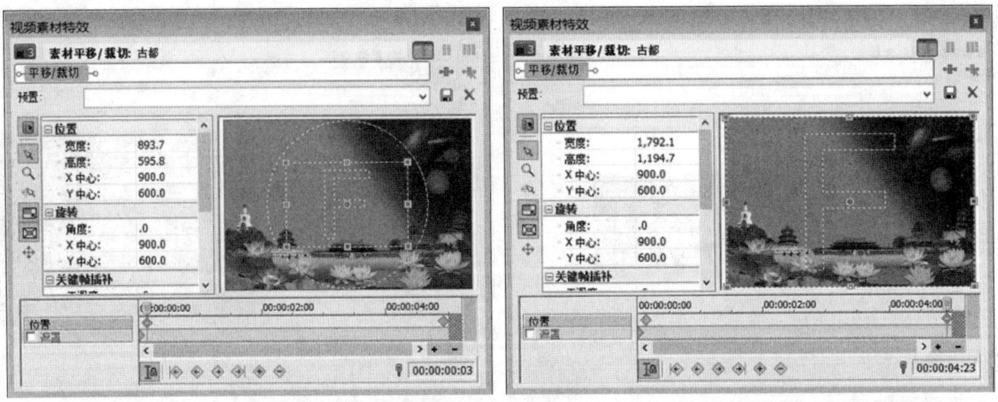

图 9-29　推镜头

图 9-30　推镜头效果

实训课题 8：移镜头

鼠标移到方框中，变成十字形箭头形状，按住左键，可以拖动这个方框，随着这个方框的移动，在预览窗口中，可以看到画面也在由左向右移动。

制作方法：在最开始和最后添加两个关键帧。点击第一个关键帧，在预览窗口用鼠标把方框变小，然后，把方框拖动最左边。接着点击最后一个关键帧，把方框拖动到最右边，如图 9-31 所示。最后，关闭“素材平移”窗口，回到主窗口，播放视频，观看平移镜头的效果。

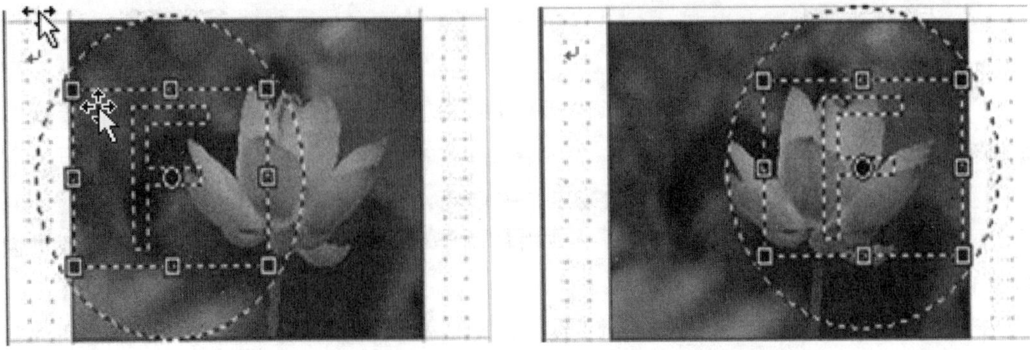

图 9-31　平移镜头

定义多个平移画面的关键帧，使画面平移的幅度小一些，关键帧密集一些，这样的话就能实现画面抖动或者晃动的效果。

实训课题 9：旋转镜头

预览窗口的这个方框除了可以平行移动，还可以上下移动，也可以旋转。鼠标移到方框外边，鼠标变成一个带箭头的圆圈，如图 9-32 所示。按住左键拖动就可以转动方框。

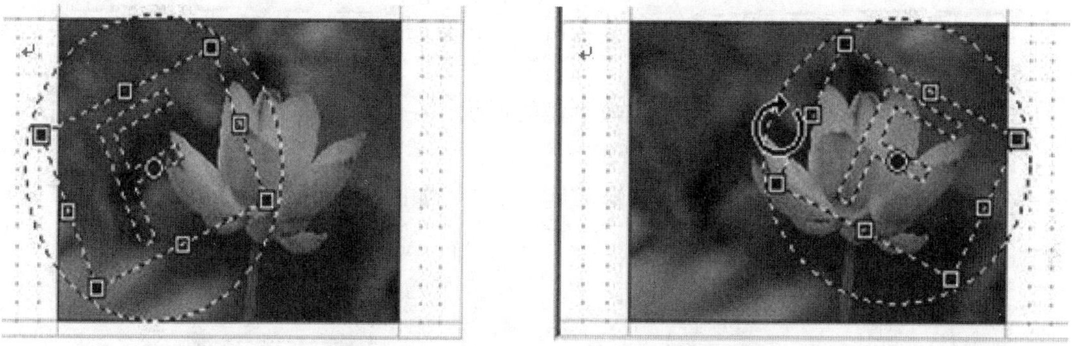

图 9-32　旋转镜头

以上都是最简单的做法，只在开始关键帧和最后关键帧发生变化，在小轨道的中间部分还可以多添加若干个关键帧，以便做出更富于变化的效果来。

使用画面的推拉摇移，能够产生一种变焦效果。例如在教学片中，讲解到一些关键步骤的地方，希望把画面放大拉近，之后又推远，恢复到以前的远景效果。这种做法直接就要用到推拉摇移这些基本操作。

再比如有时候只能使用静态图片作为播音背景，如果背景图片一直不动的活，让人看起来沉闷。这时候使用推或者拉镜头的方法，使图片稍微有一些变焦的效果，这样看起来好像背景在运动一样。

熟能生巧，把这些最基本的方法结合起来，在应用中就可以产生各式各样的效果。

实训课题 10：画中画效果

利用轨道合成和素材平移这两个功能，就能实现常见的画中画效果。以最常见的画中画效果为例，我们来看在 Vegas 中如何实现。

最常见的画中画效果，是把屏幕划分为 4 部分，每一部分播放一段视频，如图 9-33 所示。具体做法：

（1）将 4 段素材分别拖到 4 条轨道上，安排好上下顺序关系，同时将 4 条轨道的开始部分对齐，时间长度也调整一致。

图 9–33　画中画效果

（2）打开第一个视频轨的“素材平移”窗口，在右侧工具栏上按下“缩放编辑工具”按钮，如图 9-34 所示。

（3）鼠标移到预览窗口，鼠标变成放大镜的形状，左键点击是放大，右键点击是缩小。点击两下右键，画面缩小，如图 9-35 所示。

（4）在左侧工具栏上按下“标准编辑工具”按钮，如图 9-36 所示。

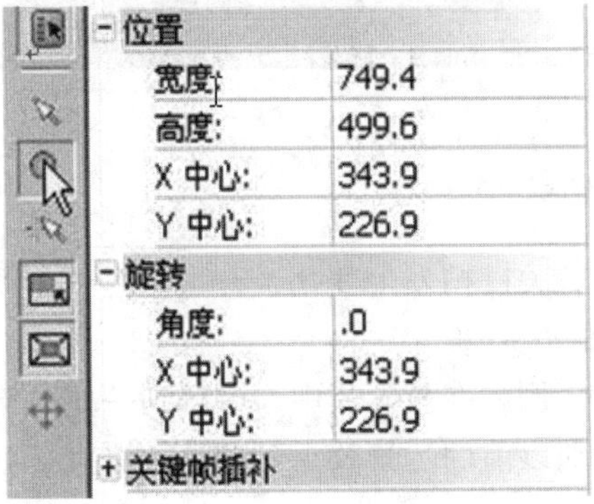

图 9–34　缩放编辑工具

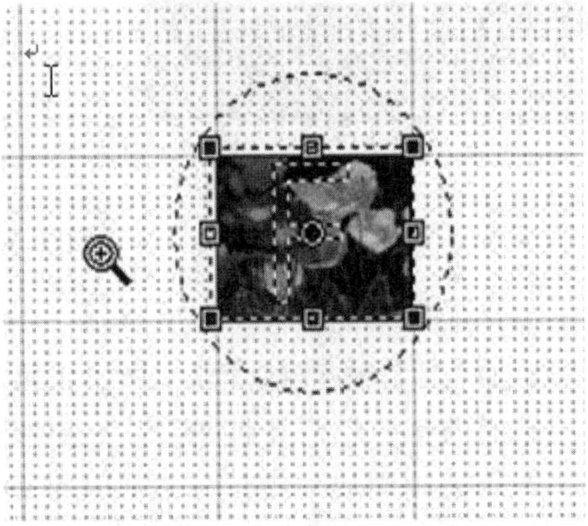

图 9–35　缩放画面显示比例

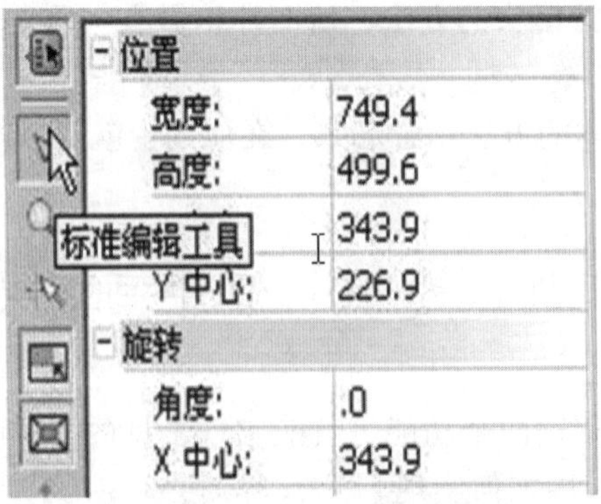

图 9–36　标准编辑工具

（5）回到右侧预览窗口，拖动方框，把它变大，使实际画面缩小。然后移动方框，让画面占据左上 1/4 的位置。当鼠标变成手的形状，按住左键，可以拖动网格背景。

（6）按照同样的操作方法，把另外 3 个视频轨放到画面的右上，左下，右下。直到完成制作，如图 9-37 和图 9-38 所示。

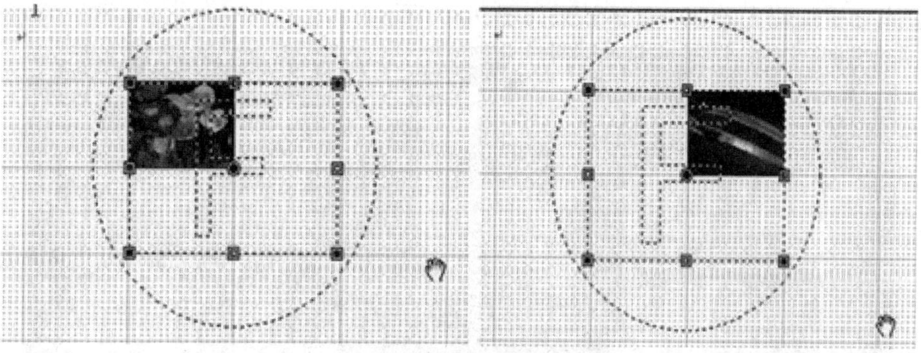

图 9–37　移动画面之一

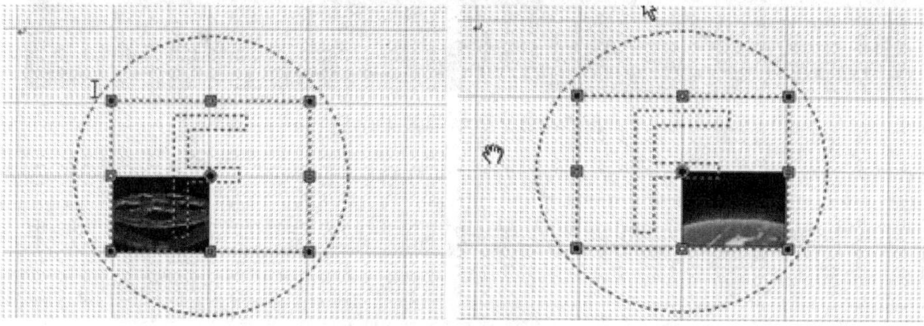

图 9–38　移动画面之二

做画中画效果的时候，最重要的是坐标参数的设置，相对于底层画面，4 个子画面放置的坐标位置如图 9-39 所示，根据它们的坐标位置，计算出每一幅子画面的坐标位置，适当设置，就能够很精准地对齐 4 个子画面。

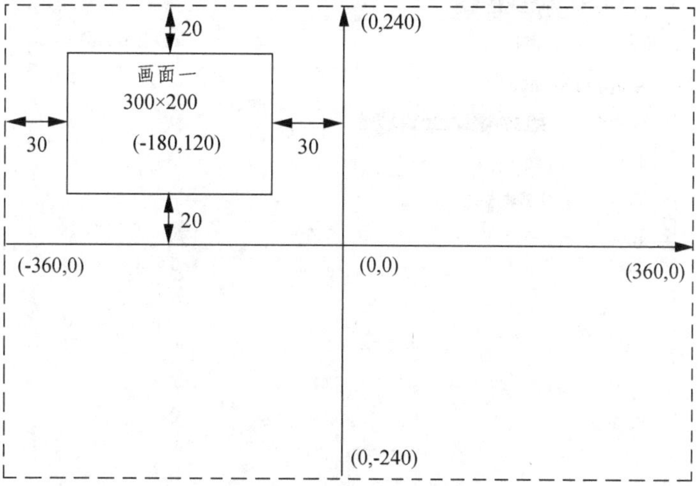

图 9–39　动画面参考坐标

还可以给 4 个子画面加一些动画效果，比如让它们往中心汇聚，最后聚合成一个画面。又或者 4 个子画面向四周飞散而出，等等，发挥一下想象力，就可以做出很多花样来。

运动的画面也要注意适当修饰，最常见的就是制作勾边和倒影效果。可以对比一下，不加勾边效果的图片或者画面显得难看，像照片那样勾个白边，边稍微薄一些，一下子效果就不同了。还有倒影效果，如果制作出倒影效果的话，运动中的图片或者画面会更有立体感和空间感，也会更加使人爱看。具体效果如图 9-40 所示。

图 9-40　画中画效果示例

实训课题 11：利用区域切除特效制作画中画效果

步骤 1：导入素材，放置在上下两层，下层为背景，上层为欲合成人物。

步骤 2：给上层人物素材添加区域切除特效，参数设置如图 9-41 所示。

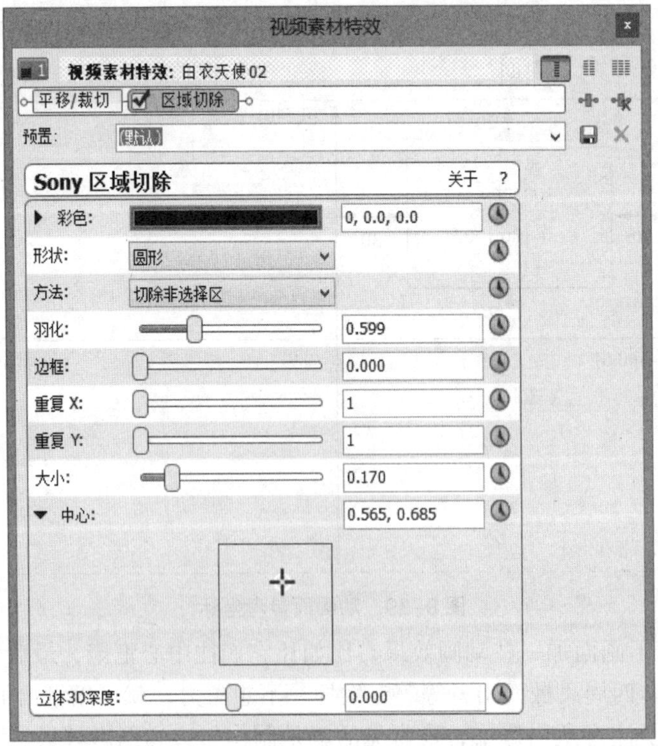

图 9-41　区域切除特效参数

步骤 3：完成画中画效果，此时，实际效果预览如图 9-42 所示。

图 9-42　利用区域切除实现画中画效果

实训课题 12：利用遮罩制作画中画效果

制作画中画效果的方法除了应用素材平移外，还可以使用遮罩的方法，结合轨道合成实现。另外，使用区域切除特效，结合轨道合成也能够实现。总之，素材平移、遮罩、区域切除这 3 种方法是最常用的。

使用遮罩实现画中画效果的方法：

步骤 1：导入素材，放置在上下两层，下层为背景，上层为欲合成人物。

步骤 2：打开上层人物的素材平移功能，勾选“遮罩”，然后使用钢笔工具勾画如图 9-43 所示路径。适当设置羽化参数，羽化类型为内外“两者”都羽化。

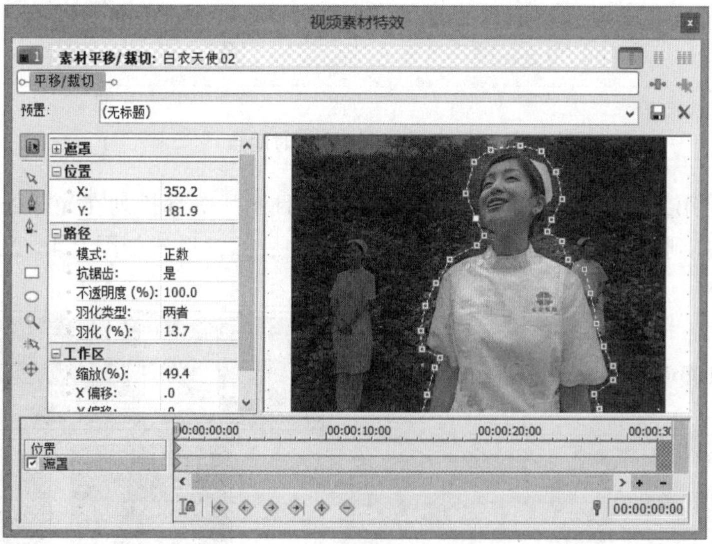

图 9-43　勾画遮罩路径

步骤 3：完成画中画效果，最终合成效果如图 9-44 所示。

图 9-44　利用遮罩实现的画中画效果

实训课题 13：实现图片跟随运动

利用素材平移裁切功能可以实现图片跟随运动。一般情况下，一幅图片从画面右侧进入，划过画面，从左侧移出之后，下一幅图片才能从右侧进入。而现在我们想实现的效果是前一张图片划过画面时，后一张图片紧随进入，不必等到前一张移出后才开始进入，这种效果称为图片跟随运动。下面我们就实现这种效果。

步骤 1：导入 4 张图片素材。

步骤 2：将第一张图片拖入轨道。我们知道图片素材在轨道上持续 5 s，即“00:00:05:00”。它一半的时候则是“00:00:02:12”，因为 1 s 是从 0 ~ 24 帧。在轨道底部“光标位置”处双击，或者按 Ctrl+G，然后输入“212”直接将光标定位到“00:00:02:12”处。

图 9-45　直接输入时间点

步骤 3：再将第二张图片拖到下一层轨道上，并且图片头部排列在光标处。然后再将第三张、第四张图片拖到轨道上，跟随排列到前面图片的后部，形式如图 9-46 所示。

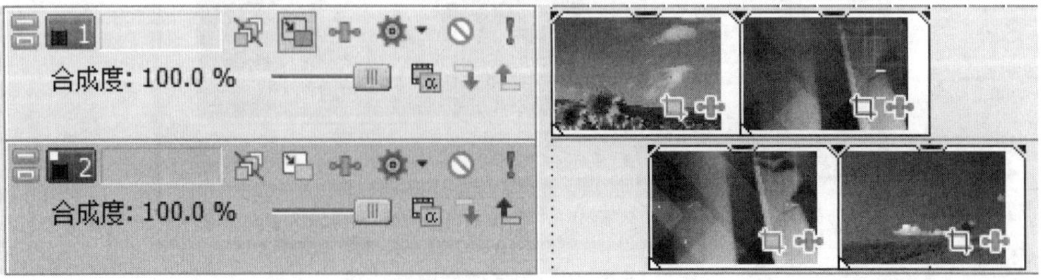

图 9-46　素材安排形式

步骤 4：选中第一张图片，打开素材平移裁切窗口，在其中结合关键帧制作平移动画，使其在 5 s 内完成从画面右侧进入从画面左侧移出的平移动画。关键帧的设置如图 9-47 和图 9-48 所示。注意，为了方便平移，应该在工具栏中锁定“只在 X 轴移动”。

步骤 5：接下来复制粘贴运动动画到其他图片。仍然选中第一张图片，按 Ctrl+C 复制，然后依次选中后续图片，在其上单击右键，选择弹出菜单中的“粘贴素材属性”完成动画复制。

步骤 6：完成本实例制作，此时效果如图 9-49 所示。

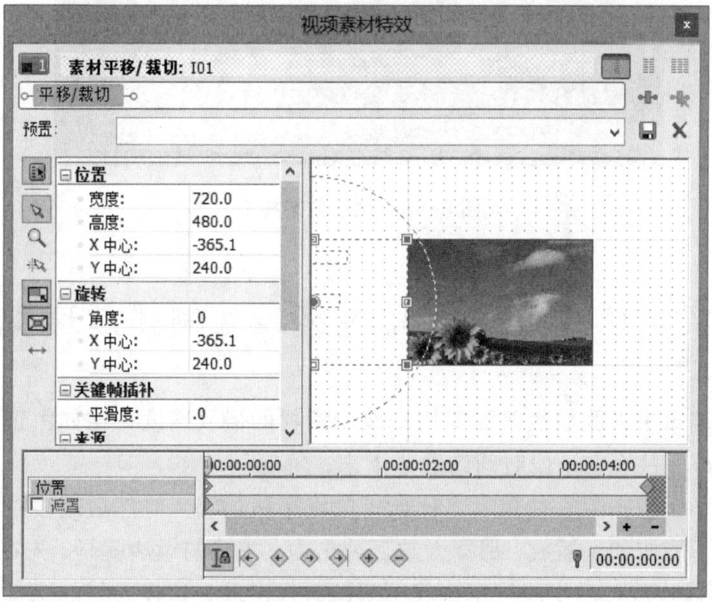

图 9–47　头关键帧处素材位置

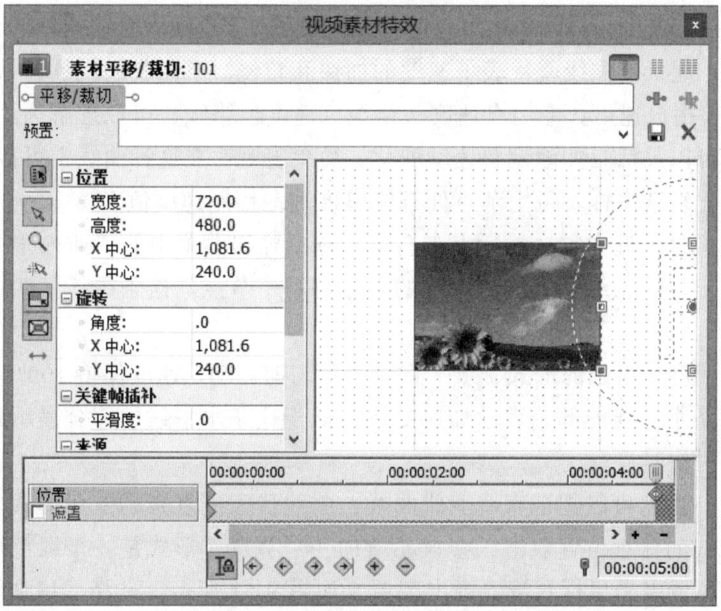

图 9–48　尾关键帧处素材位置

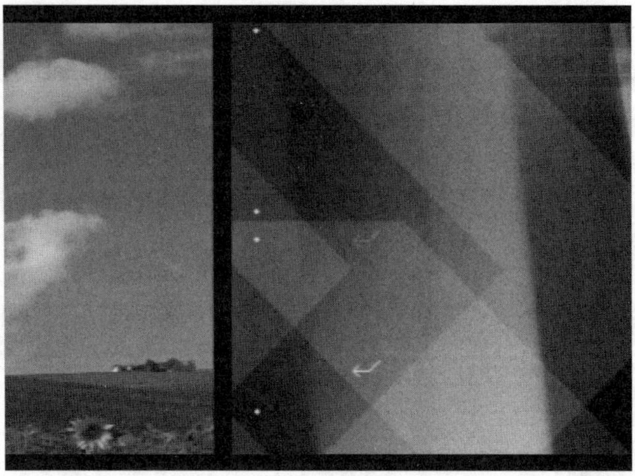

图 9–49　运动效果局部

实训课题 14：利用包络线控制播放速度

在影视素材编辑中，我们经常需要用到改变素材的播放速度，比如由正常转为快放，或者由快放转为慢放，甚至在一段时间内静止下来，等等。

在日常剪辑中，剪辑节奏很重要。比如一段汽车从远端入画然后缓缓停下的镜头，你做宣传片的时候就不能按默认播放，那样太缺乏冲击力。正确的做法就是，先在中间切一刀（按 S 键），然后前半段快放，后半段汽车快停下来的时候慢放，这样大气的感觉就出来了。

在制作运动画面效果时，也更多地需要控制播放速度。运动产生节奏，节奏需要用速度来控制。因此，控制播放速度就是一个重要的课题。Vegas 在这方面提供了简单而高效的控制方法：速度包络线。速度包络线，也可以叫作运动曲线。Vegas 用曲线这种形象直观的形式直接控制播放速度，起伏的曲线就代表了速度的加快和减慢。下面我们就展开认识速度包络线。

Vegas 中调整播放速度，专门有速度包络线。速度包络线，可以理解为“速度曲线”，利用这种曲线形式可以灵活自如地调整速度变化，简单直观。在这种曲线上可以添加多个节点，从而使速度的变化复杂多样。每个节点处都能够准确地控制速度值。

针对每一段素材，选中它，然后点击右键，选择弹出菜单中的“插入/移除包络/速度”。这时在素材中间出现一条绿色直线，绿线的开始有一个节点。这条绿线就叫速度包络线，如图 9-50 所示。

这是基本的速度包络线的形式，水平直线表示匀速运动，速度保持 100%不变，不变快也不变慢。高于这条水平线的部分表示加速变快，低于这条水平线的部分表示减速变慢。波浪形状的曲线表示时快时慢。

更复杂一点，我们可以把把直线变成曲线，曲线代表更复杂的变化形式。操作方法是：用鼠标在这条绿线的任意位置双击，会自动增加一个节点，形式是一个绿色矩形块。或者在这条绿线的任意位置点击鼠标右键，弹出菜单，如图 9-51 所示。选择“增加节点”选项，也能增加一个节点。

图 9-50　速度包络线

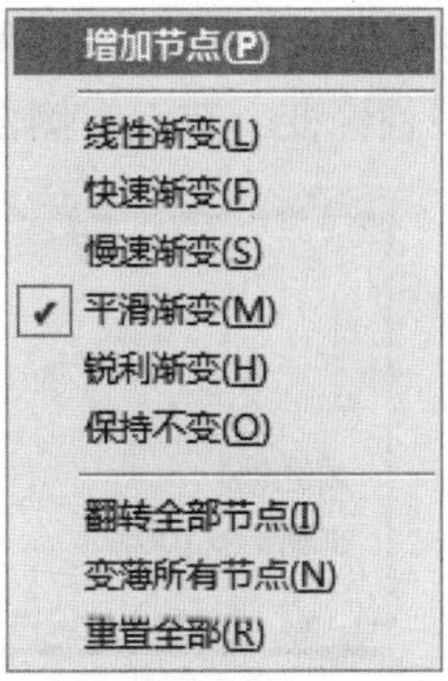

图 9-51　速度包络线右键菜单

接着拖动这个节点，向上推或者向下拉，原本的直线马上就变成了曲线，如图 9-52 所示。它表示这段视频时而快时而慢。

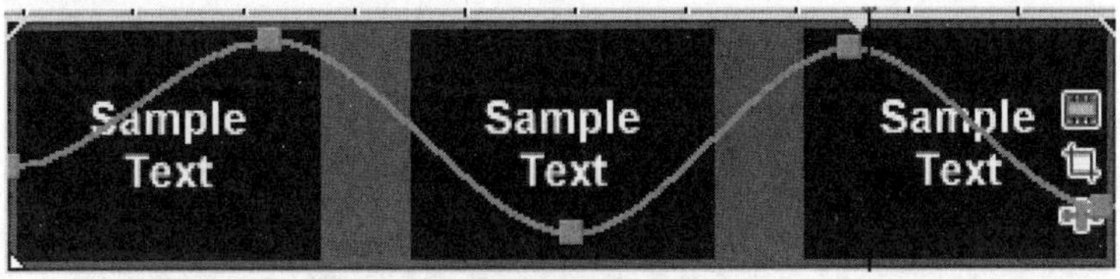

图 9-52　由直线变为曲线

当拖动节点时，鼠标旁边会提示帧数和速度值，有几个特殊的值需要了解。100%表示既不加快也不变慢，保持原来速度不变。300%表示加快，是原来速度的 3 倍，-100%表示倒放，0%表示静止不动。节点拖到顶部，最大为 300%，节点拖到底部，最小为-100%。

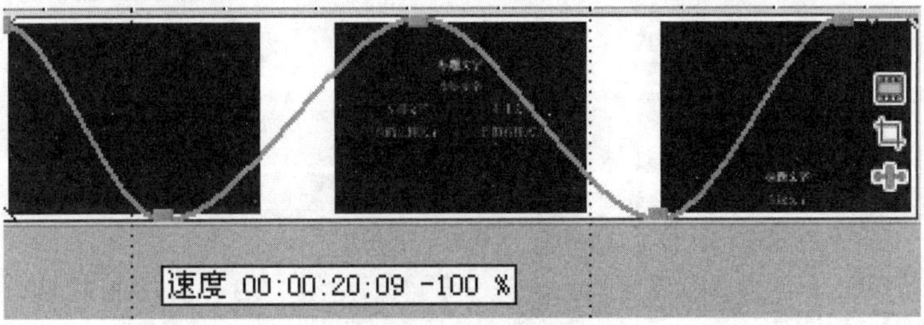

图 9-53　速度值提示

默认节点的变化方式为“平滑渐变”，Vegas 还提供了其他几种运动形式，选中某个节点，然后单击鼠标右键，会出现如下菜单，如图 9-54 所示。

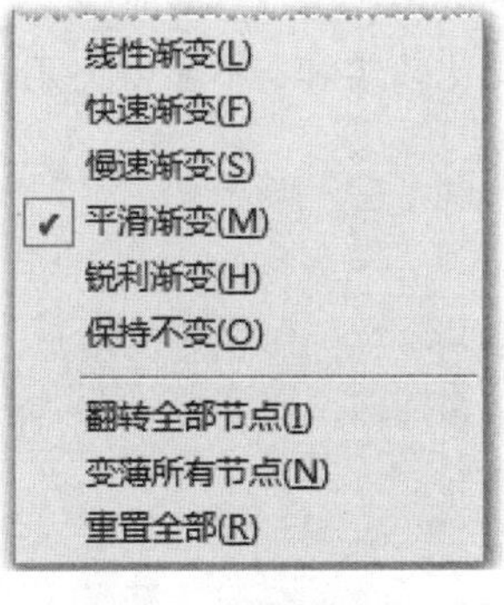

图 9-54　几种渐变形式

对于速度调节而言，这几种渐变形式比较重要，我们重点介绍一下。

（1）线性渐变。节点右侧曲线变为直线，表示匀速运动，如图 9-55 所示。

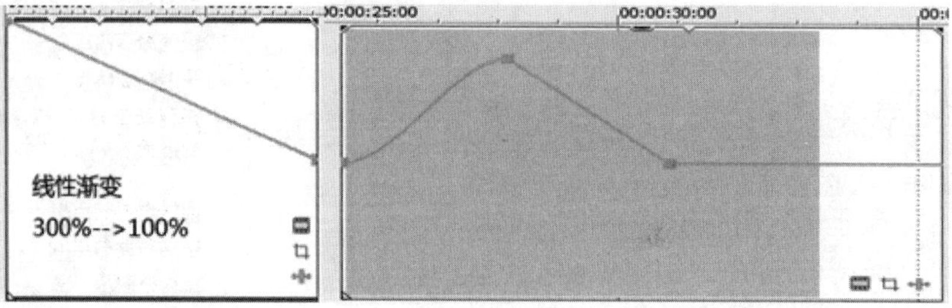

图 9–55　线性渐变示意

（2）快速渐变。节点右侧曲线变为向下弯曲曲线，表示变化先快速，然后逐渐慢下来，如图 9-56 所示。

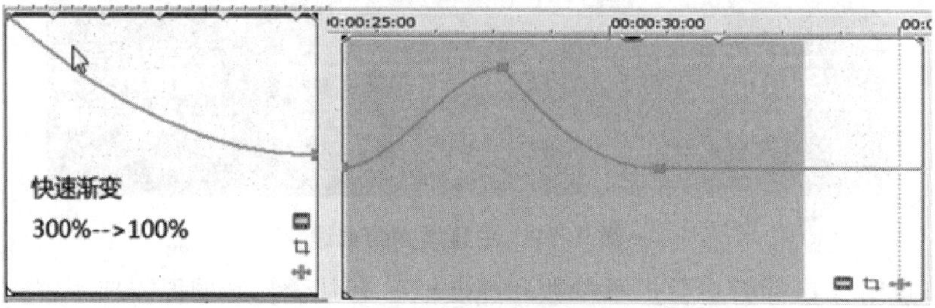

图 9–56　快速渐变示意

（3）慢速渐变。节点右侧曲线变为向上弯曲曲线，表示变化先慢速持续一段时间，到最后阶段才加快变化，如图 9-57 所示。

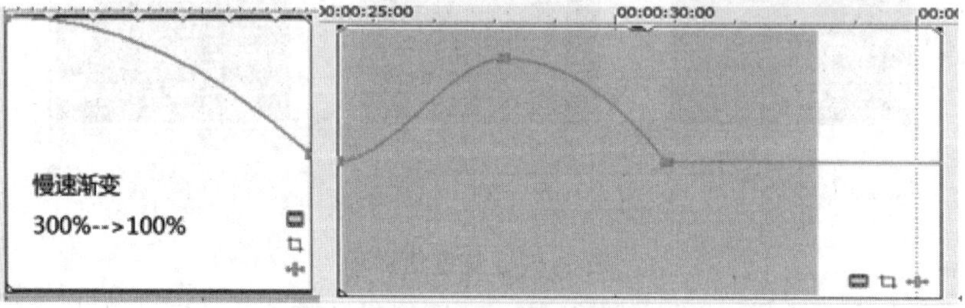

图 9–57　慢速渐变示意

（4）平滑渐变。节点右侧曲线变为柔缓“S”形曲线，表示柔和地加速和减速，逐渐加速，然后高速持续，最后又慢下来，运动比较柔和，不显得突兀，也称为缓入缓出，如图 9-58 所示。

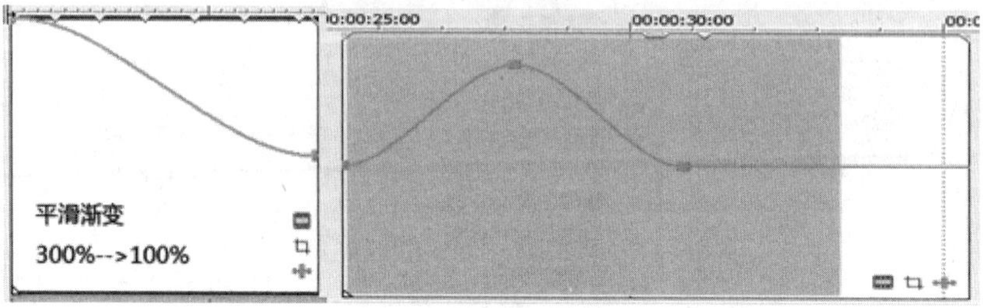

图 9–58　平滑渐变示意

（5）锐利渐变。节点右侧曲线变为剧烈“S”形曲线，表示剧烈的加速和加速，先猛然加速，然后保持这个速度一段时间，到最后阶段又猛然减速变慢，如图 9-59 所示。

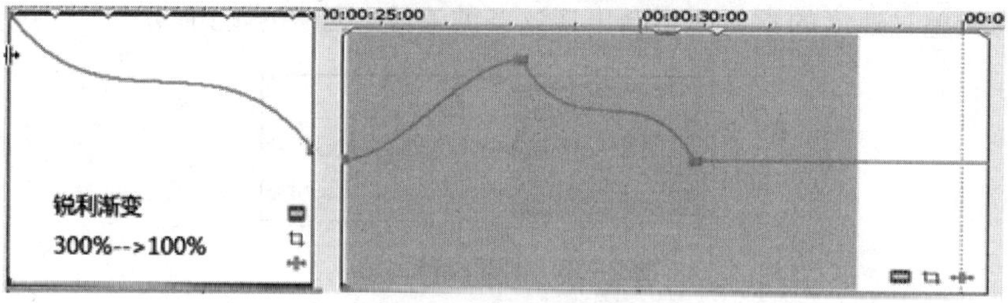

图 9-59　锐利渐变示意

（6）保持不变。如果相邻两个节点都在同一个速度值处，即节点高低一致，只是中间为曲线，那么选择此项之后，两个节点之间变为一条直线，表示匀速运动。如果相邻两个节点不在同一个速度值上，即两个节点高低不一致，选择此项之后，右侧曲线变为水平直线，保持一段时间，表示以当前速度匀速运动，直到下一个节点位置处才猛然变速，如图 9-60 所示。

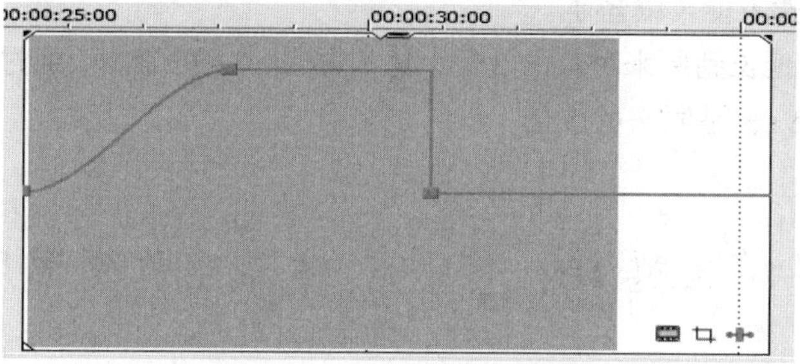

图 9-60　保持不变渐变实例

实训课题 15：使用时间拉伸工具改变速度

除了使用速度包络线，还经常使用时间拉伸压缩工具控制播放速度。在工具栏中选择“时间拉伸压缩工具”，如图 9-61 所示。

接着将鼠标移动到素材的边缘，左侧边缘或者右侧边缘都可以。此时，鼠标形状会发生变化，如图 9-62 所示。

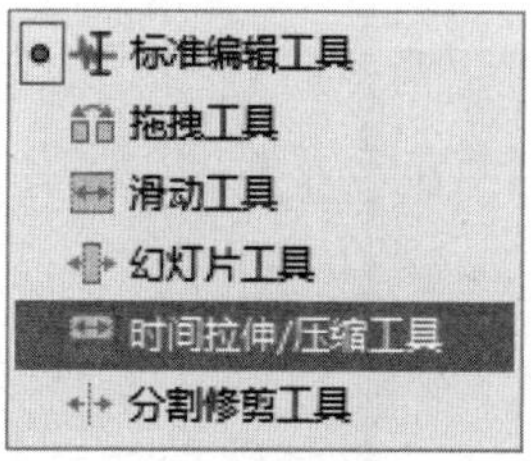

图 9-61　时间拉伸工具

图 9-62　时间拉伸工具使用情况

拖动鼠标，鼠标底部出现波浪线标志，表示速度已经发生变化。鼠标处于右侧边缘时，向右拉长表示延长播放时间，节目慢速播放从而占满整个时间段。向左拖拉时表示缩短时间，节目加速播放以适应缩短了的时间段。鼠标处于素材左侧边缘时也可以左右拖动，含义和右侧边缘一致。

所有通过这种办法调整了速度的素材，在素材中部会出现一条波浪线，表示速度已经被调整过。没有调整过速度的素材则不会出现这条波浪线，如图 9-63 所示。

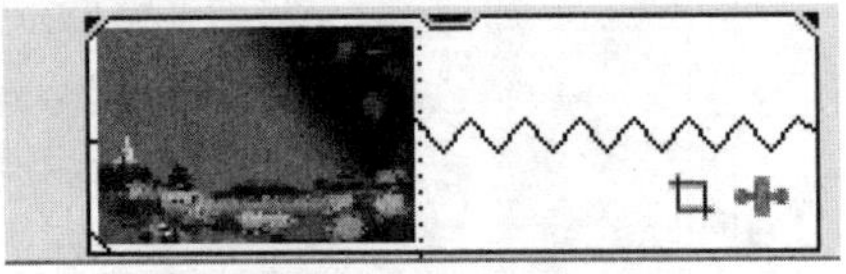

图 9-63　时间拉伸曲线

左右拖动时，在轨道顶部有延长时间或者减少时间的提示，比如提示“-2.08”，就表示时间减少“2.08” s。假如轨道顶部提示“+20.01”，表示时间延长了“20.01” s。

在素材边缘按下 Ctrl 键，然后拖动鼠标，效果也是一样。

经过测试后发现，使用这种方法调整速度，最小可以减少原来占用时间的 2/3，比如原来 15 s 的素材，使用此种方法，可以最小减少到 5 s，少了原来时间的 2/3。到了 5 s，也就是原来时长的 1/3 以后，就不能再缩短了。

延长时间则可以延长到原来时长的 3 倍，比如原来 15 s 的素材，通过这种方法延长时间，则最多可以延长到 45 s，是原来的 3 倍。

实训课题 16：修改素材属性改变速度

在素材上点击右键，在弹出菜单中选择“属性”，之后出现如图 9-64 所示对话框，设置其中的“播放速度”就可以控制快放或者慢放。“1”是正常播放，大于“1”是快放，小于“1”是慢放。比如设为 2，表示 2 倍速播放。

这里的数值，最小是 0.25，最大是 4.0，不能输入负数，也就是不能控制倒放。

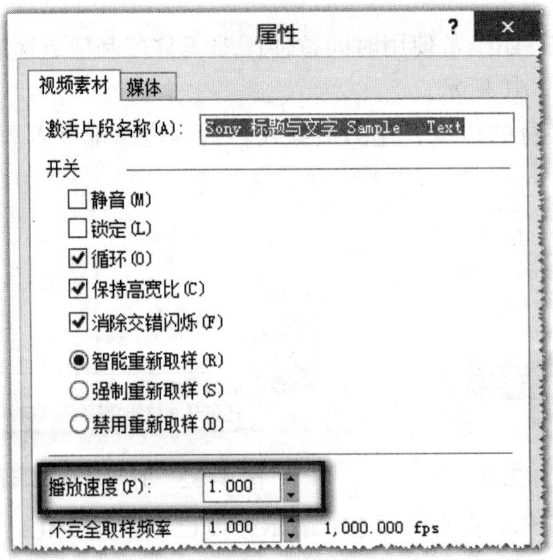

图 9-64　素材属性中调整速度

在 Vegas 中，可以将 3 种调整播放速度的方法叠加起来共同使用，速度包络线调整速度最高上限是 3 倍，素材属性中最大为 4 倍速，时间拉伸法最大为 3 倍速，综合叠加起来，素材可以被加速至原来的 36 倍速播放，这已经相当大了。

实训课题 17：定格（静帧）效果制作

定格效果，就是运动中的人或物突然停止运动，暂停一段时间后消失或者再接着继续运动，这种效果就叫做定格，是一种电影电视中很常见的特效，比如经常见到一段字幕以固定的速度滚动，当字幕到达画面中间的时候，字幕停止滚动，稍等一会，然后逐渐变暗、消失。

1. 使用速度包络线实现定格

要做定格效果，最好的方法当然就是使用速度包络线，在速度包络线添加几个节点就行。

以滚动字幕为例，选中滚动字幕，单击鼠标右键，在弹出的菜单中选择“插入移除包络/速度”，出现一条绿线。

在绿线上双击，在不同的位置添加 4 个节点，按图 9-65 调节节点位置和数值。第一个节点保持不动，将第二个节点拖动到前一个节点的下边，鼠标放在下边这个节点上，变成手的形状后，点右键，选“设定为”，这时不管显示当前的速度值为多少，一概输入“0”后按回车。输入值“0%”，表示画面不动。数值是正数，表示向前播放；是负数，表示向后播放。

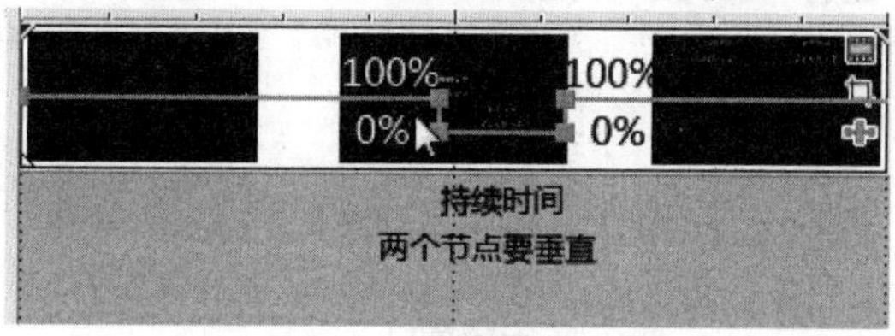

图 9–65　定格的速度包络线

再继续调节第三个节点，将第三个节点拖到第四个节点的下方，两个节点保持在一条竖线位置上。在第三个节点处输入数值“0%”。如图 9-65 所示，第一个节点值为 100%，第二个节点值为 0%，第三个节点值仍然为 0%，第四个节点值为 100%。第一个节点和第二个节点在垂直位置上对齐，第三个节点和第四个节点在垂直位置上对齐。第二和第三节点之间这一段就是定格内容，它们的间距就是定格的时间长短。

2. 利用子素材实现定格

在选中的素材上点鼠标右键，选择“创建子素材”，创建的子素材出现在项目媒体窗口里。再把这段子素材拖到轨道上，在子素材上单击右键，弹出菜单，选择其中的“属性”，在属性对话框里面去掉“循环”选项的勾选。这样这段子素材的长度就固定了。鼠标移到子素材的右侧边缘，向后拉伸素材，也就是让子素材的最后一帧画面定格。如果要做淡出的话，也就更简单了，自己可以实现一下。

3. 利用快照图片实现定格

把需要定格的那一帧存为图片，再加入到轨道上，让它持续一定时间，如图 9-66 所示。在预览窗口中点击“保存快照到文件”按钮，然后再导入快照图片，拖到需要定格的地方，修剪该图片出点时间，直到满意长度为止。

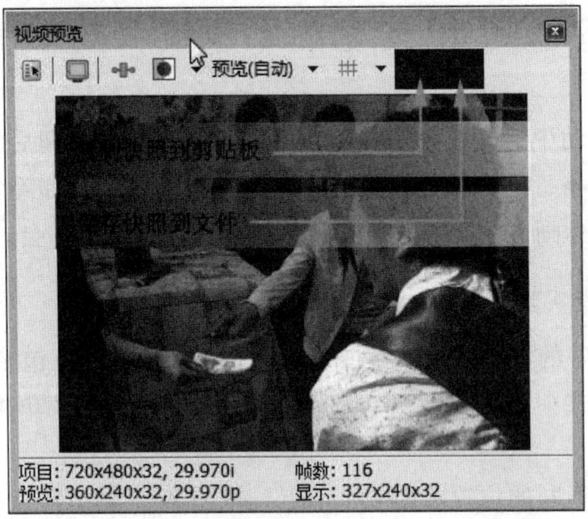

图 9-66　将预览窗口内容保存为快照

4. 取掉素材属性中的循环属性实现定格

在素材上单击右键，选择“属性”，把其中的“循环”选项去掉，然后直接在素材边缘往后拖动就能实现最后一帧定格。

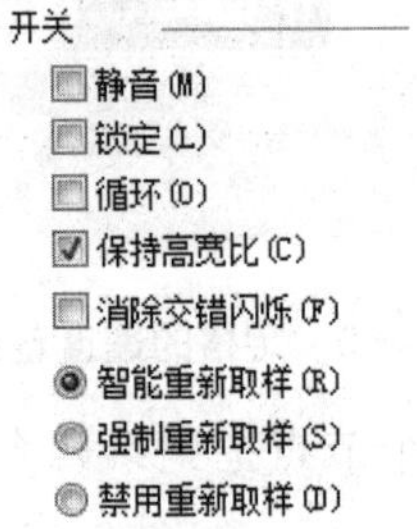

图 9-67　素材循环属性

5. 切割素材改变播放速度实现定格

在需要做定格的地方按“S”键切割，将原来一段素材分割成两段独立的素材，然后把后一段素材的播放速度改成 0，让它持续一定时间，从而实现定格。

第 10 章 Vegas 轨道操作

Vegas 有强大的轨道操作和轨道合成能力，丝毫不亚于 AE。这是 Vegas 最为精华的部分，最为灵活的地方。利用它的这个优点，就能制作离奇而富有感染力的合成效果。

实训课题 1：创建轨道

Vegas 轨道头已在第 5 章作了介绍，这里不再赘述。

Vegas 中只有两种轨道：视频轨道和音频轨道，没有更复杂的分类，并且视频轨道和音频轨道紧邻共处。多数素材都是即有视频也有音频，视频和音频是对应的，时间上也是完全同步的。Vegas 很人性化地将其紧邻放置，没有像左右括号那样隔开放置。

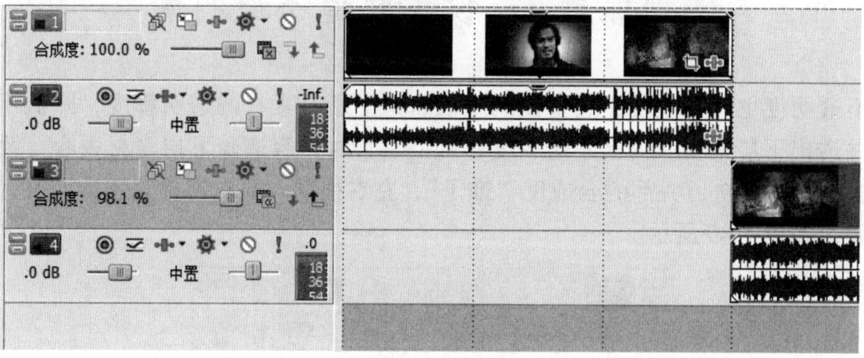

图 10-1 轨道分布

当轨道区空白时，只要将素材拖到轨道区，Vegas 就会自动创建一条新轨道。

不要选中素材，在轨道的空白处单击右键，或者在轨道头部单击右键，则会出现如图 10-2 所示菜单。选择其中“插入视频轨道”或者“插入音频轨道”，可以创建一条新轨道。

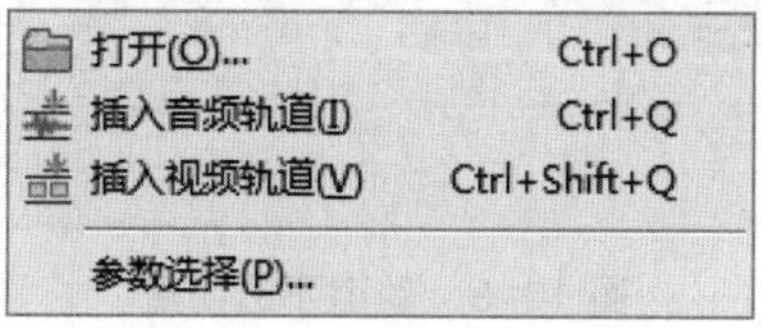

图 10-2 插入轨道

实训课题 2：删除、复制轨道

删除轨道操作方法：

在轨道头部选中轨道，选中状态如图 10-3 所示，然后按 del 键即可删除该轨道。

复制轨道操作方法：

在轨道头部单击右键，在弹出的菜单中选中“复制轨道”即可复制该轨道。菜单形式如图 10-4 所示。

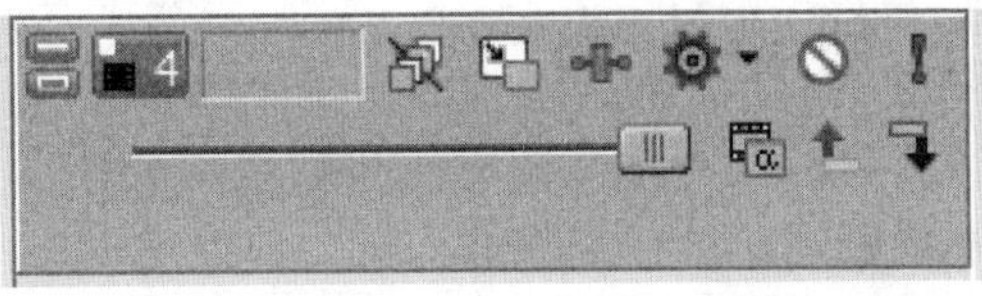

图 10-3 轨道选中状态

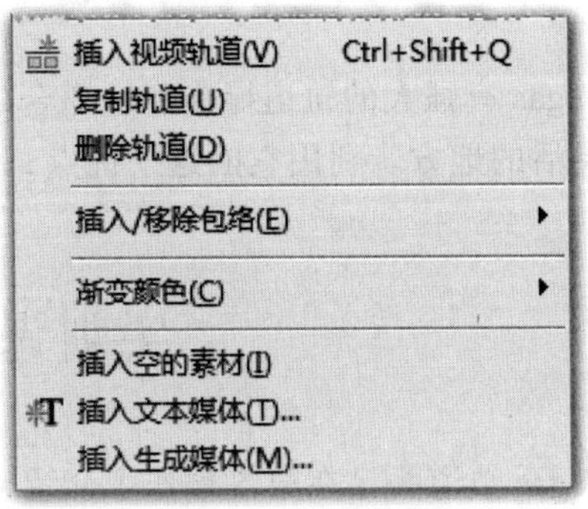

图 10-4 复制轨道

实训课题 3：设置轨道不透明度

轨道不透明度也叫合成度，它整体调整该轨道上所有素材的透明程度，降低不透明度，素材淡化并透出下层素材，提高不透明度，则上层素材内容遮盖下层素材内容。改变轨道透明度的方法是：拖动轨道头部的合成度“推子”，左右拖动，向右拖提高不透明度，向左拖降低不透明度，如图 10-5 所示。

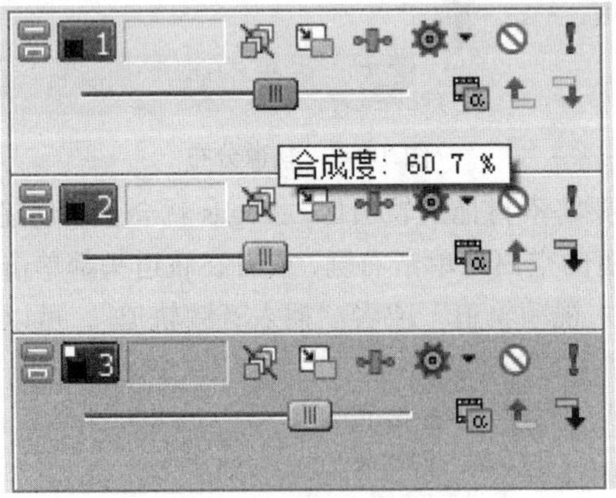

图 10-5 轨道不透明度

实训课题 4：设置轨道运动模糊效果

轨道运动模糊也称旁通运动模糊，指在轨道运动过程中，对相邻帧进行模糊化处理，使得整个运动效果看起来更平滑流畅。

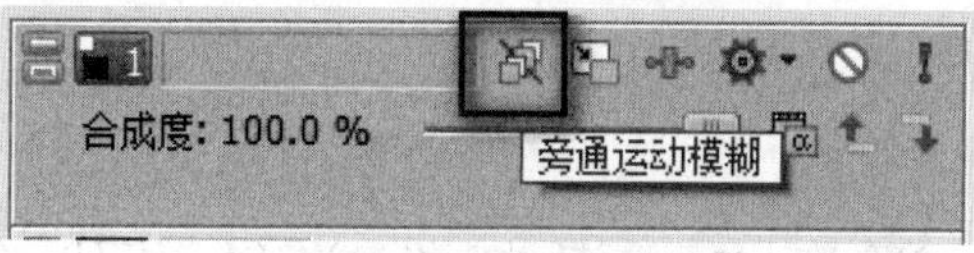

图 10-6 运动模糊

这个效果有个控制按钮，按下它，则运动模糊生效，抬起状态时，则运动模糊不生效。如果该轨道上没有运动动画，则不要按下该按钮，即使按下也无效。

实训课题5：轨道自动化设置

自动化的意思主要在于自动记录轨道包络和关键帧。点击轨道自动化按钮，弹出如图10-7所示菜单，有4个选项，默认是“自动写入（触发）”，一般保持不变。

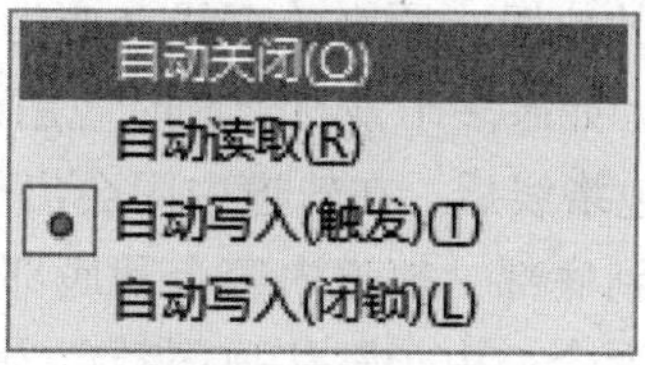

图 10-7 轨道自动化

里面各项设置的含义如下：

（1）自动关闭。在播放和缩混期间忽略轨道包络，但是继续显示包络，以便手动添加或调整关键帧。

（2）自动读取。在播放和缩混期间应用轨道包络，但是不记录对它们所进行的任何更改。可以预览此类更改，但是关键帧将返回记录的设置。

（3）自动写入（触发）。当播放开始时，使用已经“触动”的当前设置覆盖现有的关键帧。同时保留其他部分原封不动，并且继续记录新的设置，直到播放停止。

（4）自动写入（闭锁）。在首次调整设置时，开始记录关键帧，并且继续记录新设置，直到播放停止。

实训课题6：轨道的静音和独奏（禁用和独奏）

针对音频轨道而言，轨道头部显示的是：静音和独奏；而针对视频轨道，显示的是禁用和独奏。

静音指关闭当前轨道的声音，保持静默状态。

独奏则相反，除了当前轨道外，关闭其他所有轨道的声音，只有当前轨道发声。

禁用指屏蔽当前轨道上光标以后的内容，这时被禁用的轨道底色显示为黑色。

视频轨道的独奏，表示的是屏蔽了除了当前轨道以外的其他轨道。这时其他轨道的底色显示为黑色。

这些都比较冷僻，在预览时可能为了检查某一轨道的效果而单独显示或者单独关闭，以突出当前轨道或者其他轨道。

实训课题 7：视频轨道包络线介绍

除了素材包络线，轨道也能使用包络线。针对视频轨道的包络线有 3 种：禁用、合成度、单色化。

（1）禁用包络线：使当前轨道上的素材内容不显示，创建禁用包络线后，轨道上出现一条直线，停留在顶部表示不禁用，拉到轨道底部表示禁用该轨道，只有禁用和不禁用两种状态，没有中间状态。

（2）合成度包络线：合成度指轨道不透明度，创建合成度包络线后，轨道中间出现一条淡蓝色的直线。在直线任意位置单击右键，选择“添加节点”，则能够添加一个节点，继续添加节点，然后拖动改变这些节点的位置，原来的直线会变为曲线，这样，时而透明时而不透明，或者透明程度时而强时而弱，如果多个素材合成时使用该包络线，这样变化会更丰富。

（3）单色化包络线：添加该包络线后，在轨道中间会出现一条红色直线。将它推到顶部，轨道内容会和顶部颜色混合，拉到底部，轨道内容会和底部颜色混合。在中间部位，轨道内容会与顶部和底部的渐变色实现混合。由于默认顶部颜色为白色，底部颜色为黑色，所以该包络线叫单色化，其实还可以改变成其他两种颜色。在轨道头部单击右键，选择其中的“渐变颜色/顶部（底部）颜色”，即可指定这两种颜色。

在单色化包络线上也可以添加节点，使其由直线变为曲线，这样使原有画面和指定的两种颜色产生合成效果，忽强忽弱，变化到极端，画面内容被两种颜色所替代。

如果使用黑白两色渐变，那么推到顶部，可以实现闪白效果，因为这时轨道内容完全被白色所替代。结合曲线变化，能够使闪白效果更完美。因此，在表现动态素材、色彩流动、光线变换的效果时使用该功能，将会带来意想不到的效果。

实训课题 8：轨道视频特效的概念

轨道特效的作用就是给整个轨道上的所有素材施加一种或几种视频特效。相当于“批量”添加特效。不用一个一个素材去单独添加。

从特效的功能和内容上讲，轨道特效和素材特效是完全一致的。区别在于素材特效只作用于该素材，不会对别的素材起作用。而轨道特效一次添加，全局作用于该轨道上的所有素材。

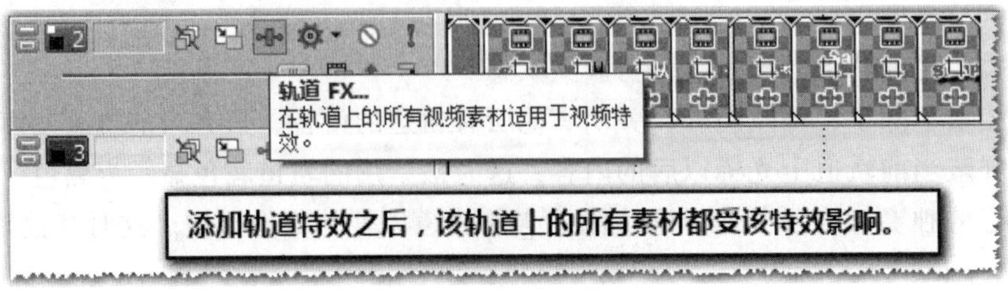
2
轨道 FX...
在轨道上的所有视频素材适用于视频特效。
3
添加轨道特效之后，该轨道上的所有素材都受该特效影响。

图 10–8　轨道特效

添加轨道特效之后，轨道头部会多出一个标志，如图 10-9 所示，其含义为“展开轨道关键帧”或者“折叠轨道关键帧”。

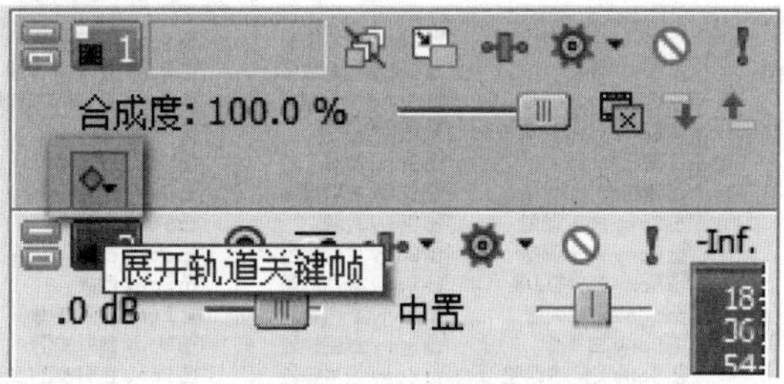

图 10-9　展开轨道关键帧

这个标志不管展开与否，在轨道缩略图的下部都会出现一条细轨道，我们称为动画区。其中展现轨道特效动画的关键帧分布。其展开后的形式如图 10-10 所示，在其中可以看到轨道特效的名称“强光”，还可以看到关键帧的分布。这些关键帧在这里可以直接拖动改变其位置，不用打开特效参数窗口就能修改动画。

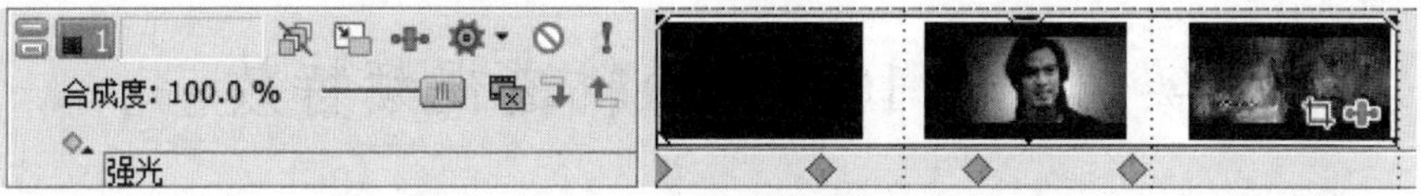

图 10-10　轨道关键帧

在动画区的空白处单击鼠标右键，选择弹出菜单中的“增加节点”，可以添加一个关键帧。

实训课题 9：添加轨道视频特效

添加轨道特效的方法非常简单，将某种特效直接拖到轨道的头部，当松开鼠标，出现该特效的参数设置窗口。稍做设置调整，关闭窗口之后，该特效就已经针对轨道生效了。

另外一种方法如图 10-11 所示，点击轨道头部的“轨道 FX”按钮，也能添加轨道特效。

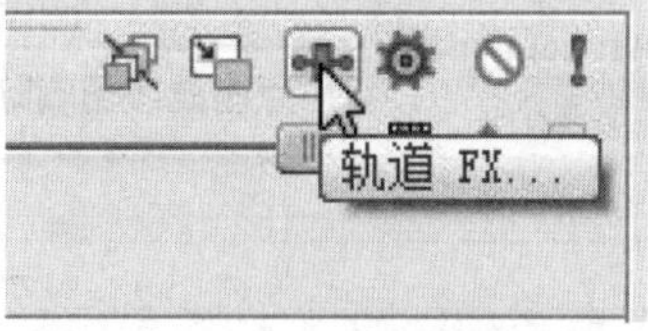

图 10-11　轨道特效按钮

点击该按钮之后，会出现图 10-12 所示窗口。在该窗口中，双击某种特效，则该特效会添加到窗口顶部的“特效链”中，比如这里就已经添加了“高斯模糊、光线、发光”3 个特效。右侧的“移除”按钮则可以将最后一种特效从特效链中移去。特效选择完成之后，点击“确定”按钮，则完成轨道特效的添加。

图 10–12 添加轨道特效

实训课题 10：删除轨道视频特效

点击轨道头部的“轨道 FX”按钮，如图 10-13 所示。

图 10–13 轨道 FX（特效）

点击之后，出现图 10-14 所示窗口。点击图示中的“移除特效”按钮，则当前选中的某种特效就会从特效链中移除。

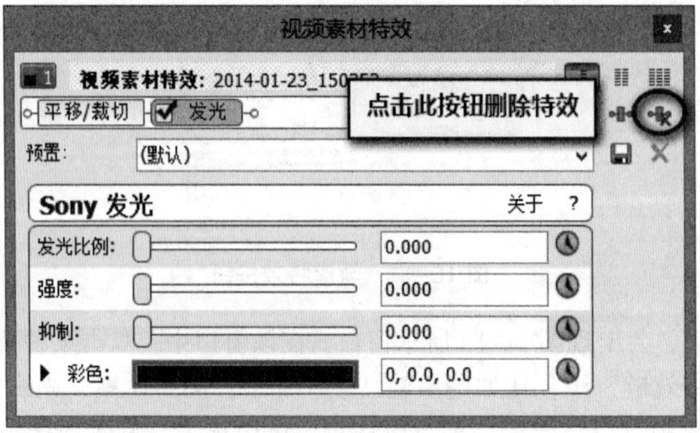

图 10–14 移除轨道特效

实训课题 11：编辑轨道视频特效

编辑修改轨道特效，用的也是这个“轨道 FX”按钮，点击它，会出现轨道特效参数设置窗口，如图 10-15 所示，剩下的步骤和素材特效的编辑完全相同，不再赘述。

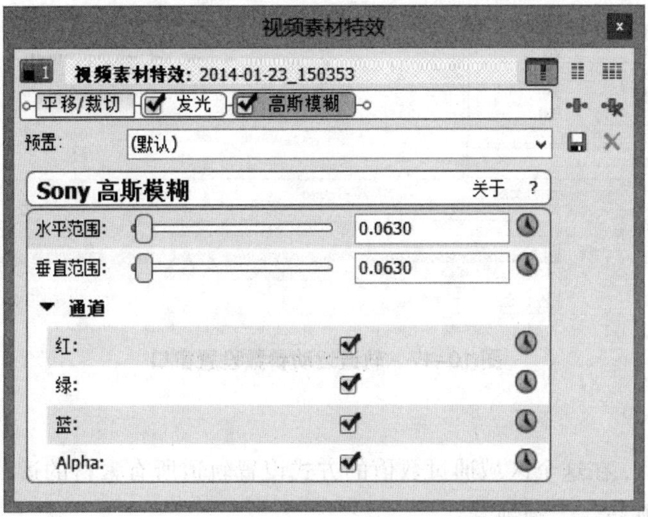

图 10-15 轨道特效参数设置

实训课题 12：轨道运动

轨道也可以制作运动效果，就像素材的运动效果一样。

轨道运动时，会将该轨道上的所有素材当作一个整体，不管是一段素材还是三段五段素材。制作轨道运动时，会自动创建关键帧。关键帧范围内的所有素材都会受到轨道运动形式的影响。

设置轨道运动的方法是：在轨道头部，点击图 10-16 所示的按钮就能打开轨道运动。

图 10-16 进入轨道运动按钮

点击之后打开如图 10-17 所示窗口。轨道运动的控制都将在该窗口中完成。

从形式上讲，这个窗口主要分为 4 部分。

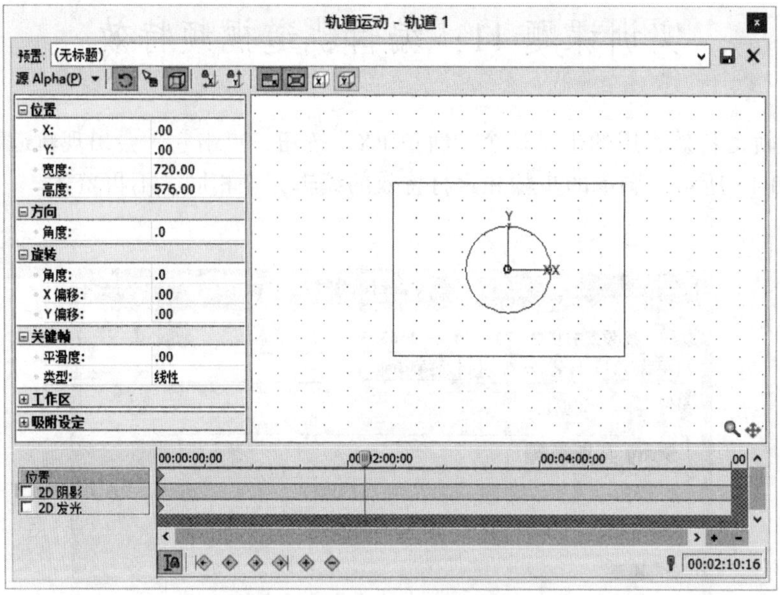

图 10-17　轨道运动参数设置窗口

1. 工具栏

如图 10-18 所示，在这个区域通过数值的方式设置轨道所有素材的运动属性。这些属性包括：位置、方向、旋转、关键帧等。

在设置以上主要属性的过程中，除了在项目后面直接输入参数值之外，还可以使用鼠标拖动滑杆从而改变参数数值。

这里需要解释一下，轨道素材有两种旋转方式：固定中心点旋转和改变中心点旋转。它们分别被安排在方向属性和旋转属性里面。

“方向”属性其实是“自转”的意思，中心点位置固定，永远保持默认值（0,0）不变。方向取值在 ± 360°之间，因此只能旋转两周，正值表示顺时针旋转，负值表示逆时针旋转。如图 10-19 所示。当鼠标指向图中所示小圆圈时，出现旋转标志，拖动鼠标即可使轨道素材旋转。

图 10-18　工具栏及参数区

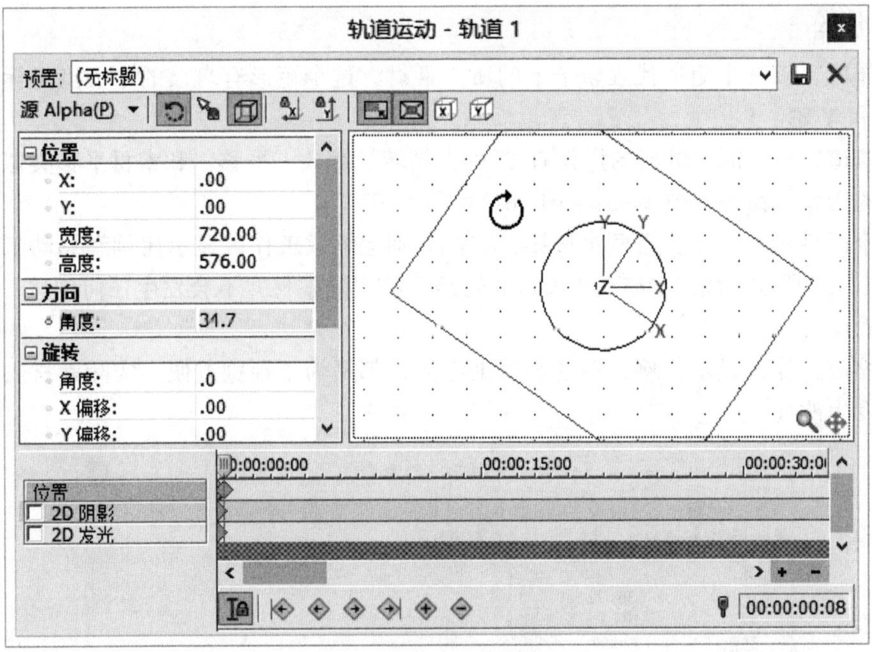

图 10–19　方向属性

“旋转”属性是使轨道素材围绕“X（Y）偏移”指定的新的中心点发生旋转，即“绕转”。当“X（Y）偏移”值为“0”时，和固定中心点完全重合，那么“旋转”属性就和“方向”属性的效果完全相同。但是实际中这两者却常常不同，因此就使旋转的效果更加复杂。

通常通过输入“X（Y）偏移”数值来指定新的旋转中心点，旋转值为±180°，旋转效果如图 10-20 所示。

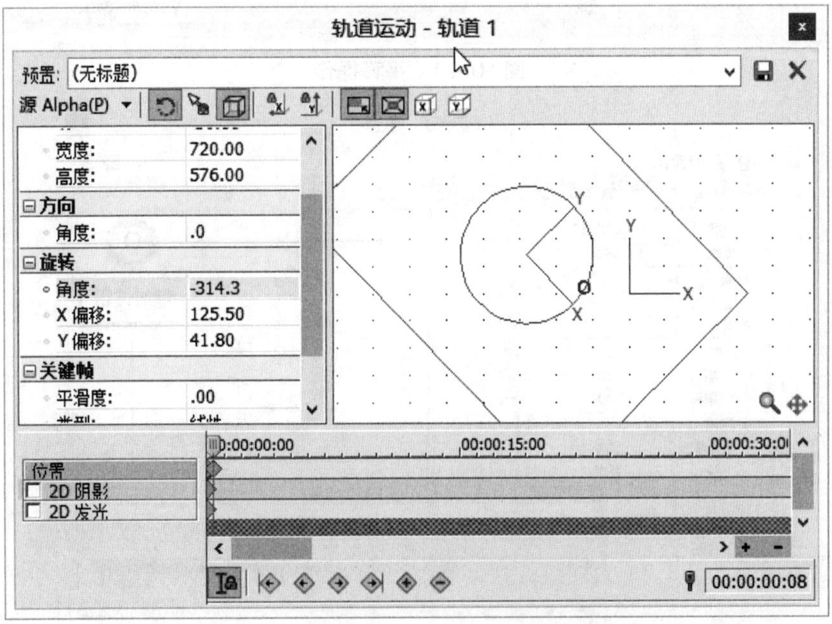

图 10–20　旋转属性

2. 操作区

在操作区，以一个矩形代表轨道上的所有素材，这个矩形有自己的中心点坐标，也有自己的 X 轴和 Y 轴。

针对轨道素材，能够进行的操作有 3 种：旋转、缩放、平移。和素材平移类似，它们各自有独特的操作按钮，如图 10-21 ~ 图 10-23 所示。

在这个区域的右下角，有两个按钮，它们分别起缩放工作区显示比例和移动工作区的作用，如图 10-24 所示。注意，移动工作区，轨道上的实际素材并不会发生任何位移，只是背景发生移动而已。

无论缩放工作区显示比例，还是移动工作区，都是为了预览方便，实际素材的大小、位置并不会发生改变。

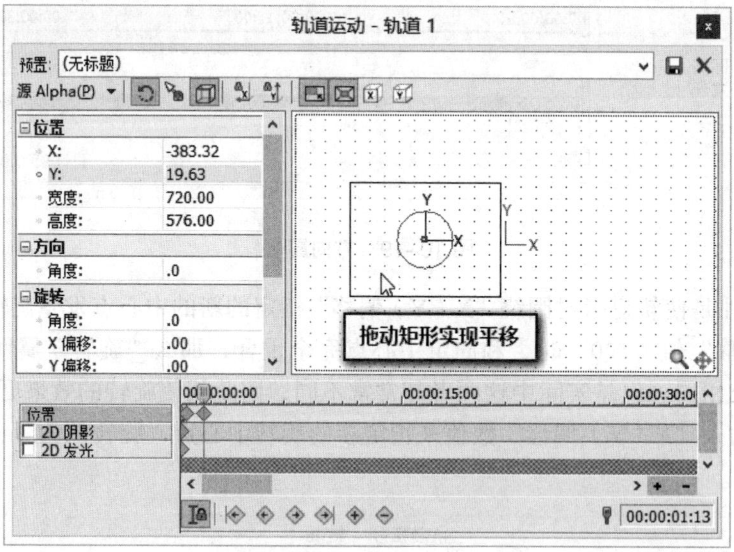

图 10-21　平移操作

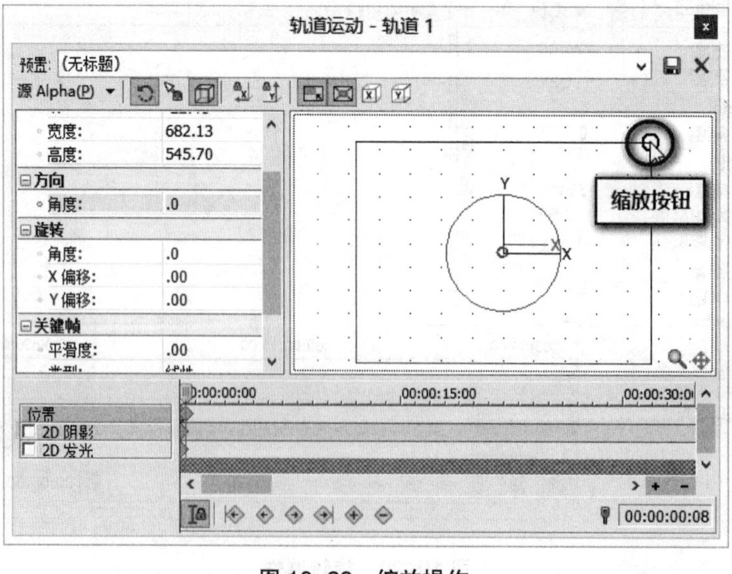

图 10-22　缩放操作

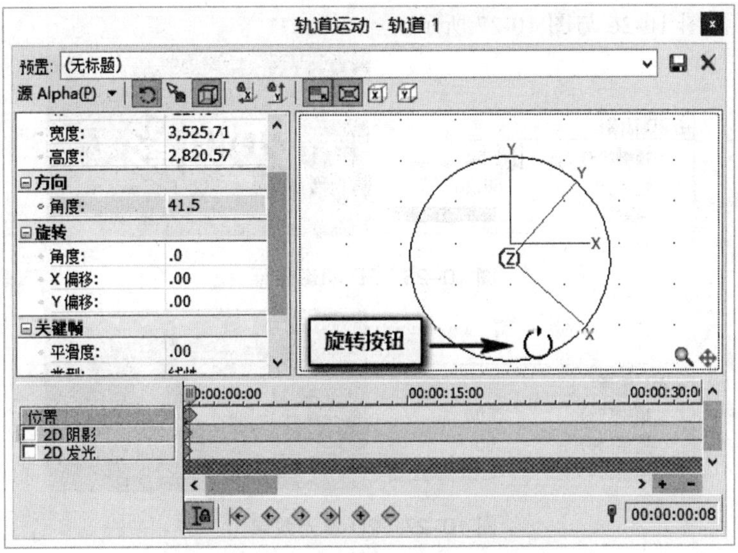

图 10-23　旋转操作（改变方向属性）

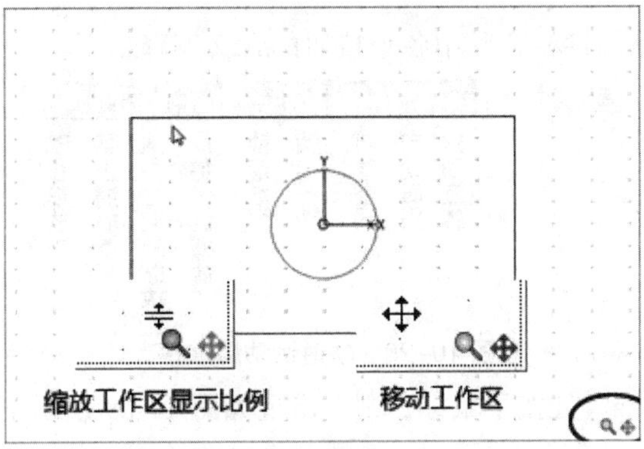

图 10-24　常用辅助操作按钮

有时候用鼠标拖动时，将操作区的示意画面拖乱了，这时候应该在工作区中单击右键，在出现的菜单中选择“还原视图”，或者选择其他选项，都可以使所有坐标位置归零，回到原始的参数处。

3. 关键帧动画区

如图 10-25 所示，这里是制作轨道关键帧动画的地方，对于这个区域我们并不陌生。通过添加关键帧以及设置关键参数，从而达到轨道上所有素材都具有的运动变化效果。

这里的时间线，是实际时间线的局部，默认提供的长度只有 2 min。

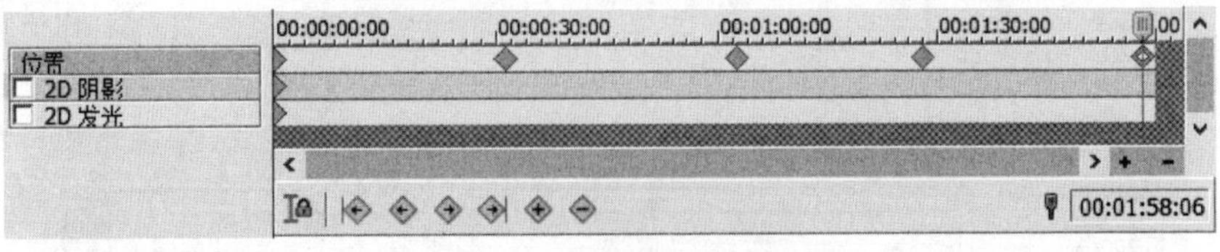

图 10-25　轨道关键帧动画区

轨道关键帧动画中还多出了两个选项：“2D 阴影”和“2D 发光”效果。它们能够使轨道上的素材产生阴影及发光效果。如果需要制作这些效果，则把这两个选项勾选上就可以了。

操作方法和效果如图 10-26 与图 10-27 所示。

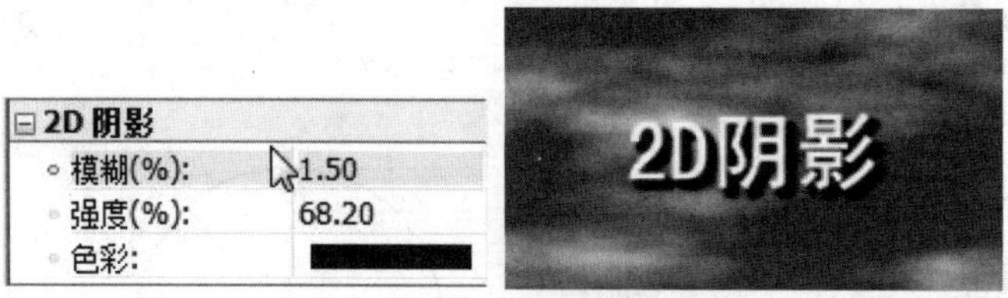

图 10-26　2D 阴影效果

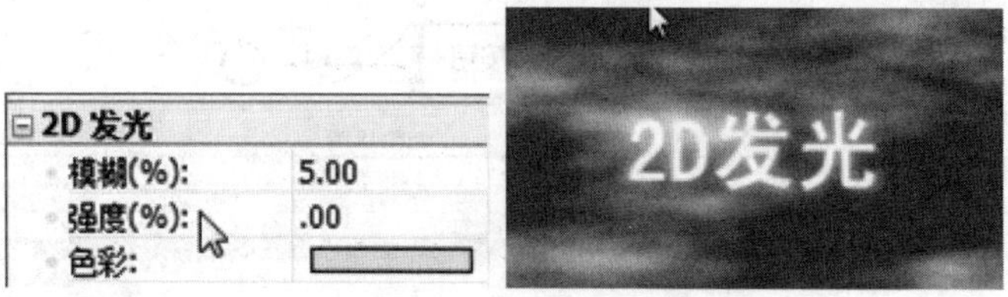

图 10-27　2D 发光效果

4. 属性栏

在工作区的上方，是属性栏，其中各个按钮的含义解释如下。

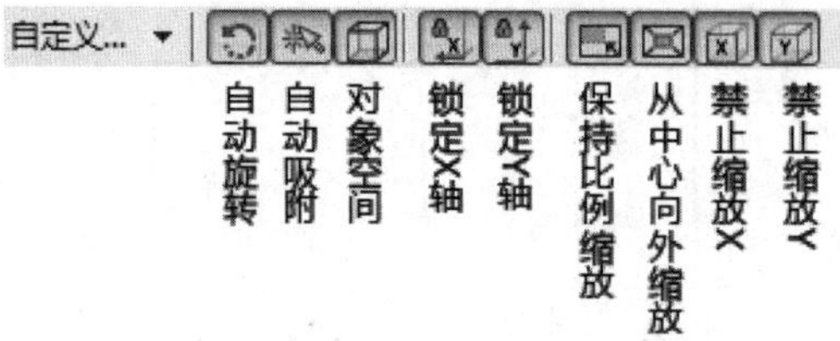

图 10-28　轨道运动属性栏

在最左面的“源 alpha”处按下鼠标，则会出现如图 10-29 所示下拉菜单。从中会看到我们熟悉的轨道合成模式。

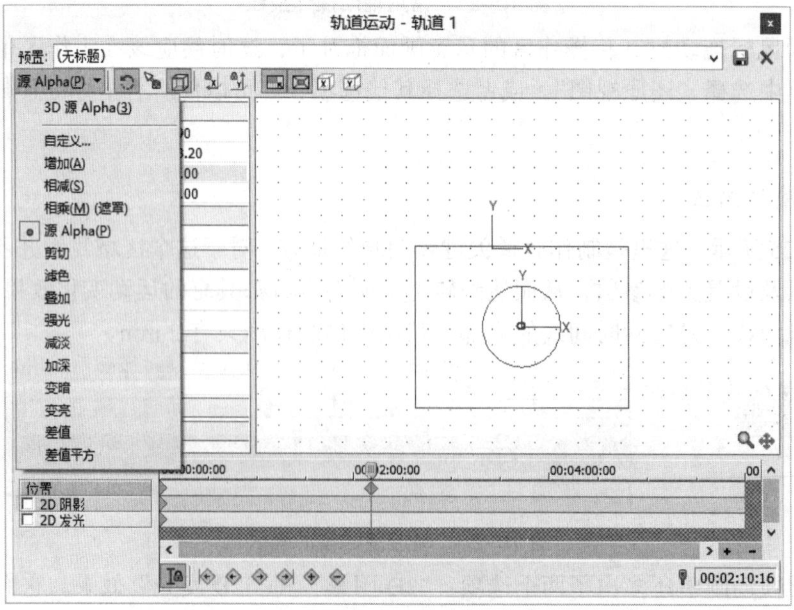

图 10-29　轨道合成模式

另外在轨道头部，也多出一些标志。如图 10-30 所示。除了前面介绍的轨道特效外，还多出了位置动画轨道、2D 阴影动画轨道、2D 发光动画轨道。在这些小轨道上可以直接添加关键帧，也可以拖动改变关键帧的位置。

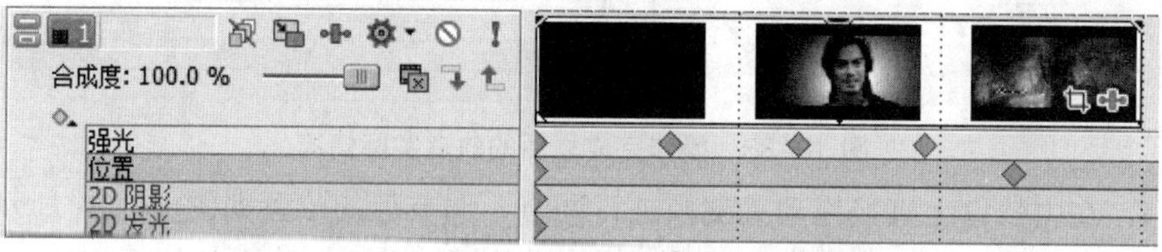

图 10-30　添加了关键帧之后的轨道头部变化

实训课题 13：轨道运动实例

实例一：

步骤 1：在轨道上放置 4 张图片素材，如图 10-31 所示。

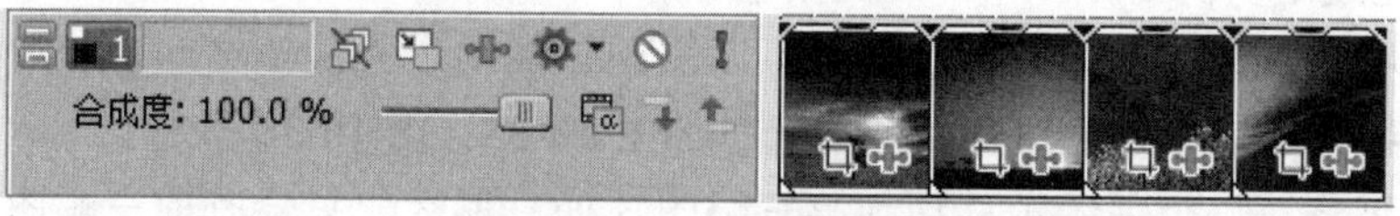

图 10-31　素材安排

步骤 2：点击该轨道头部的“轨道运动”按钮，打开轨道运动设置窗口。向内拖动缩略图进行缩小操作，如图 10-32 所示，光标位置可以暂时不管。

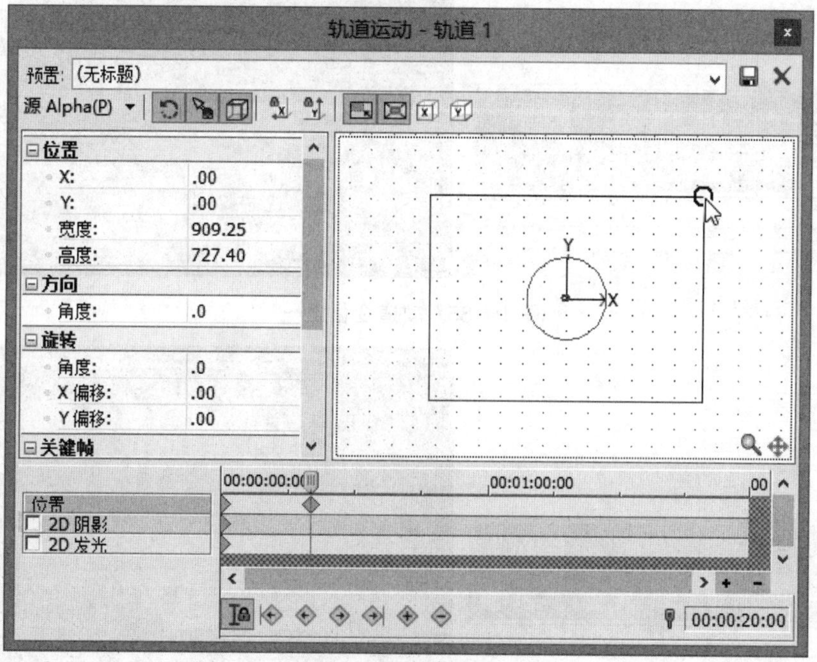

图 10-32　缩放操作

步骤 3：此时轨道形式如图 10-33 所示。可以看到关键帧位置并不准确，这不要紧，现在可以拖动它进行调节。

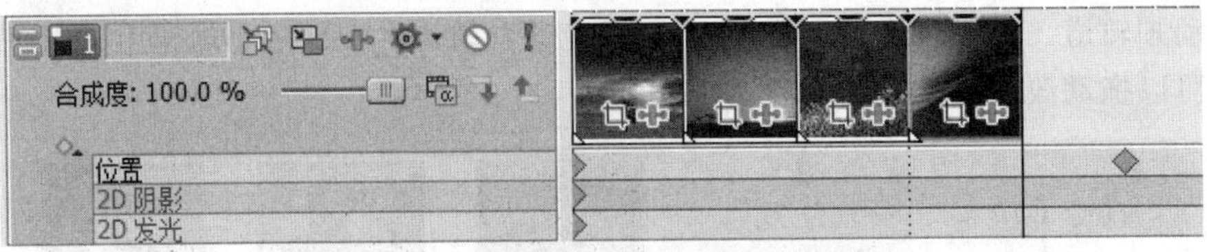

图 10-33　操作完成之后的轨道实际情况

步骤 4：在主轨道上直接拖动关键帧进行调节，调节后的位置如图 10-34 所示。可以看到，新版 Vegas 增强的这一功能非常实用，使轨道关键帧动画制作更加快捷方便。

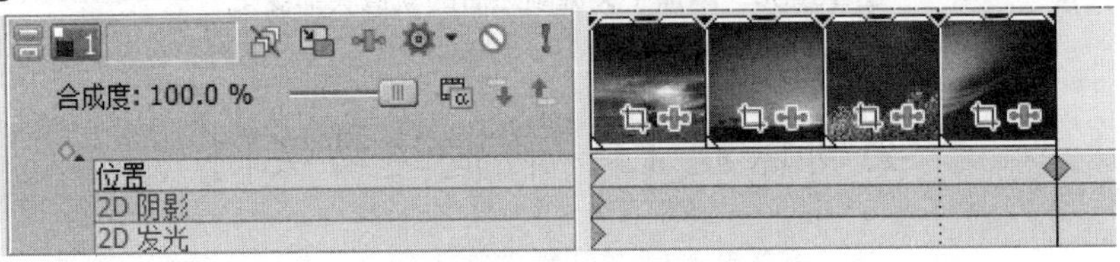

图 10-34　调整关键帧位置

步骤 5：完成本实例制作。

本实例说明什么意义呢？观察效果图可以发现，在两个关键帧之间，4 幅图片素材作为一个整体进行缩小运动。各个图片的运动状态如图 10-35 ~ 图 10-38 所示。

当然，如果将第二个关键帧移动到第三幅图片处，那么，只会有前三幅图片参与运动，第四幅图片则不受影响。

图 10-35　轨道变化之一

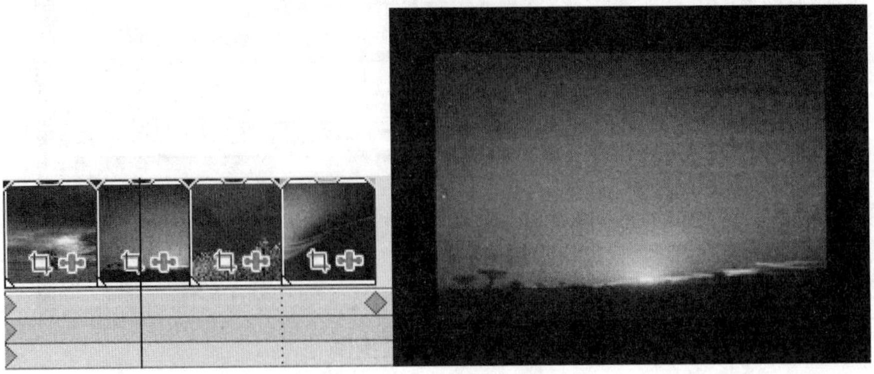

图 10-36　轨道变化之二

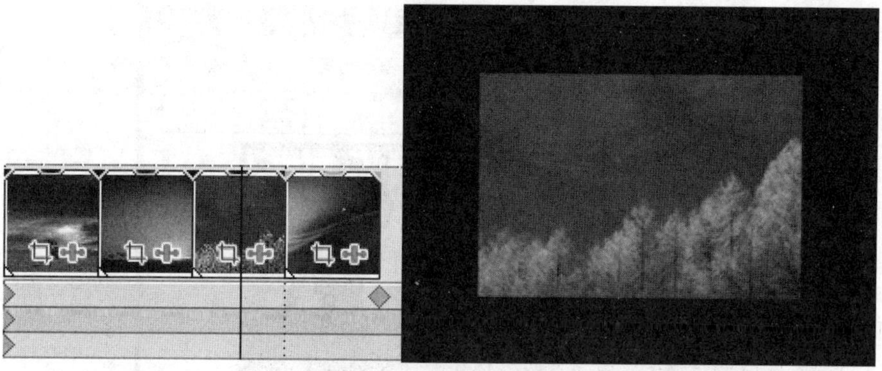

图 10-37　轨道变化之三

图 10-38　轨道变化之四

实例二：利用轨道运动实现画面裁切放大。

有时候会遇到狭长的图片素材，如图 10-39 所示，屏幕两边出现黑边，很不好看，需要修剪的话，怎么办呢？

步骤 1：针对这样的素材，点击素材平移，打开平移窗口。

图 10-39　带黑边的素材

步骤 2：利用遮罩工具进行修剪操作，如图 10-40 所示。

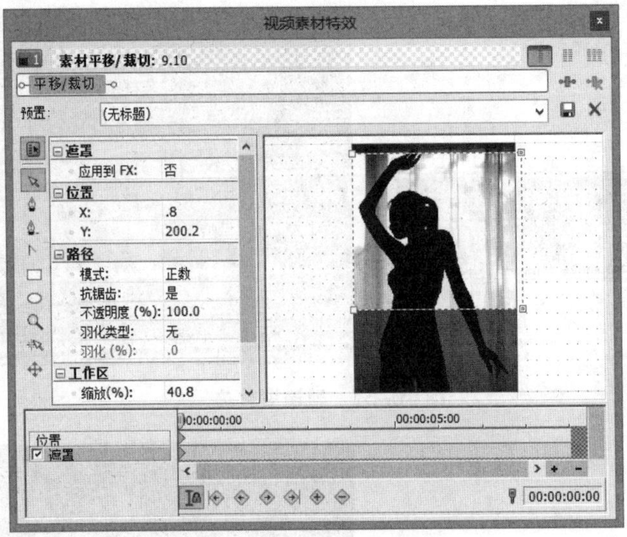

图 10–40　利用遮罩截取局部

步骤 3：此时预览窗口如图 10-41 所示。并没有达到预想的效果。如果利用素材平移裁切对遮罩区域进入放大，结果并不理想，操作方法如图 10-42 所示，效果如图 10-43 所示。

图 10–41　裁取之后效果

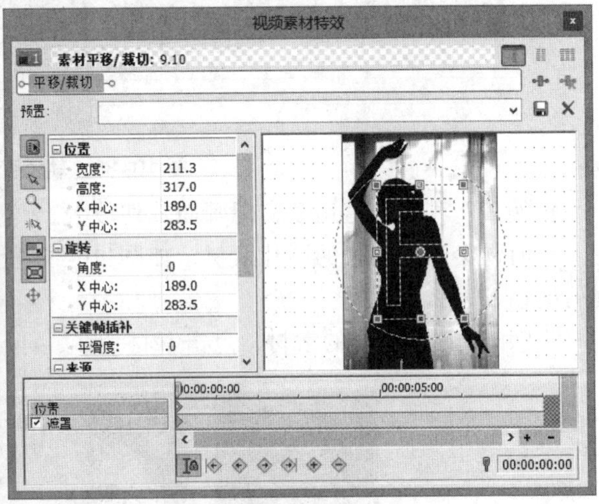

图 10–42　平移裁切操作

图 10–43　平移裁切效果

步骤 4；在图 10-42 所示窗口中缩略图上单击鼠标右键，选择其中的“还原”，恢复到原先状态。正确的方法应该是使用轨道运动来实现画面放大。

步骤 5：点击轨道运动，打开运动设置窗口。将光标移动到轨道开始处，然后拖动那个小矩形向外拖，进行放大操作。直到两边撑满屏幕，接下来向下移动一点，直到充满整个屏幕，操作方法如图 10-44 所示，最终效果如图 10-45 所示。

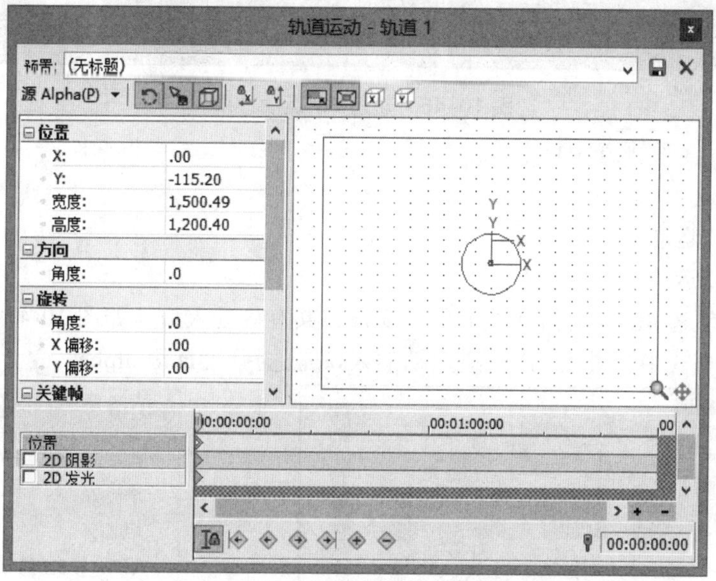

图 10–44　利用轨道运动放大素材

图 10–45　放大以后效果

实训课题 14：轨道 3D 运动

轨道素材除了在二维平面内运动之外，还可以创建三维运动效果，这就是轨道 3D 运动。如图 10-46 所示，展示的就是一些利用轨道 3D 运动制作出来的效果。

图 10–46 轨道 3D 运动效果

Vegas 中共有 3 种轨道 3D 运动。

（1）普通轨道 3D 运动。

（2）母轨 3D 运动。

（3）子轨 3D 运动。

相应地打开轨道 3D 运动的开关也稍显复杂，共有 6 处入口，如图 10-47 所示。

在轨道合成模式中，进入 3D 轨道运动的入口是选择“3D 源 alpha”。

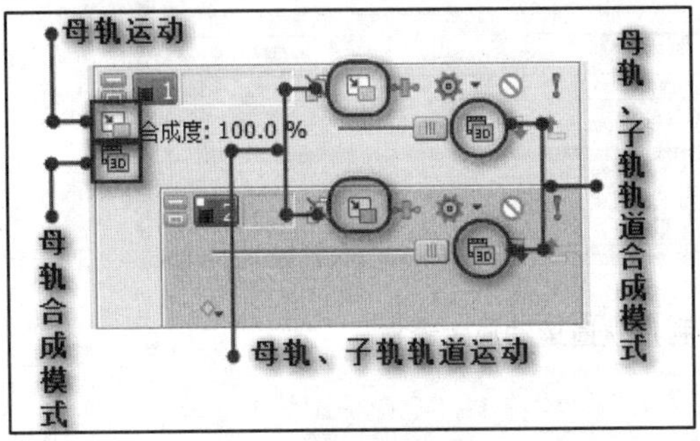

图 10–47 轨道 3D 运动入口

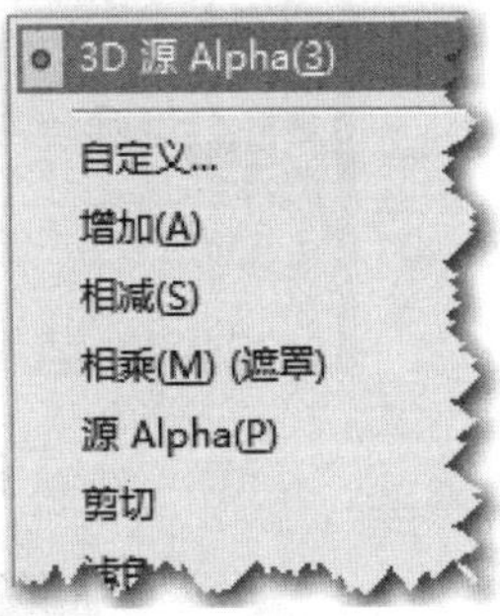

图 10–48 轨道合成之 3D 入口

在轨道运动中，需要首先打开轨道运动窗口，然后在该窗口中选择合成模式为“3D 源 alpha”模式，如图 10-49 所示。

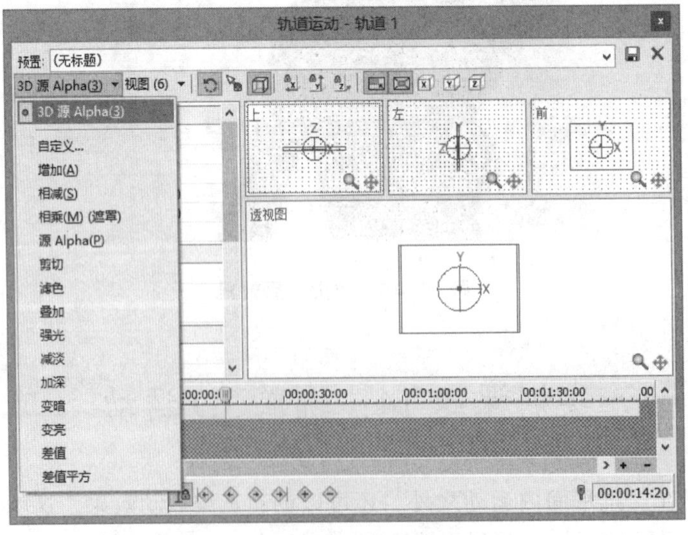

图 10–49 轨道运动之 3D 运动入口

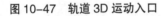

打开母轨 3D 运动的方法类似，但是母轨运动控制窗口的形式和普通轨道运动控制窗口有所不同，如图 10-50 所示，它的运动缩略图与普通轨道运动缩略图有所不同，初学者可以观察比较。

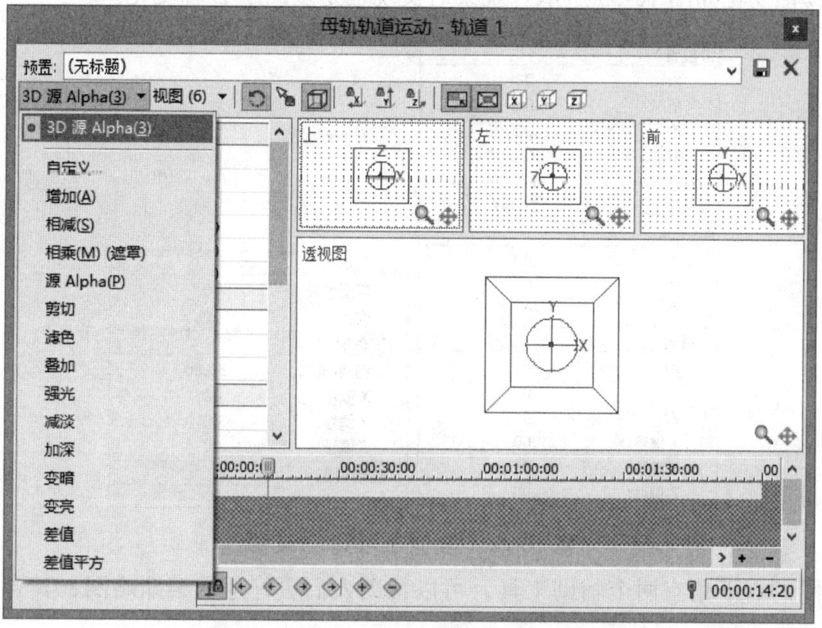

图 10-50　子母轨中母轨 3D 运动入口

实训课题 15：认识轨道 3D 运动窗口

打开轨道 3D 运动之后，出现轨道运动控制窗口，粗看起来和普通轨道运动窗口并无不同。但是坐标系发生了变化，视图方式也发生了变化。呈现在我们面前的是 3D 环境中常用的四视图，如图 10-51 所示。我们可以通过四视图更好地观察运动中的对象。

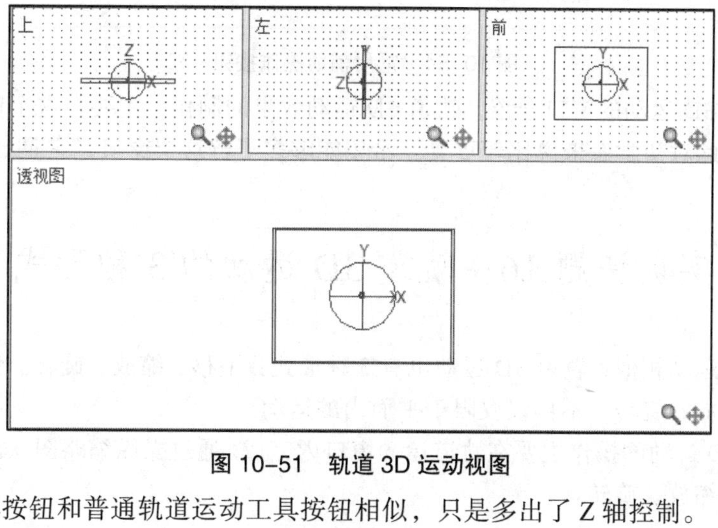

图 10-51　轨道 3D 运动视图

顶部的工具按钮和普通轨道运动工具按钮相似，只是多出了 Z 轴控制。

图 10-52　轨道 3D 运动工具按钮

左侧工具栏变化如图 10-53 所示。观察后发现也是多出了 Z 轴变化。

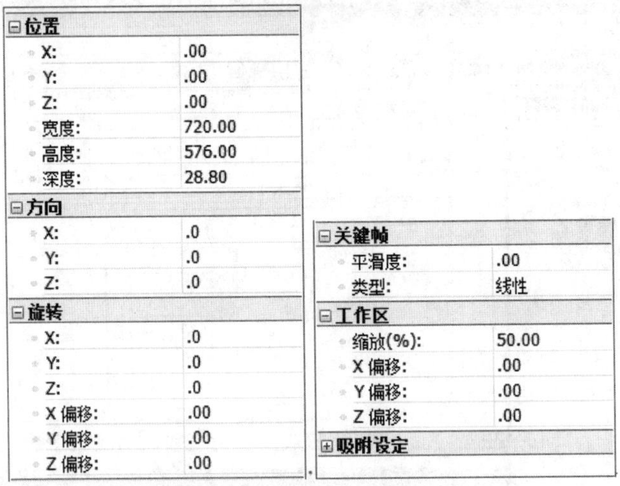

图 10-53　轨道 3D 运动工具栏

在透视图的右下角有两个辅助工具，可以帮助人们更好地观察缩略图，其含义和作用如图 10-54 所示。

除了这两个辅助工具之外，随时搓动鼠标滚轮可以放大或者缩小缩略图，观察起来十分方便。

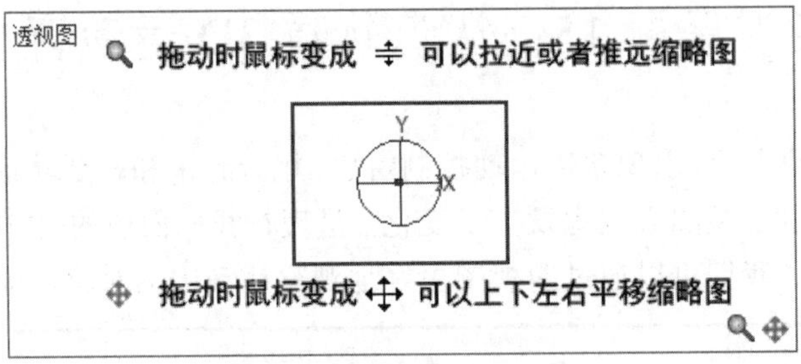

图 10-54　常用辅助操作按钮

以上是轨道 3D 运动的窗口介绍，轨道 3D 运动效果的制作，主要在这个窗口中通过设置参数来完成，因此对初学者来说比较重要。希望能够多了解这个窗口，它是最基础的东西。

实训课题 16：轨道 3D 运动的 3 种形式

与普通轨道运动相似，轨道 3D 运动也有 3 种形式：平移、缩放、旋转。但它是在三维空间内的平移、缩放、旋转，不再仅仅限于平面内的运动。

针对轨道 3D 运动的操作主要在轨道运动窗口内完成。通过操纵缩略图从而实现轨道内所有素材的平移、缩放、旋转。

1. 缩　放

当鼠标指向缩略图的 4 个角点时，会出现如图 10-55 所示的小圆圈，拖动这个小圆圈，向外拖动时表示放大，向内拖动时表示缩小。初学者要注意，轨道运动的操作和素材的平移操作方式有所不同，它的拖动方向与实际方向一致，向外拖放大，向内拖缩小。不光缩放操作如此，平移和旋转操作都是这样。

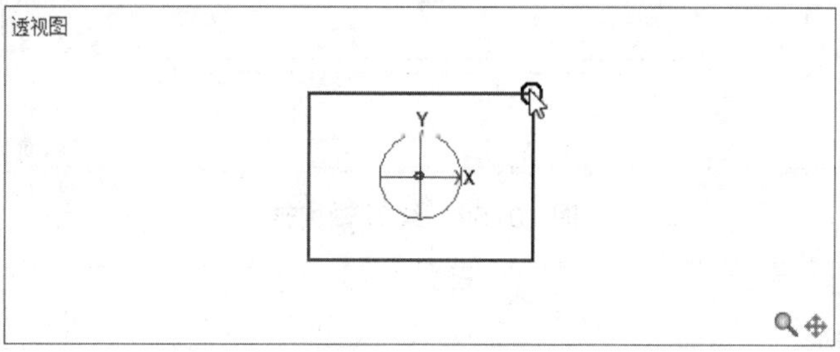

图 10-55　缩放操作点

2. 平　移

用鼠标在缩略图内拖动，即那个小方框内拖动，可以上下左右平移轨道素材。往哪里拖就会向哪边移动，操作方向与素材实际运动方向完全一致。

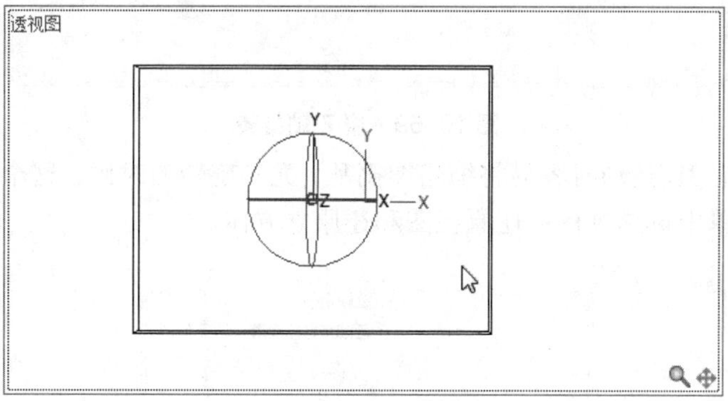

图 10-56　平移操作

3. 旋　转

使用鼠标拖动中心那个立体圆球，能够使轨道素材发生旋转。可以发现，立体圆球由 3 条弧线围成，分别代表 X 轴方向旋转、Y 轴方向旋转和 Z 轴方向旋转。

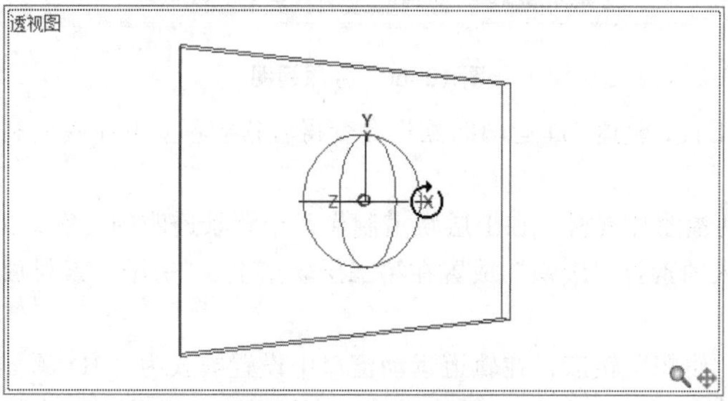

图 10-57　绕 Y 轴旋转

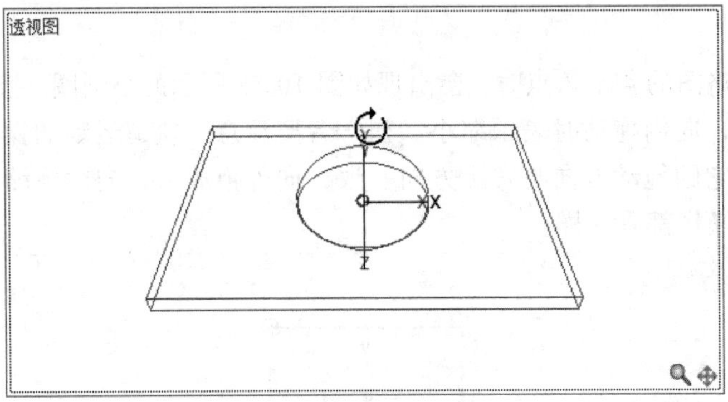

图 10-58 绕 X 轴旋转

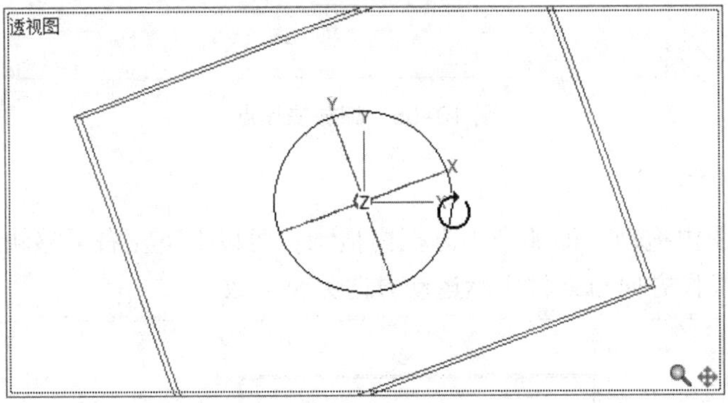

图 10-59 绕 Z 轴旋转

当然，操作轨道 3D 运动时容易将缩略图搞乱，尤其旋转的时候，这个时候可以单击鼠标右键，在弹出的菜单中选择执行：还原视图和还原立方体。

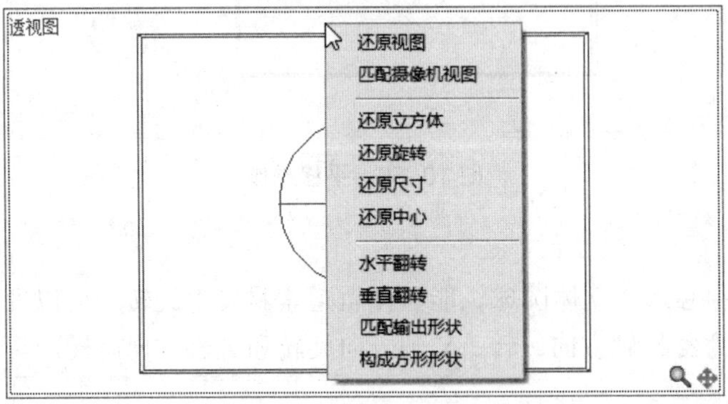

图 10-60 还原视图

有了这些操作工具，轨道 3D 运动的操作会变得轻松容易。下面我们利用这些工具制作一个 3D 运动的实例。

步骤 1：导入两幅图片素材，在上层轨道制作一个背景透明的文字，采用默认值即可。

步骤 2：将导入的素材“旗帜”放置在第二层轨道上，“房子”素材放置在第三层轨道上作为背景。

步骤 3：选中“旗帜”轨道，在轨道运动窗口中设置模式为“3D 源 alpha”，然后拖动缩略图，使其绕 Y 旋转，形成倾斜的效果。简单一些的话可以不做动画效果。

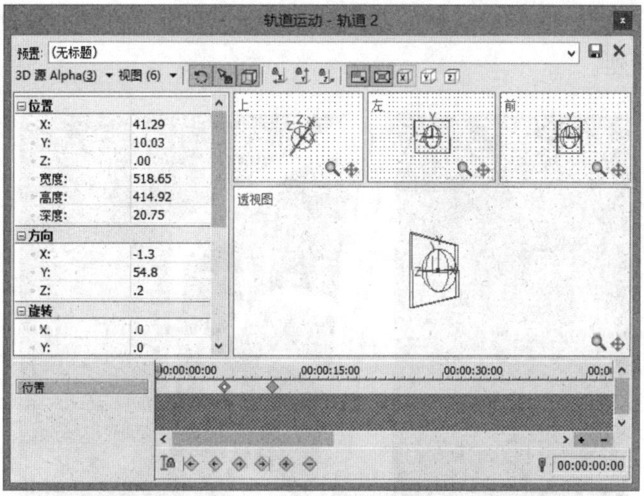

图 10-61　轨道 3D 运动实例

图 10-62　轨道 3D 运动实例效果

步骤 4：选中上层文字轨道，同样制作轨道 3D 运动，结合关键帧动画，使其从右向左运动。注意，轨道运动模式一定要设置为“3D 源 alpha”。

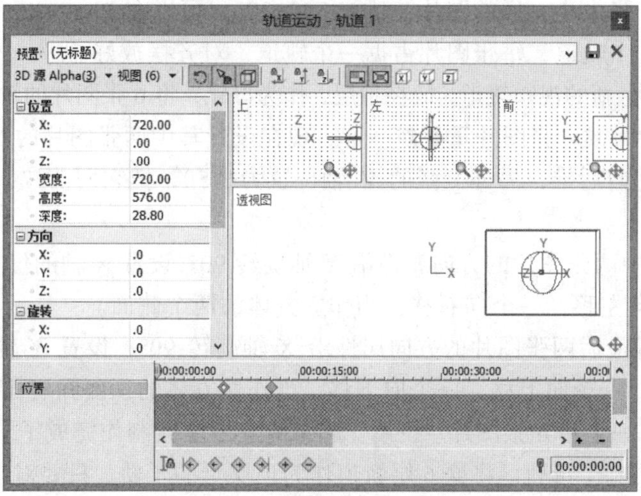

图 10-63　文字轨道的 3D 运动

步骤 5：此时，3 层轨道形成简单的 3D 运动形式，文字从右往左移动，并且穿过中间的旗帜，立体感非常强烈。

图 10-64 最终运动效果

轨道 3D 运动往往都比较复杂，需要发挥想象力，才能做出绚丽多彩的效果。从技术上讲，要想完美地制作轨道 3D 运动，还需要使用子母轨才行。

实训课题 17：轨道 3D 运动实例

在轨道运动中，轨道可以是空轨道，即轨道上不放置任何素材，但是丝毫不影响轨道运动的效果。

轨道运动多数用在子母轨中，利用母轨控制多个子轨进行更加复杂的运动。关于子母轨我们稍后介绍，这里先了解一个结合了子母轨的复杂轨道运动实例。

实例目的：制作一个旋转立方体，可以利用轨道 3D 运动来制作。制作步骤如下。

步骤 1：准备 6 张大小一样的图片，比如 300×300，可以在 Photoshop 中提前处理好。

步骤 2：创建 6 个轨道，每张图片占据一个轨道，对齐摆放好。

步骤 3：创建一个新的视频轨道，放在顶层，作为母轨，将 6 张图片的轨道设置为它的子轨。

步骤 4：开始的时候 6 张图片重叠在一起，现在设置其中两张图片的方向不变，一张的 Z 轴位置为-150，把它向后推，另外一张的 Z 轴位置为+150，把它向前拉，作为立方体的前面和后面。

步骤 5：设置其中两张图片的方向属性沿 Y 轴旋转 90°，设置 X 轴的位置属性一个为-150，一个为+150，一个向左移，一个向右移，当作立方体的两个侧面。

步骤 6：再设置最后两张图片的方向属性沿 X 轴旋转 90°，设置 Y 轴的位置属性一个为-150，一个为+150，一个向上移，一个向下移，当作立方体的顶面和底面。

步骤 7：这样，一个用 6 张图片“拼凑”起来的立方体就制作完成了。要想这 6 个轨道一齐运动，就必须要用到子母轨。将这 6 层轨道作为顶层母的子轨。只要对母轨添加 3D 运动效果，比如 3D 翻滚、3D 旋转等，下面的 6 个子轨会同时跟着翻滚旋转。

本例中各轨道的安排和最终效果如图 10-65 所示。

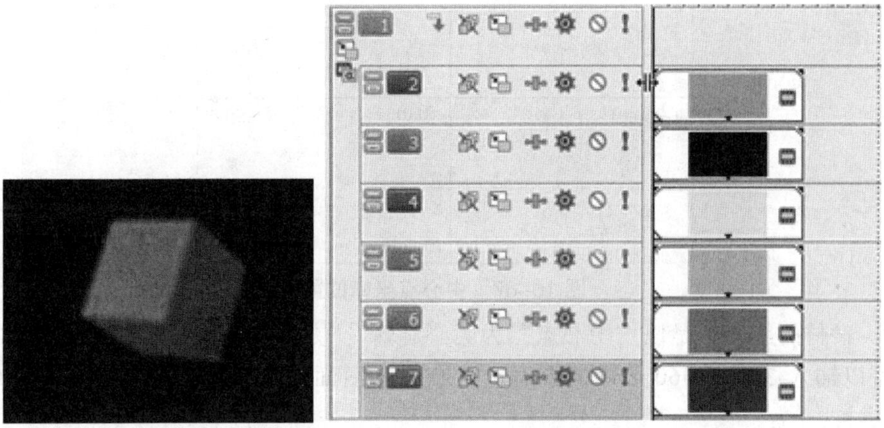

图 10-65　子母轨应用实例

在实践中请大家把 6 张图片换成实际的照片，或者是 6 段视频素材，相信这样一来，会得到更好的效果。

实训课题 18：轨道 3D 运动之两种旋转方式

在轨道 3D 运动中，有两个旋转属性：方向和旋转。它们都能使素材实现旋转效果，但含义和效果却有很大差异。

1. 方向属性（自转）

方向属性如图 10-66 左图所示，我们可以理解为“自转”的意思，围绕自身的中心点旋转。

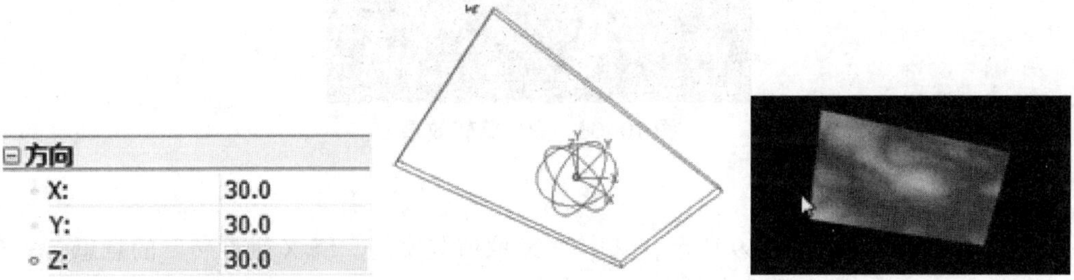

图 10-66　3D 方向属性的设置

每个素材都有其自身的中心点，这个中心点默认在素材的两条对角线的交叉处。“方向”属性就是让素材围绕其自身的中心点做旋转运动。从图示中我们可以看到，将 X、Y、Z 3 个轴的方向都改变为 30，素材在绕 X 轴旋转 30°的同时，也绕 Y 轴和 Z 轴分别各自旋转了 30°，就形成了图 10-66 右图所示的效果。X、Y、Z 的取值从-360 ~ +360，也就是旋转两个圆周。

自转时围绕的中心点如图 10-67 所示。

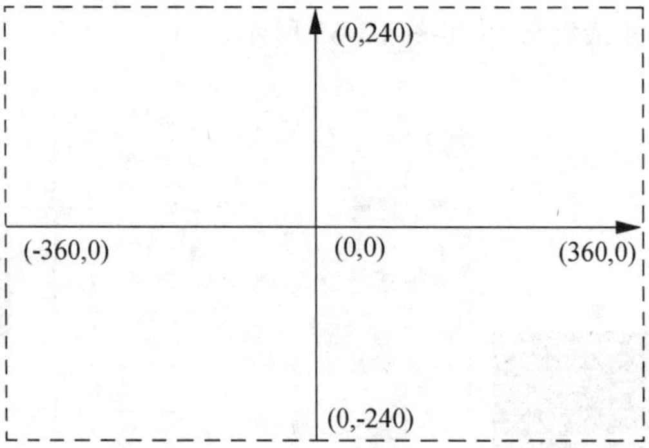

图 10–67　中心点坐标位置

切记，素材的旋转，是以“中心点”为圆心旋转，“方向”属性下面有 3 项参数：X、Y、Z。每项可以输入-360 ~ +360 之间的数值。如果在 X 后面输入数值，意味着绕 X 轴旋转若干度，其余类推。

如图 10-68 所示，要让这 6 张图片“竖”对着中心点，而不是“横”对着中心点，就要改变它们的方向，也就是使其“自转”。在“方向”属性里面设置每一张图片绕 Y 轴旋转 90°即可。本来沿 Z 轴看到的是它的正面，现在自转 90°以后，沿 Z 轴只能看到它的“边”了，当然如果边有厚度的话。

接下来使这 6 张图片分别绕 Y 轴旋转，这个旋转值是在“旋转”属性里面设置而得到的，6 张图片分别旋转 0°、60°、120°、180°、240°、300°，这是经过计算的。为了让它们围成一圈，而不是挤在一起，在“位置”属性里面还把它们各自的 X 轴偏移值设置成 300，使它们向外移动。

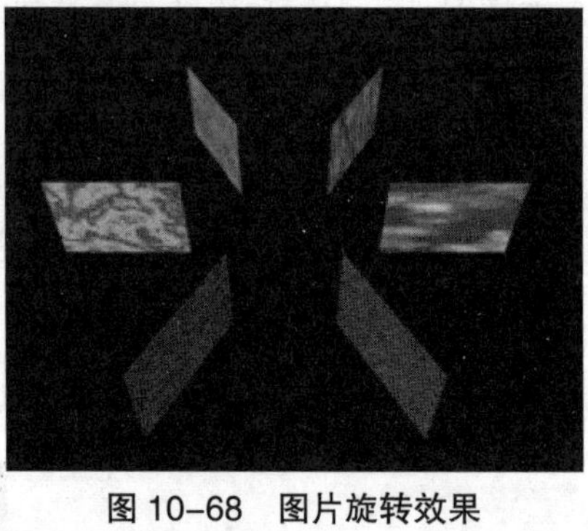

图 10–68　图片旋转效果

2. 旋转属性（公转）

旋转属性的参数如图 10-69 所示，其中的 X 取值其实是“绕 X 轴旋转”的意思，Y 轴和 Z 轴也是绕 Y 轴和绕 Z 轴旋转的意思。

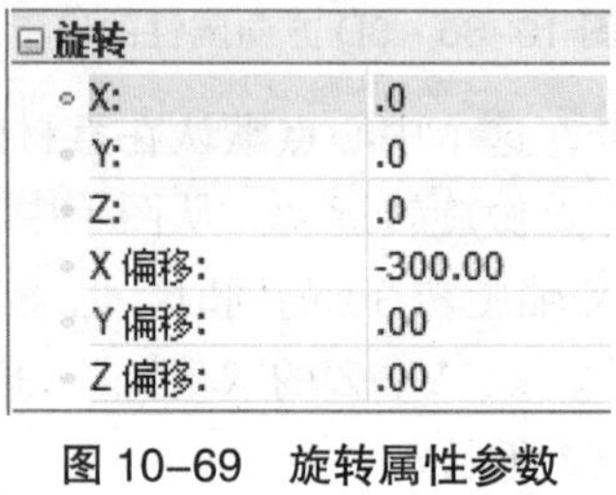

图 10–69　旋转属性参数

其中的偏移值能够指定旋转中心点，如果 X、Y、Z 偏移值都为零，则和“方向（自转）”属性的作用完全相同。但是通常都会改变偏移值，从而达到围绕某一点旋转的效果，所以将其称为“公转”，类似地球围绕太阳公转的效果。

假设要使用 6 张图片制作一段绕着指定中心点旋转的效果，步骤如下：

步骤 1：准备 6 张大小一样的图片素材，分别旋转在 6 个轨道上。

步骤 2：选中第一张图片，打开轨道 3D 运动窗口，在其中设置该图片“旋转”属性里面的“X 偏移”值为-300。这个值大小随意指定，但一定要为负值。目的是将旋转中心点指定在旋转圆周的圆心位置。

步骤 3：设置第一张图片的“旋转”属性，将其旋转属性里面的 Y 值设置为 0。目的是使图片绕 Y 轴旋转零度。看起来没有旋转，但实际上 6 张图片，需要平均分配，因此它们的旋转值分别就是 0° 、60° 、120° 、180°、240°、300°。

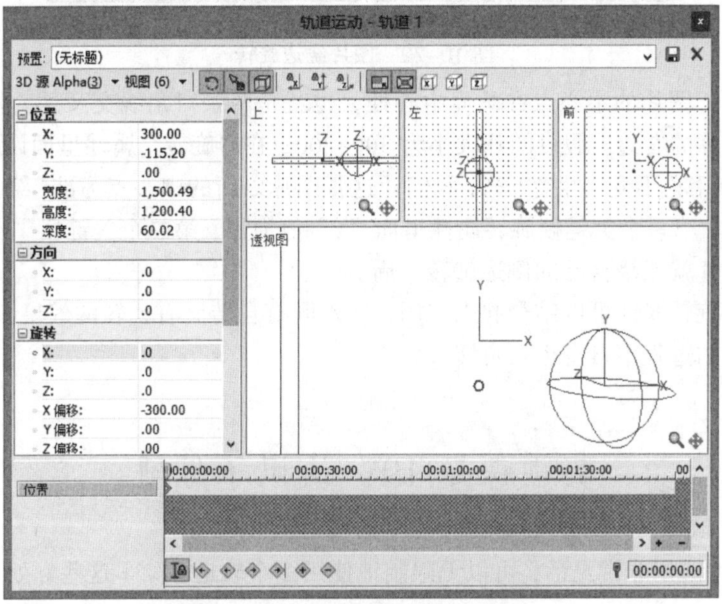

图 10-70　首张图片的参数设置

步骤 4：再在该图片的“位置”属性里面设置 X 轴值为+300，目的是让每张图片都远离中心点，不要挤在中心处。这个值最好大于 X 轴偏移值。

步骤 5：按照相同的步骤依次设置后面 5 张图片的参数，注意，6 张图片在旋转属性里面的 X 取值应该分别设置为 0°、60°、120°、180°、240°、300°，这样才能围成一圈。

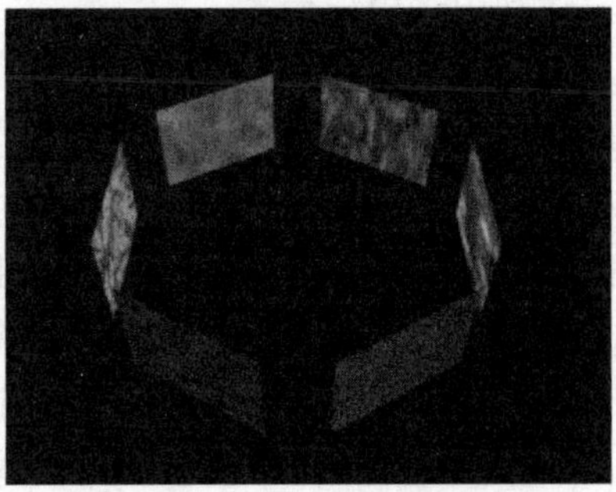

图 10-71　图片旋转效果

由于在这个例子里面，图片是“横”对着中心点，因此并不需要它们做任何“自转”，“方向”属性里的值保持默认即可。

步骤 6：在这 6 个轨道的顶层创建一条母轨，将这 6 个轨道全部变为子轨。控制母轨做一些移动、倾斜等运动形式结果会更好一些。

下面我们再探讨另外一个例子，那就是让一张图片绕自己的边缘旋转。

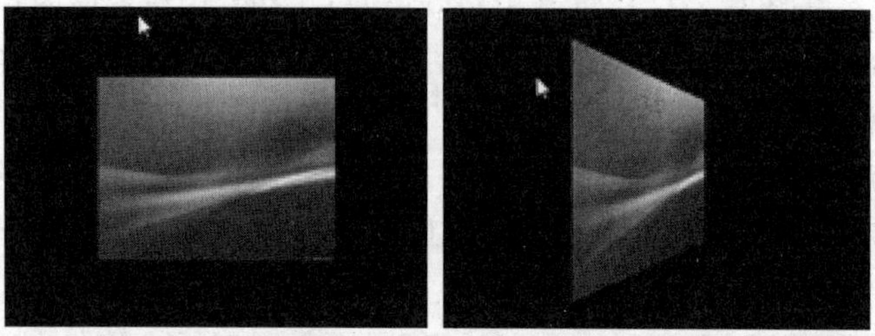

图 10–72 图片绕边旋转

开始的时候，图片的中心点在画面中心处，也就是两条对角线交叉处。接下来，我们将其中心点移到图片的右边。假设图片大小为 300×200，在“旋转”属性里面设置“X 偏移”值为“+150”，“Y 偏移”不变。再接下来，我们让这张图片以新的中心点为准，绕 Y 轴旋转 360°，创建两个关键帧，第一个关键帧旋转属性里面“Y”值为零，第二个关键帧“Y”取值为 360°，完成动画，该图片就能绕自己的侧边旋转一周。

方向属性和旋转属性可以结合起来应用，实现既有自转又有公转的效果，就像地球一样，在围绕太阳公转的过程中自身也在自转。

实训课题 19：认识子母轨

Vegas 中轨道应用非常灵活，可以无限制地使用多个轨道。除了这些好处，还可以使用子母轨。

子母轨犹如轨道嵌套，在轨道之间形成父子连接关系，把起控制其他轨道作用的称为母轨，把受控制的轨道叫作子轨。一个母轨可以控制管理多个子轨。

子母轨主要有两个作用。一个作用是：子轨道上的内容要通过母轨道来表现，这点在遮罩中运用得最多。另一个作用是：子轨道的运动要随母轨道的运动而运动，画面随母轨道缩放而缩放。这点在母轨控制子轨运动中运用得最多。

在子母轨嵌套关系中，母轨的运动，比如旋转、缩放、平移等，影响到它的所有子轨，也就是说，子母轨连在一起就好像一个轨道一样。控制了母轨，就等于同时控制了所有子轨。母轨运动，所有子轨都跟着做相应的运动。

这样在制作一些复杂效果的时候非常有用，例如利用 6 张图片拼成一个立方体，然后要让这个立方体能够旋转、缩放大小等，这时利用子母轨来制作就是唯一的选择，因为不可能去逐一设置一张张图片的运动参数。即使这样做了，也很难保证每张图片的运动保持同步，保持统一的运动形式。如果不是 6 张图片，而是几百张图片，这样做简直是在做噩梦。

最简单的子母轨形式，只用两层轨道，上层轨道做母轨，下层轨道做子轨，两层轨道就可构成子母轨。

制作子母轨，主要依赖于两个按钮，如图 10-73 所示的两个按钮。

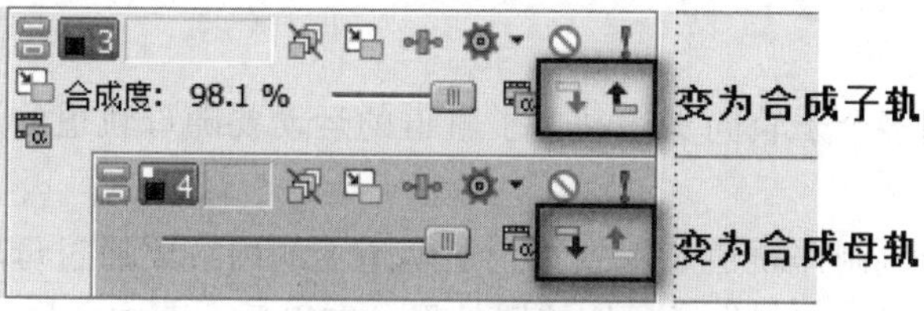

图 10-73 子母轨操作按钮

最常见的子母轨形式，是用一个母轨控制一个或者多个子轨，这一点，从轨道头部的连线就可以看得出来，在 Vegas 中，子轨头部自动向里缩进显示。

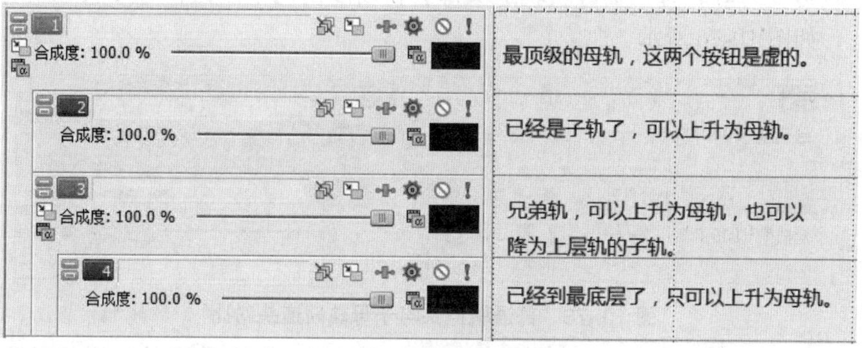

图 10-74 子母轨操作按钮

子母轨还可以多层嵌套，如图 10-75 所示，会形成外婆轨、母轨、子轨、孙轨等多级层次结构。上层控制着下层，一层控制一层。比如这里构成了 4 层轨道嵌套。实际中还能够创建更多层的子母轨。由于子轨头部自动缩进，并且有连线指示，因此多级子母轨还是比较好理解的。

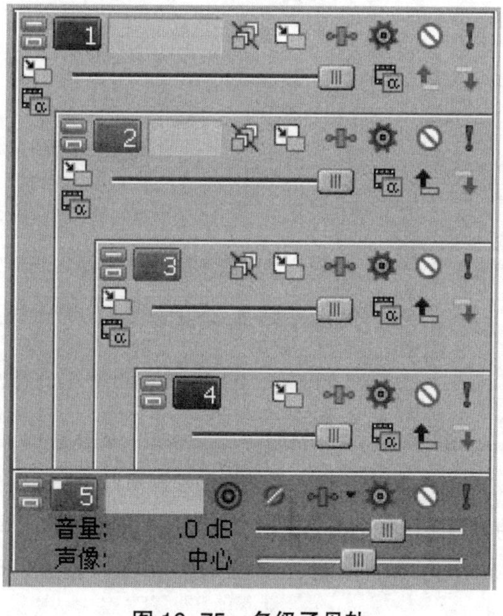

图 10-75 多级子母轨

实训课题 20：子母轨的作用

子母轨有 3 个作用：

作用一：母轨控制多个子轨同步运动。子轨道的运动要随母轨道的运动而运动，这点在母轨运动中运用的最多。

作用二：利用子母轨制作轨道遮罩效果，子轨道上的内容要通过母轨道来表现，母轨起了轨道蒙版的作用。关于如何制作子母轨遮罩效果，在以后章节中会讲到，这里不再重复。

作用三：利用子母轨制作轨道特殊合成效果，主要有凹凸映射、高度映射、置换映射和图层维度 4 种特殊效果。

当一个轨道变为母轨时，在母轨轨道头部会自动多出两个按钮：“母轨运动”和“母轨合成模式”，如图 10-76 所示。

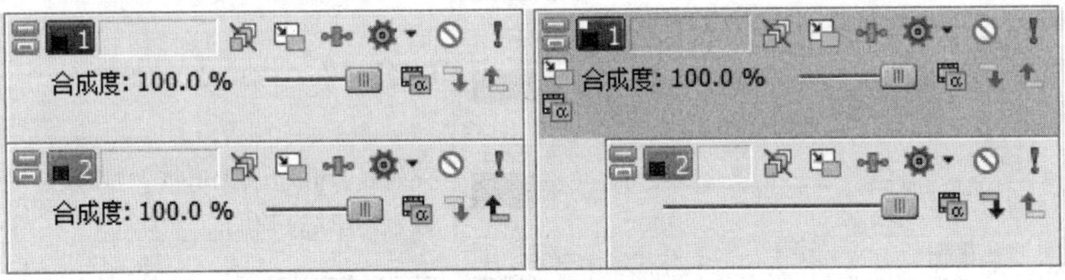

图 10-76　普通轨道头与子母轨轨道头对比

母轨运动控制窗口如图 10-77 所示。通过观察发现，它和普通的轨道运动窗口并无差异。母轨的运动形式也有“平移、缩放、旋转”3 种。唯一不同的地方在于母轨运动时会控制子轨做相同运动。

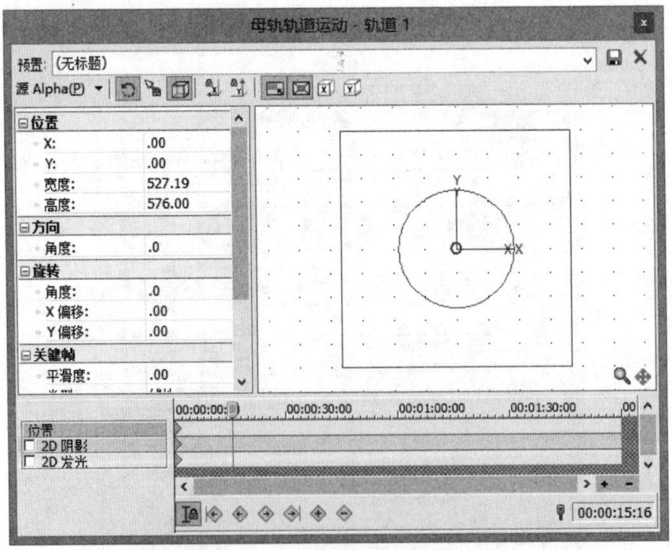

图 10-77　母轨运动控制窗口

比如图 10-78 所示的钟摆运动实例中，时针和分针分别用两个轨道旋转运动实现，但指针和表盘的摆动用一个空轨作为母轨控制，母轨来回旋转，表盘、时针、分针、吊线作为子轨也跟着来回摆动。

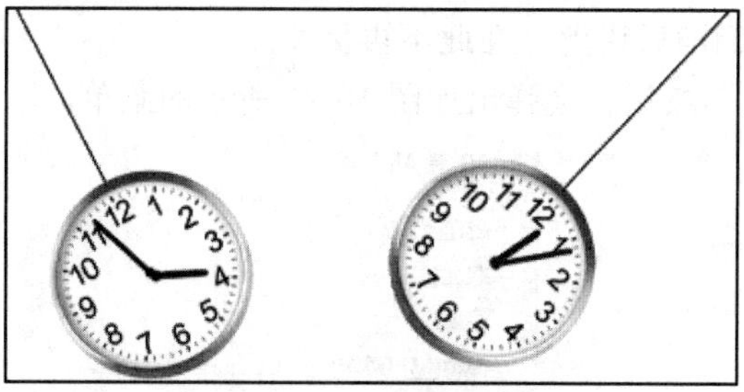

图 10-78　钟摆运动实例

母轨也可以作 3D 运动，转为 3D 运动的开关也在母轨运动按钮上。点击母轨运动按钮，打开母轨运动窗口，在左上角“源 alpha”处点击，打开下拉菜单，选择其中的“3D 源 alpha”即可进入母轨 3D 运动。如图 10-79、图 10-80 所示。

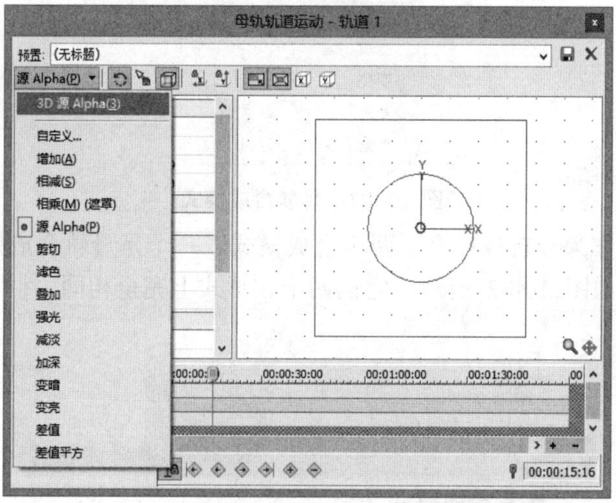

图 10-79　进入母轨 3D 运动模式

母轨 3D 运动，和普通轨道的 3D 运动在形式上并没有差异，但是母轨却担当着控制子轨运动的使命，所以它的 3D 运动也起着控制子轨的作用。

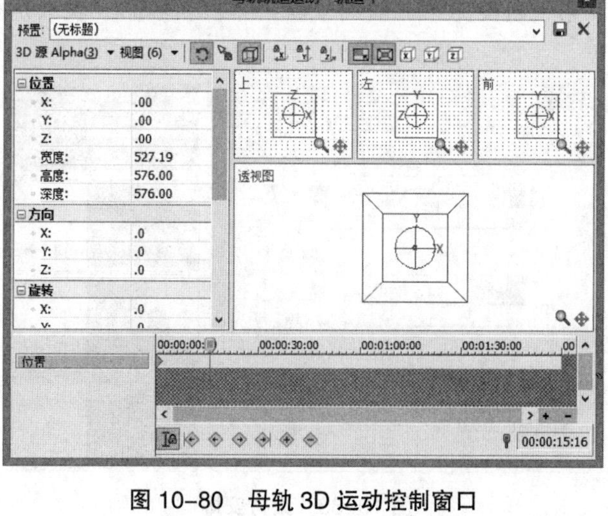

图 10-80　母轨 3D 运动控制窗口

关于轨道 3D 运动我们随后讲解，在此不再赘述。

点击“母轨合成模式”按钮，会弹出如图 10-81 所示的菜单。

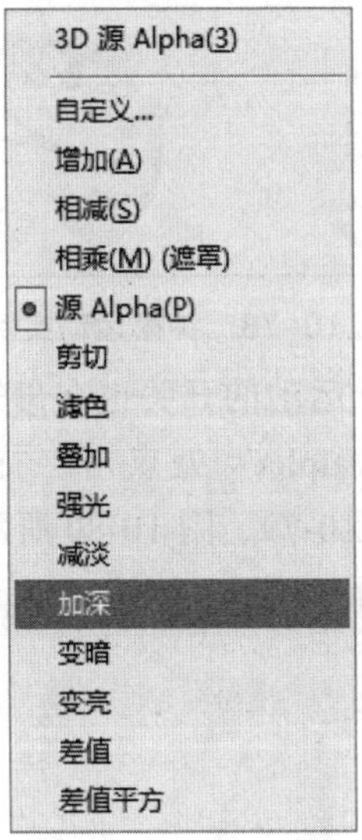

图 10-81 母轨合成模式

观察可以发现，作为母轨现在有了两个合成模式，一个是母轨合成模式，另外一个是母轨的轨道合成模式，如图 10-82 所示。它们两个在形式上完全相同，但在所起的作用上有很大差异。

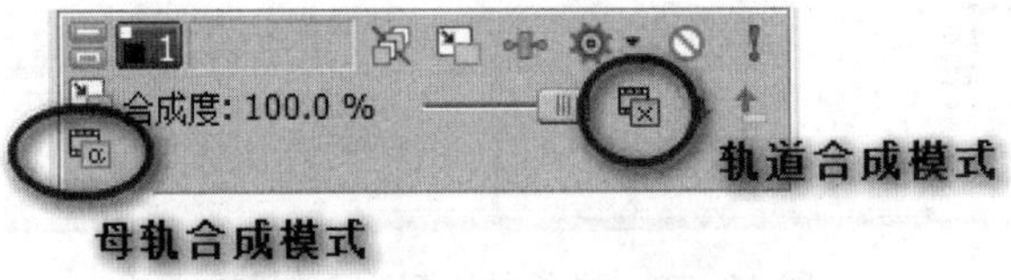

图 10-82 母轨合成模式与轨道合成模式

下面我们通过一个实例来说明其差异。创建 4 个轨道分别放置 4 段视频素材，第一轨放置“沙漠”素材，第二轨放置“天空”素材，第三轨放置“汽车”素材，第四轨放置“海洋”素材。将第二轨和第三轨变为第一轨的子轨，第二轨和第三轨级别相同。轨道安排形式如图 10-83 所示。

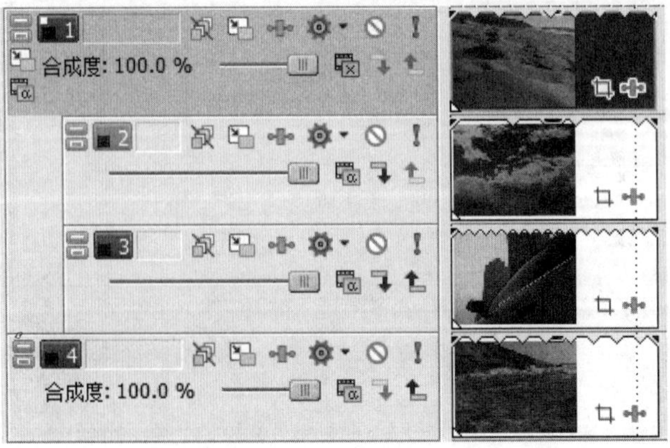

图 10-83 素材安排

首先来调整母轨的轨道合成模式，试着改变其模式，比如修改为“变亮”模式，效果如图 10-84 所示。

图 10-84　修改合成模式

发现结果中并没有显示出“汽车”和“海洋”两个素材，只是上下相邻的两个轨道之间由于合成模式改变而发生了变化，在“沙漠”中显示出了“天空”效果。因此可以得出结论：轨道的合成模式只影响相邻两个轨道的效果，不管是作为普通轨道还是作为子轨。

再做一个试验，如图 10-85 所示，将第一轨的合成模式修改为“叠加”，将第二轨的合成模式修改为“滤色”，再将第三轨的合成模式修改为“变亮”。此时最终合成效果如图 10-86 所示，合成的效果确实很奇特，4 个轨道中的素材内容都溶合于一起了。

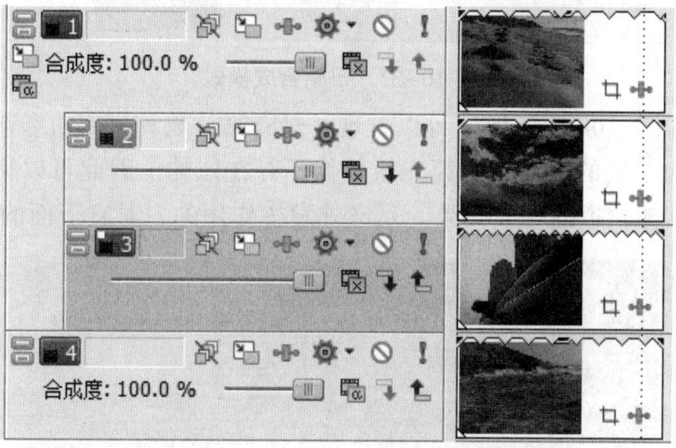

图 10-85　子母轨素材安排

这个结果再一次验证了上面的结论，轨道合成模式只在相邻两个轨道之间起作用。这里第一轨是母轨，第二轨和第三轨是子轨，第四轨是普通轨道，结果它们都没有受这个身份的影响。

再来看母轨合成模式的具体情况，同样以上面的素材为例，将其他轨道的合成模式都恢复成“源 alpha”模式，只是将第一轨的母轨合成模式修改为“滤色”。注意，修改的是母轨的合成模式，修改为“滤色”，其它轨道都为“源 alpha”模式，如图 10-87 所示。

图 10–86　子母轨合成结果

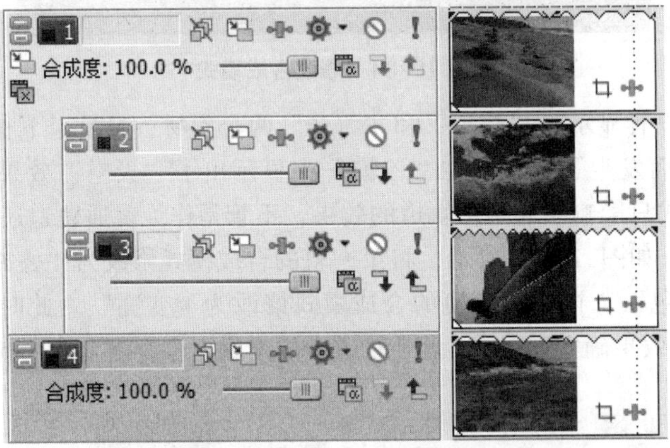

图 10–87　母轨合成模式

此时合成效果如图 10-88 所示，可以发现，只有第一轨和第四轨参与合成，第一轨和第四轨是并列的，作为子轨的第二轨和第三轨好像不存在似的。因此可以得出结论，母轨合成模式只影响母轨和其他轨道的合成效果，是向外发挥作用的，对它下面的子轨并不起作用。

图 10–88　母轨合成结果

如果将第一轨的轨道合成模式修改一下，比如修改为“变亮”，此时轨道形式如图 10-89 所示。注意，此时第一轨的母轨合成模式仍为“滤色”模式，第一轨的轨道合成模式修改为“变亮”，其他轨道不变动，合成效果如图 10-90 所示。结果发现此时母轨合成模式没有发生作用，只有子母轨发生了类似于遮罩的效果。

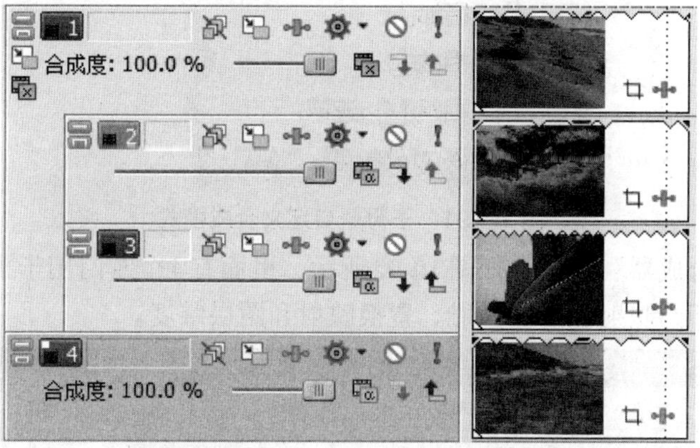

图 10-89　修改子轨合成模式

图 10-90　最终合成结果

综上所述，可以得出结论：

（1）轨道合成模式只在相邻两个轨道之间发生作用。

（2）母轨合成模式只与和它相邻的平行并列轨道发生作用。

（3）当轨道合成模式和母轨合成模式同时发生改变时，只有轨道合成模式起作用，母轨合成模式此时不起作用。

实训课题 21：子母轨的自定义合成模式

子母轨中除了常规的合成模式外，还有几个自定义合成模式，由于它们的合成效果比较特殊，因此单独讲解。

设置好子母轨后，点击母轨的轨道合成模式，注意，不是母轨合成模式，而是轨道合成模式。在弹出的菜单中选择“自定义”，如图 10-91 所示。

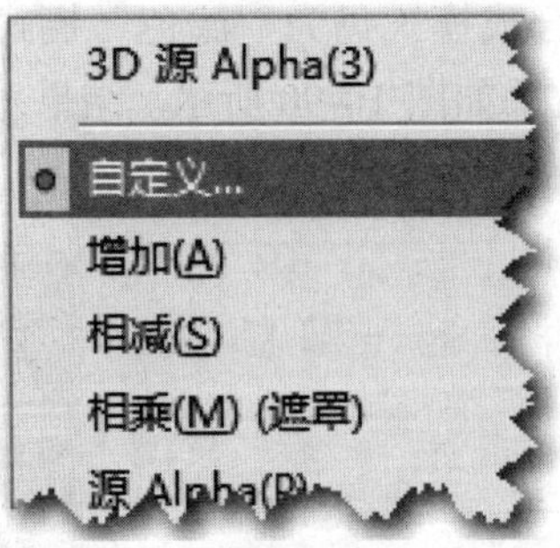

图 10-91　子母轨自定义合成模式

随后会弹出“合成器”窗口，如图 10-92 所示，里面有 4 个专门用于子母轨合成模式下的特效，它们分别是凹凸映射、高度映射、置换映射和图层维度。

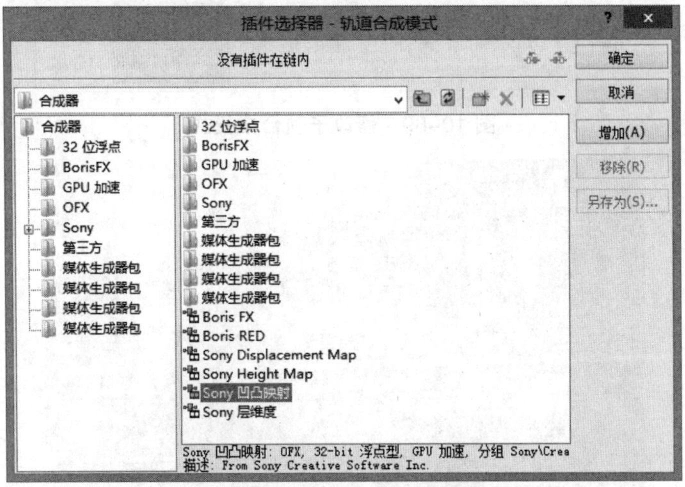

图 10-92　自定义合成模式列表

1. 凹凸映射

凹凸映射的作用是，依据下层轨道素材的亮度信息使上层轨道素材产生高低起伏效果，并且能使合成结果具有纹理效果。

步骤 1：在轨道 1 上拖入图 10-93 所示素材。

图 10-93　素材一

步骤 2：在轨道 2 上拖入图 10-94 所示素材。

图 10-94　素材二

步骤 3：将轨道 1 设置为母轨，将轨道 2 设置为子轨。

步骤 4：选择母轨，设置其轨道合成模式为“自定义”，在弹出的窗口中选择“Sony 凹凸映射”，随后出现参数设置窗口，这里保持默认参数，如图 10-95 所示。得到如图 10-96 所示的结果。

图 10-95　凹凸映射参数设置

图 10-96　凹凸映射效果

2. 高度映射

高度映射能够根据上层轨道素材的亮度信息使下层轨道素材产生膨胀或者收缩效果。

步骤 1：在轨道 1 上拖入图 10-97 所示素材。

图 10-97　素材一

步骤 2：在轨道 2 上拖入图 10-98 所示素材。

图 10-98　素材二

步骤 3：将轨道 1 设置为母轨，将轨道 2 设置为子轨。

步骤 4：选择母轨，设置其合成模式为“自定义”，在弹出的窗口中选择“Sony 高度映射（Height Map）”，随后出现参数设置窗口，如图 10-99 所示。参数也保持默认。合成效果如图 10-100 所示。

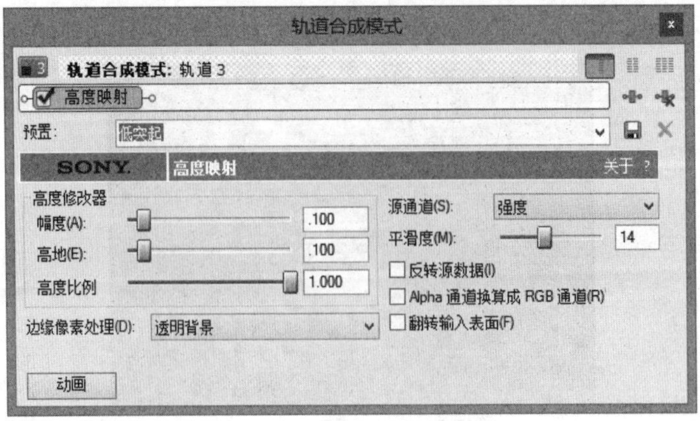

图 10-99　高度映射参数设置

图 10–100　高度映射效果

3. 置换映射

置换映射（Displacement Map）也译为位移映射。它能够使上层轨道素材依据下层轨道素材的亮度产生高低起伏的效果。

步骤 1：在轨道 1 上拖入图 10-101 所示素材。

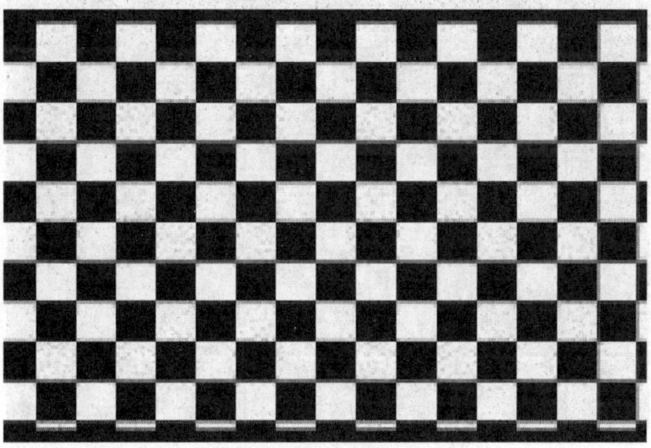

图 10–101　素材一

步骤 2：在轨道 2 上拖入图 10-102 所示素材。

图 10–102　素材二

步骤 3：将轨道 1 设置为母轨，将轨道 2 设置为子轨。

步骤 4：选择母轨，设置其合成模式为“自定义”，在弹出的窗口中选择“Sony 置换映射（Displacement Map）”，弹出如图 10-103 所示的参数设置窗口。取默认参数，得到如图 10-104 所示的合成效果。

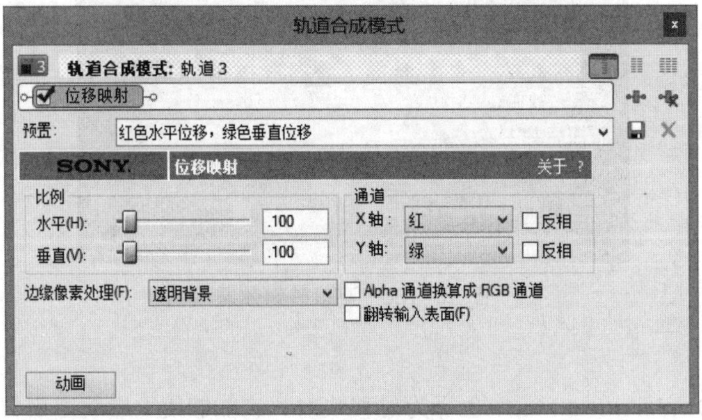

图 10-103　位移映射参数设置

图 10-104　位移映射效果

仍然使用前面的素材来试试，在上层轨道放置带有透明背景的文字，在下层轨道放置“旗帜”素材，如图 10-105 所示。

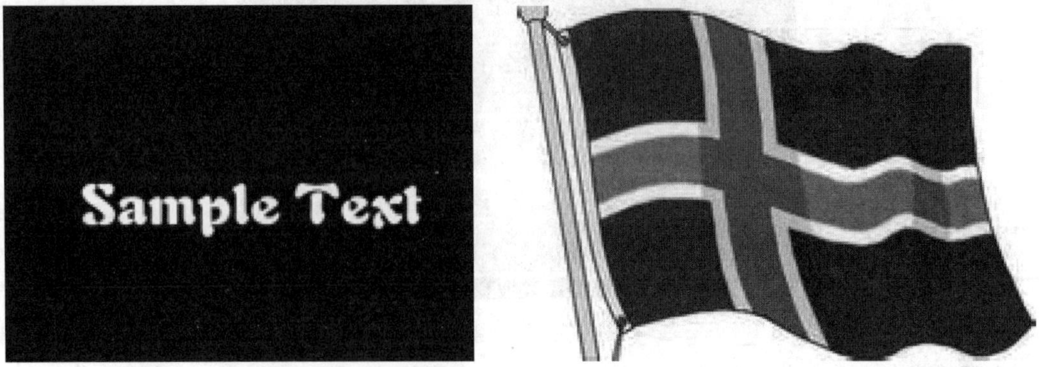

图 10-105　素材

按照图 10-106 所示设置参数，得到如图 10-107 所示效果。

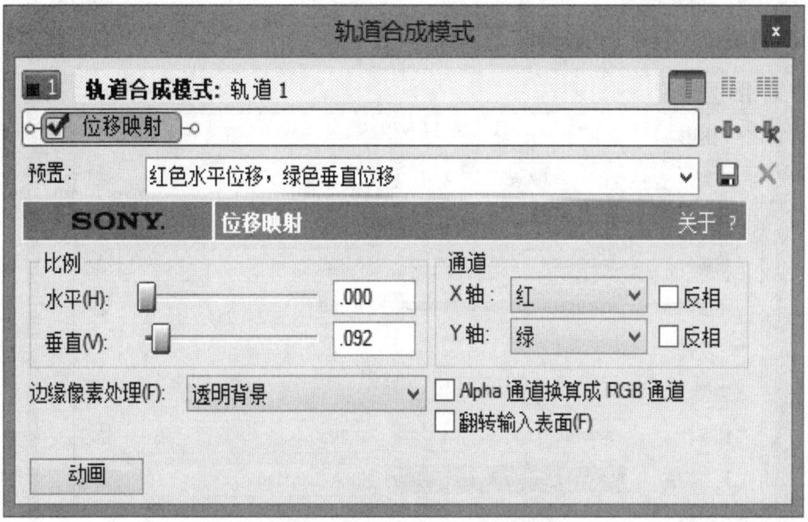

图 10-106　位移映射参数设置

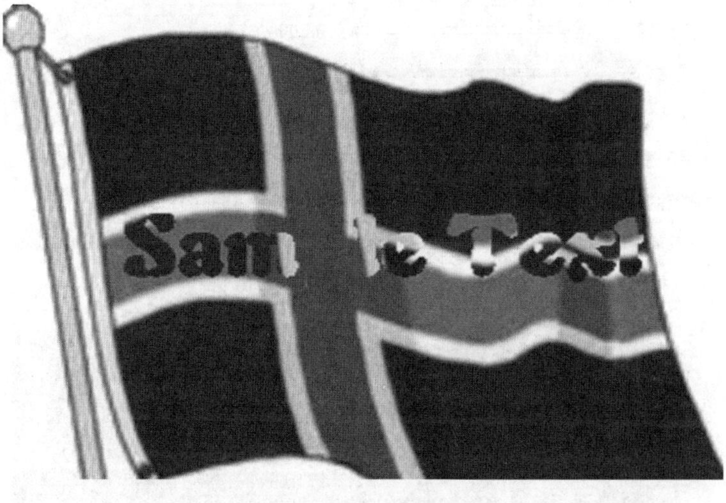

图 10-107　最终效果

最后要注意一点，凹凸映射、高度映射、置换映射和图层维度这 4 种特殊合成效果既可以在子母轨中实现，也可以在上下两层普通轨道之间实现，不过多数应用场合还是用在子母轨中。

4. 图层维度

图层维度多数用于在制作画中画效果时，给子画面添加类似于 Photoshop 图层样式的效果。主要有阴影、发光、浮雕效果，使用以后效果非常好。举例来说，使用预置效果“内阴影，外发光”，参数如图 10-108 所示，最终效果如图 10-109 所示。

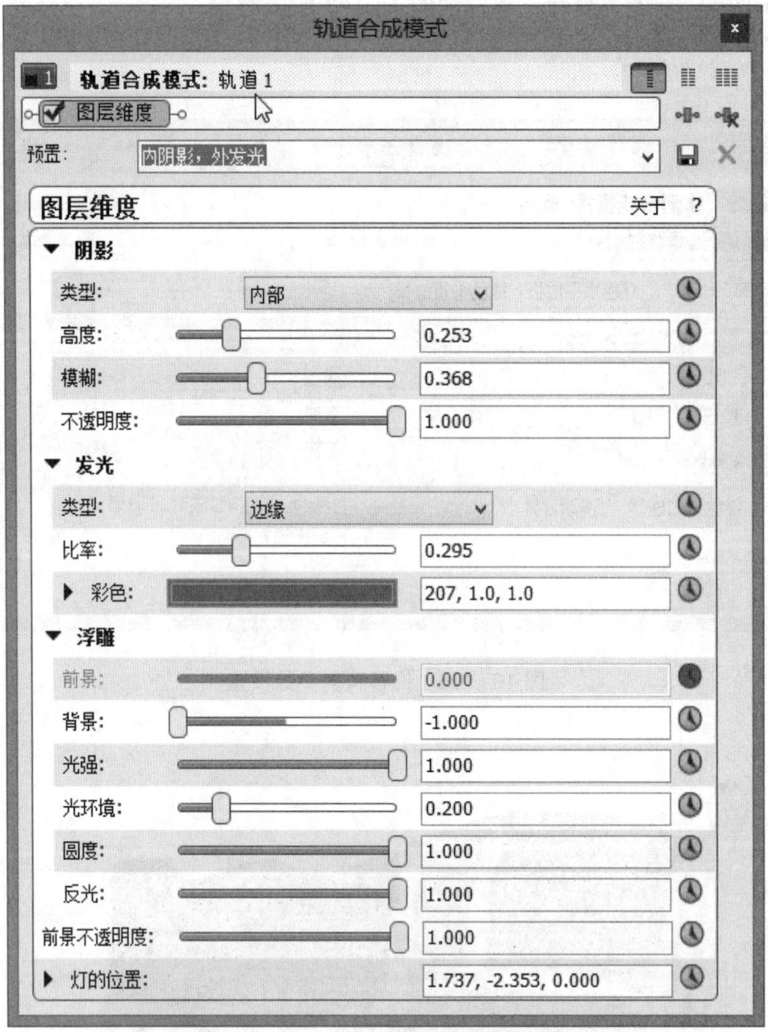

图 10–108　图层维度参数设置

图 10–109　图层维度效果

实训课题 22：子母轨中母轨的 3D 运动

有一种情况比较特殊，得特别提出来。在 Vegas 中，如果设置了子母轨，那么，母轨就有了两种轨道 3D 运动。

第一种，母轨所在轨道本身的 3D 运动效果。

第二种，母轨 3D 运动，母轨的作用之一就是控制所有子轨，因此母轨 3D 运动的作用也就是控制子轨作 3D 运动效果。

这两种设置所在位置不同，请看图 10-110 和图 10-111 所示。

第一种情况：母轨本身的轨道 3D 运动，母轨作为一条轨道，本身也可以设置轨道 3D 运动。设置方法没有特殊变化。

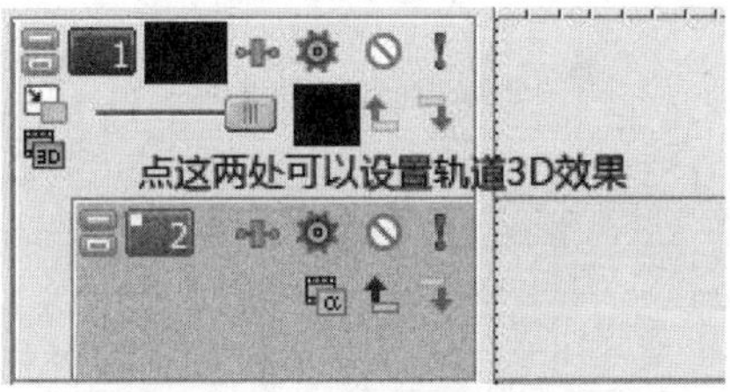

图 10–110　轨道 3D 运动

第二种情况：母轨合成模式之 3D 运动，整个子母轨可以有自己的 3D 运动效果，这种 3D 运动效果会影响其中的所有子轨，当然也包括母轨自身。

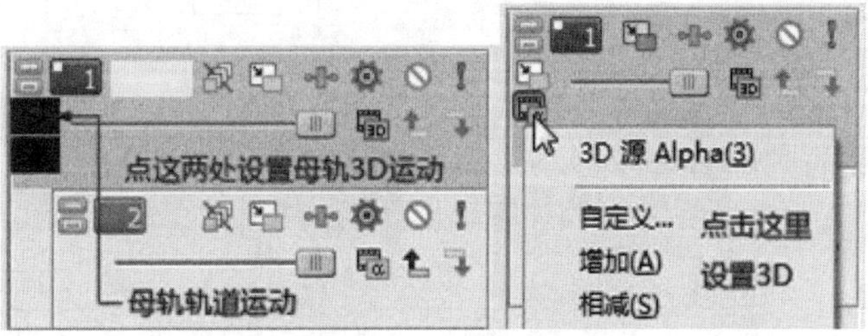

图 10–111　母轨 3D 运动

这两种情况是有区别的，含义不一样。在子母轨 3D 运动中，母轨可以为空。母轨 3D 运动，能够控制整个子母轨都做 3D 运动。

而母轨本身的轨道 3D 运动设置，仅仅是使母轨本身做 3D 运动效果，不能影响整个子轨以及子母轨的 3D 运动效果。

总结来讲，就是第一种情况影响的范围小，只影响母轨本身轨道上的素材。第二种情况影响的范围大，能够控制整个子母轨做 3D 运动。

当然，如果要想制作理想的子母轨 3D 运动效果，这两处都要设置为“3D 源 alpha”才行。

设置母轨 3D 运动的步骤如下：

步骤 1：先设置子母轨。因为至少要存在子轨，才能设置母轨 3D 运动。

步骤 2：选择母轨，如图 10-112 所示，点击“母轨合成模式”按钮，弹出下拉列表，选择其中的“3D 源 alpha”。

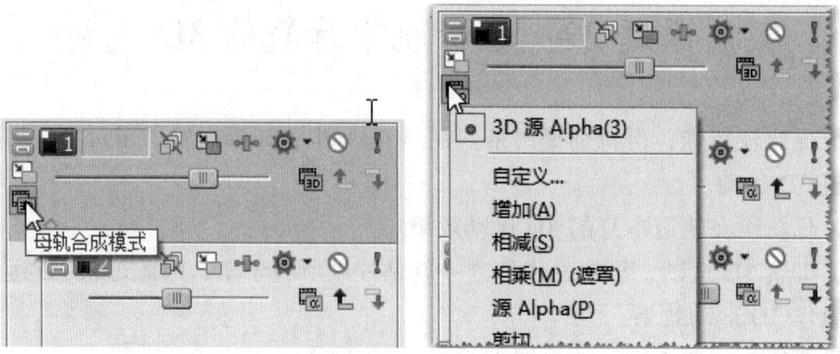

图 10–112　母轨合成模式

之后出现图 10-113 所示窗口，在该窗口中，参数设置和普通轨道 3D 运动一致，只是视图区出现一个模拟的立方体，用以代表三维空间。

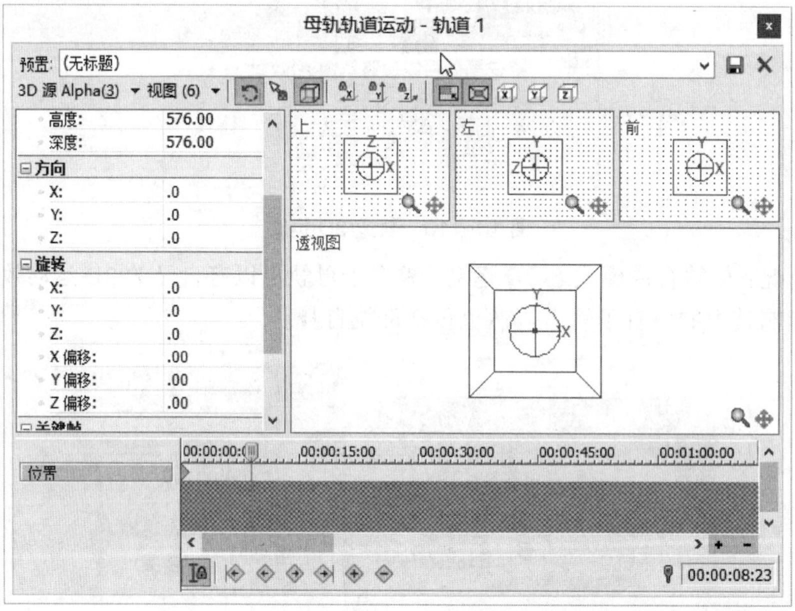

图 10–113

拖动其中的 X、Y、Z 轴圆圈线，或者拖动中心圆球，都能使轨道素材发生平移、缩放、旋转等变化。给参数设置具体值也能产生运动，操作方法与轨道运动相同，在此不再赘述。

第 11 章　合成与遮罩

实训课题 1：合成原理与技法

影视后期制作过程中非常重要的一环就是合成。合成类似把机器零件组装起来，组成一台完整的机器，而影视合成就是把各种零件素材变成电影电视给人们观看。

如图 11-1 ~ 图 11-6 几幅图片所示意的效果，就是合成的作用。

图 11–1　合成素材一

图 11–2　合成素材二

图 11–3　合成素材三

图 11-4　合成素材四

实现合成需要用到 5 个方面的技术：

1. 透明度

一般上下两个轨道间进行合成，只要修改上层轨道的透明度，即可实现简单的合成效果。而如果透明度不发生改变，则会形成简单的画面叠加效果，如图 11-5 所示，这种简单的画面叠加显得生硬，融合不自然，因而较少使用。而改变了透明度的合成效果则看起来融合更自然。如果透明度在不同时间点上改变，就会形成时隐时现的美妙效果，如图 11-6 所示。

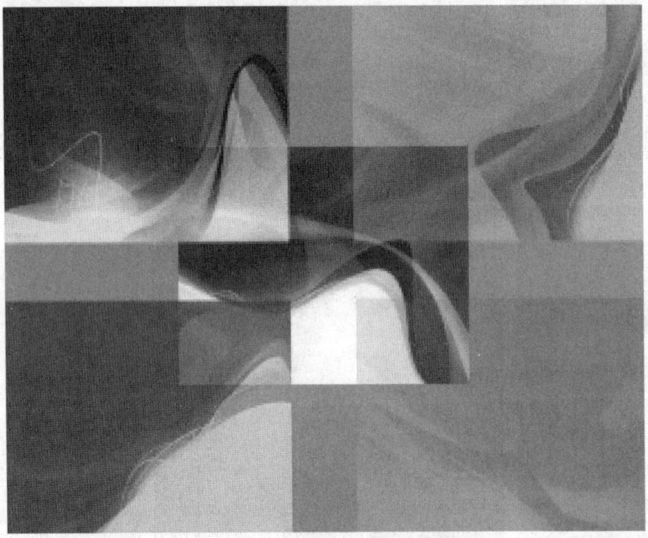

图 11-5　不透明素材合成效果

图 11-6　透明度变化时的合成效果

Vegas 中的透明度表现在两个地方，一个是素材透明度，一个是轨道透明度，轨道透明度被称为轨道合成度。

素材透明度只影响该素材的透明程度，不会影响到其他素材，也不会影响轨道透明度。

在素材顶部有一条不透明度包络线，Vegas 利用该包络线改变其透明度。

轨道合成度影响该轨道的透明程度，影响到处于该轨道上的所有素材。

2. 遮罩（Mask）

遮罩是由封闭路径形成的一个轮廓图，遮罩区域内的图像显示，遮罩区域以外区域的图像不显示。一般将这种路径称为遮罩“Mask”，和轨道蒙版“Matte”区分开来。

利用遮罩能够实现抠取局部图像的目的，从而实现与另外一幅图像的合成效果。

图 11–7　利用遮罩抠取局部图像

图 11–8　合成后的图像效果

遮罩一般借助钢笔工具来实现，使用钢笔工具勾画出一个封闭的路径，路径以内区域保留，路径以外区域则被裁切扔掉。

Vegas 中每段素材都带有遮罩工具，进入素材平移窗口，如图 11-9 所示，勾选窗口底部“遮罩”选项之后，使用钢笔工具在缩略图上画面遮罩形状，可以是预置的矩形和椭圆形，也可以是自定义形状。

遮罩形状可以被移动、缩放和旋转，其操作方法和素材平移操作完全一致。拖动中间那个矩形则可以平移，拖动矩形的 6 个控制点则可以缩放，鼠标移到外面那个圆形上拖动则可以旋转。如果缩放标志消失，在遮罩形状上双击则能够重新找回。

利用矩形遮罩，加上羽化效果之后实现的遮罩效果如图 11-10 所示。操作方法参见图 11-9。

鼠标单击路径的某一边线，则可以选中两个节点之间的一条线段，同时节点自动出现控制手柄，拖动控制手柄可以调节曲线形状，调节遮罩形状如图 11-11 所示，就会实现图 11-12 所示的效果，这种效果一般称为“暗角效果”，在影视作品中也较为常见。

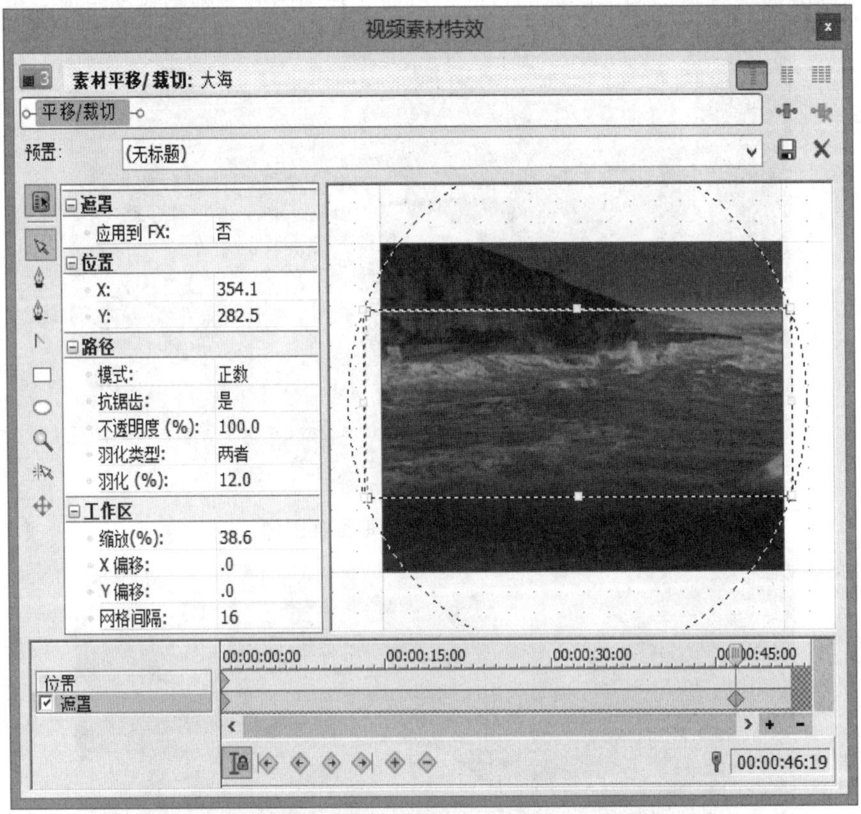

图 11-9　遮罩设置

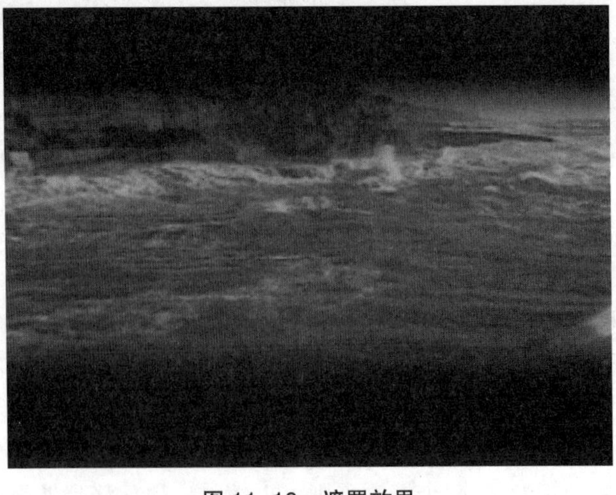

图 11-10　遮罩效果

图 11-11　暗角效果的遮罩形状

图 11-12　暗角效果

3. 蒙版（Matte）

蒙版是使用一幅图像去充当另一幅图像的遮罩，可以称为“图像遮罩”，而遮罩（Mask）则可以称为“路径遮罩”。严格来说，Mask 遮罩和 Matte 蒙版有所不同，但在一般应用中，对这二者不严格区分。

蒙版是一幅图像，这幅图像被自动转换为灰度图像，只包含黑、白、灰 3 种亮度信息，以及 alpha 透明信息。

当一幅灰度图像作为遮罩使用时，按照“白透黑遮”的原则处理遮罩信息，灰色则是半遮半露，深色部分遮盖多一些，浅色部分暴露多一些。

当一幅包含 alpha 透明信息的图像作为遮罩使用时，不透明区域会被显露出来，alpha 透明区域则完全被遮盖掉。

如图 11-13 左图所示，文字层中文字以外区域透明，因此这幅图像充当遮罩时，有颜色部分露出被遮盖对象，透明区域则不显示任何内容。这样做的效果能够实现“字中画”的特殊效果，比较受欢迎。

图 11–13　包含透明区域的素材作为遮罩时的效果

图 11-14 左图所示的蒙版是典型的灰度图像，中间图像是被遮盖的对象。按照“白透黑遮”的原则，左上角部分被遮盖，从而显露出底层图像，右下角则恰好相反，显露出当前被遮罩对象内容，底层图像被遮挡，最终合成效果如右图所示。

图 11–14　渐变图像作为遮罩时的效果

Vegas 中实现轨道蒙版的情况有些复杂，共有 3 种办法。

（1）利用轨道合成模式中的“相乘（遮罩）”实现轨道蒙版效果。此种方法只适用于单独两个轨道制作蒙版效果，如果有第三层轨道作为背景，则会被第一和第二层轨道遮挡，不会显露出背景来。

（2）利用子母轨实现轨道蒙版效果。此种方法适合于带有 alpha 透明区域的图像作为蒙版。

（3）利用“蒙版生成器”特效实现轨道蒙版效果。此种方法适合于非 alpha 蒙版，也就是充当蒙版的图像中没有 alpha 透明区域。

4. 抠像（Keying）

抠像也称键控，和 Photoshop 中利用色彩范围来制作选区的原理比较接近，主要是屏蔽掉画面中某一种颜色，使剩余颜色显露出来，从而和其他图像进行合成。其原理如图 11-15 ~ 图 11-16 所示。

一般最常用的有蓝屏抠像和绿屏抠像。国外使用绿屏多一些，因为有些人是蓝眼珠，使用蓝屏的话会将眼球抠掉。而国内使用蓝屏多，因为蓝色和黄色是互补色，互相排斥，正好能够很好地抠除黄肤色的人像。

抠像主要依赖软件的功能，软件功能强大，抠像干净，合成效果就好。

Vegas 的抠像主要依赖“色键”特效实现，从功能上看有些单一简陋。在抠像方面，AfterEffects 和其他一些第三方插件功能不弱，建议使用。

图 11-15　抠像前

图 11-16　抠像后

5. 合成模式

合成模式也称为叠加模式、混合模式，是一种更神奇的操作方式，它以两个轨道（层）的色彩为运算基础，根据不同算法产生第三种结果。由于算法不同，从而呈现多变的效果。

Vegas 中打开轨道合成模式的按钮如图 11-17 中左图所示，轨道合成模式的种类如图 11-17 中右图所示。

其中“源 alpha”表示正常合成模式，上层可见，下层不可见。

“相乘（遮罩）”模式是将上层作为下层的遮罩作用，下层图像在上层图像的遮罩区域中显露出来。

至于其他的模式中，叠加、强光、增加、相减、剪切为一组，总体效果是增加对比度。加深、变暗为一组，总体效果是变暗。滤色、减淡、变亮为一组，总体效果是变亮。差值和差值平方为一类，总体效果是反相。

利用合成模式，既能实现非常好的图像融合效果，也能实现一些抠像和调色功能，是合成特效制作中的一大法宝。

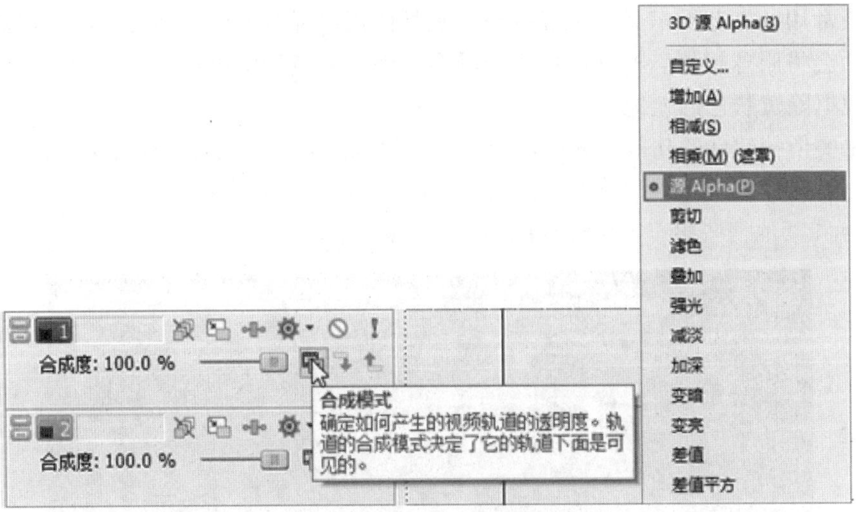
3D 源 Alpha(3)
自定义...
增加(A)
相减(S)
相乘(M)（遮罩）
源 Alpha(P)
剪切
滤色
叠加
强光
减淡
加深
变暗
变亮
差值
差值平方
合成度：100.0 %
合成模式
确定如何产生的视频轨道的透明度。轨道的合成模式决定了它的轨道下面是可见的。
合成度：100.0 %

图 11–17 合成模式列表

如图 11-18 所示的两张素材，只需轻轻改变一下轨道合成模式，将其修改为“滤色”，就能轻易地去掉黑色背景并实现非常好的融合效果。

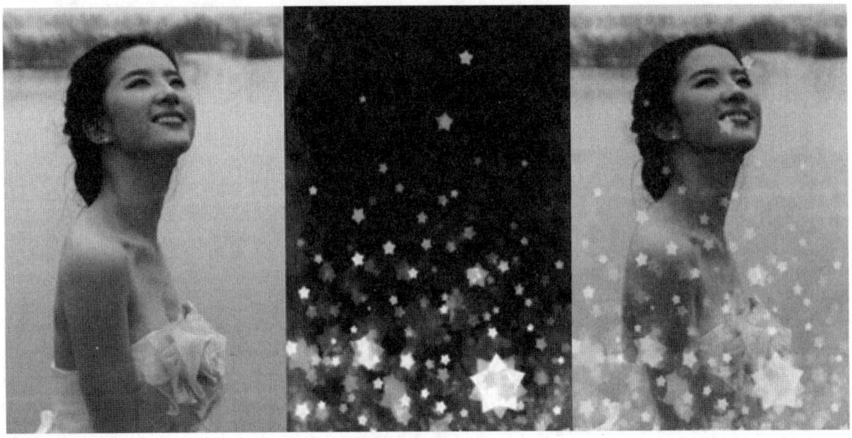

图 11–18 利用合成模式进行合成

从合成处理的思路上讲，主要有“加”、“减”、“改”3 种手法，如图 11-19 所示。但是，不管是那一种手法，都会用到透明度、遮罩、蒙版、抠像、合成模式这 5 种技术。

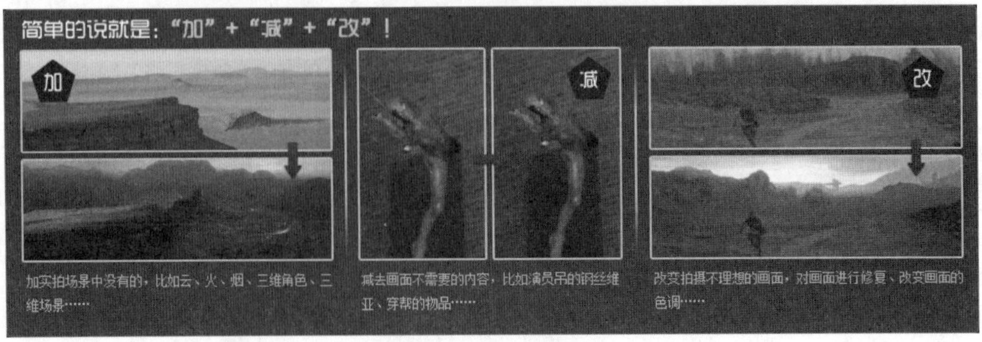
简单的说就是：“加”+“减”+“改”！
加
减
改
加实拍场景中没有的，比如云、火、烟、三维角色、三维场景……
减去画面不需要的内容，比如演员吊的钢丝维亚、穿帮的物品……
改变拍摄不理想的画面，对画面进行修复、改变画面的色调……

图 11–19 合成手法

实训课题 2：最简单的遮罩——使用透明图像作为遮罩

步骤 1：在第 1 轨上，使用 Photoshop 制作一幅包含透明区域的遮罩图片，或者使用“媒体发生器”中的“色彩渐变”，选择一种预置效果拖到轨道上。如图 11-20 所示，这里选择“椭圆形，透明-->黑色”预置效果。注意，一定要带有透明区域，如果没有透明区域，则背景不会显示出来。

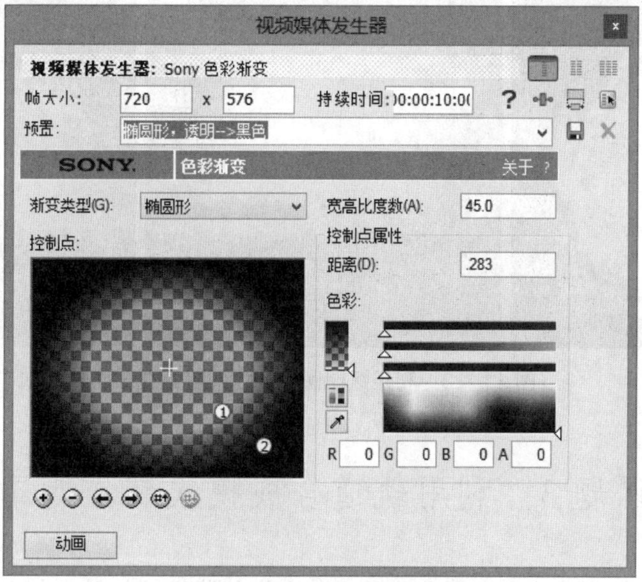

图 11-20　创建透明图像

步骤 2：在第 2 轨上，放置正常的素材，可以是视频素材。

注意，透明素材在上，普通素材在下。这样上轨的素材就起到了遮罩作用。

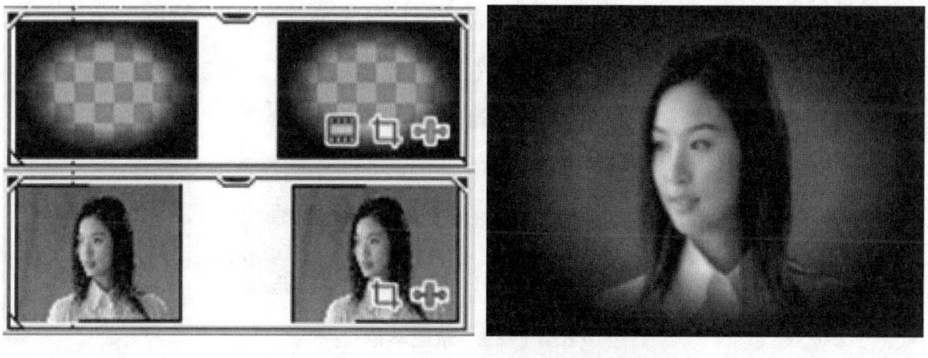

图 11-21　利用透明图像合成的效果

这种方法制作遮罩效果，是最简单的一种，也是最容易理解的一种方法。

从网格上可以找到大量的带有透明背景的相框、花边等素材，如图 11-22 所示。利用这些素材可以创建非常漂亮的合成效果。

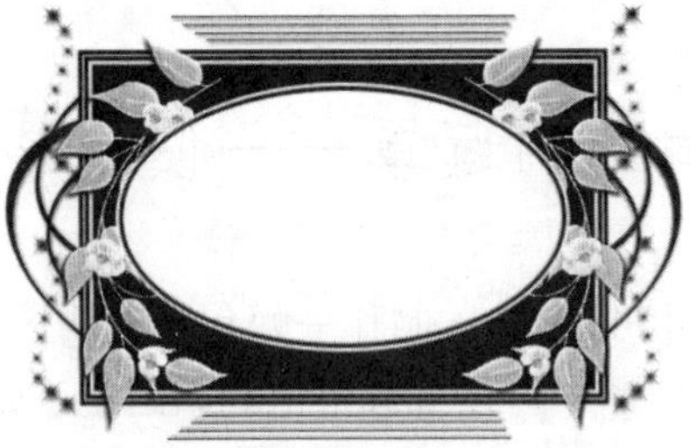

图 11-22　带透明区域的遮罩素材

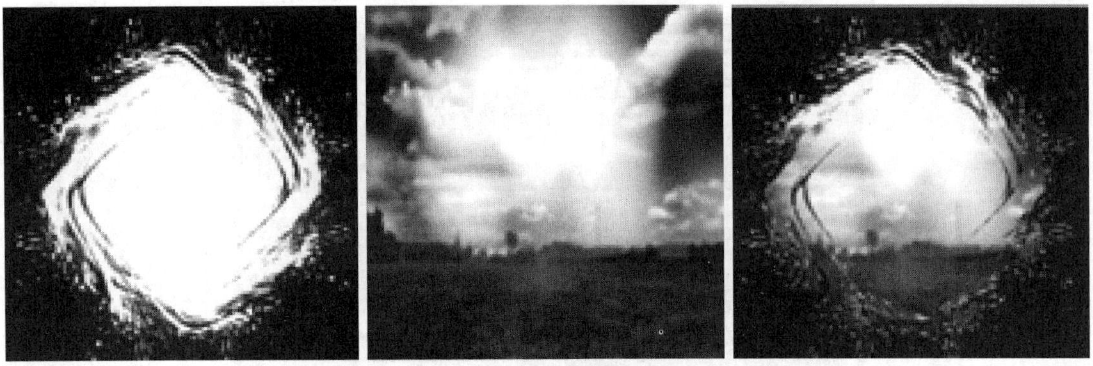

图 11-23　利用透明图像制作的遮罩效果

实训课题 3：利用轨道合成模式制作遮罩效果

步骤 1：在第一轨创建静态字幕，选择“媒体发生器/标题与文字/默认”，字体设置为粗一些的黑体等，其他保持默认。

步骤 2：在第二轨创建一幅渐变图像，选择“媒体发生器/色彩渐变/红绿蓝线性渐变”，参数保持默认。

步骤 3：安排第一轨在上，第二轨在下，如图 11-24 所示，将第一轨的轨道合成模式修改为“相乘（遮罩）”模式。

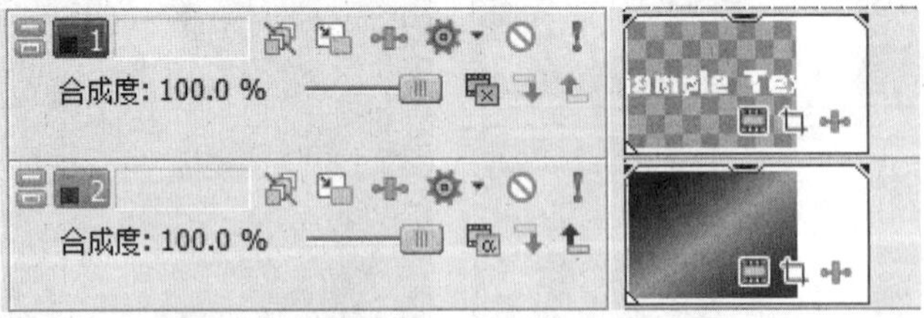

图 11-24　轨道遮罩

此时效果如图 11-25 所示。可以看到文字充当了遮罩，底下的渐变图像从文字中透露出来，文字以外的 alpha 透明区域则完全遮盖掉底下的图像。

使用此种方法遮罩效果是制作出来了，但是却看到背景是黑色的，如果想在底下添加一段视频素材作为背景，那就要用到另外一种方法：子母轨制作遮罩效果。

图 11-25　轨道遮罩效果

实训课题 4：利用子母轨制作遮罩效果

步骤 1：在第一轨创建静态字幕，选择“媒体发生器/标题与文字/默认”，字体设置为粗一些的黑体等，其他保持默认。

步骤 2：在第二轨创建一幅渐变图像，选择“媒体发生器/色彩渐变/红绿蓝线性渐变”，参数保持默认。

步骤 3：在第三轨放置一段视频素材，3 个轨道的安排如图 11-26 所示。

步骤 4：将第一轨的轨道合成模式修改为“相乘（遮罩）”模式。

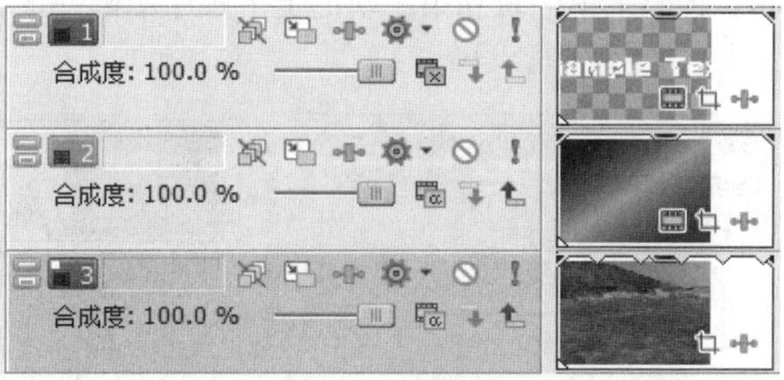

图 11-26　子母轨遮罩轨道安排

此时的预览效果如图 11-27 所示，背景并没有透出来。

图 11-27　合成效果

步骤 5：将第二轨变为第一轨的子轨，此时底下的背景已经显露出来，如图 11-28 和图 11-29 所示。

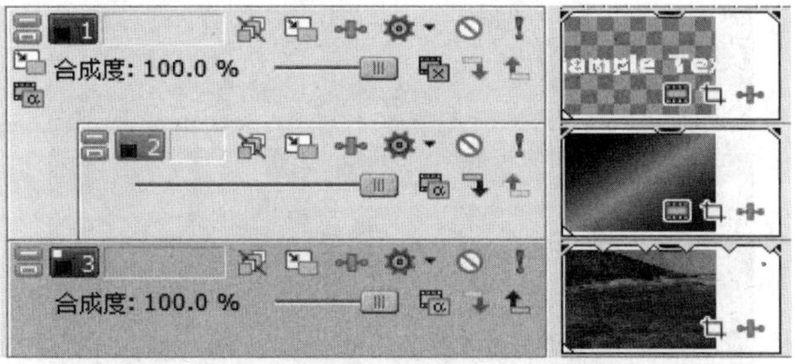

图 11-28　制作子母轨

图 11-29　子母轨合成效果

有意思的是，Vegas 中只要创建子母轨，不管谁作为子轨或者母轨，实现的遮罩效果都是一样的。如图 11-30 所示，将原来第一轨和第二轨的上下顺序颠倒一下，其他不变，结果最终效果没有任何变化。

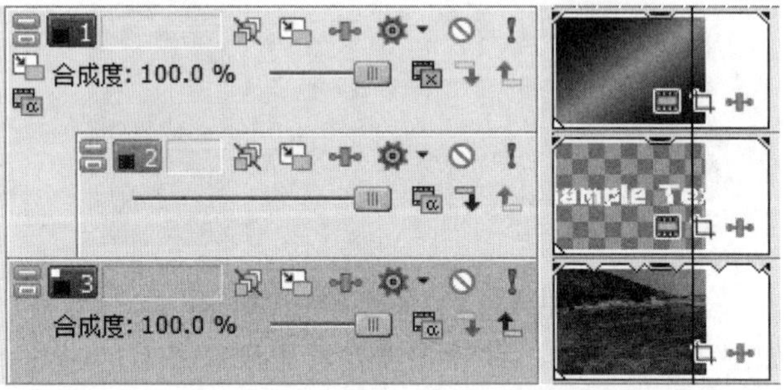

图 11-30　子母轨遮罩轨道安排

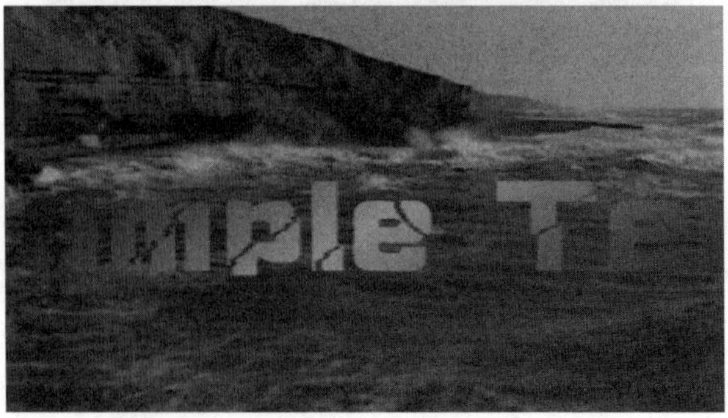

图 11-31　改变轨道顺序后的合成效果

实训课题 5：创建形状遮罩

在素材平移窗口中带有遮罩功能，随时可以给素材添加遮罩效果，从而和其他轨道的素材实现合成效果。

打开素材平移窗口，在底部可以看到关键帧动画制作区。要注意，它有两层小轨道，下层才是遮罩动画轨道。

图 11–32　素材平移轨道

一旦勾选“遮罩”功能后，缩略图中的“平移”、“缩放”、“旋转”标志立即消失，如图 11-33 所示。可以看到，上下两个小轨道中，“遮罩”轨道被选中。

图 11–33　勾选“遮罩”后的素材平移窗口

接下来应该选择“钢笔工具”、“矩形工具”和“椭圆工具”来创建遮罩形状。这是制作遮罩效果最关键的一步。比如使用“椭圆工具”在缩略图上画出一个椭圆形状，此时效果如图 11-34 所示。

如果画出一个矩形遮罩的话，可以模拟宽幅电影的效果，如图 11-35 和图 11-36 所示。

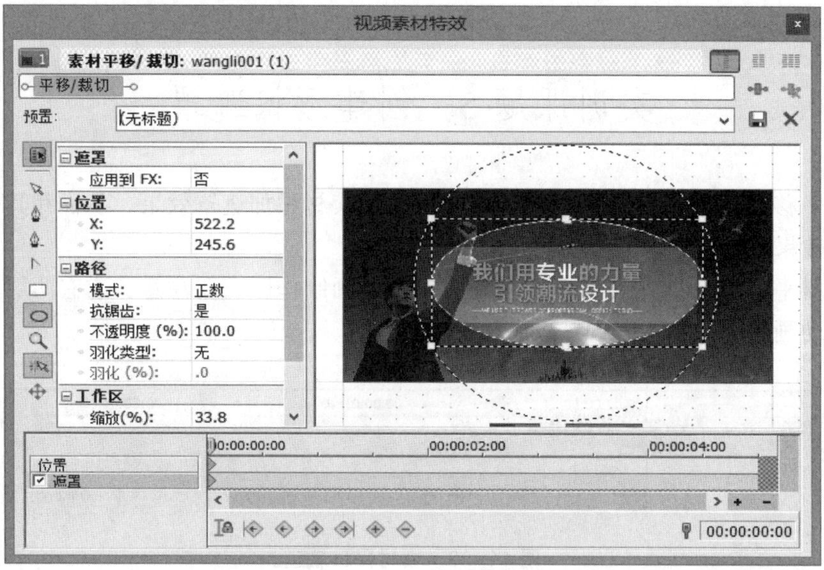

图 11–34　添加遮罩

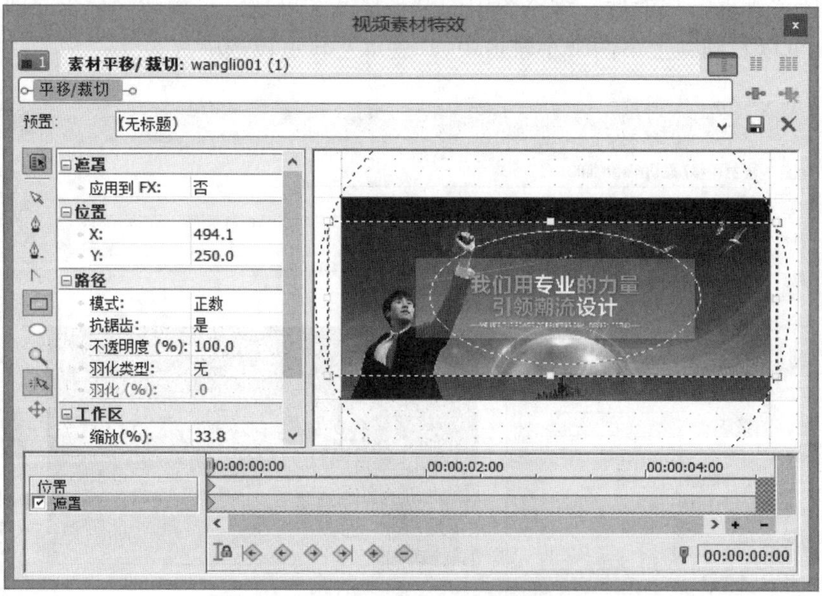

图 11–35　利用遮罩实现宽幅电影

添加遮罩形状以后，画面实际效果如图 11-36 所示。可以看到，遮罩以内的内容被显示，遮罩以外的内容被遮盖不显示。

图 11–36　制作的宽幅电影效果

遮罩形状的周围也会出现操作手柄，因此可以进行平移、缩放、旋转操作。利用这个功能，再结合关键帧，就可以制作动态遮罩，如图 11-37 和图 11-38 所示，使一个椭圆遮罩从小变大，就会实现局部画面逐渐显露效果，这样就实现了动态遮罩的功能。

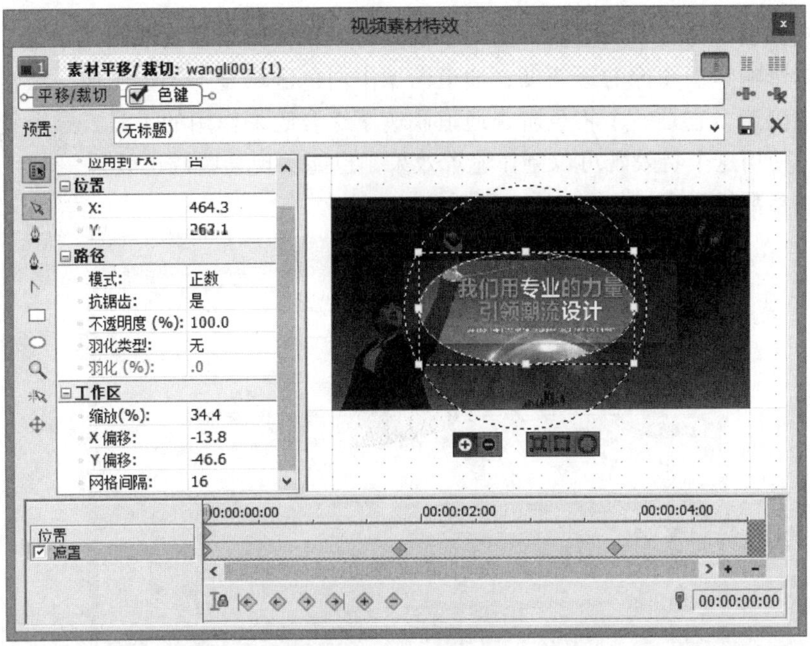

图 11–37　动态遮罩

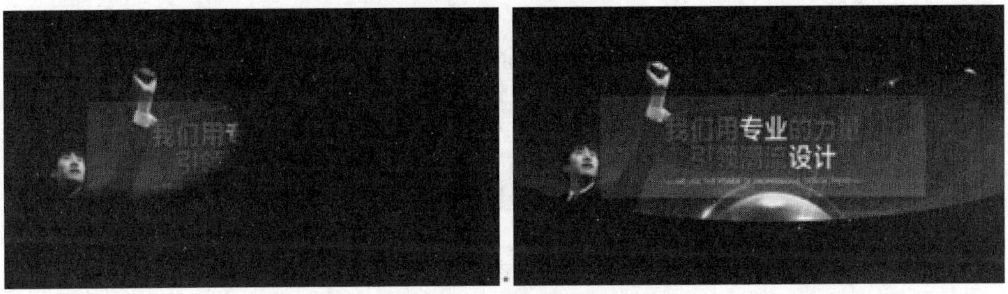

图 11–38　动态遮罩效果

再介绍一下左侧工具栏。

从上往下主要有：选择工具、钢笔工具、删除节点工具、转换节点工具、矩形遮罩工具、椭圆形遮罩工具。其中主要使用钢笔工具绘制任意形状的遮罩，附带的删除节点工具、转换节点工具等都和 Photoshop 中的贝兹曲线工具使用方法相同，并无特殊之处。利用它们可以很随意地勾画出任意形状的遮罩。

在路径选项中“模式”有 3 种选项：正向（正数）、反向（负数）、禁用。选择“正向”的话，遮罩区域以内的部分被保留，显示出本层图像，而遮罩区域以外的部分被屏蔽，显露出下层图像。

选择反向的话，则恰好相反，遮罩区域以内的部分被屏蔽，从而显露出下层图像，而遮罩区域以外的部分则没有被屏蔽，显露出本层图像。

羽化类型有：向内（in）、向外（out）、两者都有（both）、无这 4 种选项。这些参数可以参照图 11-37 理解。

实训课题 6：使用蒙版生成器特效创建遮罩效果

蒙版生成器也译为遮罩发生器，是一个视频特效，其作用是提取图像中某一通道的亮度信息作为遮罩影响本层图像的透明度，通道图像中白色区域显示上层图像，黑色区域显示下层图像，白透黑遮。它是一个将色阶、通道和遮罩综合起来作用的工具。这个特效更像一个通道分离器，使用这个特效既可以制作遮罩效果，也能实现某些调色效果。

该特效的参数设置窗口如图 11-39 所示。

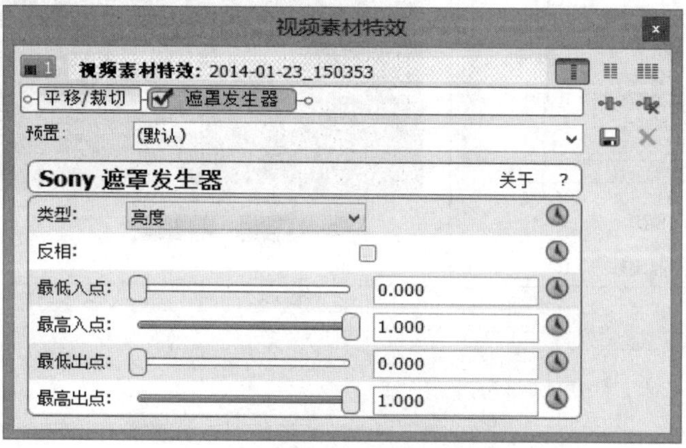

图 11-39　遮罩发生器参数设置窗口

主要参数有：

类型：有亮度、红色、绿色、蓝色和 alpha 透明度 5 种，如图 11-40 所示。其中 Alpha 类型适用于带 alpha 透明通道的图像，比如 TGA 图片等。

次要参数有：

最低入点（low in）、最高入点（high in）、最低出点（low out）、最高出点（high out）、反相（invert）。

起主要作用的是遮罩类型这个参数，其他参数都细微地影响透明度。

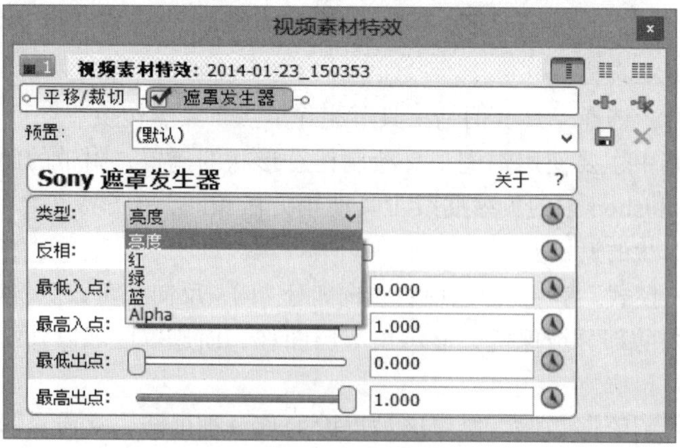

图 11-40　遮罩类型

下面分别介绍这几种类型的作用及效果，如图 11-41 所示，在上层轨道添加一个红绿蓝三色线性渐变图像，在下层轨道放置一段视频素材。

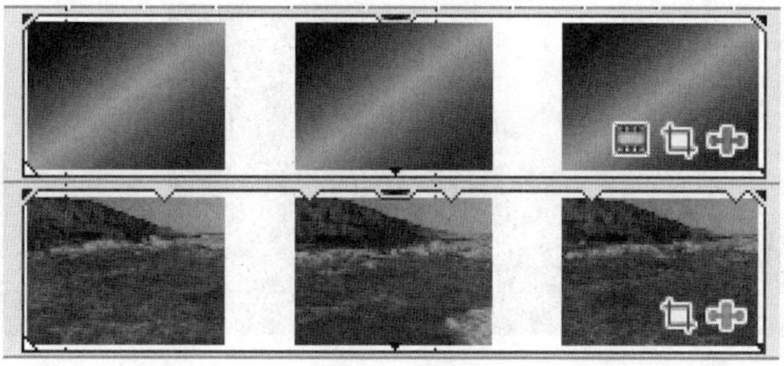

图 11–41　素材安排

对上层轨道素材添加“蒙版生成器”特效，类型为“亮度”，“亮度”类型将提取 RGB 综合通道的亮度信息，如图 11-42 中左图所示。

我们知道，通道信息一般是一幅包含黑、白、灰的 256 级灰度图像。图 11-42 所示中间图像正是摄取 RGB 亮度信息后得到的一幅灰度图像。也就是说，它将彩色图像转换为灰度图像了。用这幅灰度图像和下层素材合成以后得到的效果如图 11-42 右图所示。

图 11–42　蒙版生成器合成效果

当在合成过程中，提取出的灰度图像不但作为素材参与合成，还影响下层素材的透明度，图 11-42 中的合成效果就证明了这一点。

当遮罩类型为红时，它提取红色通道信息，得到一幅包含黑、白、灰的 256 级灰度图像，如图 11-43 中间图像所示。以此图像作为遮罩使用时，黑色部分被屏蔽掉，即完全透明，白色部分不透明，并且保留白色区域。这样和底层素材合成后效果如图 11-43 右图所示。

图 11–43　提取红通道信息进行合成

其他绿通道和蓝通道信息如图 11-44 和图 11-45 所示。

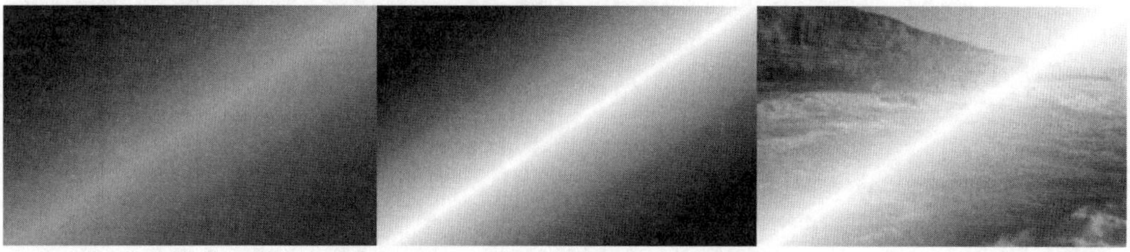

图 11–44　提取绿通道信息进行合成

图 11-45　提取蓝通道信息进行合成

通过以上实例分析，得出该特效的真正作用就是：白色区域显示上层图像，黑色区域显示下层图像。相当于屏蔽掉黑色部分，使其变得透明，而保留白色区域。利用这个特性，我们来制作图 11-46 所示的合成效果。

图 11-46　最终合成效果

素材图片如图 11-47 ~ 图 11-49 所示。

图 11-47　素材一

图 11–48　素材二

图 11–49　素材三

步骤 1：将 3 张素材图片添加到轨道上，放置次序如图 11-50 所示。

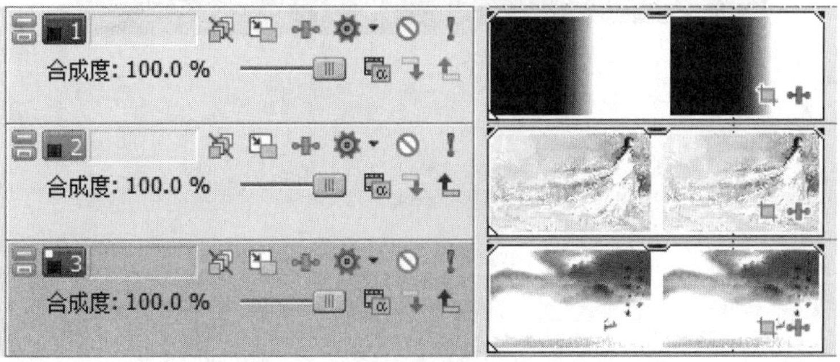

图 11–50　素材的轨道安排

步骤 2：翻转前两张图片，第一张将黑色放置在右侧，第二张将人物调整到左侧。或者在 Photoshop 中制作一张从白到黑渐变的黑白图片以替换第一张图片素材。

调整方法如图 11-51 所示，打开素材平移窗口，在缩略图上单击右键，选择“水平翻转”即可。第二张图片也照这个方法操作，翻转后效果如图 11-52 所示。

步骤 3：给顶层轨道中黑白图片素材添加蒙版生成器特效，遮罩类型为亮度，其他参数保持默认。效果如图 11-53 所示。

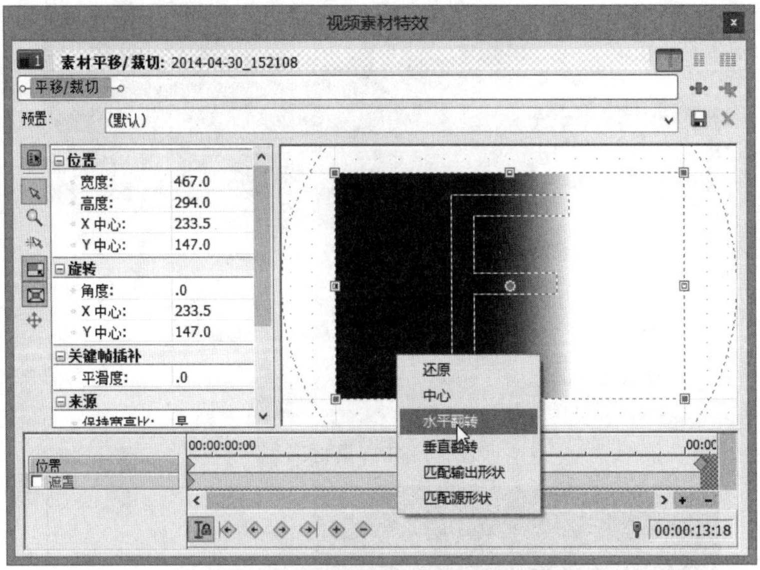

图 11–51　素材进行水平翻转

图 11–52　翻转后的素材

图 11–53　使用蒙版生成器后的效果

步骤 4：继续结合子母轨遮罩制作最终合成效果。如图 11-54 所示，将第二层轨道设置为第一层轨道的子轨，并将母轨的合成模式修改为“相乘（遮罩）”，一下子神奇的合成效果就出来了。

图 11-54　制作子母轨

图 11-55　最终合成效果

实训课题 7：使用色键特效创建遮罩效果

色键，也称抠像或者键控，主要用来抠像，在影视合成中用处很大。

使用色键时要注意，它只适合于抠背景为纯色的图像，比如绿屏、蓝屏图像。较为复杂的背景图像，使用它时往往效果不佳。

添加色键特效后，它的参数窗口如图 11-56 所示。主要参数有：

（1）彩色：抠像依据的颜色，可用吸管在原图像中吸取颜色，被选中的颜色将被抠除，变为透明区域，从而露出下层图像。

（2）暗色阈值：最小颜色容差值，调整其值，暗调部分优先变化。

（3）亮色阈值：最大颜色容差值，调整其值，亮调部分优先变化。

（4）模糊数量：选区模糊化程度。

（5）仅显示遮罩：不勾选此项，则显示剩余区域图像，如果勾选此项，则仅仅显示被选中的区域。

这个特效主要依据颜色进行抠像，将选中色彩区域抠除变为透明区域。通过容差值的调整来抠除较为复杂难抠的区域。通过实际使用效果来看，Vegas 的色键特效还是很强大的，对于较难抠除的人物头发等边缘区域都有较好的表现。

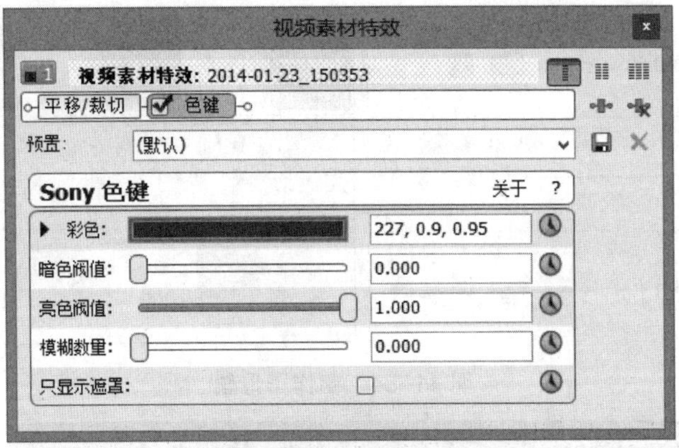

图 11–56 色键特效

下面以一个实例说明本特效的用法。图 11-57 左侧是一张背景图片，图 11-57 右侧是一张绿屏图片，为待抠像图片。

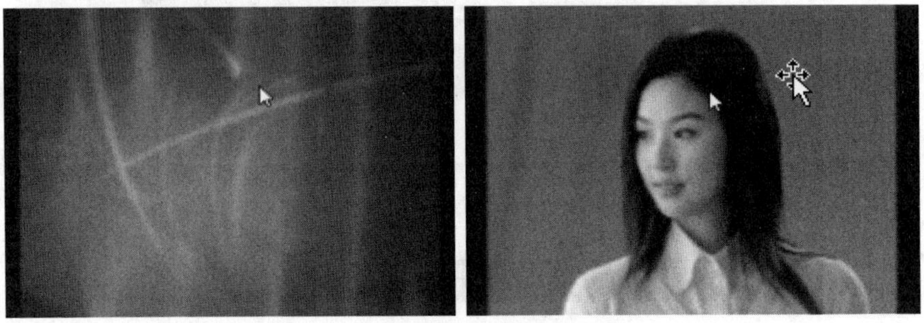

图 11–57 背景图片和待抠像图片

第一步：将两张图片导入 Vegas，背景图片放在底层，待抠像图片放在顶层。两层对齐。

第二步：将“色键”特效添加到待抠像图片上，选择“绿屏”方案，或者选择“默认”方案，不管那种都行。添加之后出现参数设置窗口。

第三步：点击颜色（color），如图 11-58 所示，选择“吸管”工具，在轨道预览窗口中的图像上点击吸取绿屏背景颜色，选取之后的颜色值自动记录下来，比如这里的“134，0.43，0.58”。

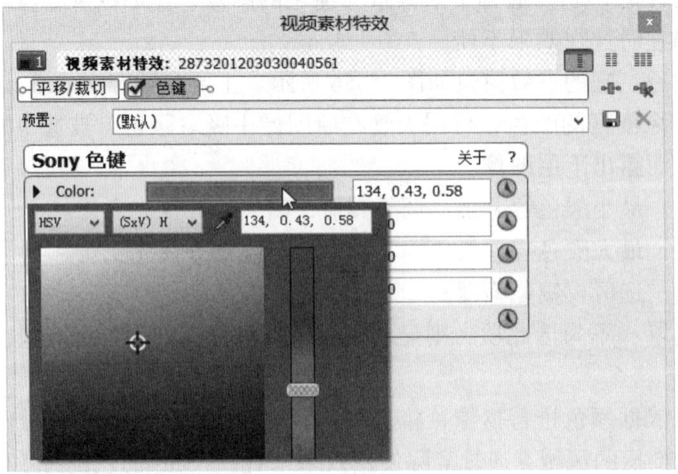

图 11–58 吸取抠像颜色

第四步：适当调节“最低阈值”和“最高阈值”两项参数，如图 11-59 所示。比如这里“最低阈值”为 0，“最高阈值”为 0.401。在调节的同时，如果感觉观察不方便，还可以勾选“仅显示遮罩”选项，此时预览窗口如图 11-60 所示。

第五步：完成抠像，此时最终的合成效果如图 11-60 所示。

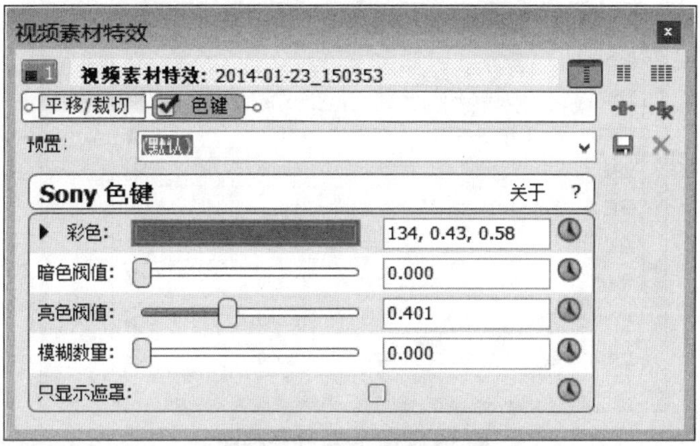

图 11–59　调节参数

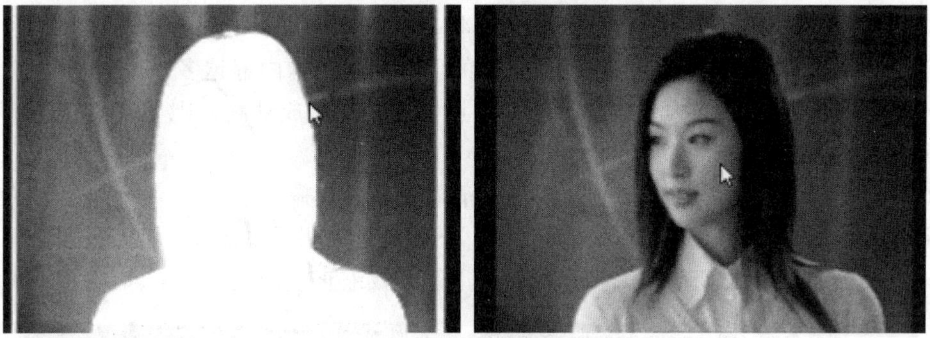

图 11–60　仅显示遮罩时的画面和最终抠像效果

实训课题 8：使用区域切除特效创建遮罩效果

通过这个特效，可以在画面中切割出圆形、椭圆形、长方形（正方形）、菱形、三角形、箭头等几何图形，图形以内的画面显示，图形以外的画面被擦除，从而显露出下层轨道的图像。

利用这个特效，既可以建立各种形状的画中画效果，也能够实现抠像效果，不过只能使用有限的几种形状来抠图。

各项参数含义如下：

（1）彩色：几何形状的颜色，默认是黑色。

（2）形状：共有圆形、椭圆形、矩形、菱形、方形、三角形、箭头等 14 种形状。

（3）方法：有两种选择，形状以外剪除和形状以内剪除。

（4）羽化：边缘模糊程度。

（5）边框：形状有无边框效果，如有，则带一定厚度的边框。

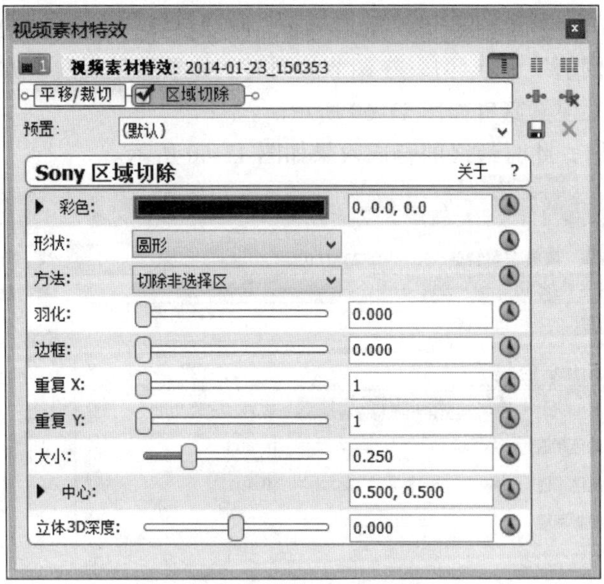

图 11–61　区域切除特效

（6）重复 X：沿 X 轴方向多次重复几何形状，比如有十几个圆的效果。

（7）重复 Y：沿 Y 轴方向多次重复几何形状。

（8）大小：几何开关的大小。越小，露出的下层轨道图像内容越多。

（9）中心：几何形状的中心点。改变中心点位置，并做成动画，则可以实现不断移动位置的遮罩形状。

（10）景深（stereoscopic 3D depth）：近处清晰，远处模糊。

如图 11-62 所示，上层放置一张人物照片，下层放置一张风景照片，使用圆形切除，改变圆的大小，使之从大到小变化，人物画面随之也逐渐收缩直至消失。

图 11–62　区域切除效果

实训课题 9：制作动态遮罩

Photoshop 中的遮罩只是静态的，而视频制作中的遮罩是动态的，可以变化形态、大小、位置，从而呈现出非常吸引人的魅力。

在动态遮罩制作的过程中，关键帧起着至关重要的作用。实质就是给遮罩制作关键帧动画。

通过定义关键帧，在不同时间改变遮罩的形状、大小、位置等，从而形成关键帧遮罩动画。

下面我们举例说明（利用动态遮罩实现文字逐渐消失动画）。

步骤 1：在开始关键帧处，利用矩形遮罩制作如图 11-63 所示遮罩形式。

步骤 2：如图 11-64 所示，在中间位置处制作遮罩形状。利用选择工具，选中矩形遮罩左侧的两个节点水平往右拖动，起到的效果就是将矩形遮罩沿水平轴方向缩短。

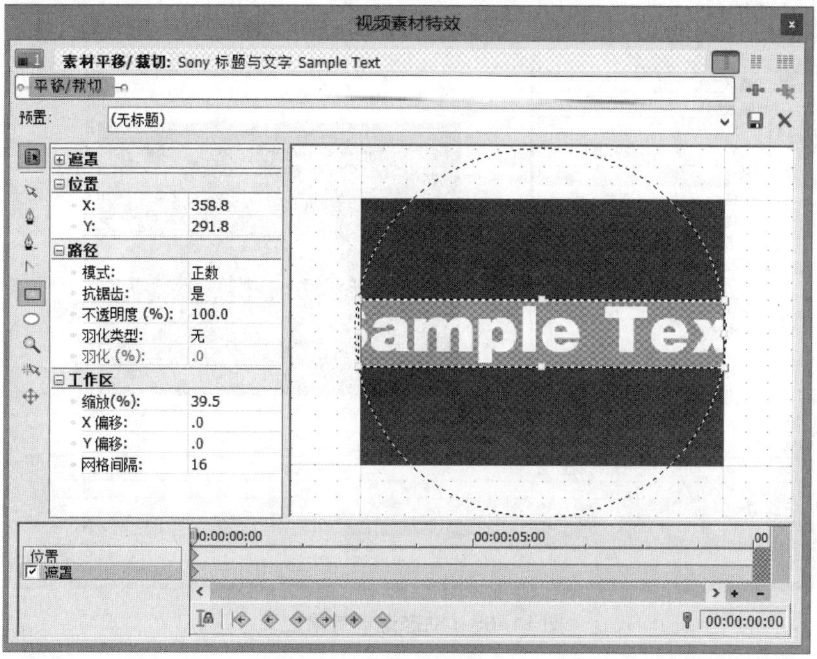

图 11-63　动态遮罩效果之一

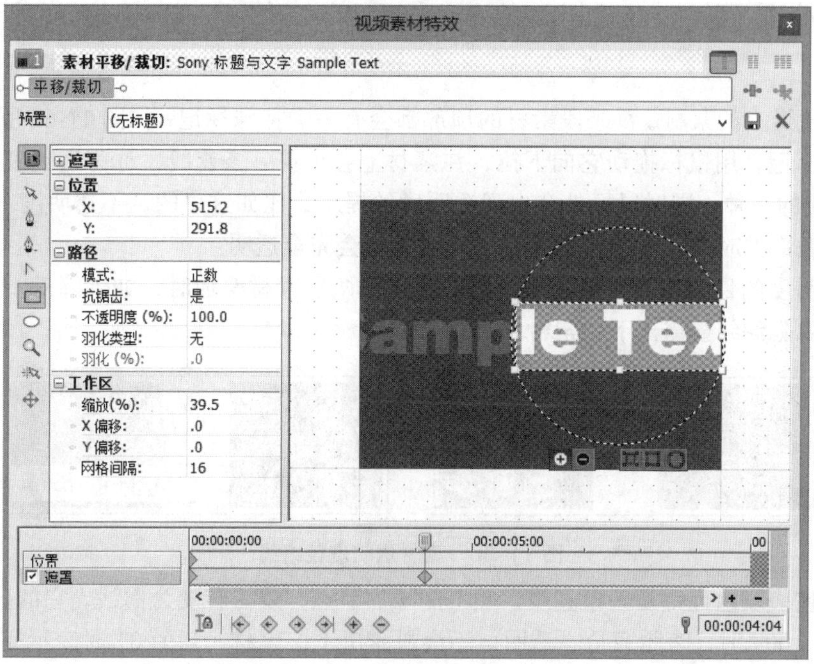

图 11-64　动态遮罩效果之二

步骤 3：在末尾处添加关键帧，同时将矩形遮罩继续缩小，直到不再覆盖文字，如图 11-65 所示。

步骤 4：播放预览，可以看到文字由多至少，逐渐消失。

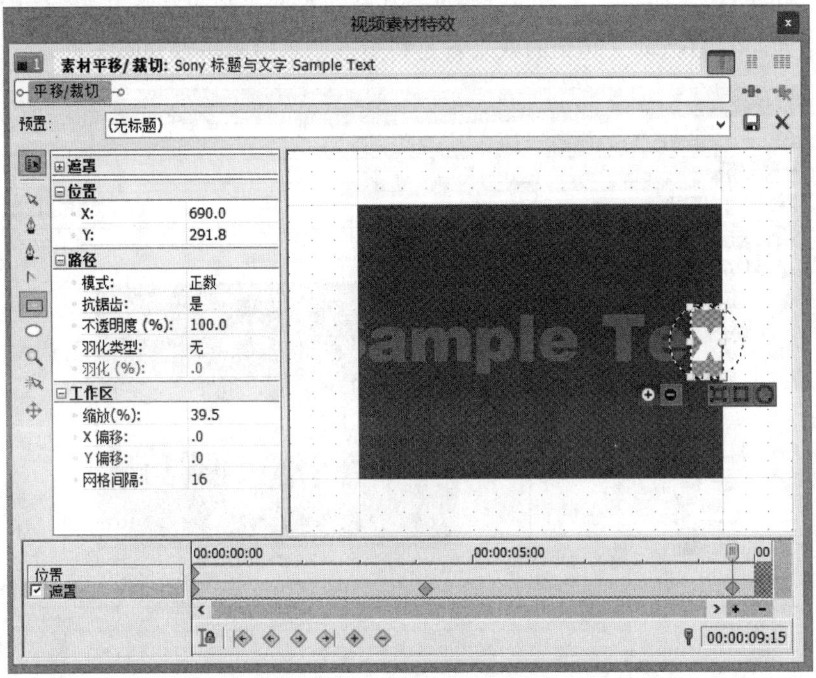

图 11-65　动态遮罩效果之三

实训课题 10：利用素材透明度包络线实现合成效果

放置在轨道上的素材，每一段素材的顶部都会有一个特殊标记，如图 11-66 所示，它就是素材透明度标记。用鼠标拖动它向下拉，在素材上会出现一条蓝线，称为透明度包络线，是 Vegas 包络线的一种。同时鼠标处会出现透明度的提示，比如这里的“不透明度 89%”。当把这条线拖到底部的时候，不透明度为零，此时素材会完全透明。

调整透明度的目的是为了更好地合成，当上下两层素材叠加时，如果降低上层素材的透明度，则会隐隐约约显露出下层素材。

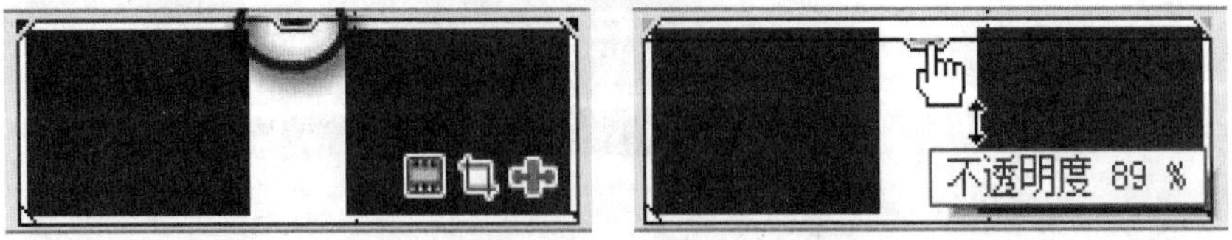

图 11-66　素材透明度包络线

透明度包络线永远都是一条直线，并不能添加节点，或者转变为曲线，它的数值在 0%～100%，当为 100%时，表示完全不透明，不会显露出下层素材，当为 0%时表示完全透明，会显示出下层素材。

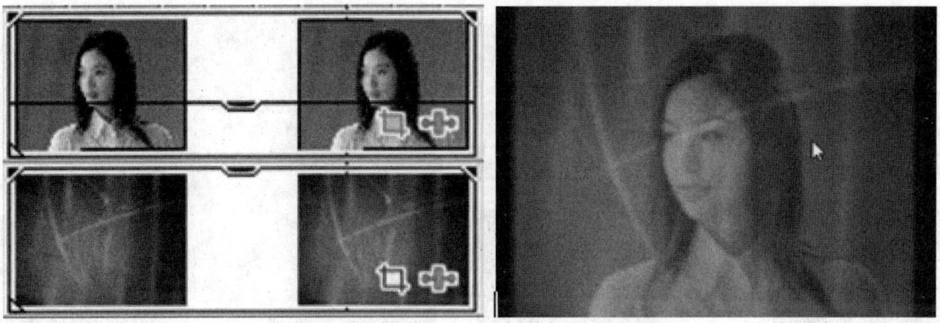

图 11-67　利用透明度包络线合成的效果

实训课题 11：利用轨道透明度包络线实现合成效果

轨道也有自己的透明度包络线，不过它一般被称作“合成度”包络线。

在轨道空白处单击右键，在弹出的菜单中选择“插入包络线/合成度”，如图 11-68 所示。

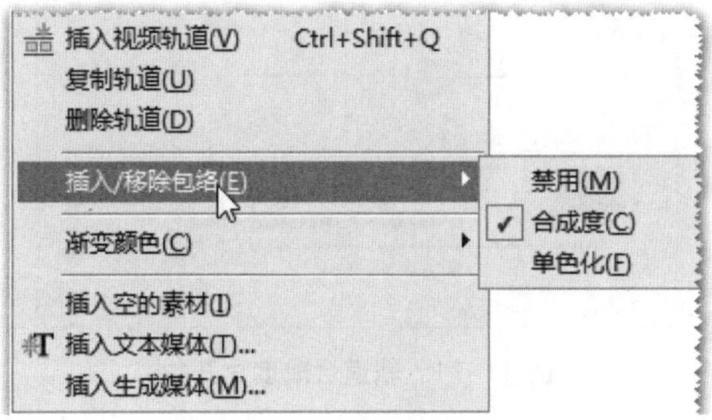

图 11-68　轨道合成度包络线

插入之后，整个轨道上出现一条蓝线。在蓝线的任意位置单击右键，在弹出的菜单中选择“增加节点”选项，如图 11-69 所示。之后在这条蓝线上会出现一个小方块，它代表一个节点。上下拖动这个节点，曲线会随之发生起伏变化，如图 11-70 所示。有了这个利器，制作轨道合成效果时就更会得心应手了。

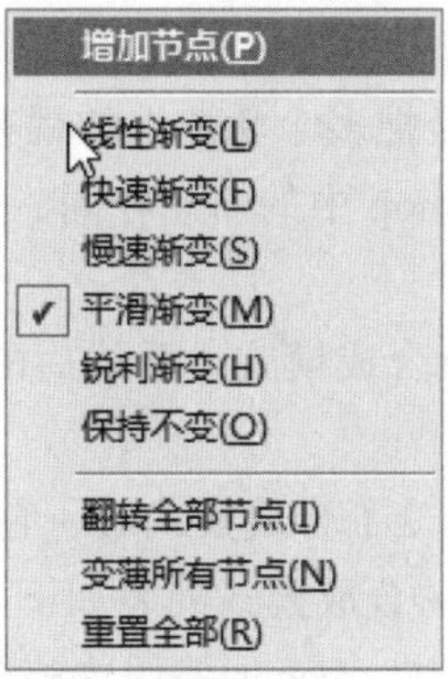

图 11-69　增加节点

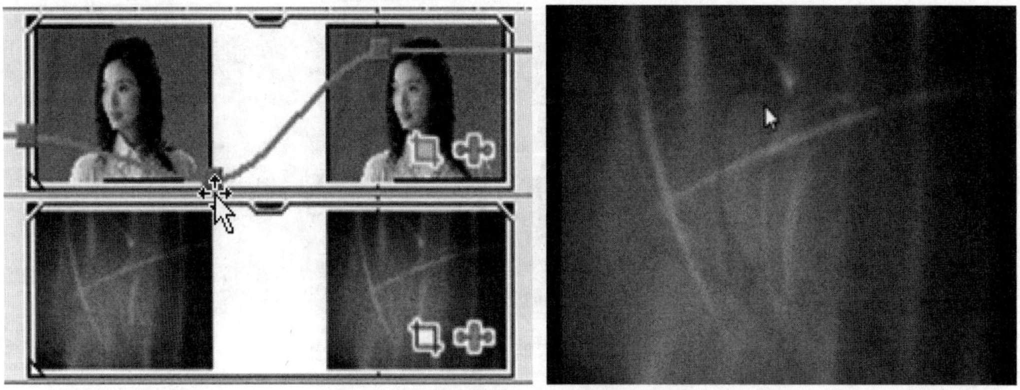

图 11-70　轨道合成度包络线的变化

另外，在轨道头部还有一个简单的透明度控制工具，如图 11-71 所示，每个轨道的轨道头部都会有这个东西，它是一个推子，左右拖动它，就能提高或者降低整个轨道的透明度。它是一个总开关，影响轨道上所有素材的透明度，不管前面是否已经设置过素材透明度或者轨道透明度。

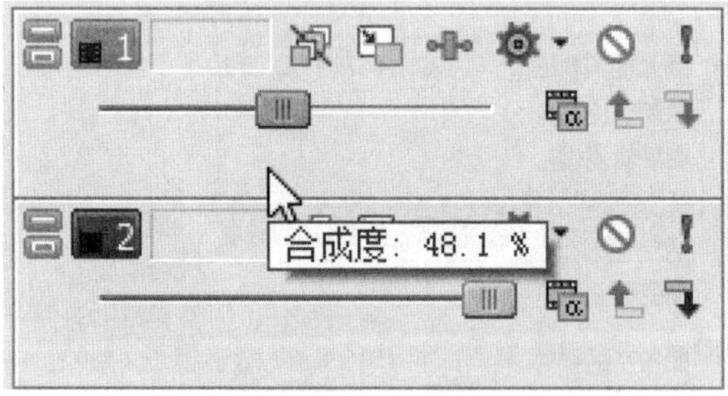

图 11-71　轨道合成度总开关

实训课题 12：认识轨道合成模式

前面讲过，轨道就像 Photoshop 和 AE 里面的层，上面的轨道会遮盖下面的轨道，在一个时间，我们只能看到最上面的轨道内容。这时相当于“遮盖”模式，除了这种最常见的形式，还可以改成其他的合成模式，以创建一些特殊的效果。

和 Photoshop 相似，轨道合成就是把多个轨道上的视频或者图片以不同的叠加模式叠加在一起。这些合成模式的概念和 Photoshop 中的概念相同，如果有 Photoshop 基础的话，理解起来会更轻松一些。

在轨道合成中，使用不同的轨道合成模式，合成后的图像不会显示原来色彩的图像，它会改变色彩或明暗度。

每个轨道都可设置合成模式，改变了合成模式后，它就和下层轨道发生了关系。

如图 11-72 所示，Vegas 中所有的合成模式列表如下。这些效果，比起 Photoshop 的效果来说，仍然不够精细。但是请大家记住，Vegas 使用这些合成模式，并不完全是实现调色或某种特殊效果的，更多的是用来实现遮罩效果和合成效果。

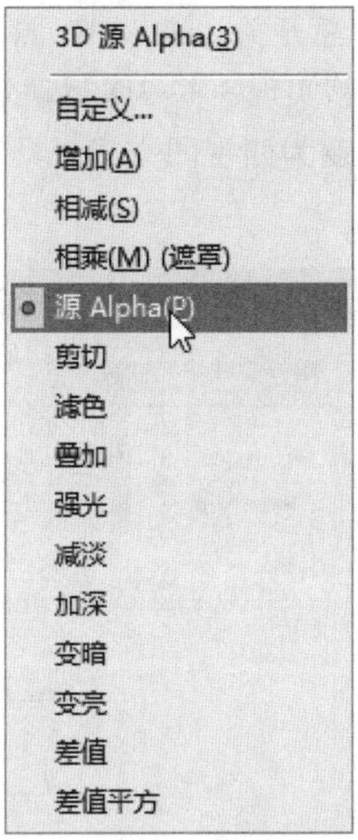

图 11–72　Vegas 轨道合成模式

如图 11-73 所示，源 alpha 模式是最原始的模式，相当于 Photoshop 的“正常”模式，是最不可能发生变化的原始模式，上层轨道完全遮盖掉下层轨道内容。

所以说，源 alpha 模式，是我们创建轨道时默认的叠加方式，它会使用 alpha 通道来决定图像的透明度。如果上层轨道画面没有 alpha 通道，那么这个叠加模式就不起作用。这时就相当于“遮盖”效果，上层画面会遮盖住下层画面，好像两个轨道没有丝毫关系似的。

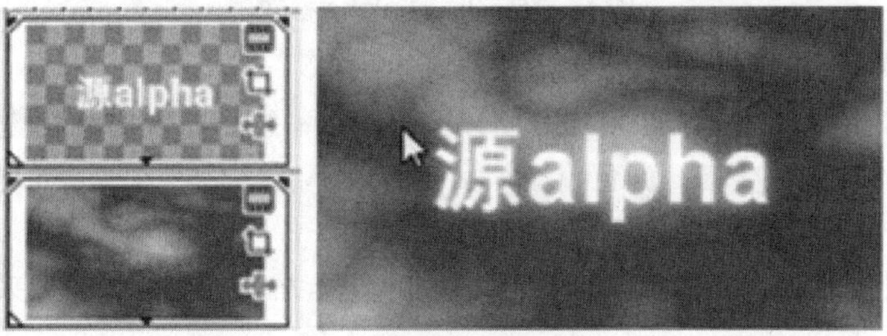

图 11–73　源 alpha 模式

相乘（遮罩）模式：也可以称为轨道蒙板模式，在此模式下，上层轨道中亮的部分会透出下层轨道内容，上层轨道中暗的部分会遮盖住下层轨道内容，因此上层轨道就起了遮罩的作用。一般使用这种模式制作遮罩效果，如图 11-74 所示。

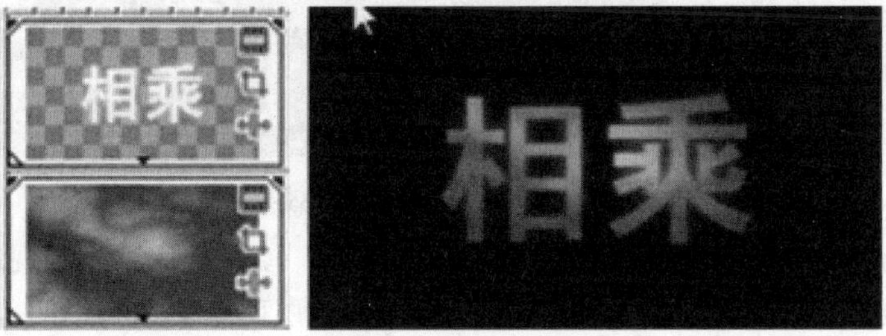

图 11–74　相乘（遮罩）模式

3D 源 alpha 模式：它是轨道 3D 总开关，进入 3D 源 alpha 模式之后，相当于进入了轨道 3D 模式，在此模式下，轨道素材能够实现一些 3D 运动效果。如图 11-75 所示，此时的轨道运动视图自动变为 3D 模式，视图也变为四视图方式。具体 3D 运动的操作方法，我们在前面章节已经讲过，在此不再赘述。

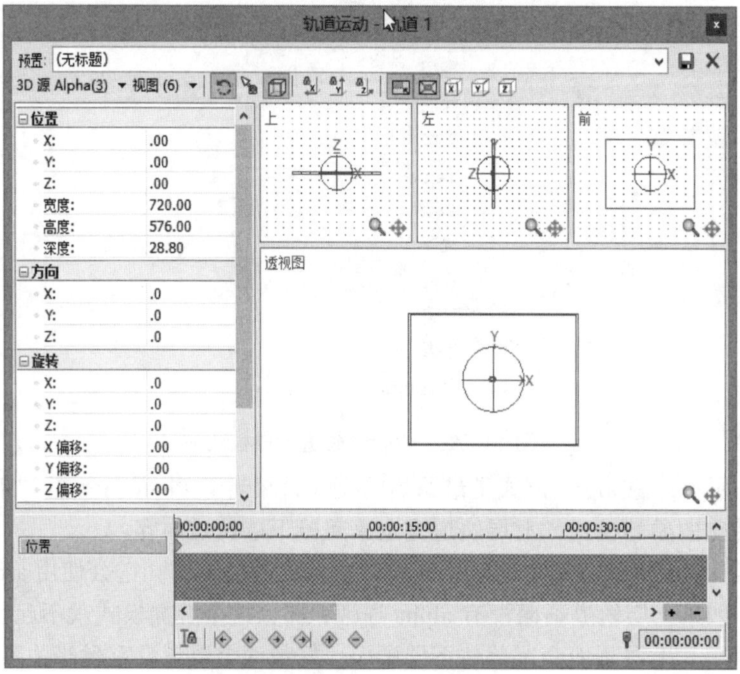

图 11-75　3D 源 alpha 模式

另外几种合成模式的含义和效果不再赘述。

在这些模式中，叠加、强光、增加、相减、剪切为一组，总体效果是增加对比度。加深、变暗为一组，总体效果是变暗。滤色、减淡、变亮为一组，总体效果是变亮。差值和差值平方为一类，总体效果是反相。

在实际应用中，轨道混合模式非常有用。比如图 11-76 所示，两张图像采用“变暗”模式，就很好地溶合在一起。

图 11-76　变暗模式合成效果

如图 11-77 所示，分别采用“正片叠底”和“柔光”模式实现若隐若现的效果。

当然，更多更好的混合效果，需要在实践中根据上层两个轨道色彩的实际情况灵活运用轨道混合模式，并没有一成不变的公式。同样的一种混合模式，针对图像不同或者色彩不同，得出的结果也会大相径庭。希望初学者更多地实践尝试。

图 11–77　正片叠底合成效果

实训课题 13：利用轨道合成度实现合成——云中的护士

在轨道头部有轨道合成度，拖动这个滑块可以改变轨道合成度。轨道合成度就是轨道的透明度，它对轨道上所有素材起作用。

在素材的顶部有不透明度包络线，向下拖动该包络线可以降低不透明度的值。素材透明度只对该段素材起作用，不影响其他素材的透明程度，也不会影响轨道透明度。

利用轨道合成度或者素材透明度可以实现上下相邻两层轨道的合成效果。

步骤 1：创建两层轨道，上层轨道放置蓝天白云素材。

步骤 2：在下层轨道上放置白衣护士素材，两层素材对齐。

步骤 3：改变上层轨道的合成度为 40%左右，完成本合成实例，最终效果如图 11-78 所示。

图 11–78　云中的护士合成效果

实训课题 14：利用子母轨实现合成——火焰字

子母轨制作遮罩效果是实现合成时一个最重要的手段。

步骤 1：导入蓝天白云素材，放置在底层轨道。

步骤 2：导入火焰视频素材，放置在蓝天白云轨道之上。

步骤 3：在最上面创建一个视频轨道，并利用“媒体发生器”生成透明背景的静态文字，文字内容为“火焰文字”，字体为黑体，字号大小调整到合适。

步骤 4：将“火焰”轨道设置为“火焰字”轨道的子轨道，并将顶层“火焰字”轨道的合成模式改为“相乘（遮罩）”模式。3 个轨道安排次序如图 11-79 所示。

步骤 5：完成本实例效果，预览效果如图 11-80 所示。

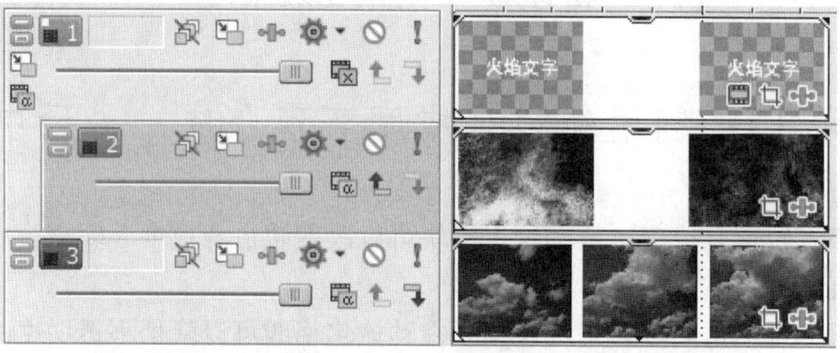

图 11-79 轨道设置

图 11-80 火焰字合成效果

实训课题 15：轨道合成实例之宽幅电影效果

步骤 1：在 Photoshop 中制作一张 720×576 大小的图片，中间部分为透明区域，上下两边各留 50 像素左右的黑边，制作完成后导入 Vegas 并放置在轨道 1 中。

步骤 2：导入一张风景图片，或者一段视频素材，放置在轨道 2 上。两段素材对齐。轨道安排如图 11-81 所示。

步骤 3：完成本实例制作，预览观察，效果如图 11-82 所示。

图 11-81　素材轨道安排

图 11-82　宽幅电影合成效果

实训课题 16：轨道合成实例之人物合成效果

目的：这是在同一地点拍摄的两段素材，现在要求将两段素材中的人物合成到一个画面中去。

步骤 1：导入素材 1，放置到轨道 1 上。

步骤 2；导入素材 2，放置到轨道 2 上。两段素材对齐，轨道安排的形式如图 11-83 所示。

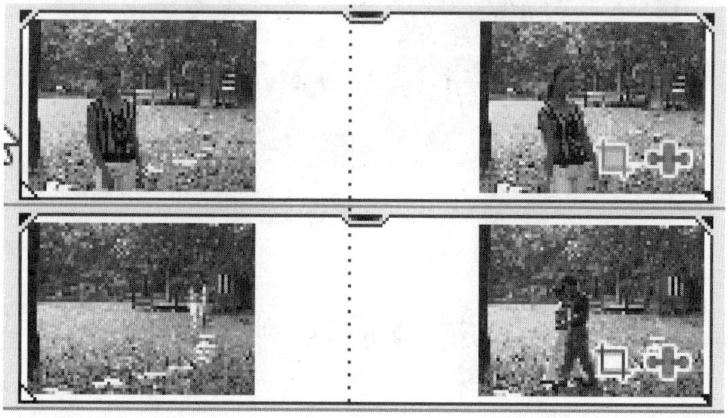

图 11-83　轨道安排

步骤 3：对素材 1 添加“色彩曲线”特效，将其颜色调得稍暗一些，以和素材 2 色彩保持一致。

步骤 3：打开素材 1 的“素材平移”功能，勾画如图 11-84 所示的遮罩形状，并将羽化值增大。

图 11-84 遮罩形状

步骤 4：完成本实例制作，预览效果如图 11-85 所示。

图 11-85 人物合成效果

实训课题 17：轨道合成实例之替换天空背景

步骤 1：导入白衣护士视频素材，并放置到轨道 2 上。

步骤 2：将轨道 1 复制为轨道 3，并和轨道 2 对齐。

步骤 3：对轨道 2 的素材添加色彩调整特效，包括“亮度和对比度”，降低亮度，提高对比度，参数设置如图 11-86 所示，设置后效果如图 11-87 所示。

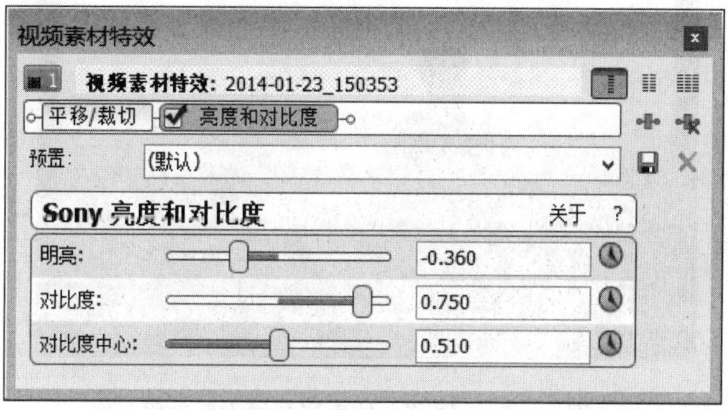

图 11-86　轨道 2 的亮度对比度设置

图 11-87　轨道 2 的亮度对比度设置效果

步骤 4：继续对轨道 2 的素材添加“色彩曲线”特效，进一步提高对比度，并将暗部调整得更暗一些，曲线参数设置如图 11-88 所示，效果如图 11-89 所示。

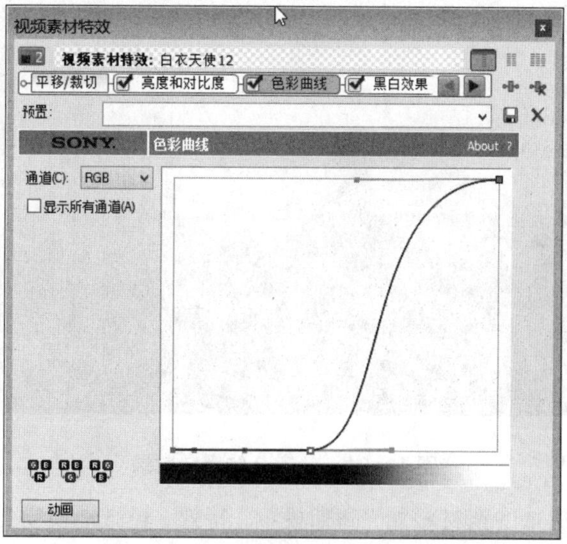

图 11-88　轨道 2 的色彩曲线设置

图 11–89　轨道 2 的色彩曲线设置效果

步骤 5：继续对轨道 2 的素材添加“黑白效果”特效，去除彩色，将画面图像变为黑白图像。参数设置如图 11-90 所示，效果如图 11-91 所示。

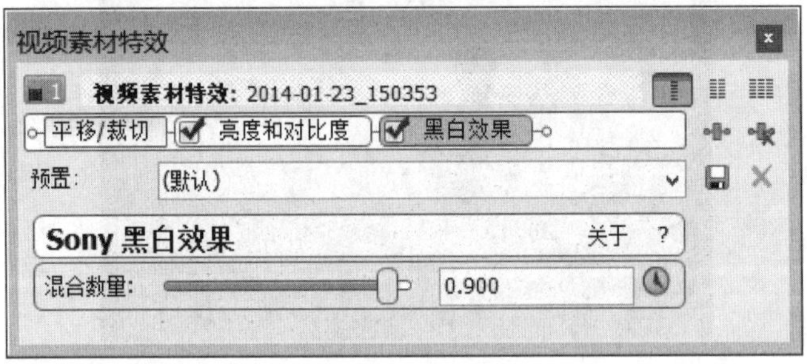

图 11–90　轨道 2 的黑白效果设置

图 11–91　轨道 2 的黑白效果

步骤 6：继续对轨道 2 的素材添加“高斯模糊”特效，轻微地模糊化，参数设置如图 11-92 所示。

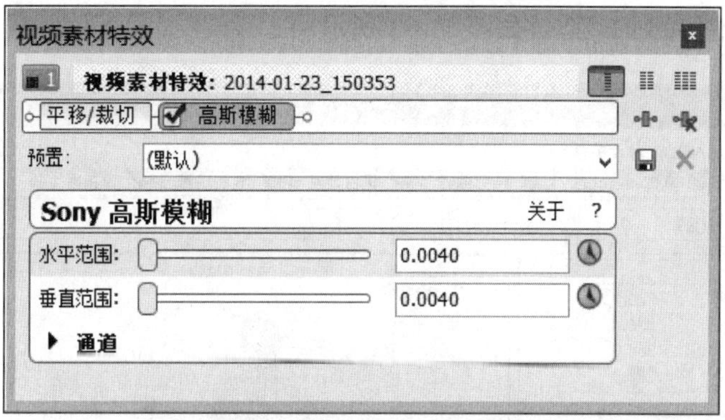

图 11–92　轨道 2 的高斯模糊参数设置

步骤 7：继续对轨道 2 的素材添加“遮罩发生器”特效，提取亮度通道作为遮罩，并勾选“反相（invert）”选项。其余参数设置如图 11-93 所示，效果如图 11-94 所示。

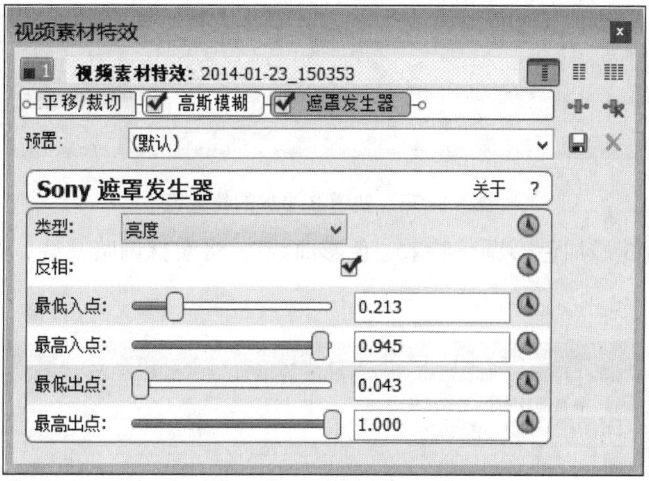

图 11–93　轨道 2 的遮罩发生器参数设置

在这里制作出来的效果以后要当作遮罩使用，白色区域显示当前轨道的内容，黑色区域显示下层轨道的内容。

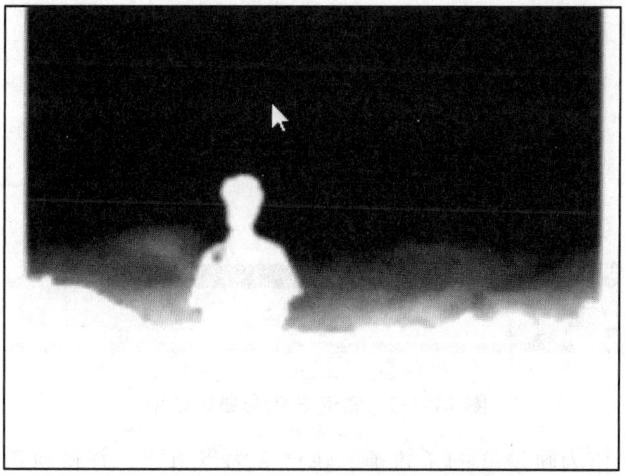

图 11–94　轨道 2 的遮罩发生器效果

此时，轨道 2 施加的全部特效如图 11-95 所示。

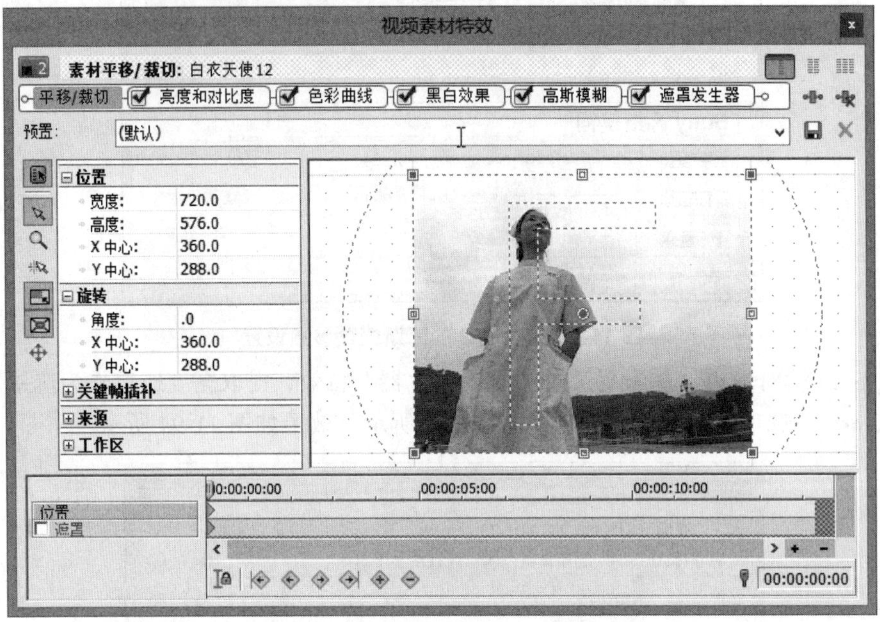

图 11–95　轨道 2 添加的特效链

步骤 8：对轨道 3 添加色彩调整特效“色彩曲线”，将素材调暗一些，参数设置如图 11-96 所示。

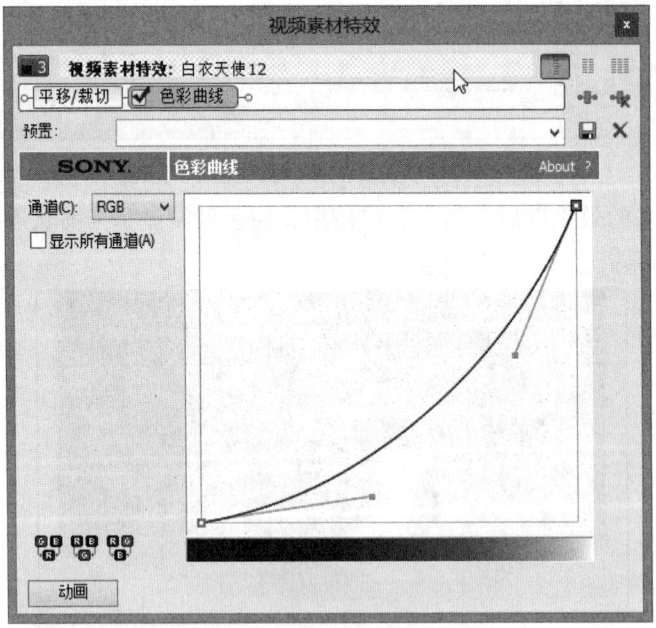

图 11–96　轨道 3 色彩曲线效果

步骤 9：将轨道 3 作为轨道 2 的子轨道，轨道 2 为母轨道，并将轨道 2 的轨道合成模式改为“相乘（遮罩）”模式。让轨道 2 充当轨道 3 的遮罩，此时画面效果如图 11-97 所示。

图 11-97 制作轨道遮罩之后的效果

步骤 10：导入蓝天白云视频素材，放置到轨道 4 上。轨道 1 为空轨道，无实际作用。

步骤 11：完成本实例制作，预览效果如图 11-98 所示。

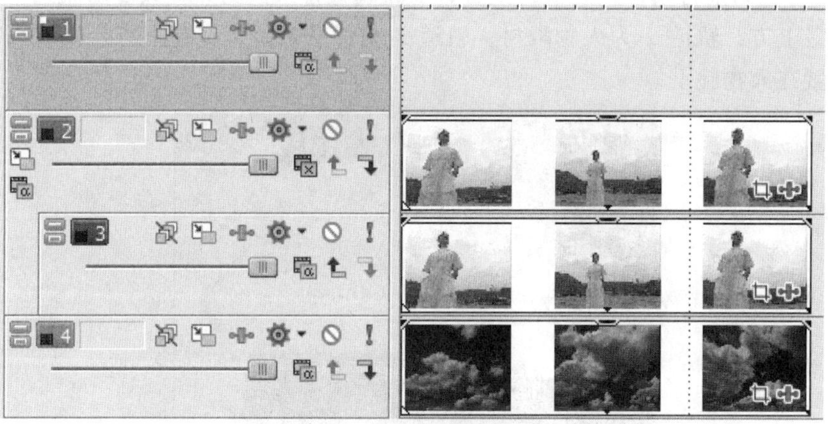

图 11-98　轨道安排情况

图 11-99　最终合成效果

实训课题 18：轨道合成实例之墨迹笔刷开场

墨迹笔刷是很常用的一种开场方式，运用遮罩和子母轨制作，非常简单。

图 11-100

注意：使用遮罩的话，一定要用白色笔刷，这样的话，下面的素材才能透出来。

步骤 1：将笔刷素材放在人物素材上方，下面放置背景素材，一共 3 层轨道。轨道 1 为笔刷素材，在最上方，轨道 2 为人物素材，轨道 3 为背景素材，在最下方。调整人物位置，使墨迹恰好放置在人物脸上。

图 11-101　未改变合成模式前的效果

步骤 2：将轨道 1 和轨道 2 的合成模式改为“相乘（遮罩）”模式。

图 11-102　将轨道合成模式改为“遮罩”

步骤 3：将轨道 2 设置为轨道 1 的子轨，这样做的目的就是让遮罩只对第二轨起作用，露出背景。

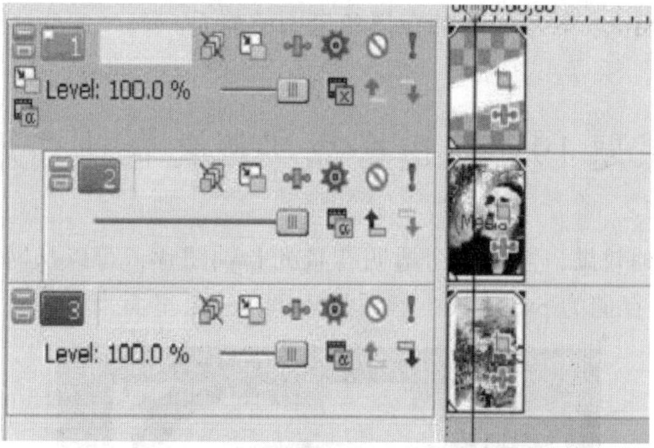

图 11–103　制作子母轨

图 11–104　合成效果

步骤 4：给笔刷素材拉开一个转场区域，如图 11-105 所示。

步骤 5：添加转场特效：线性划变。角度（方向）设置为零，也就是从左往右划变，将羽化值调为最大。

步骤 6：得到效果如图 11-106 所示。

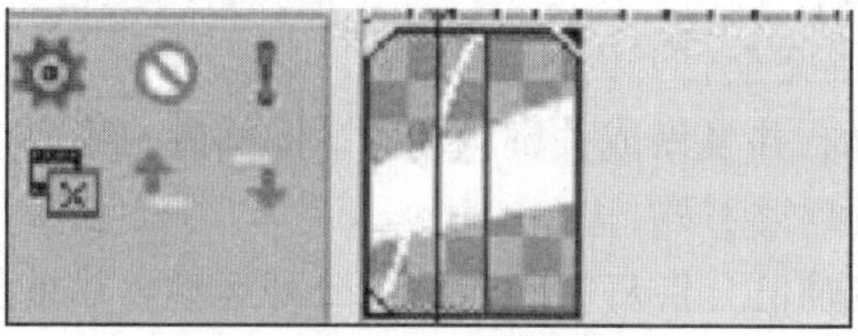
图 11–105　制作动画

图 11–106　动画合成效果

步骤 7：完成本实例制作。注意事项：转场区域要拉得大些，这样渐变才会比较慢。如果是一个圆形墨迹的话，也是同样的方法，不过转场特效用时钟划变。也可以前面放个黑色笔刷，然后与白色笔刷相交，转场特效加在黑色笔刷的前面。

实训课题 19：轨道合成实例之卷轴打开效果

步骤 1：制作卷轴效果，需要一个透明背景的卷轴图片，可以从网络上下载，也可以在 Photoshop 里面制作，存储为 psd 格式，然后导入到 Vegas 里面来。

图 11-107　卷轴图片

步骤 2：将 psd 格式的卷轴导入到 Vegas 中，默认是居中的，复制一层，一个为左轴，一个为右轴。因两轴完全重合，将其中一个稍微往旁边错开，对齐。注意，中间没有空隙。

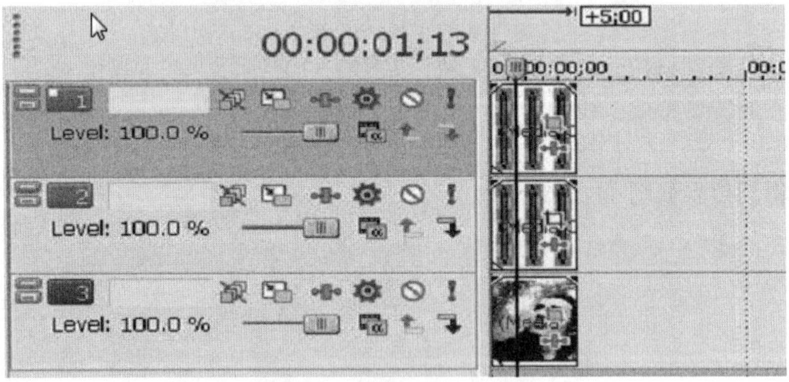

图 11-108　素材的轨道安排

步骤 3：打开左轴的素材平移窗口，在初始位置打上一个关键帧，将卷轴从右向左移动，并且做成关键帧动画。注意，最后一个关键帧在画幅完全打开的地方。

步骤 4：右轴也如法炮制，将卷轴从左往右移动，并且做成关键帧动画。同样的，第二个关键帧也设在画幅完成打开的位置，这时右卷轴应该移到最右边。

步骤 5：此时，在画面完成打开的地方，两个卷轴已分别从中间向两边分开运动，并且已分置两边。

图 11–109　卷轴位置安排

步骤 6：打开人物素材的素材平移窗口，选择“遮罩”，用钢笔工具画出一个竖长条状的遮罩区域。注意，是矩形，边线不可弯曲。要做到这一点，就是注意各个点的坐标参数。鼠标在节点上单击，就可以显示其 X、Y 参数值。在开始的时候，要控制遮罩区域的大小，不可显露出底下的素材，只能看到闭合着的卷轴，最终效果如图 11-111 所示。

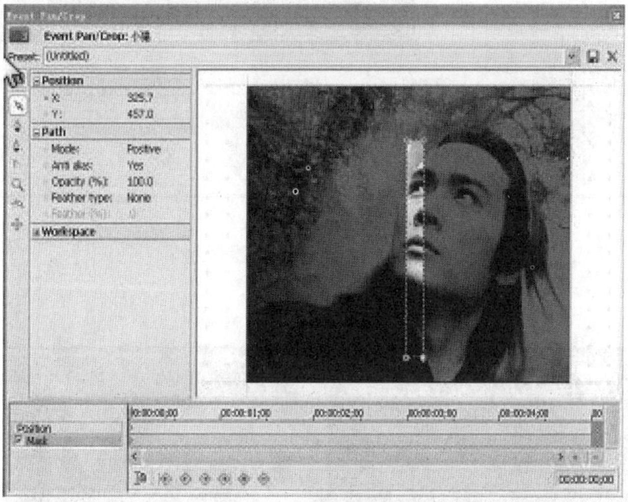

图 11–110　制作遮罩

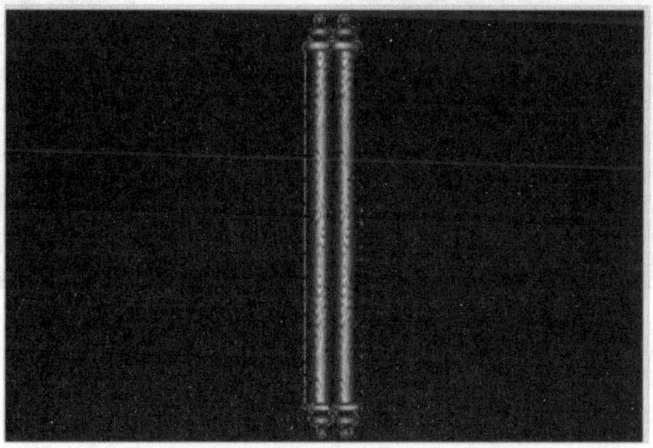

图 11–111　遮罩作用之下的素材

步骤 7：在画幅完全打开的位置打上关键帧，这个时间不能错，因为要跟卷轴打开的时间同步。然后使用箭头工具将节点往右拖，放大矩形形状。中间过程如图 11-113 所示。

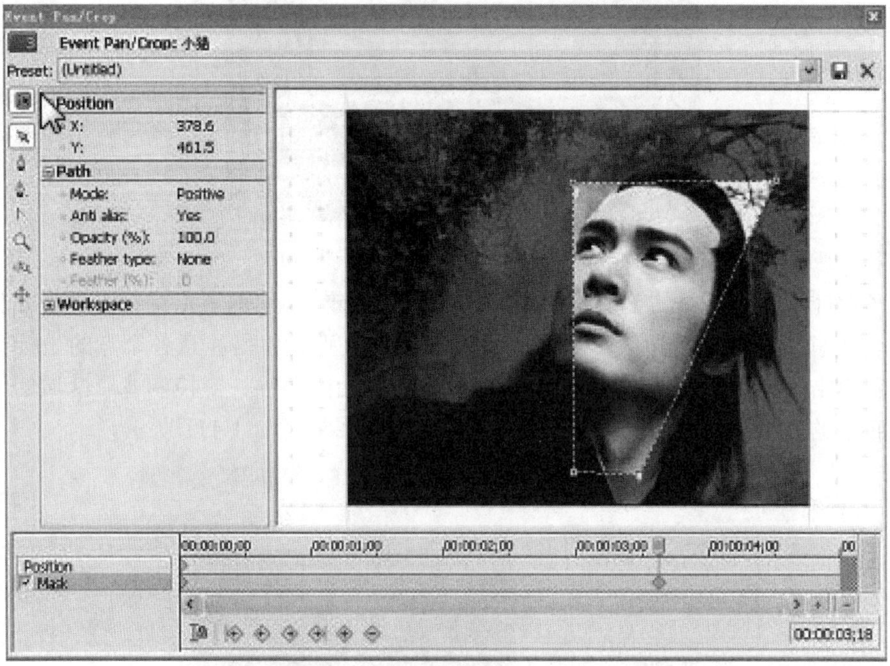

图 11-112　修改遮罩形状

图 11-113　修改后的遮罩作用下的效果

步骤 8：将方框拉到两边的轴，所有的 Y 点参数保持不变，而 X 的参数值不能超过两边的轴，如图 11-114 所示。最终效果如图 11-115 所示。

图 11–114　修改完成以后的遮罩形状

图 11–115　修改完成后的遮罩作用下的效果

步骤 9：接下来检查中间过程，有没有遮罩和卷轴不同步的情况。比如这里，素材比卷轴跑得快了，那就在这个点上打上关键帧，调整遮罩的大小，移动锚点，让素材不跑出来。最终效果如图 11-118 所示。

图 11–116　检查中间过程

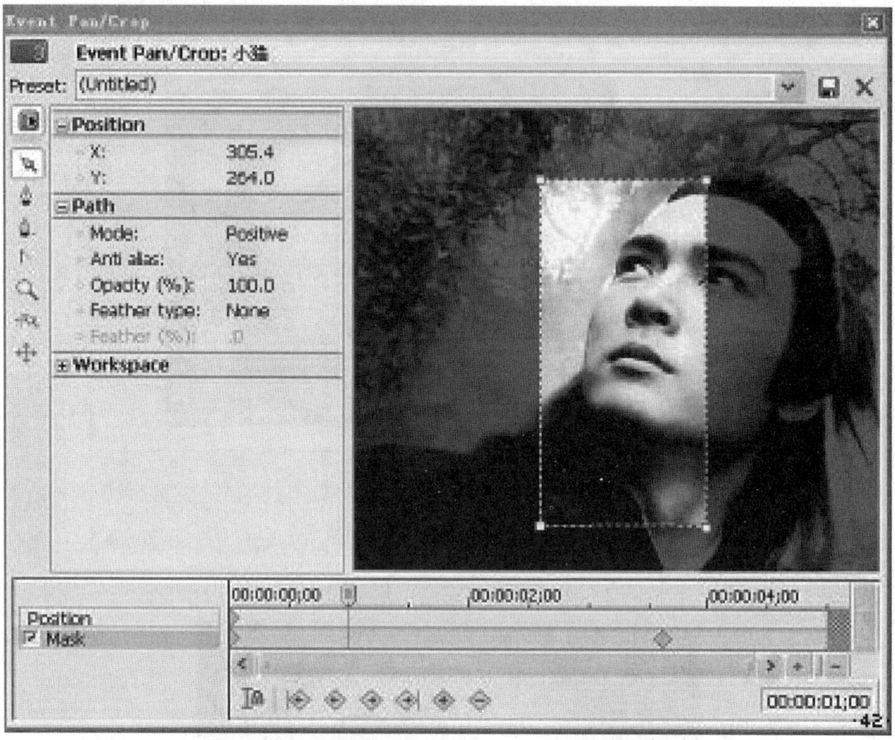

图 11–117　对遮罩形状作细微调整

图 11–118　调整后的遮罩效果

步骤 10：添加一个空轨道，将该轨道设置为所有轨道的母轨，如图 11-119 所示。

步骤 11：因为卷轴素材是平面图形，将母轨的轨道模式改为 3D 运动，提升动感，并完成最终效果。

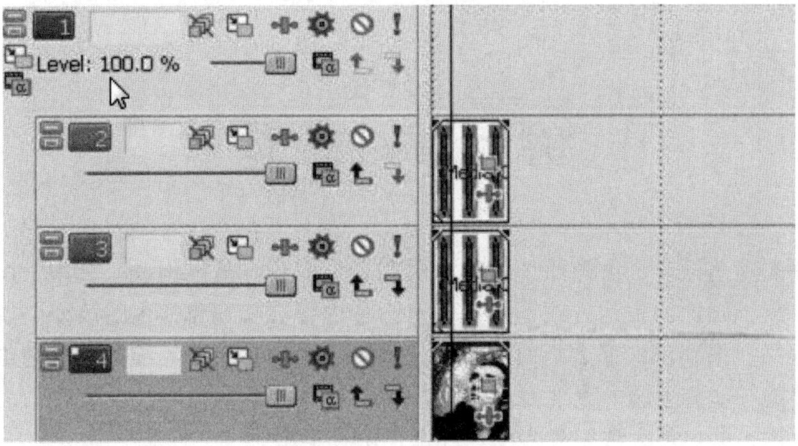

图 11-119　设置子母轨

第12章　调　色

一部影片的表达语言，由画面、音效、同期音与配音等基本构成。其中，画面自然是最重要的基本要素，画面的表达方式不一样，对影片内容会起到非常大的改变。要想把影片内容表现得很饱满、很到位，那么画面的影调、构图、曝光、视角等细节都要精细安排，才能统一形成完美的、适合主题的表现力。

从流程上讲，调色可大致划分为校色和调色两种类型。

由于拍摄环境和时间的复杂多样性，拍摄所得的画面颜色并不都十分完美。比如早晨拍摄的素材和正午拍摄的素材在色调上差异就非常大。早晨拍的有些曝光不足，正午拍的却有些曝光过度。这些差异在编辑时都要处理。或者将拍摄时画面所产生的偏色修正，还原出画面内容的本色。这些都称为“校色”，也称为“一级校色”。

如图 12-1 所示就是一些影视作品中一级校色的例子。

现在多数宣传片或者流行的电影或电视剧经常要通过一些特殊的处理，使其色彩具有更好的艺术表达效果或情感倾向。如图 12-2 所示，对比这两张照片，就更能体会出这种处理的必要性。

一般将这种色彩的处理过程称之为“调色”，或者“二级校色”。

图 12-1　一级校色前后效果对比

图 12-2 二级校色前后效果对比

调色的目的有两种，一是为了纠正色彩偏差。二是故意将画面颜色调整为一种超现实的唯美化的风格，从而营造一种气氛。调色的思路也应该是：先校色，后调色。

Vegas 全部的调色特效共有 20 种，算是比较多的了。由于太多，我们抓住重点介绍几个，其他的请参照 Photoshop。要理解和用好调色特效，最重要的在于学好 Photoshop，如果这个功底打好了，自然学起来省心，用起来省劲。

实训课题 1：常用调色方法

在开始调色之前，有 3 点关于色彩的基础知识需要我们仔细了解。

1. 色彩的 3 个基本属性

色彩有 3 个基本属性：色相、饱和度、明度。不管哪一种调色，其实归根到底，都在调整这 3 个属性。这一点初学者一定要记清，不能调着调着连自己到底在干啥都不知道了。

色相就是色彩的基本特征，红、橙、黄、绿、青、蓝、紫是我们知道的最基本的 7 种色相。由此混合而得到成千上万种颜色。

饱和度也称为含灰度，饱和度越大，含灰度越小，色彩越艳丽；反之，饱和度越小，含灰度越大，彩色越接近灰色。

原色的饱和度最高，混合色的饱和度次之，颜色越混合，其饱和度越低，越显得“脏”。

明度指色彩的明亮程度，明度越大，颜色越接近白色；明度越小，颜色越接近黑色。

色彩的这 3 个基本属性，相互关联，相互影响，自然地，在调色中不能割裂开来对待，尤其饱和度和明度的关系更为密切。当饱和度降低的时候，明度也相应降低。当饱和度提高的时候，明度也相应会有所增加。实际上，人们往往对于明度最敏感，因此，调色时首先应该考虑的就是调整明度。好多素材，只要明度一还原正常，饱和度也跟着正常了。因此，掌握了这一点，你会发现调色非常简单。

2. 互补色

在色彩知识中，6 种基本原色的互补关系一定要记清，如图 12-3 所示。

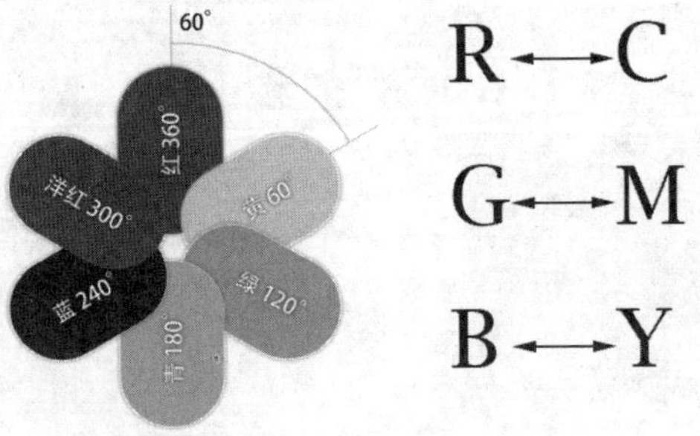

图 12-3　6 种颜色的互补关系

色彩的互补关系在调色中很重要，比如图像偏绿，在调色时首先应该考虑的是减少绿。但是一味地减少绿也不行，如果过分的话会引起饱和度降低，图像可能会“变脏”，会变粗糙。因此，稍微减少一点绿就行了。然后接下来可以稍微增加一些“红色”，因为品红和绿是互补色，增加红就等于减少绿，从而达到进一步减少绿的目的。

3. 色彩的混合

色彩除了有互补关系，还有混合关系。这个关系看起来非常有意思。先看公式：

R=M+Y，G=C+Y，B=C+M；C=G+B，M=R+B，Y=R+G

公式虽然看起来复杂难记，但看懂了其中的规律后马上就变得好懂易记。观察图 12-3 就会发现，上述公式中的每一种颜色都是由它左右相邻的两种颜色混合而成，比如红色，左右相邻颜色是洋红色和黄色，R=M+Y，红色=品红+黄色，说的正好是这种现象。

利用这个关系，在调色的时候就应该这样处理：如果需要添加红色，除了直接添加红色以外，还可以考虑添加品红和黄，因为红色=品红+黄色。这样做的效果比直接添加红色在饱和度上稍弱一些。但却能避免添加红色太过而产生的画面变“脏”的感觉。

这个关系一定要灵活应用，如果增加品红和黄色，就等于增加红色。如果减少品红色和黄色，就等于减少红色。但是一定要切记，混合色的饱和度永远比原色低。

初学者面对调色，往往手足无措。应该朝那个方向思考呢？先校色，后调色，这是总原则。借助示波器等工具分析画面的色偏，先纠正色偏，然后再调出某一种色调风格，这是一般的调色步骤。

实训课题 2：学会使用示波器

调色之前，我们先要学会使用一个强有力的辅助工具：示波器。

“示波器”是原来是专业的电视信号分析仪器，同时也能分析色彩偏差。后来非编软件里面使用软件模拟实际的物理仪器，便产生了电子的“示波器”。

在 Vegas 中打开“查看”菜单，勾选其中的“视频示波器”，打开示波器。然后选中轨道上的任意一个素材，这时，示波器显示的形式如图 12-4 所示。

矢量示波器并不只显示示波器，还能显示亮度波形、亮度/R/G/B 通道直方图、RGB 波形。它有多种显示形式，最常用的有两种形式：全部和矢量示波器/波形/直方图。显示全部如图 12-4 所示，显示矢量示波器/波形/直方图如图 12-5 所示。

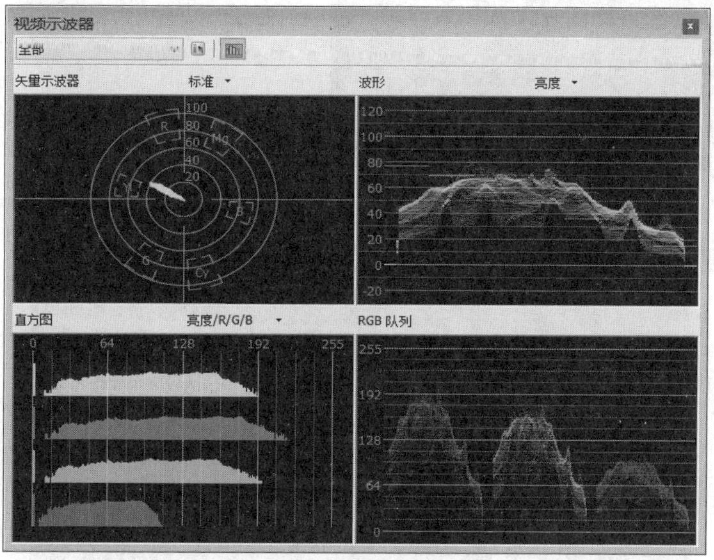

图 12-4 显示全部形式

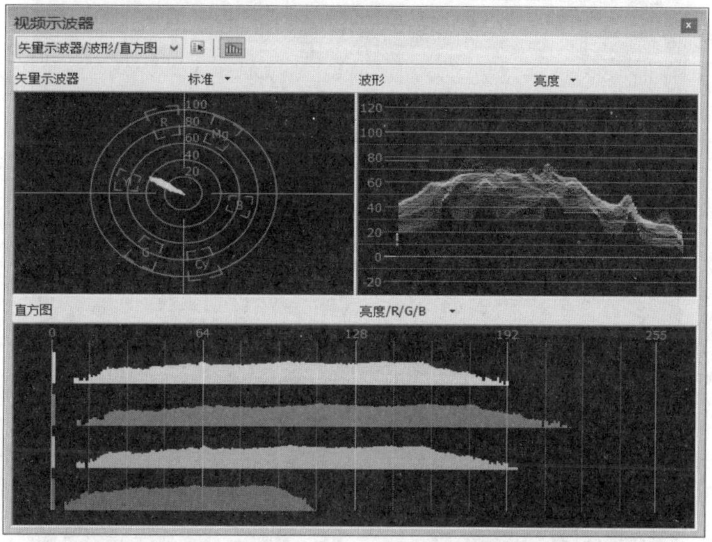

图 12-5 显示矢量示波器/波形/直方图方式

矢量示波器用来监视色彩饱和度，它其中的色彩分布和右图的色轮是完全一样的。一圈一圈的圆环刻度，表示饱和度强弱。素材中的饱和度分布在示波器中使用白色波形来表示，白色波形离圆心越近，说明色彩饱和度越低，离圆心越远，说明色彩饱和度越高。当素材画面为黑白图像时，中间只有一个白点。

Vegas 的矢量示波器将色彩饱和度标出了刻度值，非常直观方便。一般而言，素材饱和度在 0 ~ 60 范围内就是正常。示波器上面每个色相都有一个“田”字标记，共有 6 个。所谓色彩超标，就是波形超出了一定的范围。判断是否超标就看波形是否超出了“田”字的中心。

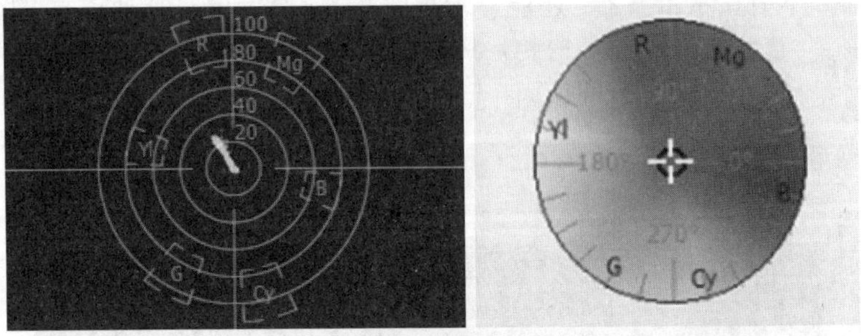

图 12-6 矢量示波器

下面以一张图片为例，来示范如何看懂示波器。

图 12-7 示例图片一

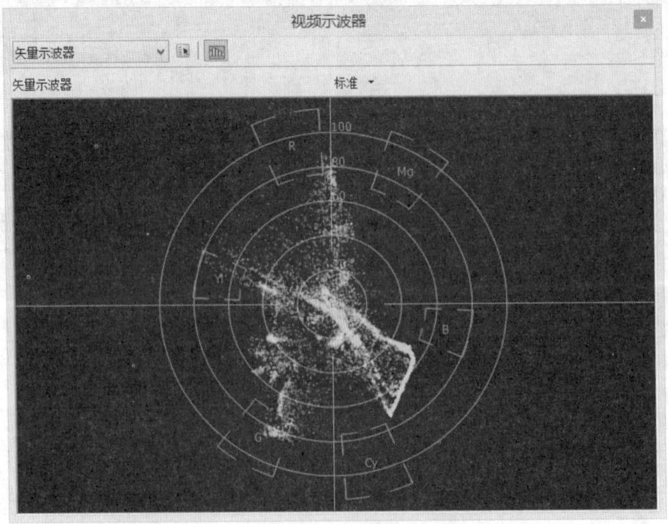

图 12-8 示例图片在示波器中的表现

现在这张图片色彩主要集中在蓝色和青色区域，这符合实际情况。饱和度多数在60范围以内，也算正常，没有超标。

亮度波形图监视画面色彩的亮度。所有的信号波形是高度不同的白线。波形越高说明亮度越高，波形越低，说明亮度越低。电视台播出节目对亮度的要求是在0~100。

仍然以上面这张图片为例，它的亮度波形如图12-9所示，观察其波形，发现波形分布在0~100，说明亮度信息正常。

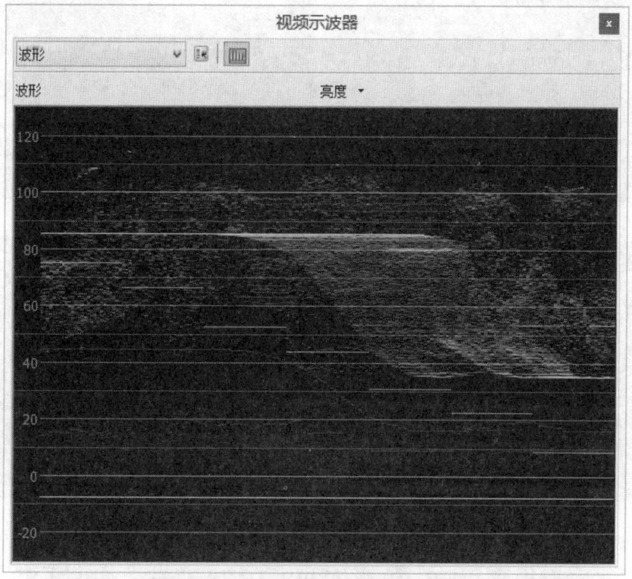

图12-9 亮度波形

图12-10 示例图片二

下面再以一张色彩有偏差的图片为例，来看示波器的表现形式。现在直观看，这张图片的曝光稍显不足，使得色调较暗，人物的皮肤显得不够白皙。

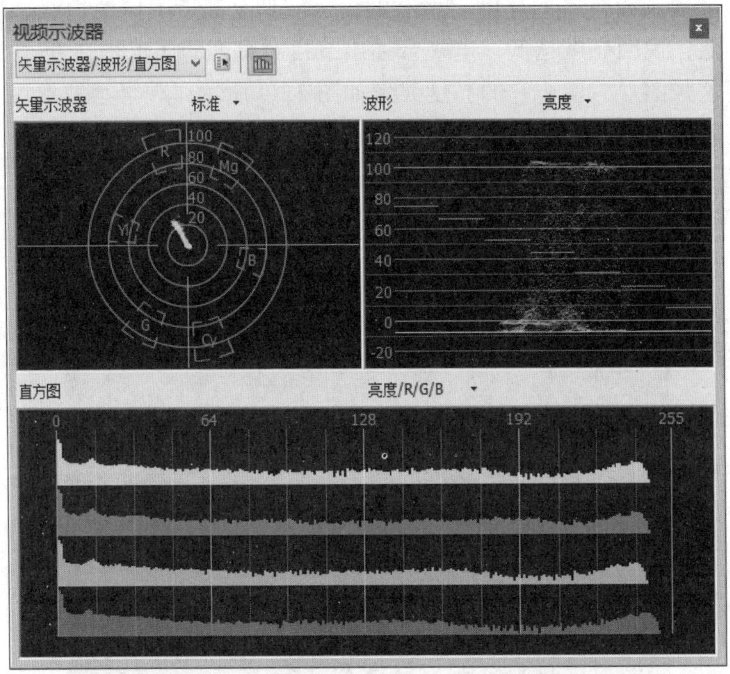

图 12-11　示例图片二在示波器中的表现

这些缺点在示波器中也得到反映，色彩饱和度在 20 左右，这也正常，普通拍摄的图片或者视频多数饱和度在 20 左右，只有少数特殊情况下，比如刻意调成某种色调的情况下，饱和度才会超标。现在在示波器中，只有一抹细线，并且偏红，其余色彩无信号，说明它已经接近于黑白照片的效果。应该增加一点红色的补色，至少让它的色彩分布均衡。现在的缺点主要在于亮度太低，主要波形集中分布于 20 以下，中间调部分的亮度几乎没有，应该提高亮度。这一点从直方图中也得到印证，无论是亮度直方图，或者是 RGB 3 个通道的直方图，都没有明显的波峰，分布虽然均匀，但峰值都较低。综合以上分析，现在这张图片调色的方向主要在于提高亮度并提高青色（红色的补色）的饱和度。

通过这两个例子可以看出，示波器确实是分析色彩的一个利器。对照它，调色就有了目标和方向。色彩差在哪里，应该朝哪个方向调，调整之后是否达到了效果，通过查看示波器都会一清二楚，因此，在实际调色中我们应该重视应用它。

实训课题 3：HSL 调整

HSL 是一种色彩模式，我们知道，色彩有 3 个基本属性：色相、饱和度、明度。HSL 使用了 3 个分量来描述色彩，与 RGB 使用的三色光不同，HSL 色彩的表述方式是：H（hue）色相，S（saturation）饱和度，以及 L（lightness）亮度。

HSL 色彩模型的亮度 L 分量与彩色信息无关，易于辨识分析；H 与 S 分量与人的视觉感知原理相近。我们对色彩的认识往往是这样的："这是什么颜色？深浅如何？明暗如何？"这种认识是基于人类的主体感官而形成的，并不是基于反射光的物理性质。与 RGB 色彩模型相比，HSL 色彩模型对色彩的表述方式非常友好，非常符合人类对色彩的感知习惯。

HSL 的 H（hue）分量，代表的是人眼所能感知的颜色范围，这些颜色分布在一个平面的色相环上，取值范围是 0°～360°的圆心角，每个角度可以代表一种颜 色。色相值的意义在于，我们可以在不改变光感的情况下，通过旋转色相环来改变颜色。在实际应用中，我们需要记住色相环上的 6 大主色，用作基本参照：360°/0°红、60°黄、120°绿、180°青、240°蓝、300°洋红，它们在色相环上按照 60°圆心角的间隔排列，如图 12-12 所示。

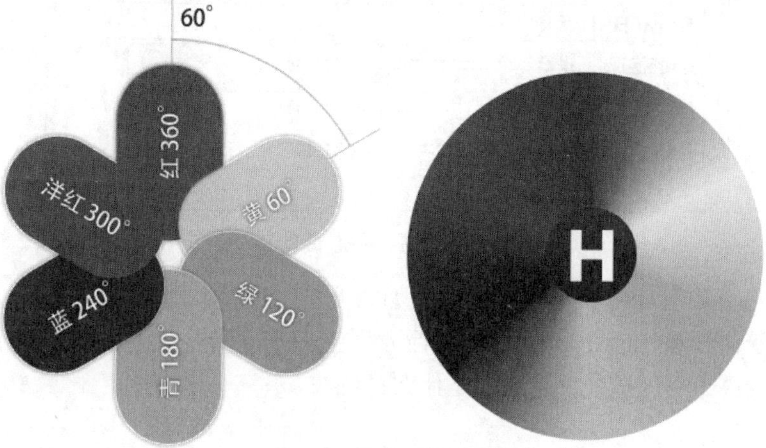

图 12-12 色相环

HSL 的 S（saturation）分量，指的是色彩的饱和度，它用 0%～100%的值描述了相同色相、明度下色彩纯度的变化。数值越大，颜色中的灰色越少，颜色越鲜艳，呈现一种从理性（灰度）到感性（纯色）的变化，如图 12-13 所示。

图 12-13 S 分量

HSL 的 L（lightness）分量，指的是色彩的明度，作用是控制色彩的明暗变化。它同样使用了 0%～100%的取值范围。数值越小，色彩越暗，越接近于黑色；数值越大，色彩越亮，越接近于白色。

图 12-14 L 分量

对于 L 这个明度，有时候也称为亮度。但是严格来讲，亮度和明度的概念稍有差别。二者区别在于，一种纯色的明度等于白色的明度，而纯色的亮度等于中性灰的亮度。

Vegas 的 HSL 调整如图 12-15 所示，在各项参数中，“添加到色调”指调整色相，“饱和度”调整饱和度，“亮度”调整亮度。三者通过滑杆来调整。

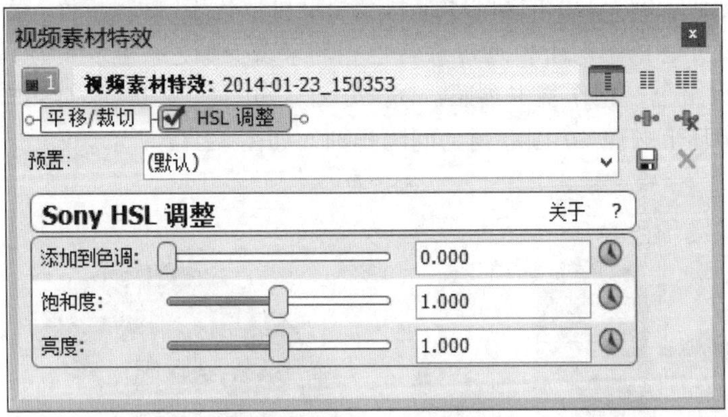

图 12-15 HSL 调整

我们来做一个基于 HSL 的调色实践。假如想调出一种“海棠红”的颜色，想象一下，那应该是一个介于洋红和红色之间的、性感娇艳的颜色。我们假定它在色相环 H 上的角度是 330°左右，饱和度较高，明度适中，看看那是什么颜色？

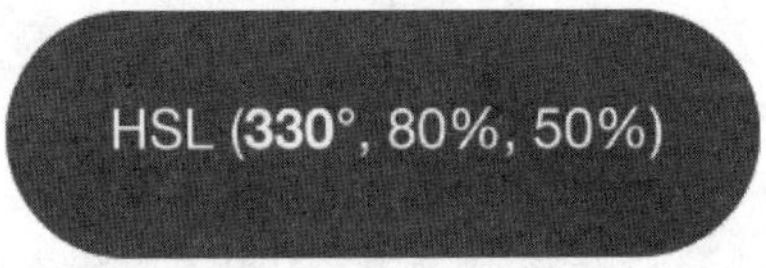

图 12-16 基于 HSL 的调色

我们想要的颜色应该再接近红色一点，让我们把色相 H 旋转到 350°，现在好多了。

图 12-17 基于 HSL 的调色

通过改变色相值 H，我们实现了色相从洋红向海棠红的偏移。感觉接近了，但还是略微有点灰暗。现在，我们可以通过增加饱和度 S，让这个颜色变得更鲜活。

增加了 20%的饱和度之后，颜色看起来亮丽了许多。

图 12-18 基于 HSL 的调色

还是不对。海棠红是属于少女的颜色，应当再嫩一点、通透一点，不会这么热烈。我们需要通过增加亮度 L，来找到那种微妙的感觉。

把刚才的颜色略微提亮 10%，我们终于得到了想要的色彩：

图 12-19 基于 HSL 的调色一

同理，面对“加点橙色进去，再亮那么一点点”这样粗鲁的要求，我们可以仅通过心算就大致确定色相环的相位和明度值。在这里，我们需要让 H 增加 25°，L 增加 5%。好了，终于轻松地得到了想要的颜色，如果使用 RGB 模式来调节的话不知道要多难。

图 12-20 基于 HSL 的调色二

在使用 HSL 调色的过程中，我们并不需要打开拾色器，也不需要了解复杂的色光混合原理，这是一个自然的、感性的、易于理解的过程。相比之下，RGB 调色方式显得非常笨拙、无法理解。

实训课题 4：LAB 调整

LAB 也是一种色彩模式，它有 3 个颜色通道，L（lightness）表示亮度，A 通道表示绿→灰→红色，B 通道表示黄→灰→蓝色。LAB 既不依赖光线，也不依赖颜料，弥补了 RGB 和 CMYK 两种色彩模式的不足。

使用 lAB 模式调色，最大的好处在于其 L 通道独立于任何色彩，调节 L 亮度通道，不会单独影响任何一种单一色彩。也就是说，你对亮度通道进行调整，图像颜色是不会发生变化的，A 和 B 是颜色通道，对其调整只有色彩变化，这样我们在调色的时候可以把明暗与色彩分开处理。

通常对于色彩缺失比较严重的，原图颜色很少的图片，适合使用 LAB 校色，另外，LAB 校色法也适用于调控整体缺少反差（对比度弱）的图像，该类图像一般都拍摄于平淡的光线或雾霭天气情况下，其直方图大多呈大量缺失现象。

Vegas 中的 LAB 调色，亮度取值在 0 ~ 2，值越大，亮度越高。A 通道取值在-1 ~ +1，趋向于-1，颜色接近绿色，趋向于+1，颜色接近于红色。B 通道取值也在-1 ~ +1，趋向于-1，颜色接近蓝色，趋向于+1，颜色接近于黄色。“去色”就是使图像变为灰度图，取值在 0 ~ 1，值越大，褪色越厉害。

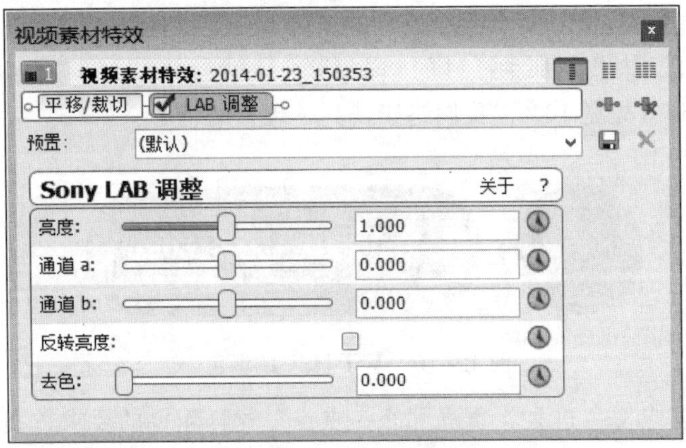

图 12-21 LAB 调整

实训课题 5：饱和度调整

饱和度（纯度）（Saturation），是指色彩的鲜艳程度，也称色彩的纯度。饱和度取决于该色中含色成分和消色成分（灰色）的比例。含色成分越大，饱和度越大；消色成分越大，饱和度越小。通俗地理解，饱和度低了色彩就是一片灰，饱和度高了色彩就比较明显和鲜艳。如图 12-22 和图 12-23 所示。

图 12-22 饱和度高低示意图之一

图 12-23 饱和度高低示意图之二

Vegas 中的饱和度调整是一个可以根据画面亮度调节画面饱和度的特效。比如说，它能单独调节中间亮度画面的饱和度而不影响高和低亮度区域的饱和度。饱和度调整窗口如图 12-24 所示。

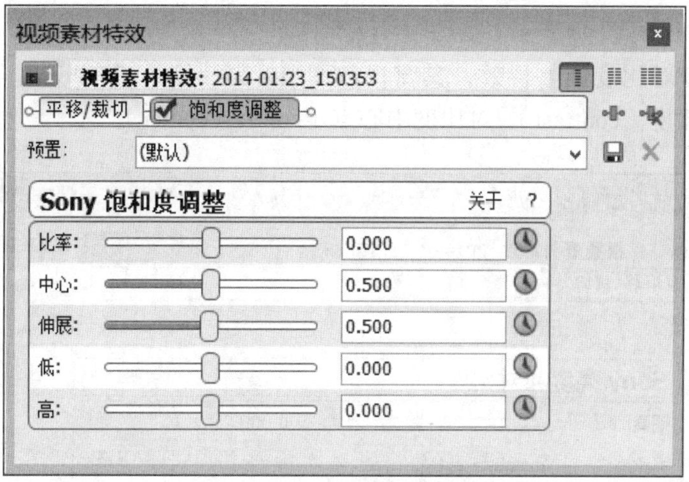

图 12-24 饱和度调整

各项参数含义：

（1）比率：也称为“拉伸范围”，增加或减少“扩散”区域的饱和度，值为 1 时（最右端）为最大，值为-1 时（最左端）为最小。

（2）中心：高亮与低亮区域的分界点。越向左调节表示自定义的低亮区域设置越小，高亮区域增大，越向右表示自定义的高亮区域越小，低亮区域越大。

（3）伸展：设置分界点（区域）的大小。它更像是高亮与低亮的“过渡区”。向左调节“过渡”变小，向右调节“过渡”变大。

（4）低：调节低亮区域饱和度。值为 1 时低亮区域饱和度最大；值为-1 时最小。

（5）高：调节高亮区域饱和度。值为 1 时高亮区域饱和度最大；值为-1 时最小。

实际应用中，它的预置方案比较实用，如图 12-25 所示，增强中间色、减少过饱和度等方案都是非常实用的。减少过饱和度可以有效控制饱和度超标的色彩，使其在合理范围内。

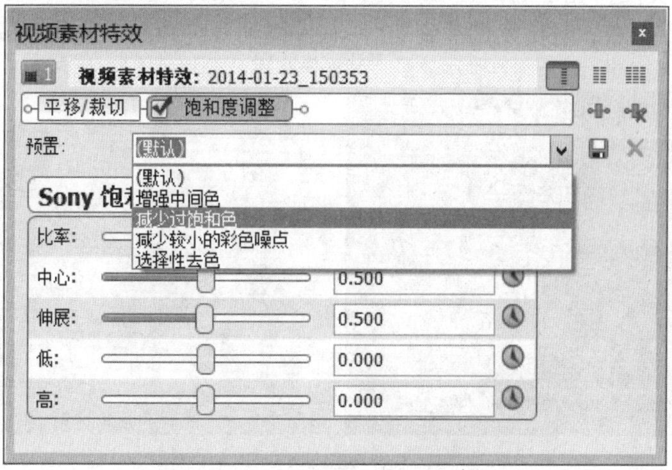

图 12-25 饱和度调整预置方案

实训课题6：调整亮度和对比度

Vegas 的亮度对比度调整特效，其窗口如图 12-26 所示，其中只有 3 项参数：亮度（brightness）、对比度（contrast）、对比度中心点（contrast center）。

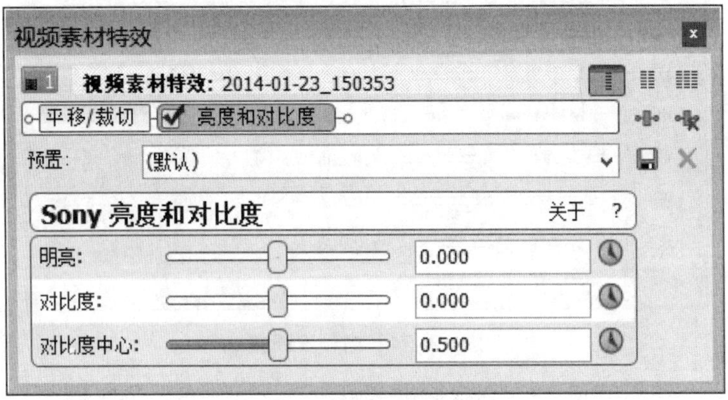

图 12-26　亮度和对比度

亮度：向右调节增大画面亮度，值为 1 时最大，此时画面全白；向左调节减少画面亮度，值为-1 时最小，这时画面全黑。

对比度：向右调节增大对比度，画面黑的部分更黑而白的部分更白；向左调节时，画面中白和黑均向中灰度渐变靠拢，当值为-1 时对比度最小，即画面全为中性灰。

对比度中心点：调节中性灰的值。值越大画面越暗，值越小画面越亮。我们知道对比度调整是依据中性灰来进行的，中性灰并非固定的 128，也不是固定不变的，可以重新指定一个新的值作为中性灰。这样的话，当中性灰的值发生变化，对比度调节强度也跟着发生变化。

举一实例说明亮度对比度的调整效果，如图 12-27 所示，原始画面较暗，对比度不够。现在将亮度调节到 26 左右，对比度调节到 70 左右，得到最终画面，比较亮丽清透。

图 12-27　亮度对比度调整效果

实训课题 7：软对比

软对比就是轻微的对比度调节，或者是添加了羽化效果的对比度调节，能让画面看起来更柔和一些。这个特效是新版 Vegas 所增加的一个调色特效，它是饱和度调整特效的升级版，功能比较强大，调节也比较细微。

这个特效的参数窗口如图 12-28 所示，上面的参数都和原来的“饱和度调整”特效相似。具体解释如下：

拉伸范围：该参数影响对比度调节的范围，其值越大，对比度调节影响区域越广泛。

对比：对比度的强弱程度，其值越大，对比程度越强。

扩散：在这里是指模糊化的程度，其值越大，模糊化程度越强烈。

低点裁切：影响暗调区域的饱和度，其值越大，影响程度越强烈。

高点裁切：影响亮调区域的饱和度，其值越大，影响程度越强烈。

着色：多出着色和色相校正这两项参数后，该特效有点像 Photoshop 中的色相饱和度滤镜。“着色”选项影响着“色相校正”参数，该值越大，“色相校正”的效果越明显。其值为零时，表示不着色，色相校正参数不起作用。

色相校正：能够实现颜色替换，将画面中的某一种颜色替换为另一种颜色，比如将春天的绿叶变成秋天枯黄的树叶。

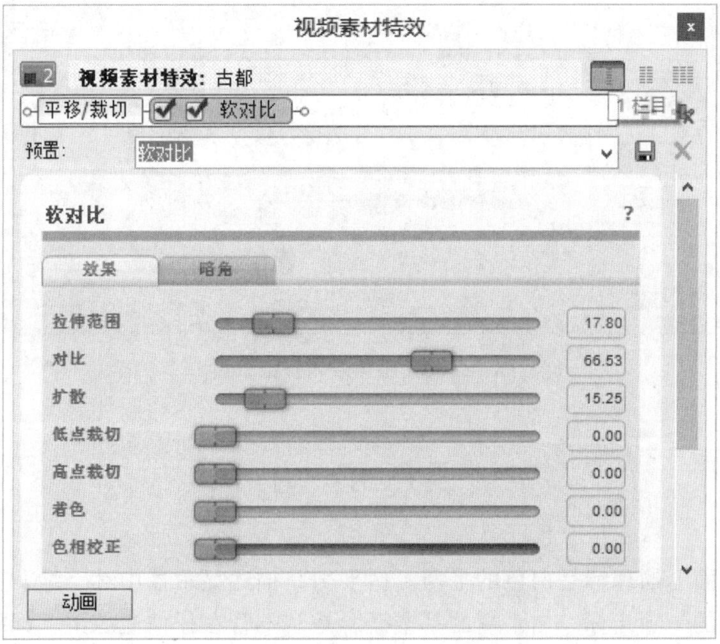

图 12-28 软对比

这个特效还有一个作用，那就是实现暗角效果。暗角效果很常见，如图 12-29 所示就是暗角效果的实例。实现这种暗角效果的参数设置如图 12-30 所示，由于参数比较简单，容易理解，因此不再过多解释。

图 12–29　暗角效果

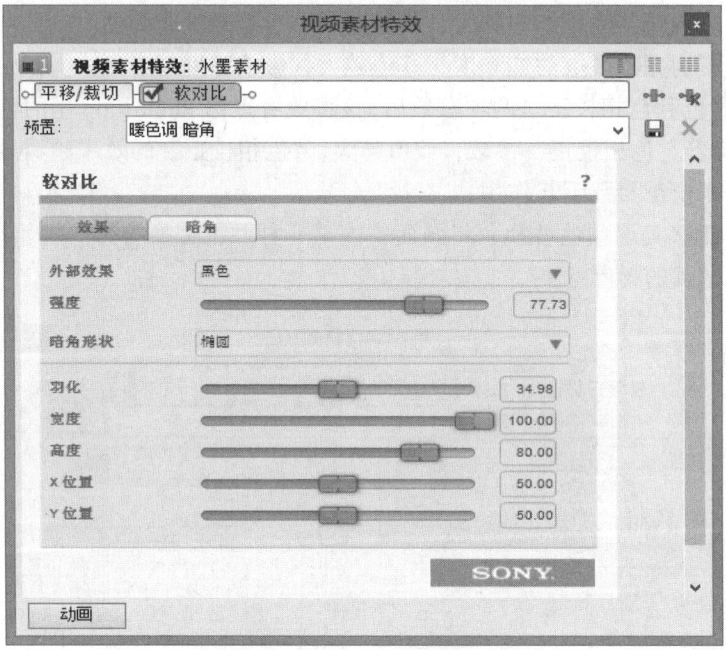

图 12–30　暗角效果参数设置

实训课题 8：白平衡

白平衡，字面上的理解是白色的平衡。白平衡是描述显示器中红、绿、蓝三基色混合生成后白色精确度的一项指标。白平衡的基本概念是“不管在任何光源下，都能将白色物体还原为白色”，对在特定光源下拍摄时出现的偏色现象，通过加强对应的补色来进行补偿。许多人在使用数码摄像机拍摄的时候都会遇到这样的问题：在日光灯的房间里拍摄的影像会显得发绿，在室内钨丝灯光下拍摄出来的景物就会偏黄，而在日光阴影处拍摄到的照片则莫名其妙地偏蓝。自然界的色偏，其原因出在色温差异上，色温越高，光色越偏蓝；色温越低则偏红。而拍摄到的图片出现色偏，究其原因就在于摄像机的“白平衡”的设置上。一般多数设置为“自动跟踪”，由摄像机自动感知处理，尽管这样，白平衡调整仍然是摄像的基本功，更是一个重要的创作手段。但有些时候，拍摄出的画面仍然避免不了出现色偏，这时就要手动调整白平衡，调整白平衡的过程叫做白平衡调整。Vegas 中的白平衡特效就是这样的一个调节工具。参数如图 12-31 所示。

图 12-31 白平衡

使用这个特效的步骤是：

（1）点击“select white color（选择白色）”按钮，出现一个吸管，在画面中应该是白色的区域点击一下，拾取偏色值。这时该特效自动完成色偏纠正，画面呈现正常情况下的效果。如图 12-32 所示的一张图片，明显偏色。

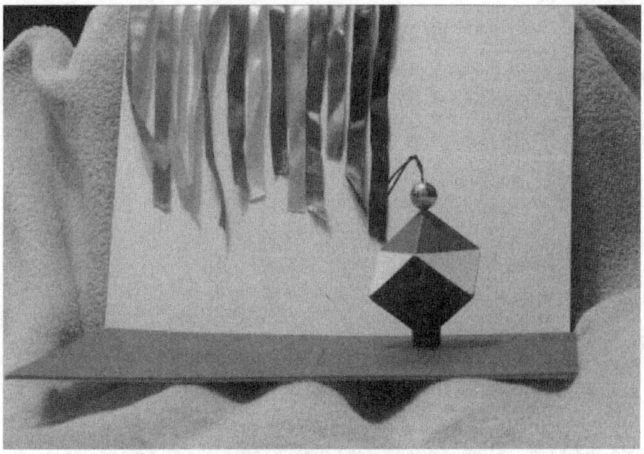

图 12-32 偏色图片

用吸管在图示区域随意点击，拾取参考点。自动完成调整，调整后效果如图 12-33 所示。

（2）经过步骤 1 之后，多数情况下已经完成白平衡调整，不需要再往下继续。但如果对自动调整的效果感觉不满意，可以手动调整下面两项参数。

（3）校正量（amount correction）：这个值一般是自动获取，不需要手动调整。其值越大，模拟的色温越低，由蓝到红变化。

（4）亮度（brightness）：能够提高或者降低亮度，如图 12-34 自动调整后的效果，感觉上还不够亮，不够通透，适当提高亮度，就能实现想要的效果，如图 12-35 所示。

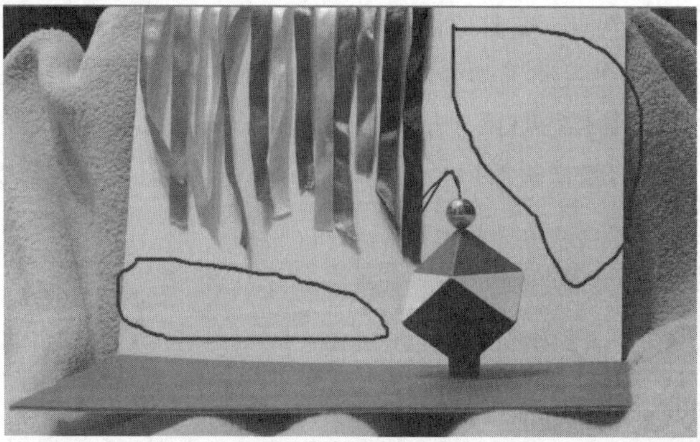

图 12-33 拾取参考点

图 12-34 调整后效果

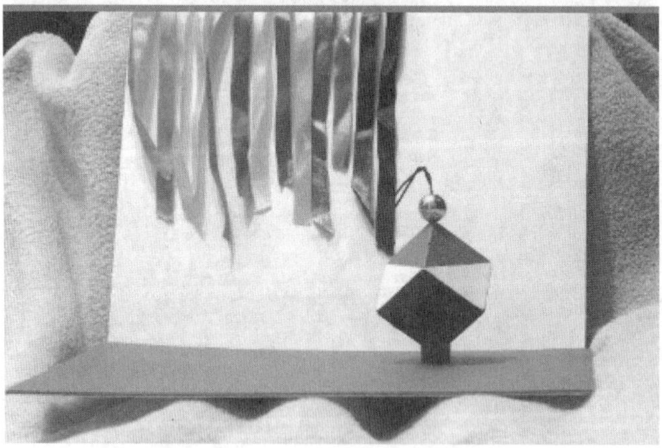

图 12-35 提高亮度之后的效果

实训课题 9：色彩曲线

这个特效和 Photoshop 里面的“曲线”调色功能原理相同，用法也相似。

色彩曲线的工作原理就是对红、绿、蓝 3 个色彩通道分别实施曲线化色阶调整。在曲线图中，横轴代表亮度，用灰度值表示，越右越亮，越左越暗，最右为白，最左为黑。纵轴代表色彩饱和度级别，最高为最浓，最低为最淡。先搞清楚这些基本定义，对于理解曲线的功能和调节手法非常重要。

曲线，顾名思义，就是通过曲线这种手法来实现调节效果，因此，调出适当的曲线就非常重要。有 6 种曲线形式非常重要，也最为常见，必须熟练掌握。

第一类曲线形式；增强对比度的曲线，如图 12-36 所示，降低暗调部分亮度，使之变暗，提高高光部分亮度，使之变亮，黑白对比反差增大。曲线呈现正“S”形，能够使画面黑的更黑，白的更白。在众多调色特效中，唯独曲线能够细微地实现这种效果。

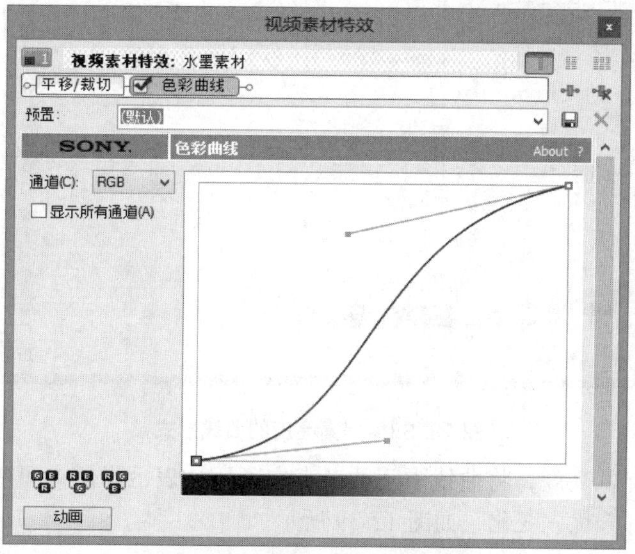

图 12-36　提高对比度的曲线形式

第二类曲线形式：降低对比度的曲线，如图 12-37 所示，提高暗调部分亮度，使之变亮，降低高光部分亮度，使之变暗，黑白对比反差减弱。曲线呈现反“S”形，它使白的变黑，黑的变白，黑白之间的对比减弱。

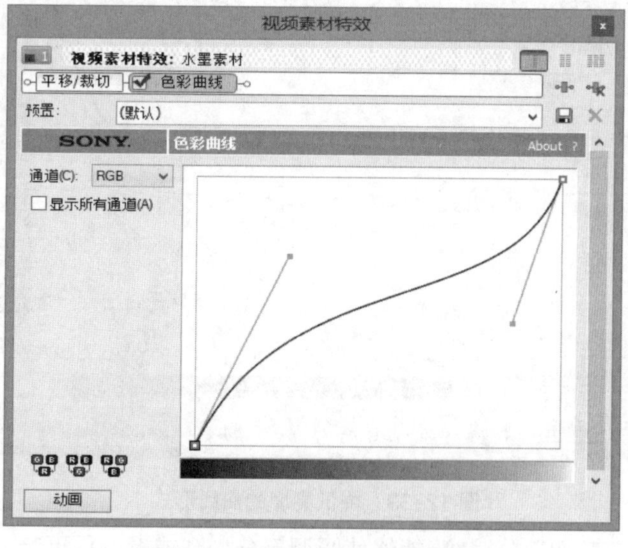

图 12-37　降低对比度的曲线形式

第三类曲线：提高亮度，在曲线的中间位置双击便能添加一个节点，向上拖动这个节点，能够将中间调部分提亮，越高图像越亮，中间调部分优先变化，如图 12-38 所示。

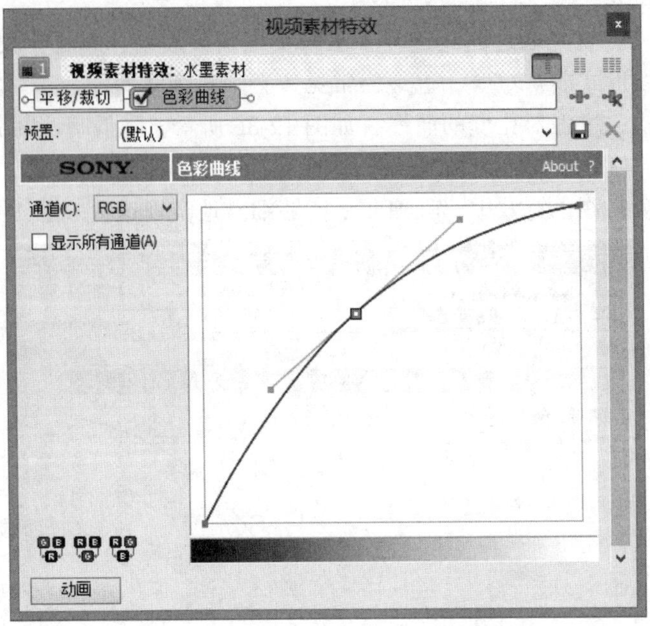

图 12-38　提高亮度的曲线形式

第四类曲线：降低亮度，将曲线中间的节点向下压，表示降低中间调部分的亮度，越低图像越暗，中间调部分优先变化，如图 12-39 所示。

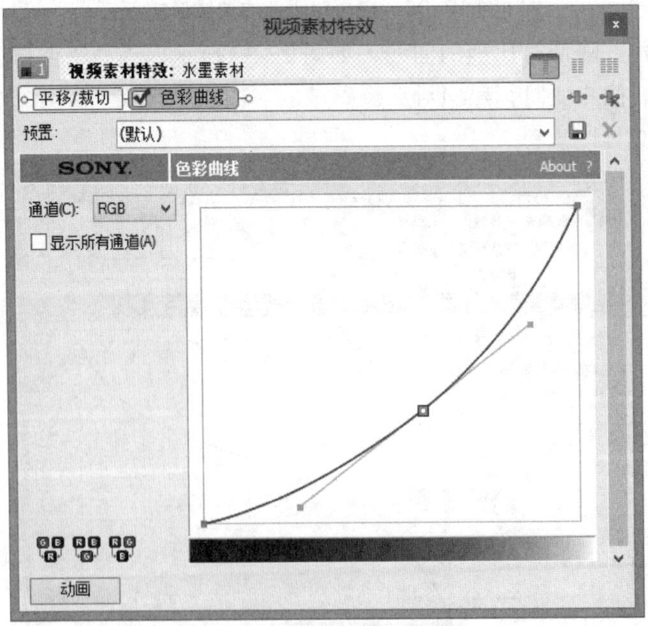

图 12-39　降低亮度的曲线形式

第五类曲线：调节暗调部分明暗，能够使暗调部分变亮或者变得更暗，曲线形式如图 12-40

所示。调节时暗调部分优先变化，中间调部分局部会受影响，亮调部分一般不会发生变化。

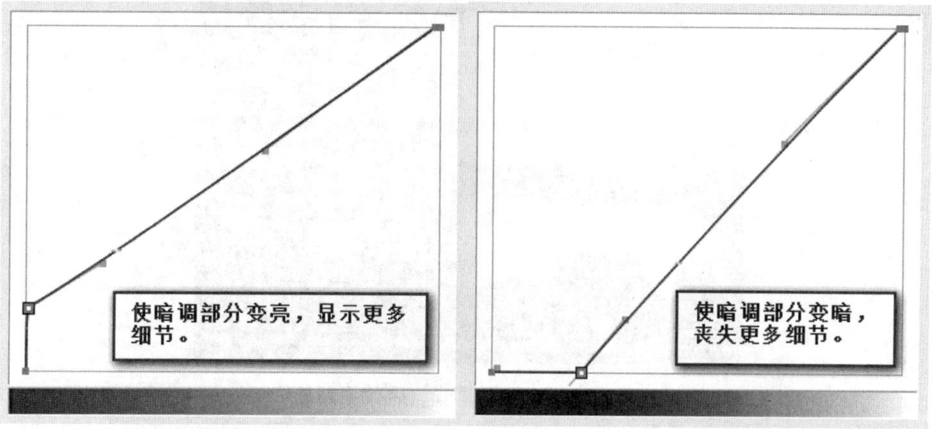
使暗调部分变亮，显示更多细节。
使暗调部分变暗，丧失更多细节。

图 12-40 调节暗调部分曲线形式

第六类曲线：调节亮调部分明暗，能够使亮调部分变暗或者变得更亮，曲线形式如图 12-41 所示。调节时亮调部分优先变化，中间调部分局部会受影响，暗调部分一般不会发生变化。

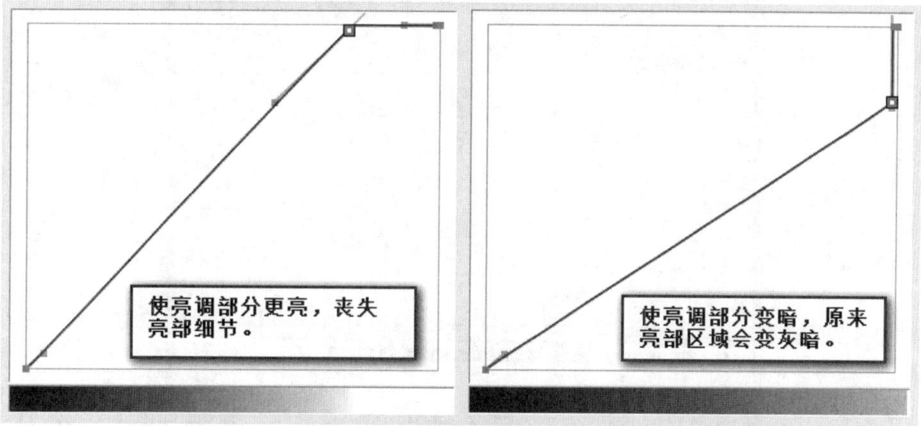
使亮调部分更亮，丧失亮部细节。
使亮调部分变暗，原来亮部区域会变灰暗。

图 12-41 调节亮调部分曲线形式

在曲线上可以添加多个节点，双击即可添加节点，节点数量没有限制。选中某一节点，按 del 键可以删除该节点。

曲线工具中的横轴代表暗调、中间调和高光 3 个区域，对应这 3 个区域添加多个曲线节点，就能够精细地控制暗调、中间调、高光部分的明暗程度，比如将暗调部分提亮一些，将高光部分压暗一些，又或者只将中间调部分提亮一些等。这些操作是其他工具无法实现的，是曲线工具的精髓所在，请初学者务必留意。多个节点的起伏变化，可以实现复杂多变的色彩效果，这是其他任何调色工具不能实现的。

比如有一张如图 12-42 右图所示的素材，感觉对比度不够，灰蒙蒙的，不够通透。利用曲线调节后的效果如图 12-42 左图所示，曲线参数所图 12-43 所示。这里分别调节了 RGB 通道和蓝色通道。

曲线工具还能够分通道进行调节色彩，对单一通道能够针对暗调、中间调和高光区域分别调节，调节精度相当高。单独调节某一通道时，不会影响其它通道颜色。比如单独调节红通道，就不会影响绿和蓝通道。

图 12–42　曲线调节前后效果对比

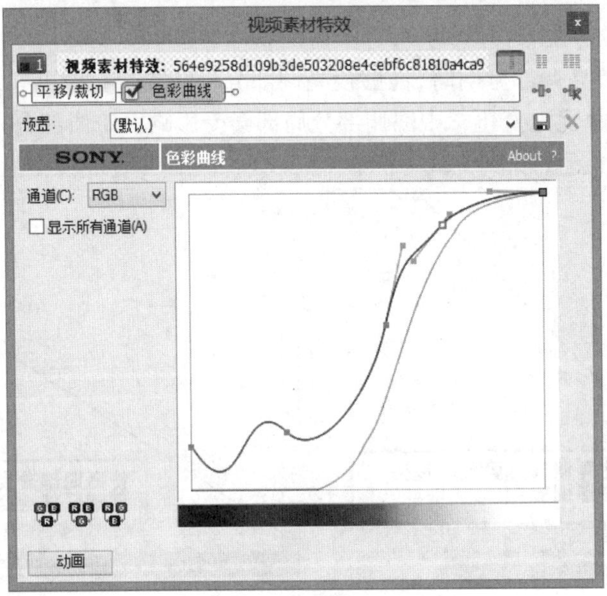

图 12–43　曲线调节参数

实训课题 10：色阶调整

色阶表现了一副图像的明暗关系，可以使用“色阶”调整通过调整图像的阴影、中间调和高光的强度级别，从而校正图像的色调范围和色彩平衡。

在色阶调节中，将图像的输入亮度级别重新定义到该灰度条定义的输出亮度级别中，从而改变图像的亮度。其中的 Gamma 可以理解为“灰阶系数”，也就是对中间调的调节。

输入色阶通过设置暗调、中间调和高光的色调来调整图像的色调和对比度。

提高中间调相当于增加曝光，如果提高输入色阶中间调，可使暗部细节完美重现。但是调高中间调的副作用是降低反差，可能损失部分色彩，这时可以适当增加色彩饱和度。

输入色阶中，暗调值越大，图像越暗；高光亮调的值越小，图像越亮；中间调的值越小时对比度增大，越大时对比度减小。

输出色阶决定输入色阶的范围，但一般不调节输出色阶，只在某些时候偶尔用到，比如将图像整体变亮和变暗时要用到输出色阶，图像调色一般用输入色阶。输入色阶与输出色阶保持对应（映射）的关系。

输入色阶加大对比度，相反，输出色阶则减小对比度。

一般用色阶来调节图像的明度，好处是图像的对比度、饱和度损失较小。

其中各项参数含义：

通道（channel）：有全部、红、绿、蓝、alpha 5 种选项。

输入色阶最小值（Input start）：设置输入色阶的最小值，该值应该小于输入色阶最大值。该值相当于输入色阶中的暗调值。

输入色阶最大值（Input end）：设置输入色阶的最大值，该值应该大于输入色阶的最小值。该值相当于输入色阶中的亮调值。

输出色阶最小值（Output start）：设置输出色阶最小值，该值应该小于输出色阶的最大值。该值相当于输出色阶中的暗调值。

输出色阶最大值（Output end）：设置输出色阶的最大值，该值应该大于输出色阶的最小值。该值相当于输出色阶中的亮调值。

伽玛值（Gamma）：也称为“灰度系数”，能够调节中间调的明暗程度。作用范围限制在输入色阶的最小值与最大值之间。取值为 0 ~ 5，取值越大，亮度越高，取值越小，亮度越低。

Vegas 中的色阶和 Photoshop 里面的“色阶”调色功能原理相同，参数窗口如图 12-44 所示。

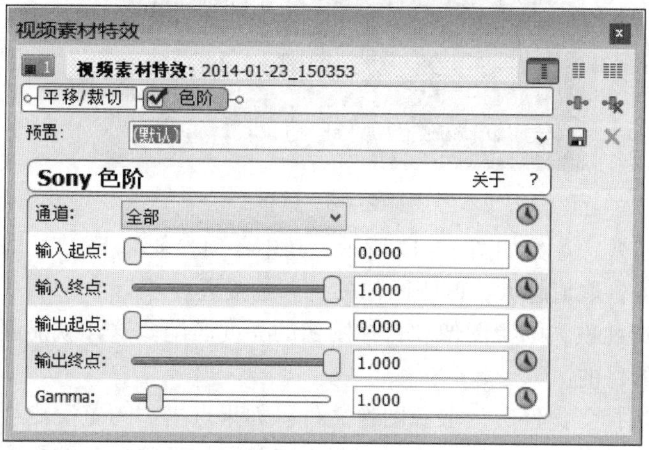

图 12-44 色阶

实训课题 11：色彩匹配

色彩匹配是将源图像的颜色与目标图像的颜色相匹配，使源图像具有目标图像的色调。在实际拍摄过程中，由于时间、场合的差异，很可能前后拍摄的画面色调不统一，比如图 12-45 和图 12-46 所示的两张图片，前一张明显色调偏冷一些，皮肤缺乏红润感，后者色调偏暖一些。应该将二者的色调调整为一种统一的风格。

图 12–45　素材一

图 12–46　素材二

使用色彩匹配特效，参数如图 12-47 所示。其中各项参数如下：

强度：匹配程度，取值越大，两张图像的色调越接近。

亮度匹配：勾选此项，则源图像和目标图像的亮度匹配。这样就能起到根据一幅图像调节另一幅图像亮度的目的。

源图像：一般选择“文件”读取源图像文件。如果点击“预览”则会从轨道预览窗口取源图像。而点击“屏幕”的话，则会出现一个十字状鼠标形状，这时用户应该在轨道预览窗口中勾选一个矩形区域作为匹配的源图像。读取完整源图像文件和截取屏幕部分图像作为源图像，两者的最终匹配效果差异很大。

目标图像：也应该选择“文件”读取目标图像文件。其他选项的含义和源图像中的含义相同。

结果图像：匹配结果示例图像，并非实际匹配结果。

下面以实例说明色彩匹配的使用。如图 12-45 和图 12-46 所示为两张素材图像。匹配结果如图 12-48 所示。对比原始图像和最终结果，可以看到人物肤色变得红润了，整体图像没有原来那么冷了。

图 12–47 色彩匹配

图 12–48 色彩匹配结果

实训课题 12：补 光

本来这是个光线特效，可实际上却可以用来调色。它能够提亮画面中的暗部区域，而不会改变或影响其他部分。使用这个特效，可以在避免照片高光区溢出的同时，提亮照片，同时减小画面反差。

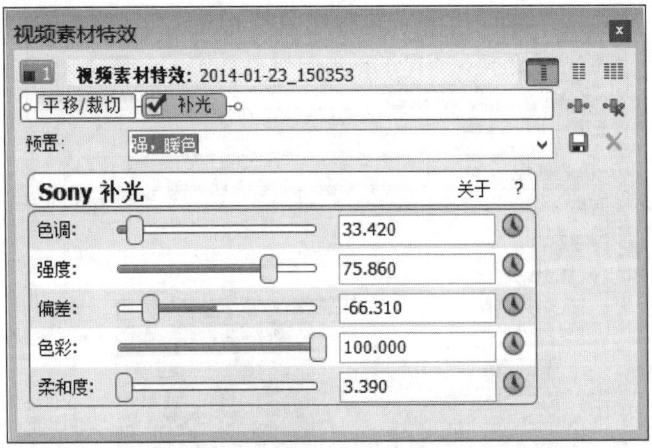

图 12–49　补光

其中各项参数含义如下：

色相：控制着色的色相，如果着色值为零，则该色相值不会起作用。

强度：补偿暗部光线的强度，值越大，补光越多，暗部提亮程度越强。

偏移：调整图像明暗平衡，取正值时，值越大，暗部越暗，取负值时，值越小，暗部越亮。

着色：使用某一种颜色作为补偿光。默认是使用白色作为补偿光。

羽化：其实是扩散量的意思，取值越大，羽化模糊程度越小，画面有锐化效果。

图 12–50　补光效果

实训课题 13：渐变映射

渐变映射的作用是将图像灰度范围映射到指定的渐变填充色中，从而创造另外一种特殊的效果。实质是将不同亮度映射到不同的颜色上去，或者可以理解为：利用渐变的颜色设置，按照图像中像素的灰度等级给图片上色。图像中的暗调映射到渐变填充的一个端点颜色，高光映射到另一个端点颜色，中间调映射为两个端点之间的颜色。

如图 12.51 所示，在中间的渐变色样本处有 3 个色标，分别标记为“0、1、2”，最左边，也就是标记“0”处表示暗调的颜色和亮度，最右边，也就是标记“2”处表示亮调处的颜色和亮度。而中间标记“1”的地方，则代表中间调的颜色和亮度。当然，这 3 个标记的位置以及它们的颜色都可以灵活调节，并非一成不变。但有一点是固定的，那就是左侧代表暗调，右侧代表亮调，中间代表中间调，这个不会变。

下面举几个渐变映射应用的实例，如图 12-51 所示，设置如图所示的渐变色，则会出现图 12-52 所示的效果。

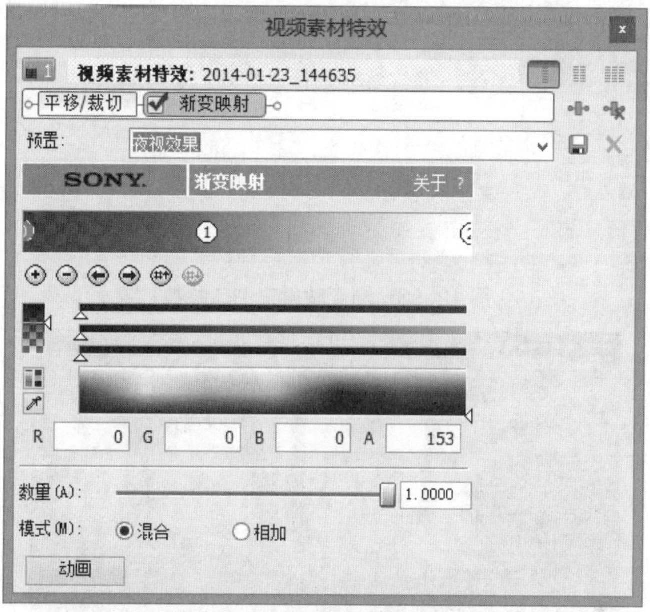

图 12-51　渐变映射实例一参数

图 12-52　渐变映射实例一

渐变映射最重要的就是渐变色，渐变色不同，得到效果不同，如图 12-53 所示，只有两个色标，并且一处为透明，这样的渐变色应用到图像上所达到的效果如图 12-54 所示，很特别。

图 12-53　渐变映射实例二参数

图 12-54　渐变映射实例二

再比如下面的渐变色样例，如图 12-55 设置渐变色，则会出现图 12-56 所示的效果。这种效果在实际生活中很实用。

图 12-55　渐变映射实例三参数

图 12-56　渐变映射实例三

实训课题 14：色彩校正【色彩校正（二级）】

色彩校正，顾名思义就是校正色彩偏差的特效。也可称为色彩补偿，它能够分别对图像暗部区域、灰部区域和亮部区域进行色调和色彩饱和度的修改。它是 Vegas 中最有力的调色工具。

图中有 3 个色轮，分别代表暗调、中间调和亮调。因此，这个特效有时候也被称为三路调色。亮调是指画面色彩中最亮的部分，暗调指画面色彩中最暗的部分，中间调就是介于最亮和最暗的中间部分，也称为灰调。

每一个色轮上，标出了 RGB 和 CMY 6 种颜色，但实际上这个色轮代表了所有颜色。这 6 种颜色之间是互补的关系，一种颜色增加，相对的另一种颜色就会减少，比如红色增加，则意味着青色减少；青色增加，则红色减少。

以圆心为准，越靠近圆心，色彩饱和度越低，亮度越高；离圆心越远，越靠近边沿，色彩饱和度越高，亮度越低。因此利用色轮调色，是一种全方位的调色方法，不但能够调整色相，还能调整饱和度和亮度，同时还兼有色彩平衡的调整。

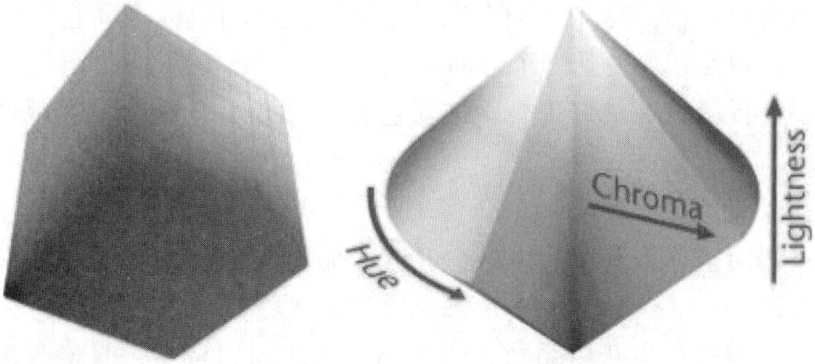

图 12-57　色轮

这些都是色轮的基本设定，一定要先搞清楚。只有清楚了这些基本设定，在以后的调色中才能够自如地应用。

一共有 3 个色轮，分别代表暗调、中间调、亮调。也就意味着如果要调整暗调的色彩，就应该在暗调色轮上进行。如果要调节亮调部分的色彩就应该选择亮调色轮来进行，调节亮调部分的色彩对于中间调和暗调部分的色彩影响极小甚至没有。同样道理，调节暗调则对亮调和中间调影响甚小，调节中间调则对暗调和亮调部分色彩影响甚微。

色彩校正的方法也很简单，不必看那些复杂难懂的参数。如图 12-58 所示，每个色轮下方有两个小吸管，带“+”号的表示选择可调色，带“-”的表示选择补色，实际就是减少可调色范围，或者说将选中的颜色排除在调整范围之外。不管哪一种吸管，点击之后，鼠标都会变成吸管状态。使用这个吸管，在预览窗口的图像上点击选取颜色采样点，就能够将选中的颜色分别确定为新的暗调、中间调和亮调。此时，色轮中的小圆点位置也相应发生变化。

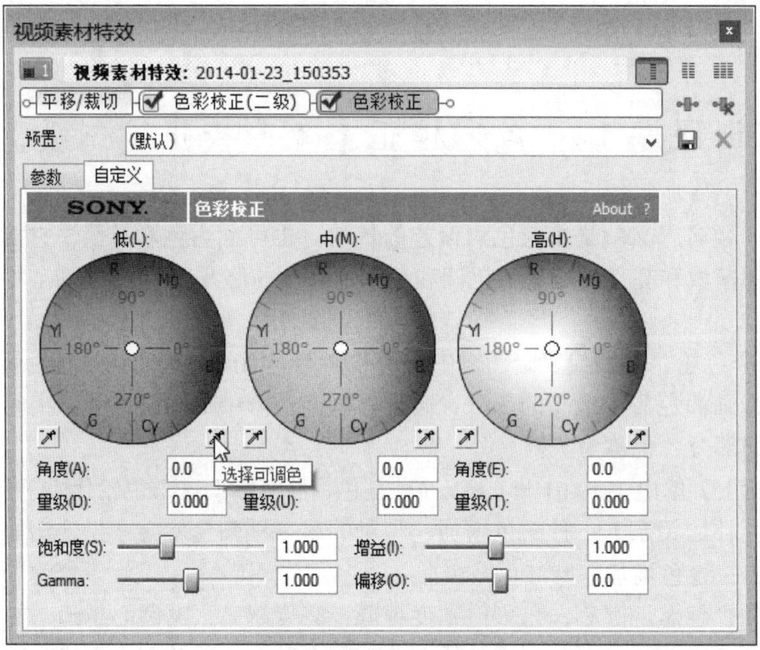

12–58　色彩校正示波器

除了这个方法，还能拖动每个色轮中的小圆点进行调整。在每个色轮中有个小圆点，它代表当前颜色分布情况，初始这个小圆点在圆心处，直接用鼠标拖动它，它偏向哪一方，就表示颜色的色相、饱和度和亮度朝哪个方向变化。

利用色彩校正进行调色，最好配合示波器进行，打开示波器，一边对照一边调色，往往简单准确。

其他参数有：

饱和度：调整画面整体饱和度，不区分高光、暗调和中间调区域。建议还是分别调整比较好，比较精细准确。

Gamma（珈玛）值：也称灰阶系数，主要调整中间调的亮度，但暗调和高光不受影响或影响很小，特别是黑色和白色几乎不受影响。

增益：作用是调整中间调和高光，对暗调部分影响极小。

偏移：调节对比度的中心位置。

这几个参数结合示波器，边调整边观察示波器，非常容易理解。

下面举例说明色彩校正特效的使用方法：

步骤 1：导入一张图像作为调色素材，如图 12-59 所示。

图 12-59　色彩校正素材

步骤 2：给该素材添加色彩校正特效，同时打开示波器观察。原始图像的示波器显示如图 12-60 所示。从示波器中分析看，这张图像饱和度和亮度都低，对比不强烈。

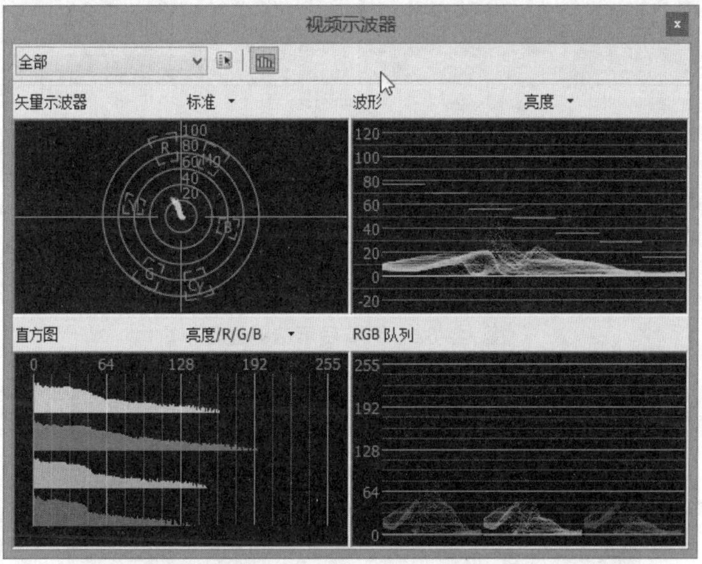

图 12-60　原始素材的示波器显示情况

步骤 3：一边对照示波器，一边做细微调节。先使用吸管工具在原图像中点击，确定暗调、中间调和亮调。之后再拖动色轮中的小圆点，向外向内不断试验观察，要注意人的肤色要偏红偏黄一些。最后再细微地调节下方的“饱和度”、“Gamma 伽玛值”、“增益”、“偏移”4 项参数，直到满意。最终参数如图 12-61 所示，示波器显示情况如图 12-62 所示。

步骤 4：完成最终效果，现在总体看起来，这张照片情况要好得多了，如图 12-63 所示。

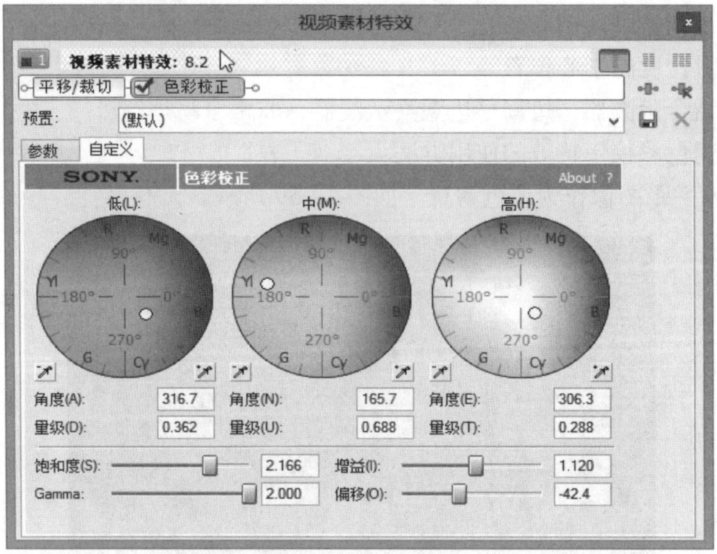

图 12-61　调节参数

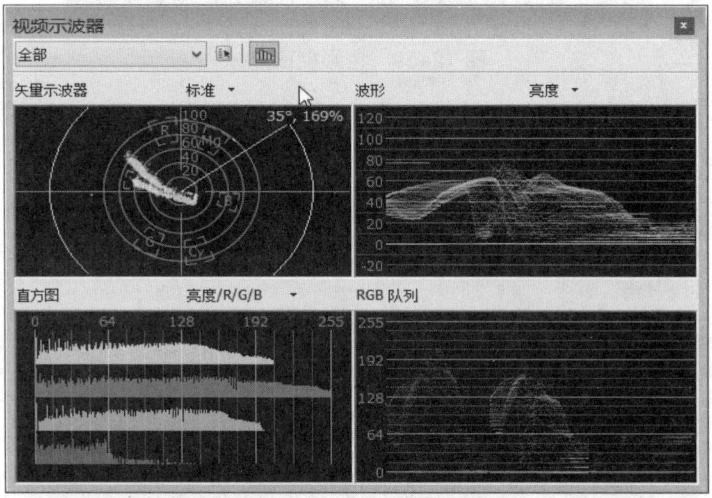

图 12-62　调节后示波器显示

图 12-63　调节后最终效果

色彩校正分为色彩校正和色彩校正（二级），也可称为一级校色和二级调色。一级校色的主要任务是纠正色彩偏差，重在纠偏。而二级调色则主要是实现某一种色调风格，最常见的是暖色调和冷色调。图 12-64 所示为暖色调，图 12-65 所示为冷色调。

从使用方法上来讲，这两个特效都差不多，但侧重点不同。

图 12-64　暖色调

图 12-65　冷色调

如图 12-66 和图 12-67 所示，是二级调色的参数选项。对于前面已经校过色的图像，我们再将其调为冷色调。对照示波器，如图设置参数，就能达到图 12-69 所示的效果。主要方法是利用“旋转色调”功能。

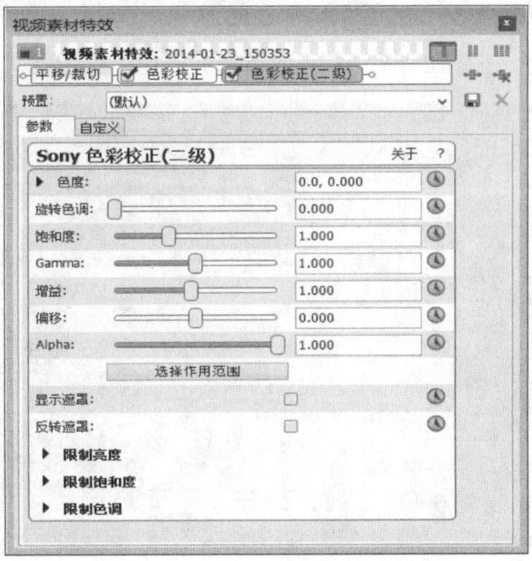

图 12-66　二级调色参数设置一

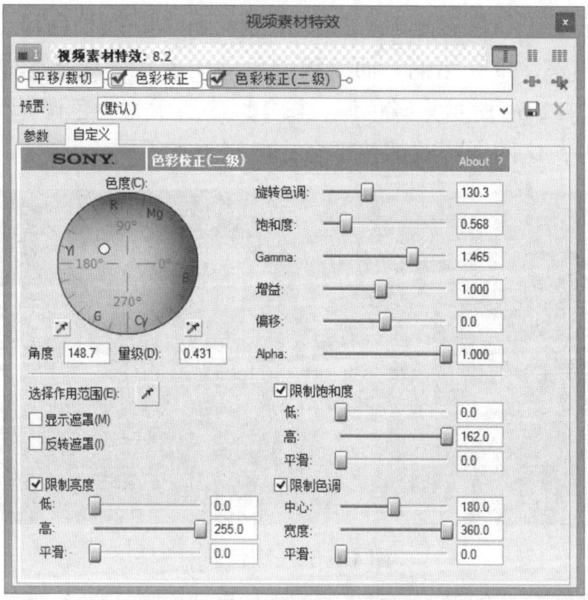

图 12-67　二级调色参数设置二

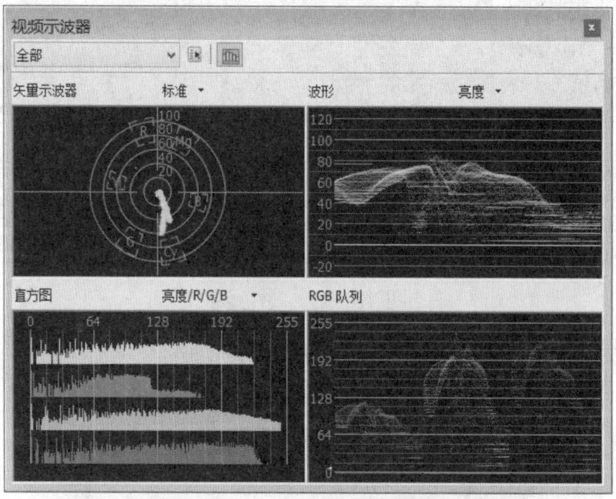

图 12-68　二级调色示波器显示情况

图 12-69　二级调色实现冷色调

实训课题15：调出柔化淡焦黄风格

步骤如下：

（1）导入素材。

图 12-70　调色素材

（2）添加补光特效，选择预置效果："强力暖色调"，细微地调节参数，使图像变亮。

图 12-71　强力暖色调

（3）复制轨道，形成上下两层轨道。

（4）设置上层轨道合成模式为滤色，合成度 40 左右。

图 12-72　滤色模式效果

（5）下层轨道添加软对比特效，微调，拉伸范围为 23 左右，对比值为 90 左右，扩散值为 30 左右。

图 12–73　软对比特效

（6）给上层轨道添加亮度对比度特效，微调。亮度 10 左右，对比度 25 左右。

图 12–74　亮度对比度特效

（7）上层轨道添加色彩曲线，选用预览效果：“增大饱和度”，其他保持默认设置，完成本实例。

图 12–75　色彩曲线特效

实训课题 16：调出浓水墨风格

这种浓浓的水墨风格很好，不过，不是所有的画面都合适，有的画面使用了之后会偏黑。

（1）对素材添加黑白效果，参数 100%。

（2）添加钝化遮罩特效，数量在 2 ~ 4，半径为 1，阈值为“0”。

（3）添加最小值与最大值特效，选择最小值，水平数值和垂直数值都保持一致，不超过“0.030”。

图 12-76 调色前后效果对比

图 12-77 添加黑白效果

图 12-78 添加钝化遮罩特效

图 12-79 添加最大值与最小值特效

（4）在素材上方添加一层宣纸素材，轨道模式设为“遮罩”模式。

图 12-80　遮罩模式效果

（5）如果觉得暗了，可以给宣纸素材添加色彩曲线效果，控制光亮。

图 12-81　使用色彩曲线调亮

（6）完成本实例制作。注意事项：宣纸素材可以选择不同的花样，用曲线或者亮度和饱和度控制好光亮度就可以了。当然，宣纸素材如果能够替换成动态的水墨素材，那么效果将会更好。

实训课题 17：调出淡水墨风格

图 12-82　调色前后效果对比

（1）给素材添加黑白效果。

图 12-83 添加黑白效果

（2）复制轨道，放置在上层。

（3）给上层轨道添加“反相”效果。

（4）将上层轨道的模式改为“减淡”，这时会看到预览框中的画面几乎全白了。

（5）给下层素材添加中间值特效，参数保持默认，使原图变成一幅白描图像。

图 12-84 减淡模式

图 12-85 添加中间值特效

（6）复制第二层轨道，并放置在上层，形成 3 道轨道，从上往下依次是轨道 1、轨道 2 和轨道 3。

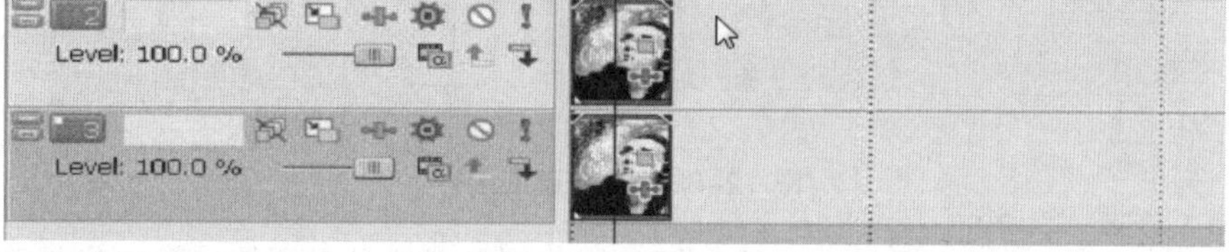

图 12-86 轨道安排

（7）将轨道 2 设为轨道 1 的子轨。

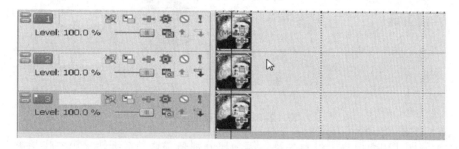

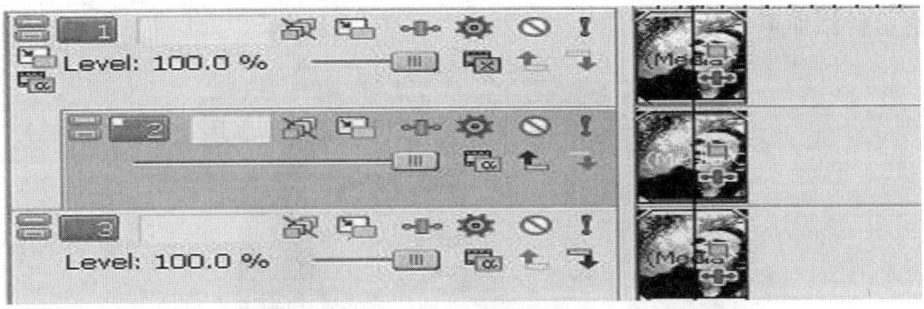

图 12-87　设置子母轨

（8）轨道 2 的母轨对轨道 3 起作用，将轨道 1 的合成模式改为“叠加”。

（9）叠加后效果如图 12-88 所示。

（10）在最上方添加一层空轨道，在最下方添加一层宣纸素材。

图 12-88　最终效果

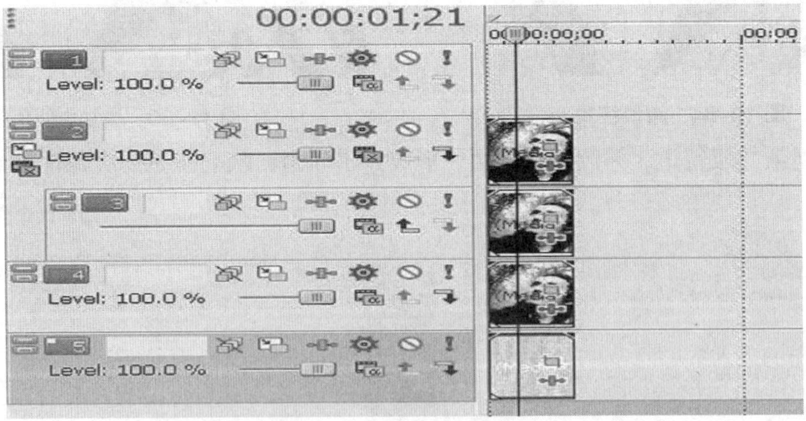

图 12-89　添加宣纸素材

（11）参照图 12-90 设置子母轨关系。第一代分别是空轨和宣纸轨。第二代是第 2 轨和第 4 轨。第三代是第 3 轨。

（12）将空轨对宣纸轨的轨道模式改为“变暗”，让它的所有子轨在宣纸上透出来。

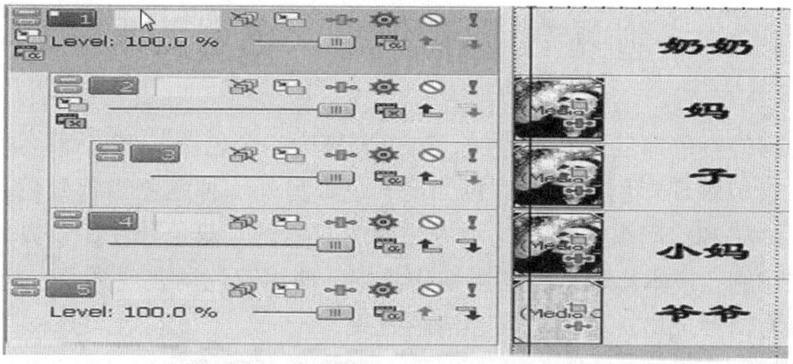

图 12-90 子母轨安排情况

图 12-91 变暗模式

（13）给第 4 轨，即第三层素材添加中间值特效，参数如下：

水平范围：0.073；

垂直范围：0.134；

偏移：0.435。

现在总体来看，总共三层一样的素材，第一层添加了黑白效果、反相和中间值。第二层添加了黑白效果。第三层添加了黑白效果和中间值。把这个顺序弄清楚了，就不容易出错。

（14）若感觉光线太暗，给宣纸素材添加曲线特效，调整光度。

图 12-92 最终效果

（15）完成本实例制作。注意事项：水墨效果对光线是十分敏感的，所以千万别偷懒调整轨道效果。如果偷懒了，肯定会使画面有的地方太亮，有的地方太暗。还有，中间值的数值必须单独调整。

实训课题 18：调出双色调效果

我们平常看到的彩色都是五颜六色的，也可以称为“全色调”，包括彩色印刷品。而如果只有两种颜色来模拟表现彩色，一种颜色当前景色，另外一种颜色当背景色，仅仅用两种颜色表现物体的立体感和空间纵深感，这种方法就叫双色调。双色调在印刷界用得多，原因是只有两种油墨来印刷，成本比较低。在影视作品中，使用双色调表现画面，却有独特的美感。

双色调可以有两种风格：模糊效果和清晰效果。

图 12-93 原素材

图 12-94 清晰效果

图 12-95 模糊效果

（1）复制素材轨道，形成两层轨道。

（2）给上层素材轨道添加高斯模糊效果，数值在 0.2 ~ 0.4。

（3）修改上层轨道模式，改变为叠加，得到清晰风格。

若改变为变暗模式，即得到模糊风格。

图 12-96 叠加模式

图 12-97 变暗模式

（4）导入一幅渐变图像放置在顶层，渐变图可以在 Photoshop 中制作得到，也可以使用 Vegas 的媒体生成器得到。使用什么样的渐变风格，可根据个人喜好。这里示范的是蓝绿渐变。也可以是蓝紫渐变，或者是纯色渐变为透明，都会有不错的效果。

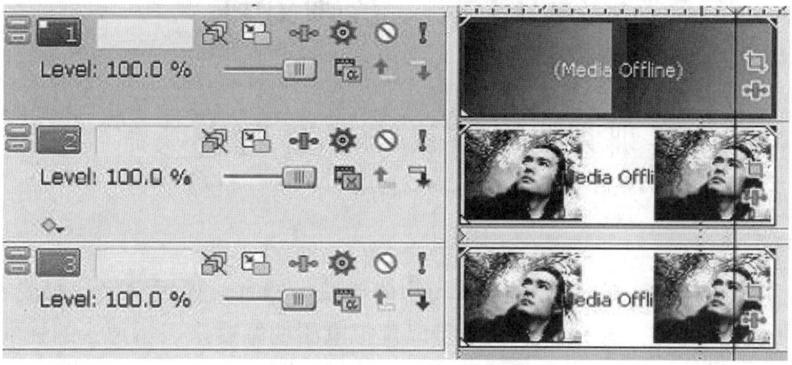

图 12-98 添加渐变效果

（5）将上层轨道模式改为“叠加”。

（6）给渐变图添加黑白效果，让整体颜色变得平和。如果颜色恰到好处，这一步也可以省略。如果添加黑白效果后，效果还不满意，可添加曲线特效进一步调整。

（7）最后得到的两种效果：清晰效果和模糊效果。另外，轨道模式的设置不是固定的，可改为别的模式试试。

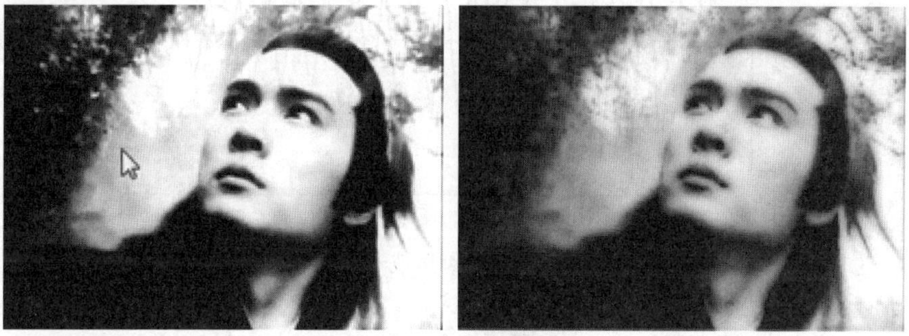

图 12-99 最终效果

第 13 章　音频处理

实训课题 1：认识音频理论基础

1. 声音的本质

声音是一种物理现象，它是产生于发场物体或发场器官，通过空气、水或者物体中分子的振动传播的一种纵向波。模拟音频技术是以模拟电压的幅度来表示声音的强弱。

振幅和频率是描述声音的两个基本参数。

振幅指声波的波峰与波谷之间的距离，它反映声音能量源大小。

频率指每秒钟声波的振动次数，它反映声音的音调。

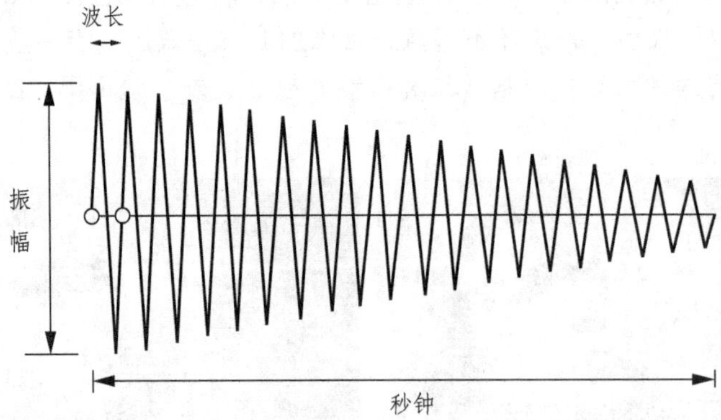

图 13–1　声波一

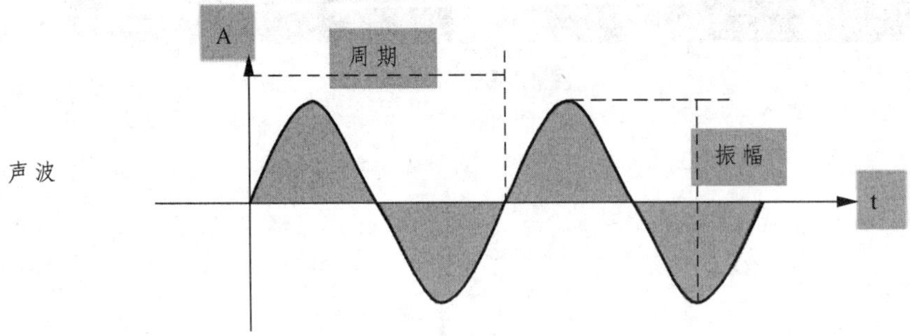

图 13–2　声波二

2. 声音的合成基础

当两股或多股声波相遇时，会进行叠加，相位相同时，声波的振动强化增加，相位相反时，声波会相互抵消，不同频率和振幅的不规则声波混合在一起时，会根据原点正负方向上的振幅进行混合，最终得到相对复杂的混合声波，混合声波中可以包含音乐、人声、噪声或其他声音。

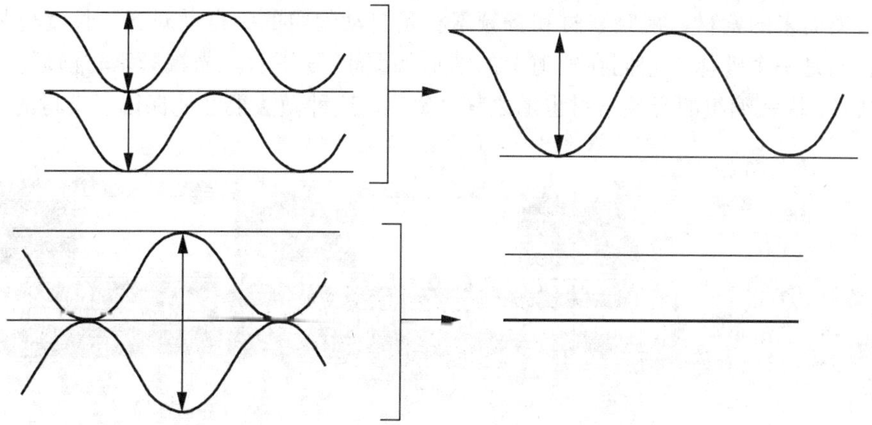

图 13-3　声波合成之一

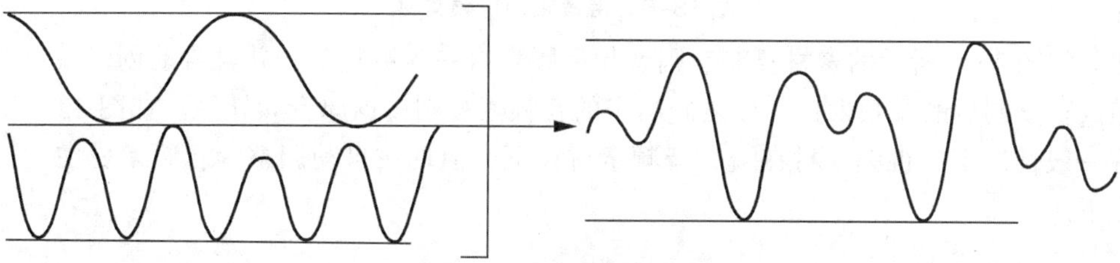

图 13-4　声波合成之二

3. 音频的概念

模拟音频：声音是机械振动，振动越强，声音越大，模拟音频技术是以模拟电压的幅度来表示声音的强弱。

数字音频：是通过采样和量化把模拟量表示的音频信号转换成许多二进制数字 0 和 1 组成的数字音频文件。

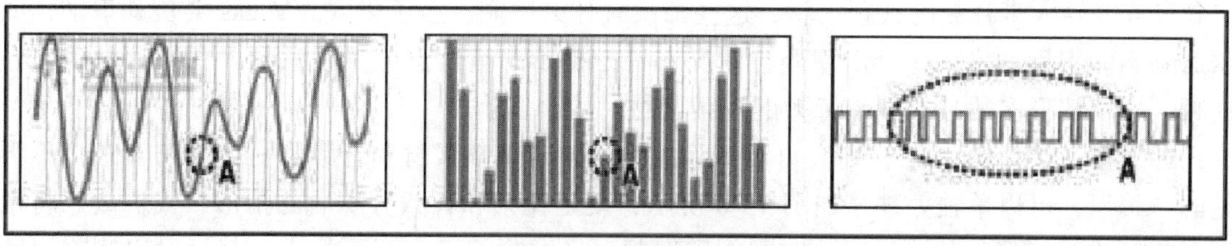

图 13-5　声音采样

声音的数字化：声音的数字化是指将采集到的声音用数字的方式进行存储、处理和输出，以及传输。

实训课题 2：音频素材的自动编组

音频素材主要分为单声道和立体声（双声道）两种。不管单声道还是双声道，它们都占一个音频轨道。

Vegas 中将音频素材当作和视频素材同样的普通素材来对待。

对于采集而来的素材，视频素材和音频素材是自动编组的，自动对齐，长度也是一致的，也就是说它们是一个整体。它们在轨道上的情形如图 13-6 所示。当视频素材前后左右上下移动或者复制时，同一编组的音频素材也随之移动复制。这种做法很好地保留了素材的原汁原味。

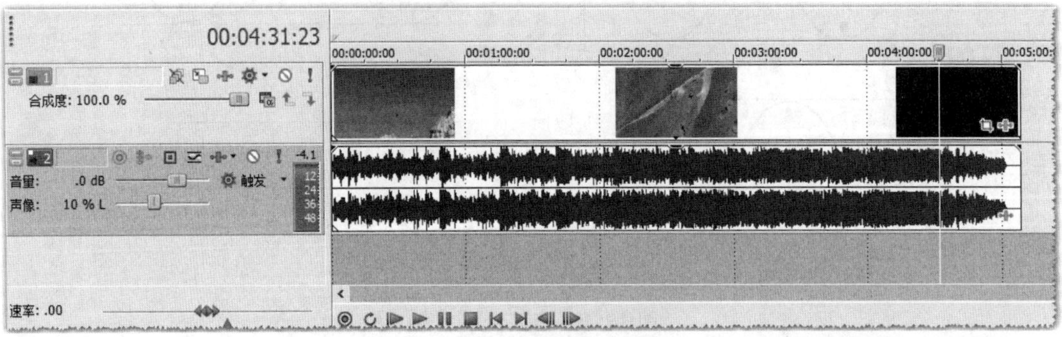

图 13-6　带音频的视频素材

比如将图 13-6 所示的素材复制，则音频视频素材一齐被复制，并且自动创建一条新的视频轨道放置复制后的视频素材，而复制出来的音频素材则占据原音频轨道。如图 13-7 所示，本来在一般情况下，视频素材在上，音频素材在下，但现在自动调整为音频素材在上，视频素材在下。

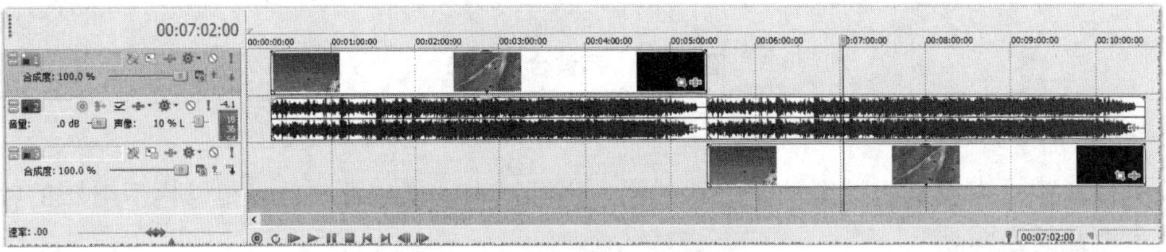

图 13-7　复制的音频视频素材

对于导入的素材，则可以单独导入视频或者音频素材，可以只导入视频，也可以只导入音频，或者导入带音频的视频素材，这些都没有什么限制。至于格式，Vegas 会自动识别，偶尔遇到不能识别的格式，会出现两种情况：一是提示出错信息，二是只导入音频，自动丢弃视频，这种情形多数是遇到带音频的视频素材时才会发生。

如果按下快捷键“U”，则会自动解除编组，这时视频素材和音频素材会分离开来，不再是同一编组，可以单独处理。如图 13-8 所示，就是视频和音频分离后的情形，我们故意将视频和音频错开，目的就是说明这时视频和音频已经解除编组，毫不相干，甚至可以删除视频而只保留音频，或者删除音频只保留视频。

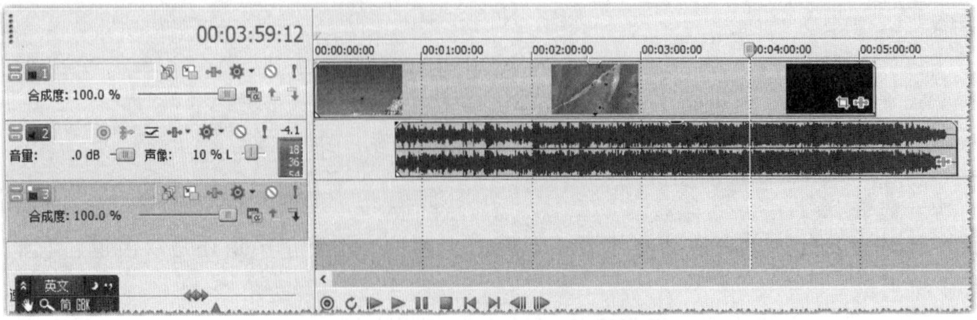

图 13-8　解除编组后的视频音频素材

实训课题 3：编辑音频素材

轨道上的音频素材通常都是立体声，因此音频轨道一分为二，分为左右两个声道，并且两个声道的音频波形是一模一样的。上下搓动鼠标滚轮，显示比例会自动跟着变化，如图 13-9 和图 13-10 所示。

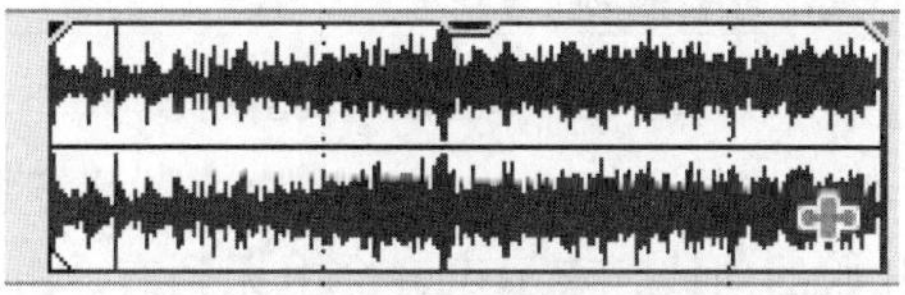

图 13-9　轨道上的音频素材

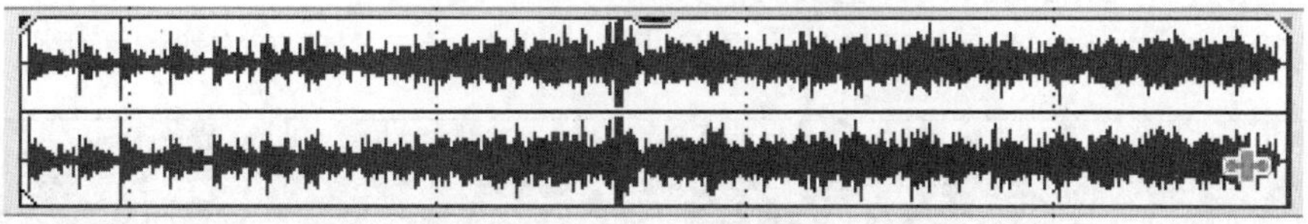

图 13-10　放大显示

多数剪辑时，优先考虑声音的断续，其次才考虑画面的连贯。在重复画面或者画面变化不大的情况下，以声音的断点作为剪切点，就是首要的考虑。

Vegas 在这方面做得非常优秀，很体贴地照顾到了用户的这一需求。剪辑时，尽最大可能地放大显示比例，使音频波峰显示出更多细节。通过观察波峰，在波峰无起伏变化的地方，也就是声音停顿的地方按下“S”键一刀两断，如图 13-11 所示。

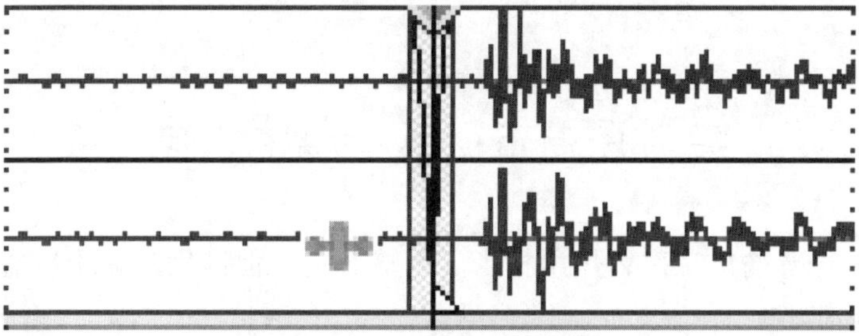

图 13-11　音频波峰显示

对音频的处理上，音频剪辑是首先要做的事，其后才是音效处理。

在编辑方面，音频素材同视频素材没有什么不同，针对视频素材的编辑操作同样适用于音频素材。在 Vegas 中，一段音频视频素材就像 Word 中的一个字符一样，可以自由地被复制、粘贴、剪切、移动、组合，等等。由于这些操作在视频素材编辑里面已经讲过，因此在这里不再重复。

实训课题 4：音频的淡入淡出处理

仔细观察图 13-12 所示的轨道上的音频素材，发现如同视频素材一样，在音频素材的左上角和右上角两处地方，各有一个小三角形，它们就是声音淡入淡出标志，Vegas 中分别称为淡入偏移和淡出偏移。

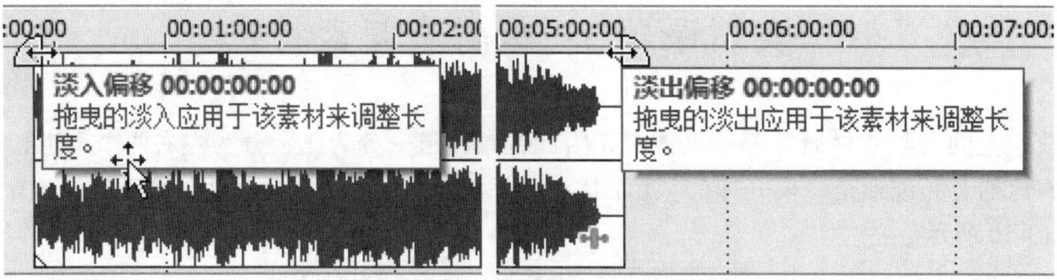

图 13–12　声音淡入淡出标志

用鼠标拖动淡入偏移或者淡出偏移标志，就会出现一条淡蓝色的曲线，它们就是淡入淡出曲线，如图 13-13 所示。开始的曲线，表示声音会由无到有，由弱变强。结束处的曲线，表示声音会由有到无，由强变弱，直至淡淡消失。

这种效果在声音的处理上非常常用，并且也符合人们对于音乐等的常规要求。

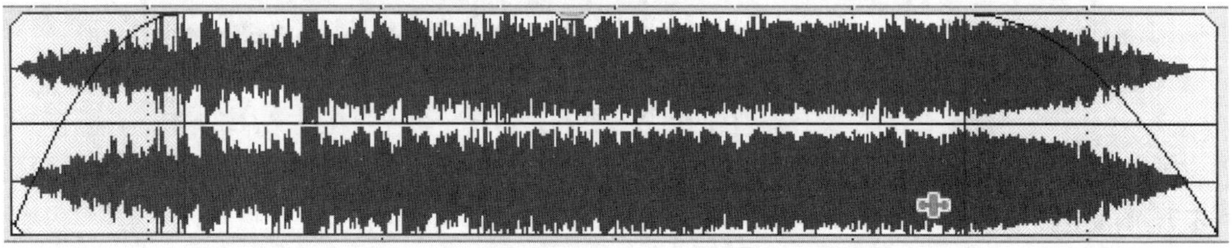

图 13–13　声音淡入淡出效果

针对音乐施加淡入淡出效果，能够使音乐开始和结束变得自然柔和，不显得突兀，因此比较常用。

实训课题 5：声音增益处理

增益就是加大声音输出功率，作用相当于调整音量，但区别却在于增益能够改变音频波峰高低，音量调节却不会。

如图 13-14 所示，在音频素材的中间顶部，有一个蓝色的特殊标志，这个标志就是增益标志。用鼠标向下拖动它，可以看到音频波峰随之改变，如图 13-15 所示。拖动过程中，鼠标后面会随时提示音频分贝值，开始的时候，音频分贝值为零，越向下拖动，分贝值变为负值，并且越来越小，直到波峰接近直线为止。

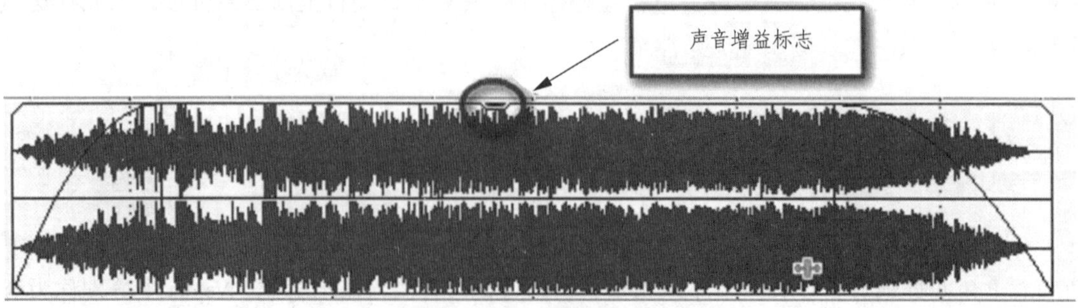

图 13–14　增益标志

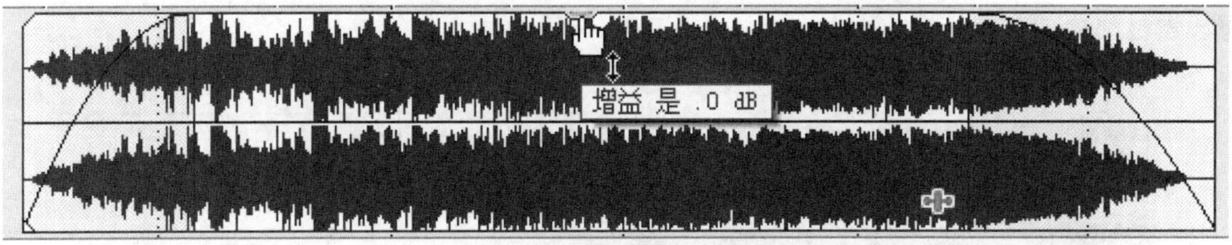
增益 是 .0 dB

图 13-15　拖动改变增益值

应该特别注意，当向下拖动增益标志时，增益值不断减小，同时音频波峰降低压缩。因此，这种操作对于音频质量是有损失的，一般不推荐进行此种操作。

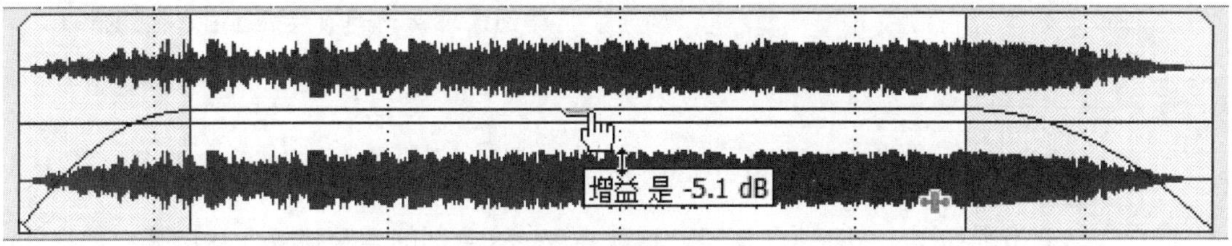
增益 是 -5.1 dB

图 13-16　减小增益

实训课题 6：修剪音频素材出入点

当把鼠标移到音频素材的左右边缘时，会出现如图 13-17 所示的提示，同时鼠标形状也相应发生变化。在这种状态下，无论向左还是向右拖动鼠标，都会修改音频素材的入点和出点，和操作视频素材没有什么两样。

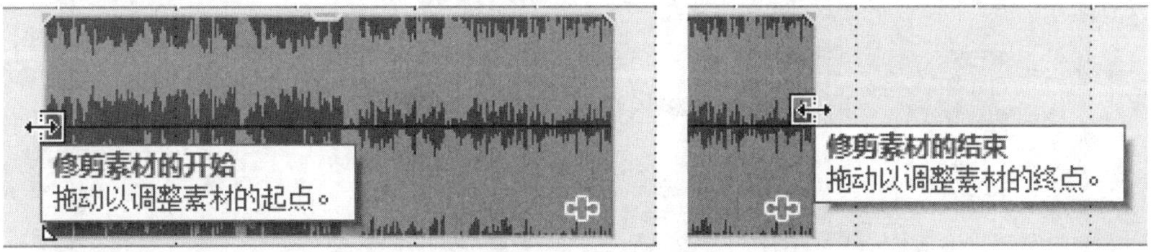
修剪素材的开始
拖动以调整素材的起点。
修剪素材的结束
拖动以调整素材的终点。

图 13-17　修剪素材

在素材右侧边缘向右拖动，可改变音频素材原来的出点时间，使其向后延长。到达终点后，再继续向右拖动，则该音频素材会被重复。

在素材右侧边缘向左拖动，可使素材的出点时间缩短，一直向左拖动，直到入点为止，这时素材的持续时长就为零。

在素材左侧边缘也可拖动改变素材入点出点时间，道理和右侧边缘拖动相同。

实训课题 7：添加音频素材特效

一如视频素材，音频素材也有素材特效，如图 13-18 所示，这个标志就是素材特效标志，每段素材都会带有这个标志。

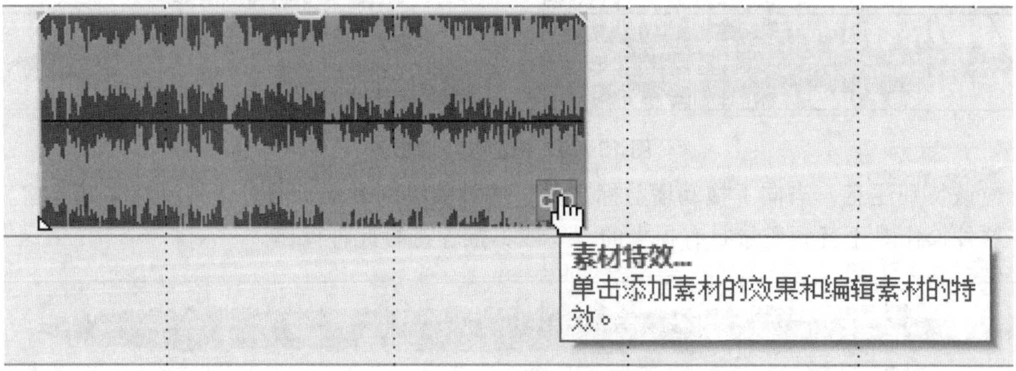

图 13–18　素材特效标志

点击它，会出现如图 13-19 所示窗口，这就是 Vegas 全部的音频特效。双击某一种特效，比如双击“噪声门”特效，就将该特效添加到特效链中。如果继续添加的话，可以接着不断双击，如果已经完成添加，点击“确定”按钮则可以关闭该窗口。

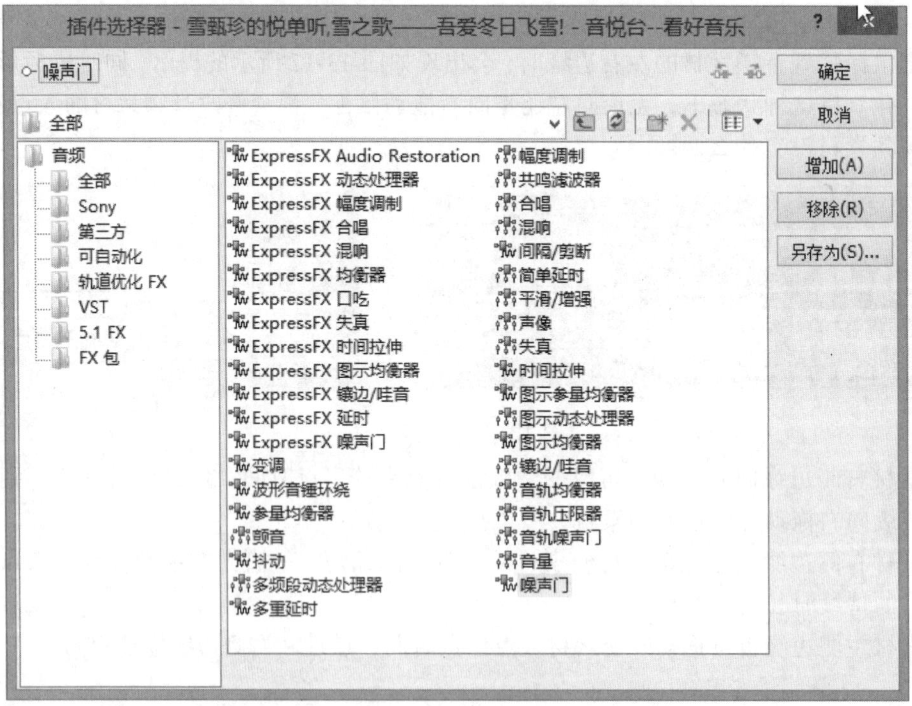

图 13–19　音频特效

接下来会出现音频特效参数设置窗口，如图 13-20 所示，添加了“噪声门”之后，出现该特效的参数设置窗口。

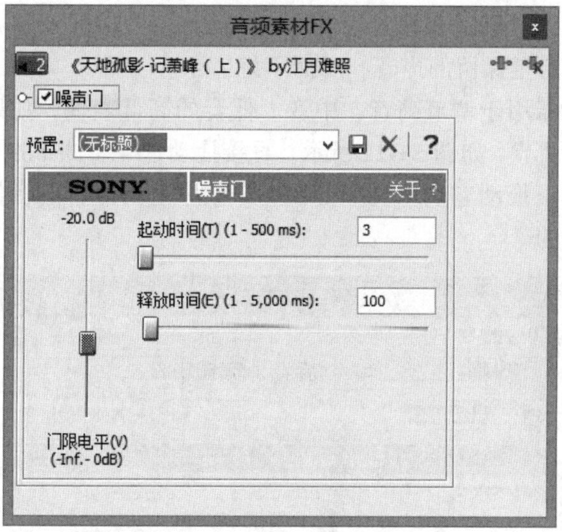

图 13–20　音频特效参数设置窗口

实训课题 8：认识音频轨道头及默认特效

参见图 5-11 所示音频轨道头，在这些按钮当中，最重要也最常用的有：

（1）轨道特效按钮。点击此按钮，给当前音频轨道添加音频特效，并且该特效使用于当道轨道上的所有音频素材。

在默认状态下，Vegas 会为每个音频轨道自动添加 3 种音频特效：音轨噪声门、音轨均衡器、音轨压限器。

音轨噪声门：噪声门用来去除一些明显但微弱的噪声，好比设置一个门槛，符合这个门槛以内的声音将保留下来，而门槛以外的则消除。如图 13-21 所示，将门限电平滑块向上移动，

图 13–21　音轨噪声门

相当于调节门槛高低。调节到适当位置就可以去除噪声。有时候上移不足就不会有效果，但如果移得太高就会去除希望保留的声音，反而不好。

音轨均衡器：均衡器用于调节高音、中音、低音的高低表现，如果希望低音更强，高音更弱之类的，可以用它调节。如图 13-22 所示，直接拖动这 4 个圆形按钮，左右拖动它们来调节作用的频率范围，上下拖动它们来调节处在那个频率上的声音的音量大小。底部滚降是用来增加或减少作用范围的。

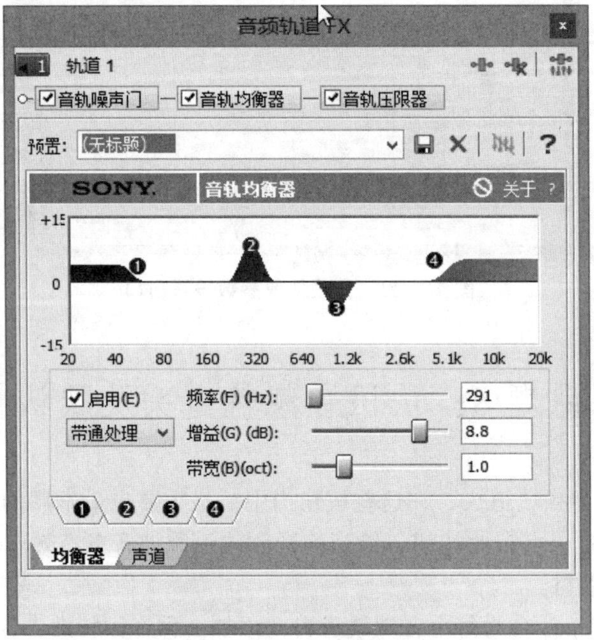

图 13-22　音轨均衡器

音轨压限器：作用就是使小声听上去不吃力，大声不至于吓人一跳，实际应用中主要用来消除爆破音。

播放声音时，主控音量中的左右声道会出现起伏的柱形，在柱形上方若是出现了红色方框，一旦里面有数值，就表示出现了爆破音，爆破音当然应该消除。一般将比率调成 2.5 ~ 8，并非越大越好，因为越大的话，声音会变得干瘪。接着调节门限值到恰当的位置，直到整段音频没有出现红色方框并且起伏的音量柱形能合适地接近顶端，调整就应该合适了。

音轨压限器主要的参数就是“输入增益”、“门限”和“比率”，其他参数一般不动。

（2）音量滑块。左右拖动此滑块，可以调节当前轨道所有音频素材的音量大小，向右拖动，最大达到 12 分贝，向左拖动，最小达到-56 分贝。

（3）声像滑块。声像滑块的功能就是使声音在左右声道之间偏移，如果偏向左声道，则左声道声音变强，右声道声音变弱。反之则相反。向左拖动偏向左声道，向右拖动偏向右声道，默认在中置位置，即不偏不倚，处于中间。

（4）准备录音。按下此按钮，会启动录音功能，将当前麦克风的声音录制下来，并且自动放置在一个新音频轨道中。如果没有外置麦克风，则录音没有效果。

（5）静音。如果按下该按钮，会使当前轨道处于静音状态，直到再次按下该按钮。

（6）独奏。按下此按钮，和静音相反，会使当前轨道发声，而其他音频轨道全部处于静音状态。再次按下该按钮，则解除独奏状态。

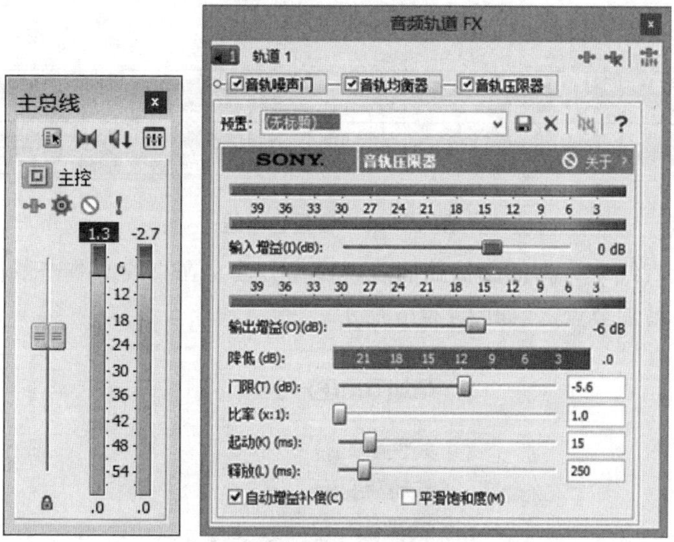

图 13–23　音轨压限器

（7）反转轨道相位。轨道上的声音表现为音频波峰，本来正常情况下，波峰在外，波谷在内。反转轨道相位，则会将波峰变波谷，波谷变波峰，内外反转。反转之后，对于声音效果一般没有太大影响，因此该功能很少用到。

实训课题 9：音频包络线

与视频轨道一样，音频轨道也有包络线，当选择菜单“插入/音频包络”时，或者在音频轨道的空白处单击鼠标右键，在出现的快捷菜单中选择“插入/移除包络”时，会出现如图 13-24 所示的菜单选项。

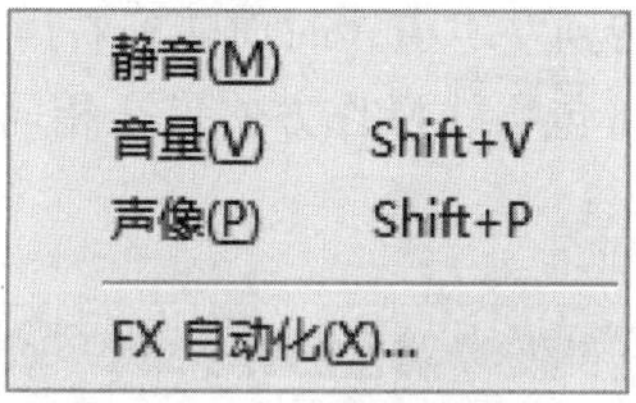

图 13–24　音频包络选项

从图 13-24 中可以看出，针对音频轨道，有 4 种包络线：静音、音量、声像、FX 自动化。

（1）静音包络线。当插入静音包络线后，原来的增益包络线变为“禁用”，即静音包络线，该线不可见，但能够上下拖动。当处于轨道顶部时，表示静音无效，当拖动到轨道底部时，表示静音生效，当前轨道立即变为暗灰底色，处于静音状态。

要取消静音包络线，只能用同样的办法，再次插入静音包络线，这时“静音”前面的勾选取消，表示已经删除静音包络线。

（2）音量包络线。当插入音量包络线后，在音频轨道中部会出现一条淡蓝色的直线，这就是音量包络线。适当控制这条直线，将其变为曲线，就能够控制音量呈现起伏变化，时强时弱。如图 13-25 所示。观察一下，是不是和速度曲线非常相似？是的，操作方法都是一模一样的，只不过这时调节的是音量，而不是播放速度。

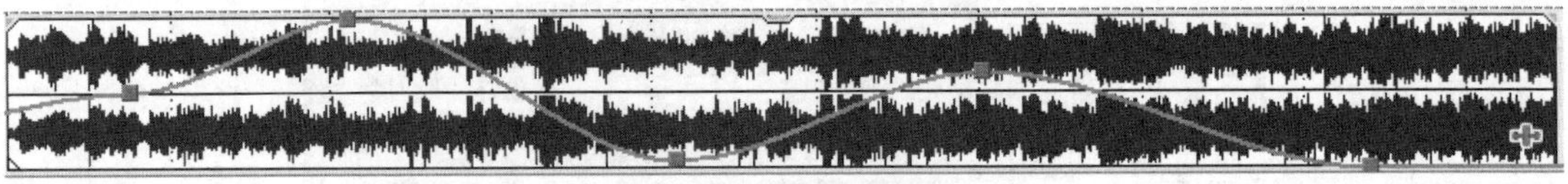

图 13-25 音量包络线

将初始的音量直线变为高低起伏的曲线，操作方法是在直线上单击鼠标右键，在出现的快捷菜单中选择“增加节点”，如图 13-26 所示。

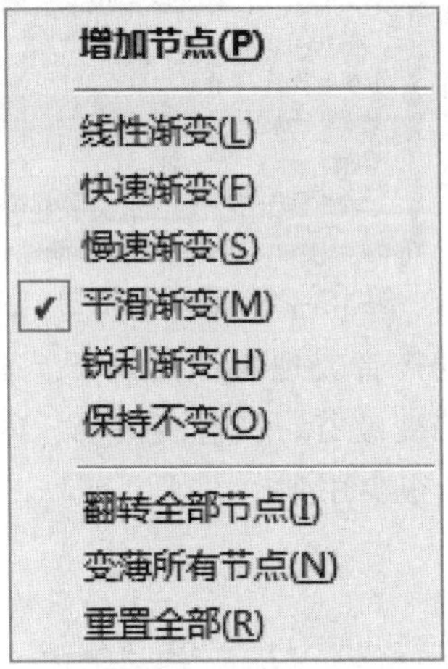

图 13-26 增加节点

这样不断地在曲线上添加节点，然后拖动这些节点的位置，这样高低起伏的音量曲线就制作出来了。

（3）声像：声像具体指的就是左右声道，也就是声音的相位。声像包络线能够控制声音在左右声道之间不断切换，时而转到左声道，时而转到右声道。

声像包络线的操作方法和音量包络线操作方法完全相同，但是声像包络线是一条红线，而不是蓝线，如图 13-27 所示。

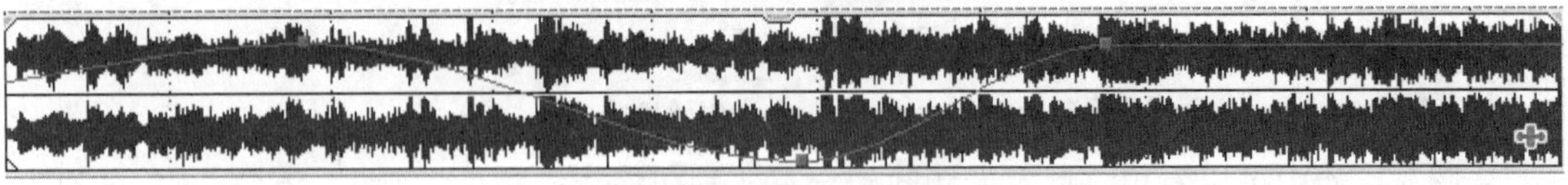

图 13-27 声像包络线

（4）音频 FX 自动化包络线。前面已经讲过，Vegas 对音频轨道默认添加 3 种音效：音轨噪声门、音轨均衡器、音轨压限器。音频 FX 自动化包络线就是利用包络线的形式，灵活控制这 3 种特效中的参数和选项。

① 音轨噪声门包络线。添加音频 FX 自动化包络线，出现如图 13-28 所示窗口，首先选择音轨噪声门特效，其中能够添加包络线的 4 个参数会自动列举出来，假设勾选其中“门限电平”一项，会出现一条红色直线，操作方法和音量包络线相同，设置以后效果如图 13-29 所示。

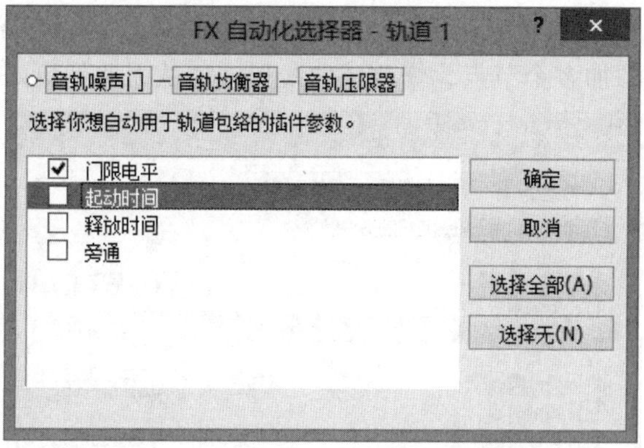

图 13-28　音轨噪声门包络线参数

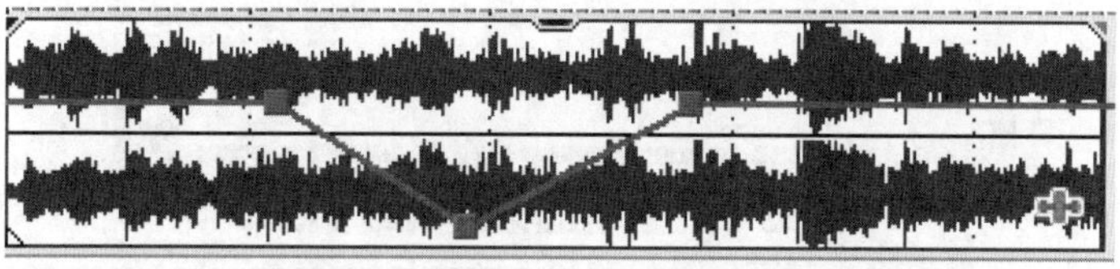

图 13-29　音轨噪声门包络线参数曲线形式

② 音轨均衡器包络线。选择音轨均衡器包络线之后，出现如图 13-30 所示窗口，假设勾选其中“启用频段 1”和“频段 1 滚降”两项参数，则会出现两条红色包络线，其中“启用频段 1”包络线居于轨道顶部，不可更改，“频段 1 滚降”参数的包络线则可以修改，如图 13-31 所示，添加多个节点，修改成曲线形式，从而达到更精细地控制效果的目的。

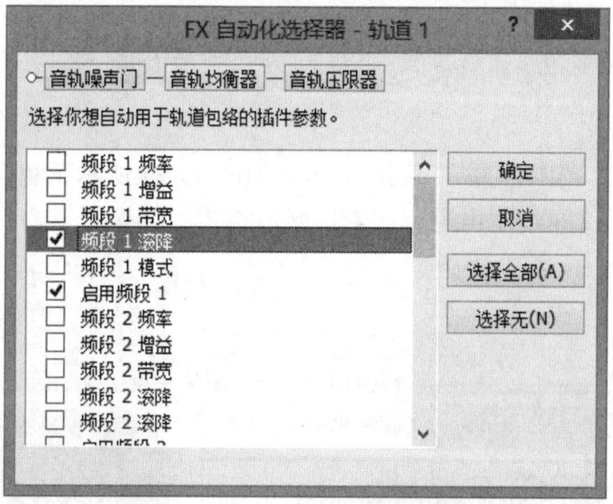

图 13-30　音轨均衡器包络线参数

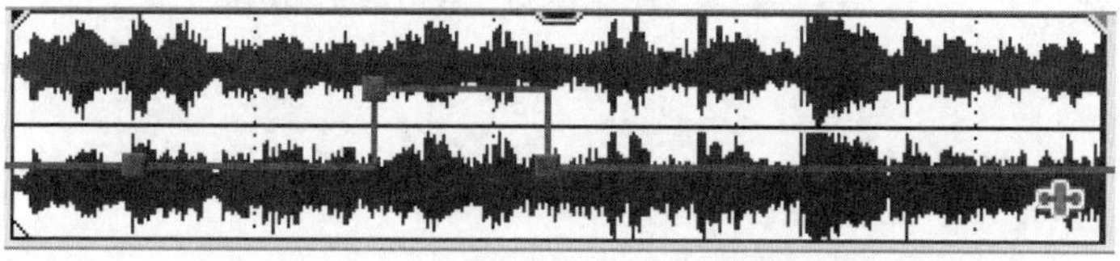

图 13-31　音轨均衡器包络线参数曲线形式

③ 音轨压限器包络线。选择音轨均衡器包络线之后，出现如图 13-32 所示窗口，假设勾

选其中“比率”参数，则会在轨道底部出现一条红色包络线，这条包络线可以由直线改为曲线，如图 13-33 所示，添加多个节点，修改成曲线形式，从而达到更好地控制效果的目的。

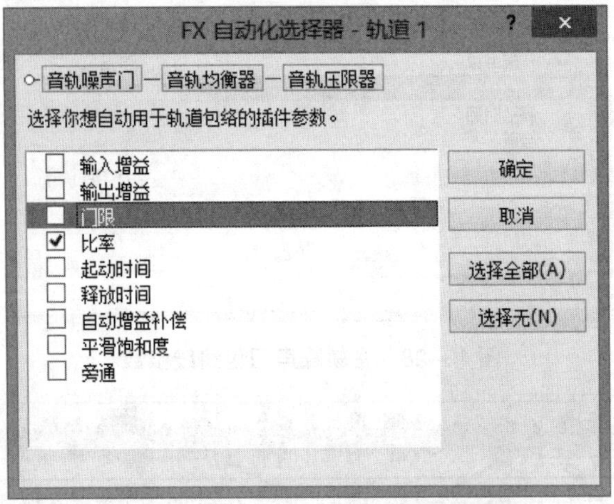

图 13-32 音轨压限器包络线参数

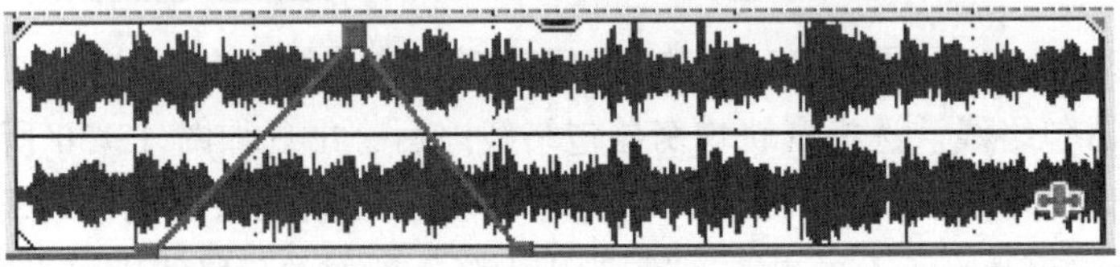

图 13-33 音轨压限器包络线参数曲线形式

实训课题 10：声道的调整

在音频上单击右键，选择菜单“声道”，出现如图 13-34 所示菜单。

默认是双声道，可以屏蔽左声道，或者屏蔽右声道，甚至让左右两个声道互换。混合声道就是使两个声道变为一个综合声道。

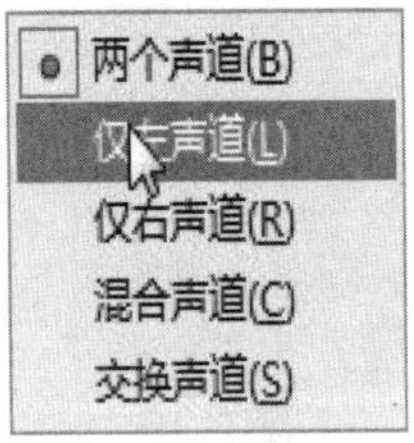

图 13-34 声道选择

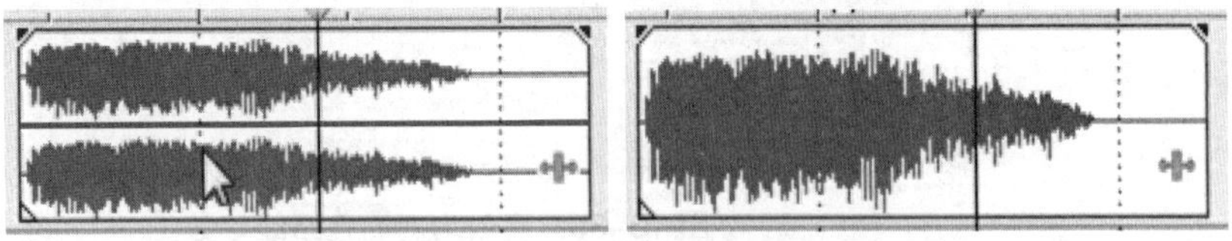

图 13-35 双声道变单声道

实训课题 11：调节音乐播放时间

经常会遇到有的音乐节奏太快，有的节奏太慢，有的音乐太长，有的太短，那么我们看看 Vegas 是怎么完美地将声音拉长不走调的。

在音频素材上点击右键，选择“属性”，出现如图13-36所示窗口。在这个窗口中首先把“变速方法”改变为“典型”，之后出现下面的参数。修改一下新的长度，比如延长5 s，那就修改为06：22，至于“变速特性”，一般推荐选择A07（语音），A03（音乐）两种类型均可。

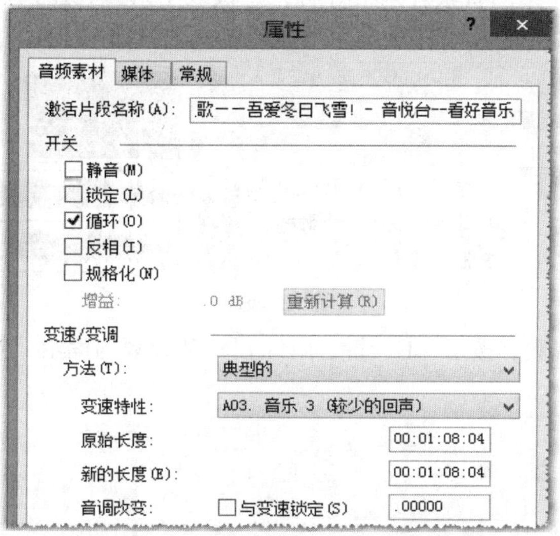

图 13–36 音频素材的属性窗口

实训课题12：调节声音播放速度

怎么样能够使声音变慢，或者变快？

办法就是给音乐素材添加“时间拉伸”特效，在图13-37所示的窗口中设置参数。

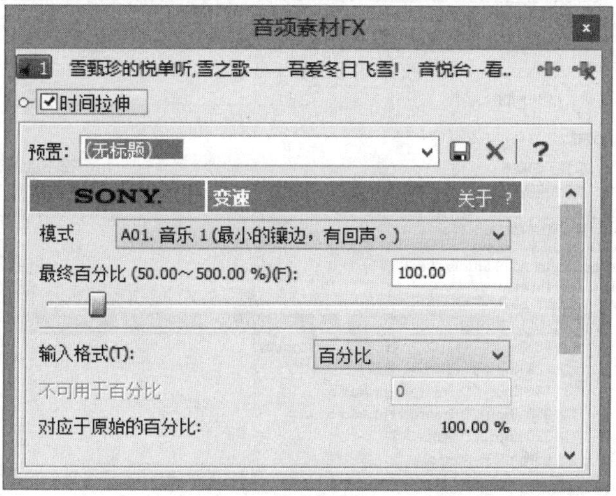

图 13–37 时间拉伸特效

其中，默认速率是100%，最小能改变为50%。如果改为50%，则声调变快，听起来伶牙俐齿的，有些鸟语的味道了。速率最大能够改变为500%，如果改为500%，声调已经慢得不能忍受了。

实训课题 13：从视频中提取音乐

有时候遇到一段视频中的背景音乐很好听，想截取出来，Vegas 方法如下：

步骤 1：将带有音频的视频素材导入并添加到轨道上，如图 13-38 所示。

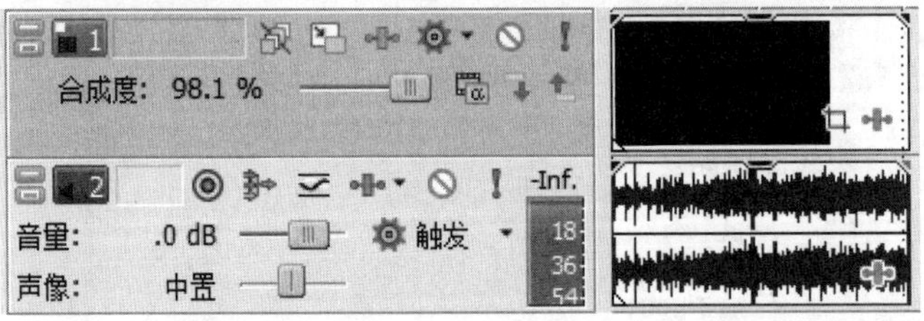

图 13-38

步骤 2：选中该段视频，按下“U”键，解除视频和音频的编组，然后按“del”键将视频删除。

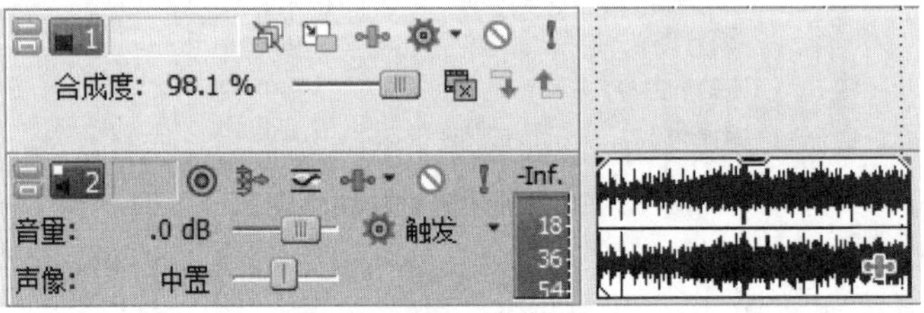

图 13-39

步骤 3：对音频反复试听，进行一些简单的编辑，比如只截取其中一部分，删除多余部分。

步骤 4：点击菜单“文件/渲染为”进行渲染输出，输出格式选择 mp3，这样就能够得到视频中的音频了。

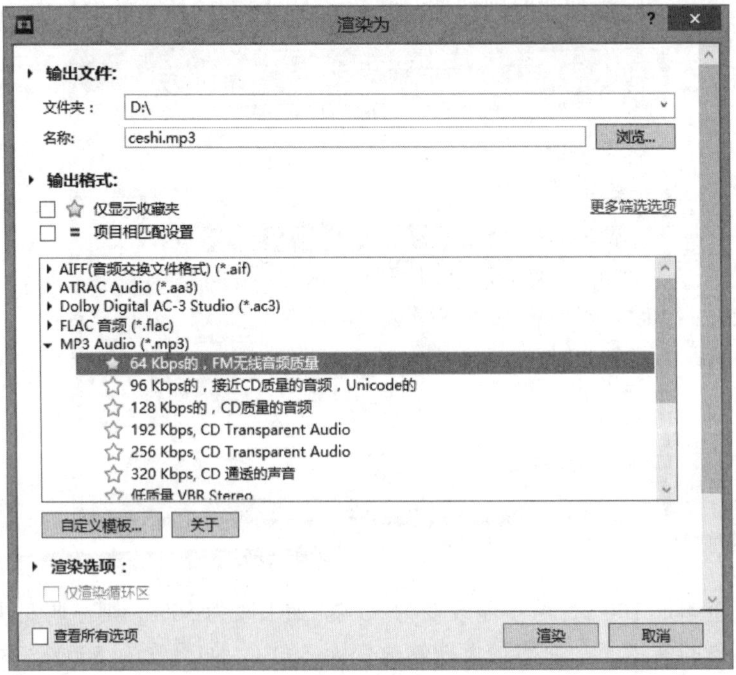

图 13-40

实训课题 14：改变音乐的风格

改变音乐的风格，主要是通过“均衡器”来实现的。而在均衡器中，不同的音乐风格，它们高音、中音、低音部分的调谐高低是不同的，因此，调节音乐风格，其实就是调节高、中、低音的“增益值”，这是关键。理解了这个道理，面对不同界面的工具，才能自如地调节出不同的风格来。

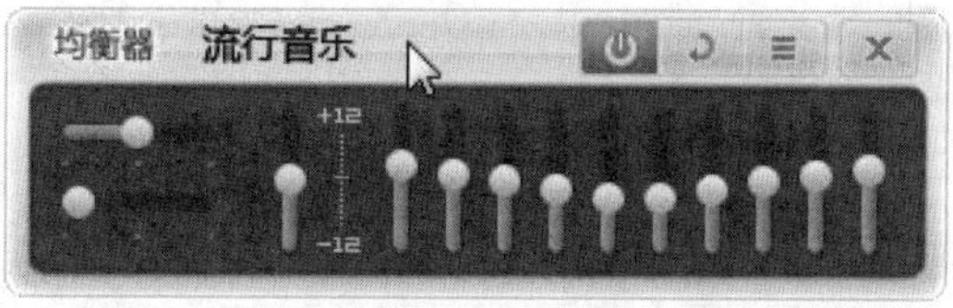

图 13-41　均衡器实例

Vegas 中调节不同音乐风格，也是通过“均衡器”来实现的，图 13-42 所示是 Vegas 中常用的均衡工具。各自的界面不同，侧重方面也不尽相同。尝试调节它们的参数，就能够改变音乐的风格。不过，在调节过程中，请大家一定要注意参考其他软件比如“千千静听”中的不同音乐风格的均衡器设置，这样才能找到正确的调节方向。

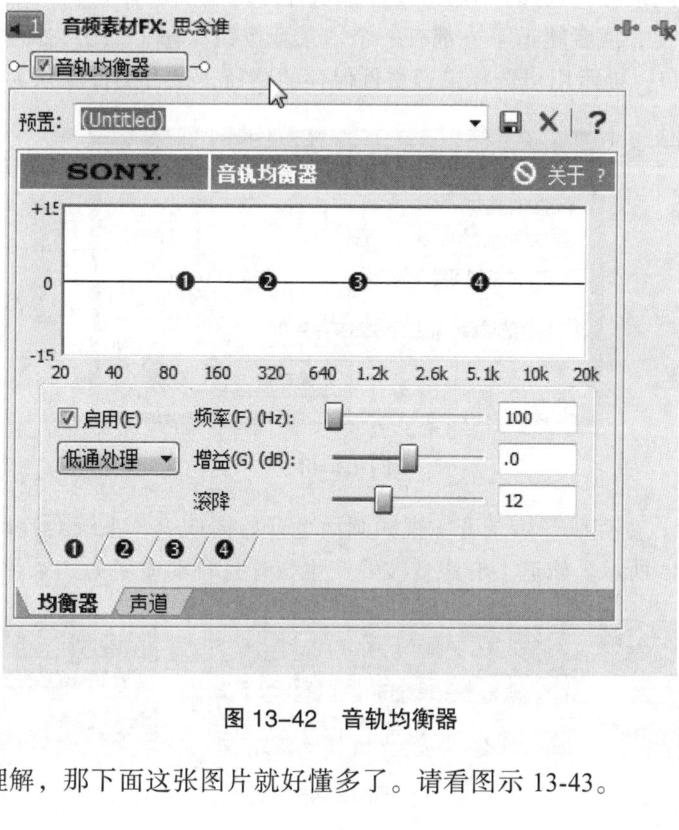

图 13-42　音轨均衡器

这个图不好理解，那下面这张图片就好懂多了。请看图示 13-43。

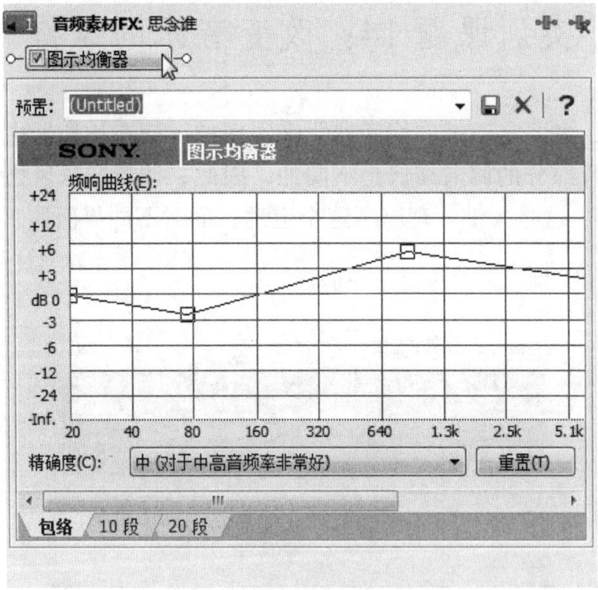

图 13–43　图示均衡器

实训课题 15：在 Vegas 中录音

有时候需要后期录音，Vegas 不用借助外部软件即可实现录音。

在预览窗口下文，或者轨道下方都有一个“录音按钮”，点击它即开始录音，首先出现图 13-44 所示窗口。提示用户选择录音文件保存的路径，录音文件默认为 WAV 格式。

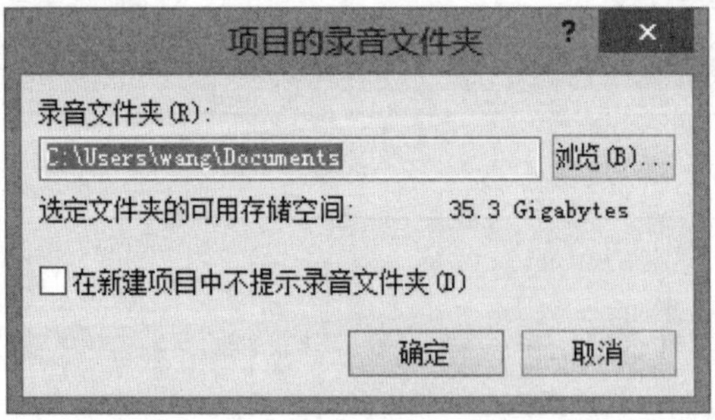

图 13–44

点击确定之后，麦克风开始录音（视频画面也开始播放），系统会自动创建一个新的音频轨道，如图 13-45 所示。轨道上有声音波峰产生，并且自动命名为“录音片段 1”。

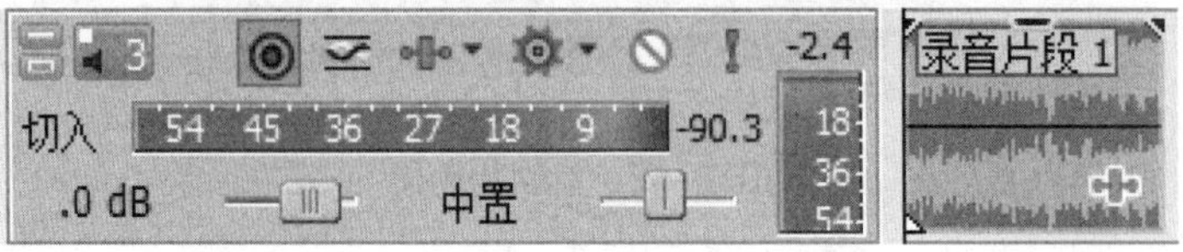

图 13–45

再次点击◉结束录音，系统会提示录音文件保存的路径和名称。点击“完成”结束。

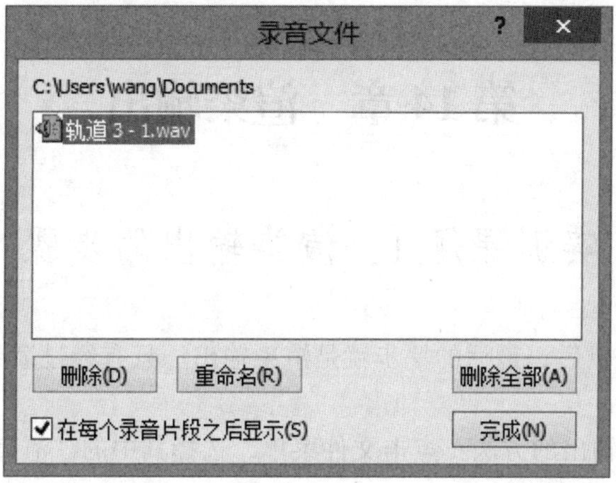

图 13–46

完成以后，录制的音频自动添加到一个新音频轨道上。可以进行下一步编辑。

要正确录音，有个前提就是一定要具备麦克风这样的录音设备。如果电脑没有外接麦克风，则无法成功录音。

第 14 章　渲染输出

实训课题 1：渲染输出的步骤

视频音频编辑完成以后，最后的一步就是渲染输出。只有经过渲染，才会生成一个完整的能够独立播放的节目。

在 Vegas 中，渲染输出的方法：点击文件菜单，选择其中的“渲染为”，如图 14-1 所示，即可打开输出格式选择对话框。

图 14–1　文件菜单

输出时，最重要的步骤就是选择正确的输出格式，在这里，Vegas 已经列举出了常见输出格式的模板，如图 14-2 所示。

这些模板列举了常见输出格式，参数已经提前预置好，我们根据实际需要，选择一种合适的模板进行渲染输出。比如我们想制作 DVD，就应该选择 MainConcept MPEG-2 格式，而 MPEG-2 格式下又有许多格式，一般情况下，我们应该选择“Program Stream PAL”。

图 14–2　DVD 输出格式

而如果制作的节目只是教学使用，在电脑上播放，那就应该选择“Windows Media Video（WMV）”，格式如图 14-3 所示。

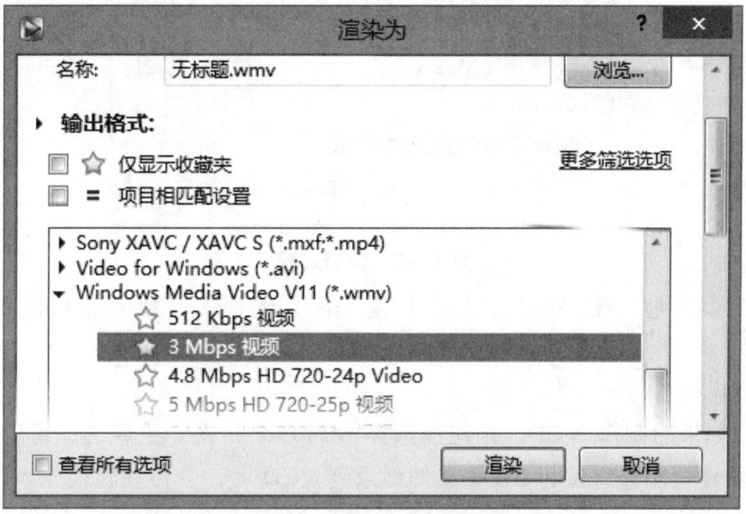

图 14–3　WMV 输出格式一

但是，即使 WMV 格式，下面也还是有 VCD、DVD、高清的区分，它们是以传输速率为标准来区分的。如图 14-4 所示，512 Kbps 是 VCD 格式，3 Mbps 是 DVD 格式，4.8 Mbps 是高清格式，高清格式都带有 HD 字样，很好区分。一般我们应该选择 3 Mbps 格式。

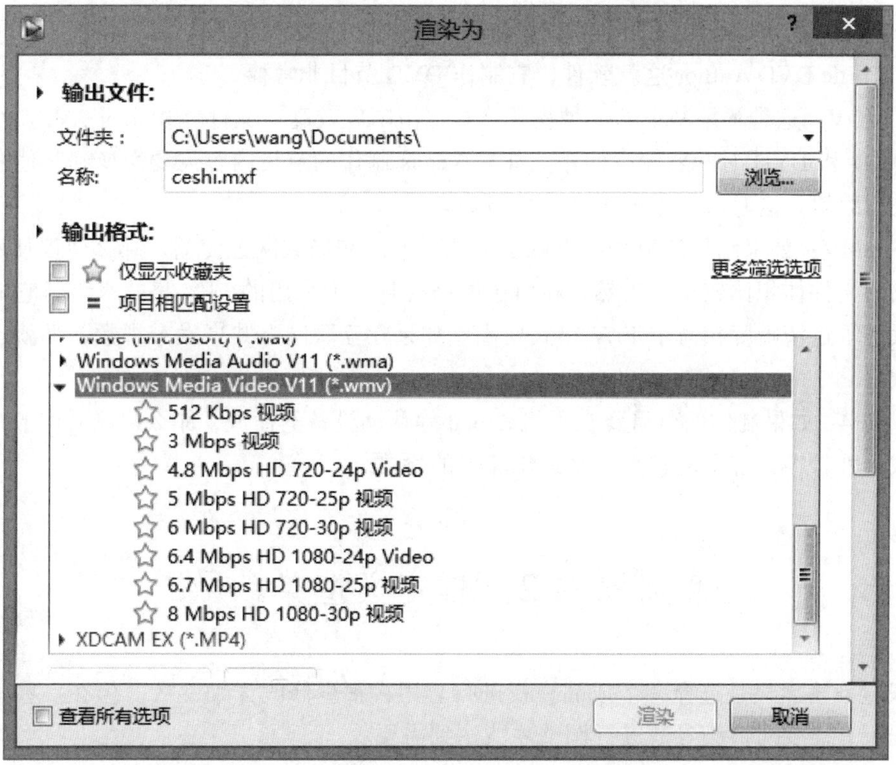

图 14–4　WMV 输出格式二

接下来，点击“渲染”按钮，即可开始渲染，如图 14-5 所示。

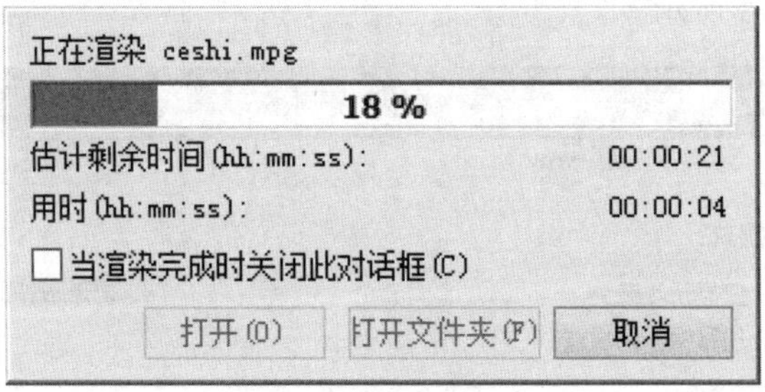

图 14–5　渲染过程

为了保证渲染质量，在渲染时，最好提前关闭其他程序，腾出最大的内存来进行渲染输出。

常用渲染格式有：

（1）VCD：如果想制作 VCD，则应该选择 MPEG-1 格式，生成的节目后缀名为.MPG。将来使用 nero 软件就能够直接将 MPG 文件刻录到 VCD 上，会自动转换成 VCD 要求的 DAT 格式，并且清晰度不减。制作时，请注意应该将节目总时长限制在 60 min 以内，渲染后的文件体积限制在 700 M 以内，这样才能够刻录在一张 VCD 光盘上，否则会刻录不下。

（2）DVD：如果想制作 DVD，则应该选择 MPEG-2 格式，清晰度比较高，但是文件体积也大。一般节目时长在 4 h 以内，节目容量在 4 GB 以内。在 Vegas 中，渲染为 MPEG-2 格式之后，节目后缀名也为.MPG。要制作 DVD，还需要其他软件配合才行。我们一般在 DVD 上看到的节目格式为 VOB，怎么才能将 MPG 格式转换成 VOB 格式呢？多数情况下，我们推荐使用 TMPGEnc DVD Author 这款软件，它制作 DVD 节目非常棒。

（3）MOV：这是苹果制定的一种视频格式，清晰度较高，文件体积相对 AVI 要小一些，在制作 VCD 和 DVD 时一般较少使用。如果 Vegas 制作的节目内容需要交换到其他非编软件中再次进行编辑，这时可以考虑选择此种格式。

（4）WMV：如果制作的节目在电脑上播放，或者在局域网上传播，那么建议使用 WMV 格式，它的文件体积比较小。当然，相对于网络视频广为采用的 FLV 格式来讲，它的体积还是比较大，不过清晰度相对于 FLV 格式要高。如果在互联网上共享发布视频，那就建议采用 FLV 格式。

（5）MP4：如果制作的节目要在手机、ipad 等移动设备上播放，那么建议采用 MP4 格式，这种格式尺寸较小，清晰度较高，是近年流行的格式。

实训课题 2：自定义渲染参数

一般渲染输出只是选择一个成品模板进行套用，很少修改详细参数。但在一些追求高质量的情况下，需要对渲染参数进行调整才能达到需要。

步骤 1：按照常规，点击文件菜单，选择其中的“渲染为”进行渲染。

步骤 2：如图 14-6 所示，注意一定要勾选“查看所有选项”。

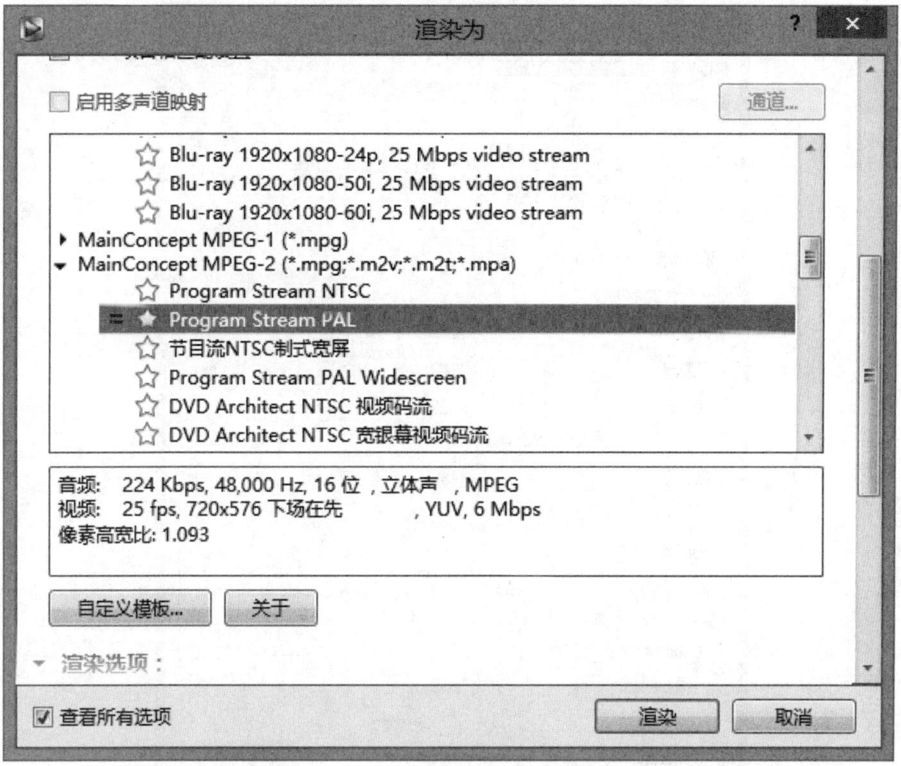

图 14-6　查看所有选项

步骤 3：选择 MainConcept MPEG-2 下面的 Program Stream PAL，然后点击 “自定义模板”进入图 14-7 所示参数修改窗口。

能够修改的主要参数有：

（1）画面宽度和高度，默认是 720×576。

（2）帧速率：PAL 制式下默认是 25 fps。

（3）画面宽高比，默认是 4∶3，可改为 16∶9。

（4）场序：Vegas 默认是下场优先。到底是上场优先还是下场优先，各个软件设置都不太相同，建议最好采用软件的默认值。另外，现在的电视机多为逐行扫描，因此也可以设置为“无（逐行扫描）”。

（5）视频质量，默认为最佳，建议也保留为最佳，这样才能得到清晰的节目。

（6）固定码率（CBR）或者可变码率（VBR），码率也叫比特率。固定码率下，视频从头到尾保持一个恒定的比特率，缺点是不够灵活，当比特率较大的情况下，文件体积会很大。可变码率下，计算机会根据实际画面信息，动态计算当前画面需要的比特率。需要预先设置动态范围的最大最小及平均值。

在可变码率下，有个一次处理和二次处理的概念。在二次处理的情况下，进行两次扫描，第一次扫描计算画面信息，第二次才是实际编码。虽然得到的画面质量极高，但渲染速度也极慢，因此在一般情况下很少使用。如果不选择“二次处理”，那就意味着选择了“一次处理”，默认值也为“一次处理”。

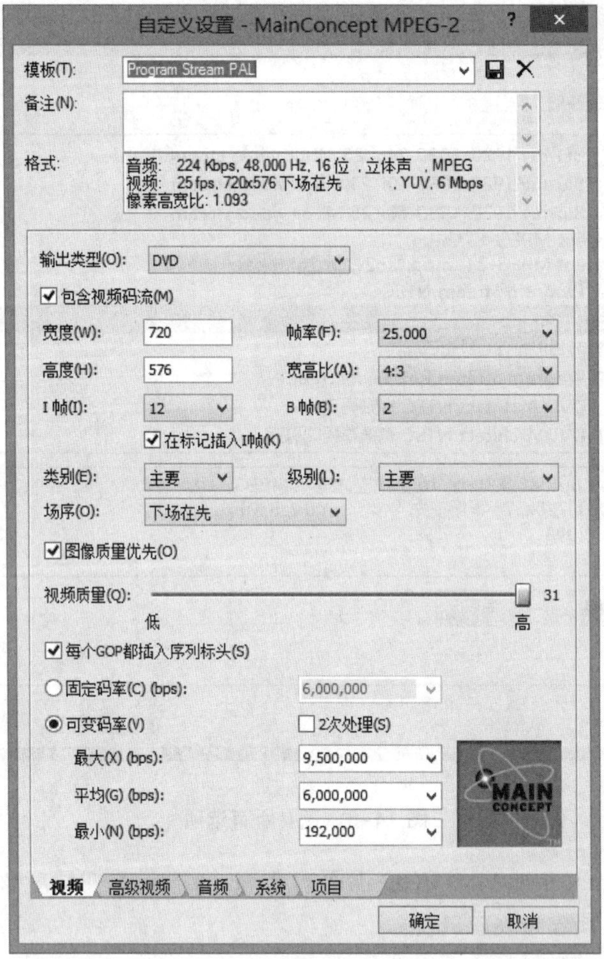

图 14–7　自定义设置 MainConcept MPEG–2 对话框

（7）音频参数：如图 14-8 和图 14-9 所示，建议保留默认值。

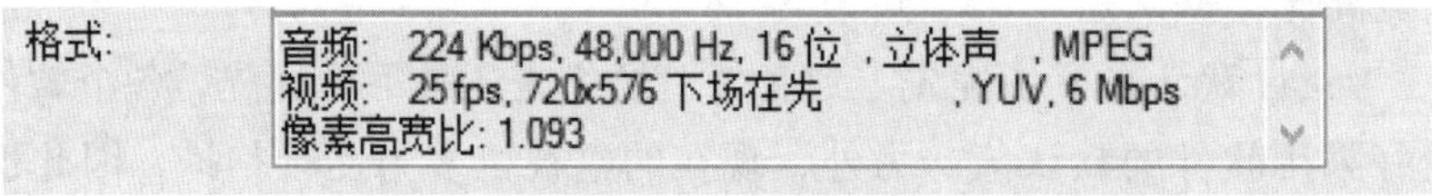

图 14–8　音频参数

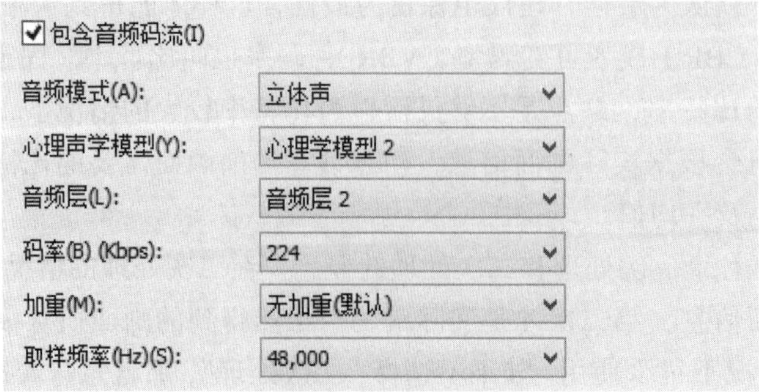

图 14–9　音频参数

实训课题 3：DVD 格式渲染参数

DVD 格式应该是现在渲染最多的格式了，Vegas 针对 DVD 格式还是采用 MainConcept 公司的编码器。

打开渲染窗口，选择 MainConcept MPEG-2，可以看到下面列举出了大量的格式。这些格式其实都是不同的光盘格式，区别就是分辨率不同，有的是高清，有的是标清而已。

一般选择如图 14-6 所示下面的 Program Stream PAL，继续点击下面的“自定义模板”，观察参数如图 14-7 所示。

需要注意的是：

（1）默认的比特率建议不要修改，目前大部分的 DVD 播放机都可以播放这样的设置。

（2）如果面对的 DVD 播放机比较老的话，可以选择 6M 的固定码率。

（3）无论固定码率还是可变码率，比特率的最大值都不要超过 9M，否则 DVD 播放机无法正常解码播放。

至于图 14-10 所示的 DVD Architect 格式，则和 DVD 设置相同。

DVD Architect 是 Sony 公司出品的一款 DVD 制作软件，它功能专业、强大，号称 DVD 建筑师。主要是配合 Sony Vegas 制作 DVD 菜单选单，它可以制作多语言、多章节、多角度菜单，能制作母盘，供光盘压制。是具备制作、编码、刻录多种功能于一身的优秀的 DVD 专业制作软件。

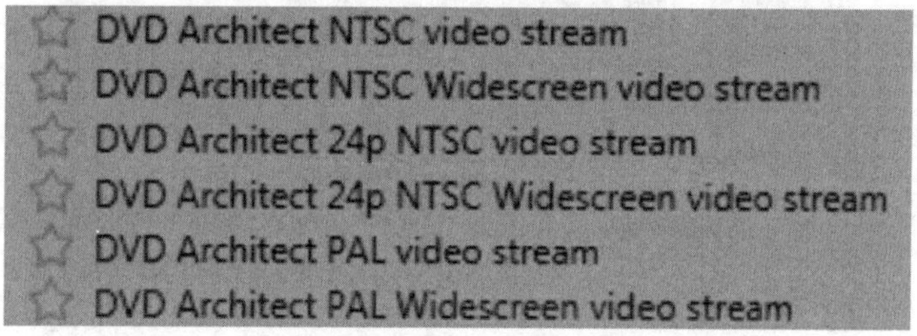

图 14–10　DVDArchitect 格式

实训课题 4：HDV 高清格式渲染参数

在 MainConcept MPEG-2 选项里面，还有 HDV 高清格式，如图 14-11 所示。

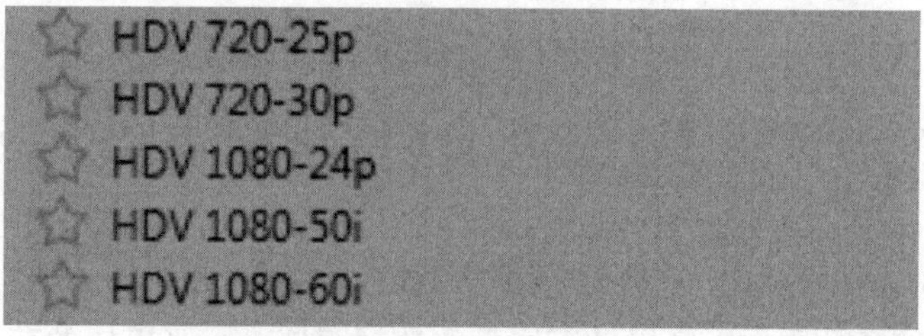

图 14–11　HDV 高清格式

打开渲染窗口，选择 MainConcept MPEG-2，随便选择一种，比如 HDV 1080-50i，点击“自定义模板”按钮，观察参数如图 14-12 所示。

这些参数最好保持默认，不要轻易改动。

需要注意的是，在 HDV 格式下，码率是 25M，并且是固定的。另外，按照这种格式输出的文件后缀名会是 m2t。MPG 和 M2T 虽然名称不同，但编码其实是同一个。M2T 比 MPG 清晰一些，但相应的文件体积也大。HDV 最大分辨率是 1 440×1 080，如果达到 1 920×1 080，就不能称为 HDV，而应该称之为 HD。

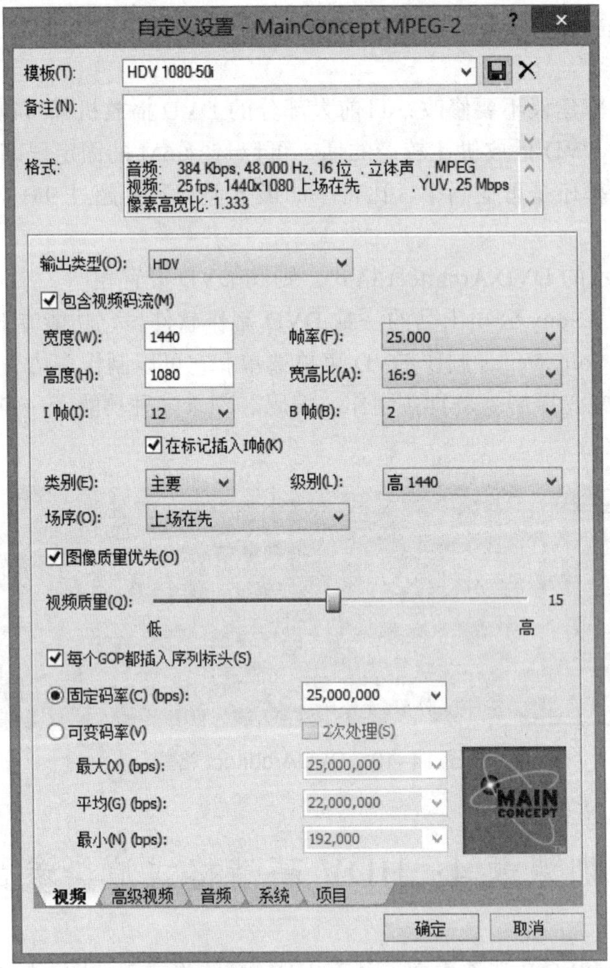

图 14–12 自定义设置 MainConceptMPEG–2 对话框

实训课题 5：蓝光 DVD 格式渲染参数

在 DVD 选项下面还有如图 14-13 所示蓝光 DVD，蓝光 DVD 是 DVD 之后的下一代光盘格式之一，用以存储高品质的影音以及高容量的数据存储。一张单层的蓝光光碟的最大容量为 27 GB，足够录制长达 4 h 的高清晰电影。

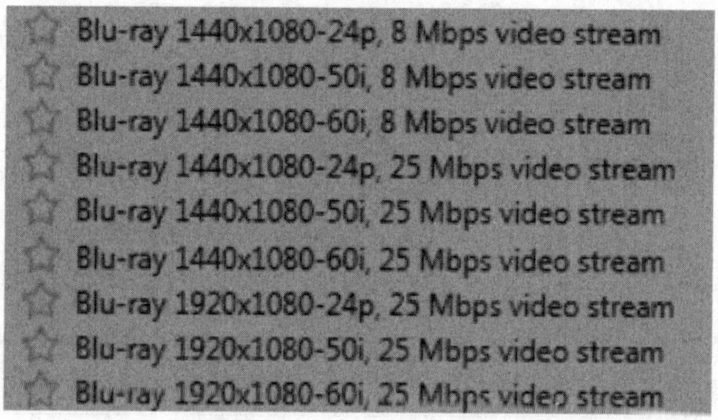

图 14–13　蓝光 DVD 格式

打开渲染窗口，选择 MainConcept MPEG-2，在蓝光 DVD 中随便选择一种，比如 Blu-ray 1 920×1 080-50i，点击“自定义模板”按钮，观察参数如图 14-14 所示。

输出类型默认是 mpg-2，这个类型在最终的渲染输出后格式是 M2V 格式。

码率默认是 20 ~ 30 M，恒定是 25 M，这个可以根据需要修改，但最小不能小于 15 M，最大不能超过 35 M。

一般用户也很少用到蓝光 DVD。因此，这些参数尽量不要修改。如果随意修改这些参数，可能会导致 Vegas 渲染直接报错。

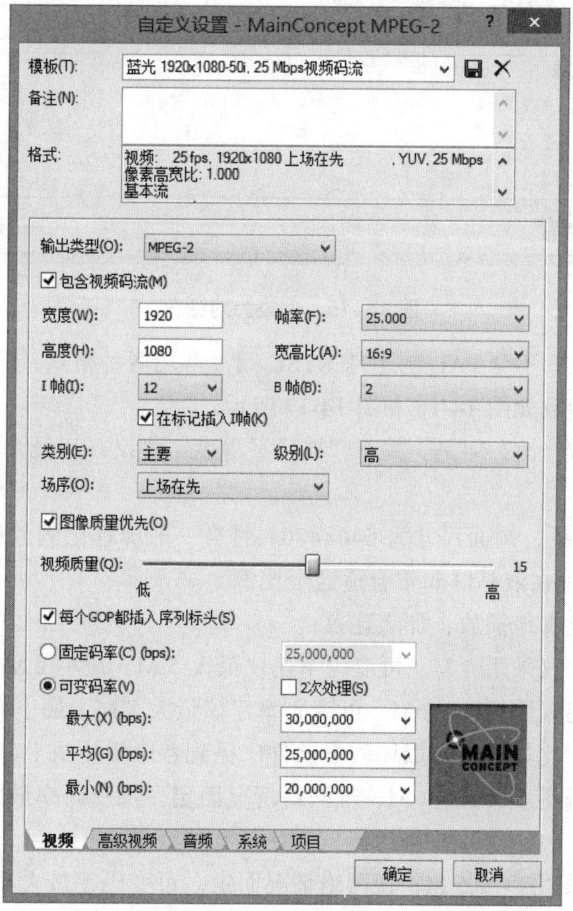

图 14–14　自定义设置 MainConceptMPEG–2 对话框（蓝光 DV）

实训课题 6：WMV 格式渲染参数

WMV 格式在教学中非常常用，也是最常见的格式，只要安装了 Windows 的电脑都能轻松地播放 WMV 格式。

它的类型如图 14-15 所示。

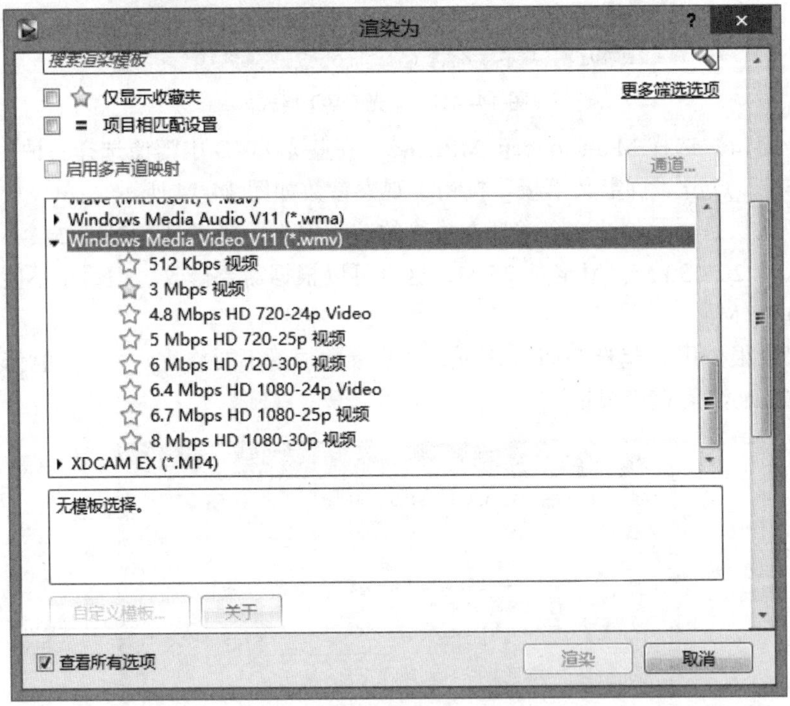

图 14–15　渲染为对话框

由于在电脑上播放，不分 PAL 制还是 NTSC 制。常用两种格式：3 M 的 DVD 格式和 8M 的高清格式。它们的参数如图 14-16 和图 14-17 所示。

这些参数一般不做修改，但是，关于“视频平滑度”建议开到最大，取值为 100，因为要清晰为主嘛。

在 3 M DVD 格式下，画面尺寸为 640×480，符合一般屏幕比例。8 M 高清格式下，画面尺寸为 1 440×1 080，现在液晶屏非常合适这个比例。

关于码率，如果是本地播放，那么建议：

标清：固定码率建议采用 4 M。可变码率建议最大 5 M，最小 2 M，平均 3 M。

高清：固定码率建议采用 6～8 M，可变码率建议最大 8 M，最小 4 M，平均 5 M。

如果是网络播放，比如通过多媒体教学软件广播到各个学生机上，则建议如下设置：

标清：固定码率采用 512 K～1 M，视网络情况而定。可变码率最大 1 M，最小 256 K，平均值 512 K。

高清：固定码率采用 1～1.5 M，视网络情况而定。可变码率最大 1.5 M，最小 512 K，平均值 768 K。

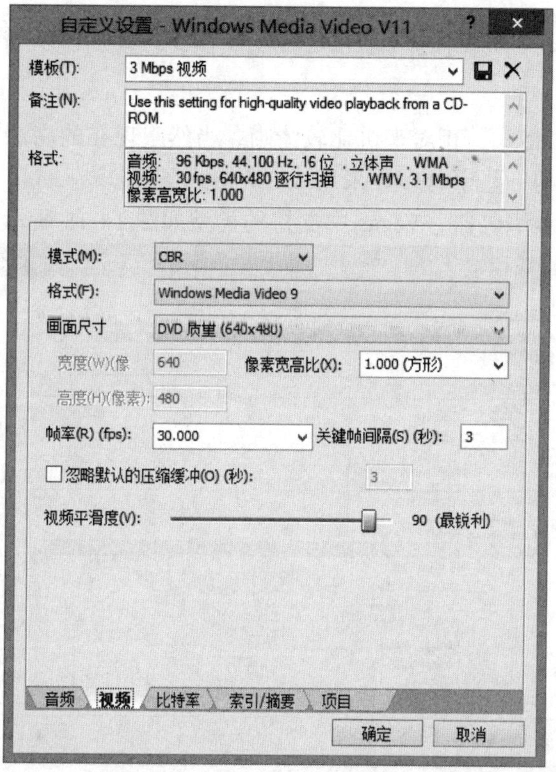

图 14–16　自定义设置 Windows Media Video V11 对话框（3 Mbps 视频）

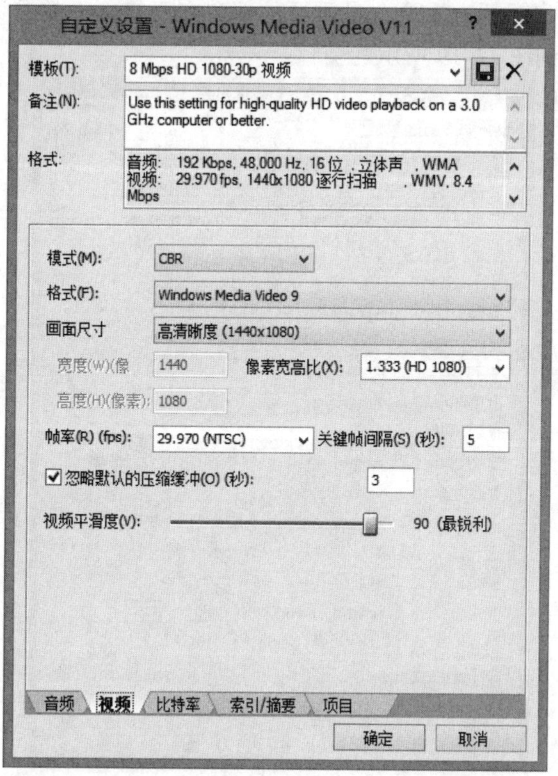

图 14–17　自定义设置 Windows Media Video V11 对话框（8 Mbps 视频）

实训课题 7：MOV 格式渲染参数

MOV 是一种高清晰格式，相对来讲比较清晰，当然跟现在的高清不能比。它还是一种素材交换格式。网上下载的一些素材多数采用 MOV 格式。

它使用苹果公司的编解码器，Vegas 中支持的类型如图 14-18 所示。

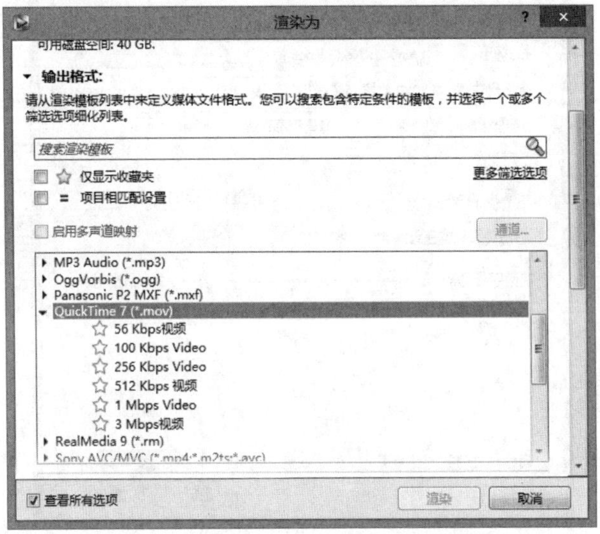

图 14-18 Vegas 中支持的 MOV 类型格式

不管选择哪一种格式都不太重要，最重要的部分在于接下来的参数。同样的，点击“自定义模板”按钮，会看到图 14-19 所示的窗口。

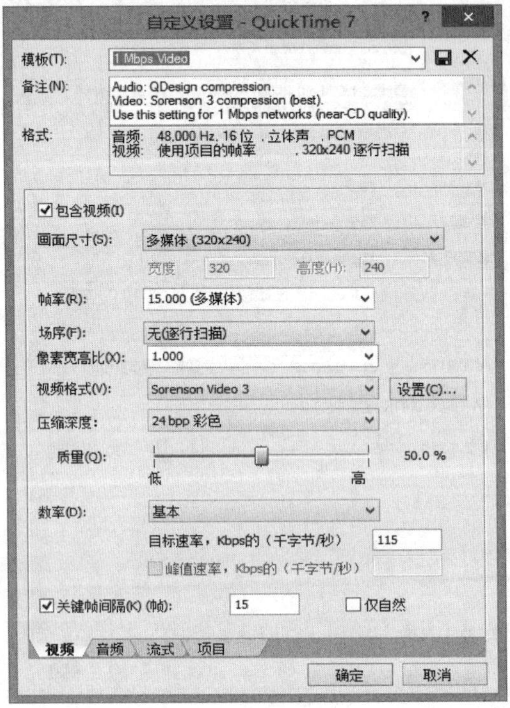

图 14-19 自定义设置–Quick Time 7 对话框

在图 14-19 所示窗口中，重要的选项有两项：画面尺寸和视频格式。

打开画面尺寸选项，里面选项如图 14-20 所示。一般应该根据实际需要来选择。

(自定义画面尺寸)
(使用项目设置)
MPEG-4/Fractal Small (176x144)
多媒体 (320x240)
Video CD (352x240)
NTSC Square Pixel (640x480)
NTSC DV (720x480)
NTSC Standard (720x486)
PAL DV/标准 (720x576)
PAL 方形像素 (768x576)
高清晰度 (1280x720)
高清晰度 (1920x1080)

图 14–20　画面尺寸选项

在视频格式选项中，有以下选择，如图 14-21 所示。

BMP
Cinepak
Component Video
DV - PAL
DV/DVCPRO - NTSC
DVCPRO - PAL
Grass Valley HQ
Grass Valley HQX
H.261
H.263
JPEG 2000
Motion JPEG A
Motion JPEG B
MPEG-4 Video
Photo - JPEG
Planar RGB
PNG
Sorenson Video
Sorenson Video 3
TGA
TIFF
Video
动画
图形
无

图 14–21　视频格式选项

这些不同的格式，对应不同的编解码器。

如果要将 Vegas 制作的节目内容交换到其他软件中，以进一步编辑修饰的话，那么就应该选择带 alpha 通道的 MOV 格式，既清晰，又有透明通道。然而，要想在 MOV 格式中拥有 alpha 透明通道，那么有一项必不可少，那就是“压缩深度”这一项必须取值为 32bpp 彩色，24bpp 彩色都不行。无论你选择什么样的视频格式，只要达不到这个压缩深度，就不可能拥有透明通道，这一点是非常重要的。

要做到这一点，必须在“视频格式”中选择“Jpeg 2000”、“Planar RGB”、“PNG”、“TGA”、“TIFF”、“动画”、“无”几项中的某一项，一般选择“无”即可。如图 14-22 所示，然后再将“压缩深度”修改为“32bpp 彩色”。

如果你不需要透明通道，仅仅是想得到一个 MOV 格式，又希望文件体积小的同时清晰度高，那么可以安装一个叫 Microcosm codec 的编解码器。据资料介绍，Microcosm 是世界上第一款性能优异的 64-BitRGBA 格式的 Quicktime 无损编码器。可以在不损失信号质量的情况下达到 6：1 或更高的无损的压缩比。也就是说，这是一个专门用来压缩 MOV 格式的编解码器，能在较小的码率下得到较高的质量。安装之后，在“视频格式”中便能发现并且使用它。

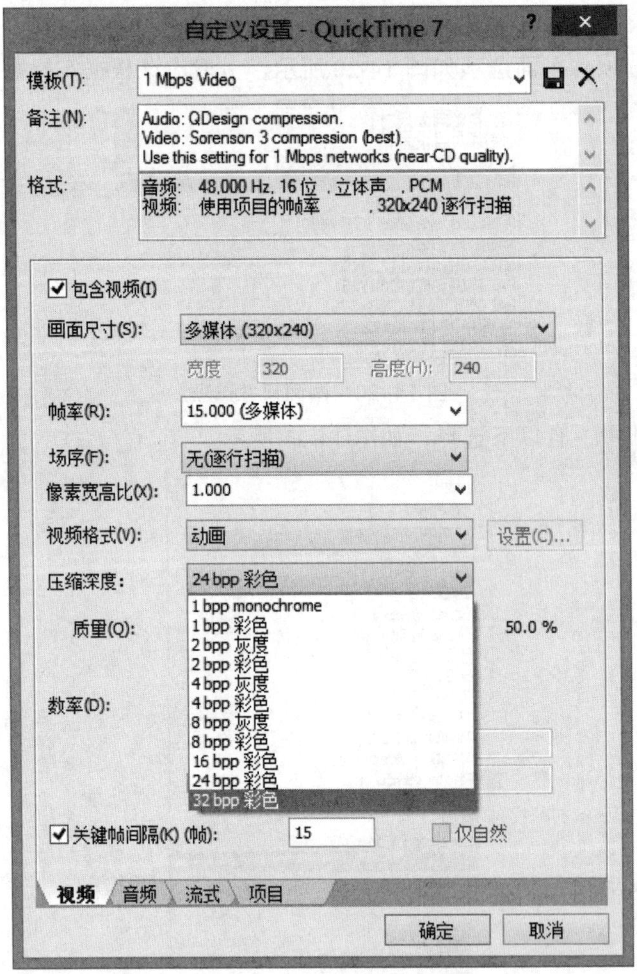

图 14–22 改变压缩深度

实训课题 8：MP4 格式渲染参数

MP4 是现在流行的输出格式，在 Vegas 中共有 3 种 MP4 格式：

（1）Mainconcept MP4。

（2）Sony avc MP4。

（3）XDCAM MP4。

1. Mainconcept MP4

Mainconcept 是国外著名的编解码器公司，Vegas 一直将其编解码器作为内置编解码器之一，并且作为 MPG 等格式的编解码器。Mainconcept AVC/AAC MP4 格式，采用的是 H264 编码。视频采用 AVC 格式，音频采用 AAC 格式。这种格式针对一些便携设备使用，同时也作为网络流媒体格式使用。

它的类型如图 14-23 所示。

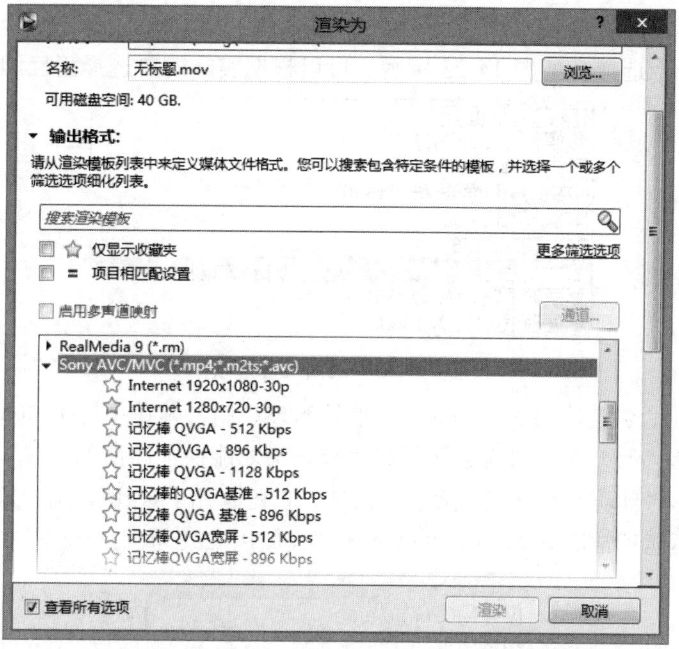

图 14–23　Mainconcept AVC/AAC MP4 格式

选择 Internet 1 280×720 – 30p，点击“自定义模板”，详细参数如图 14-24 所示。

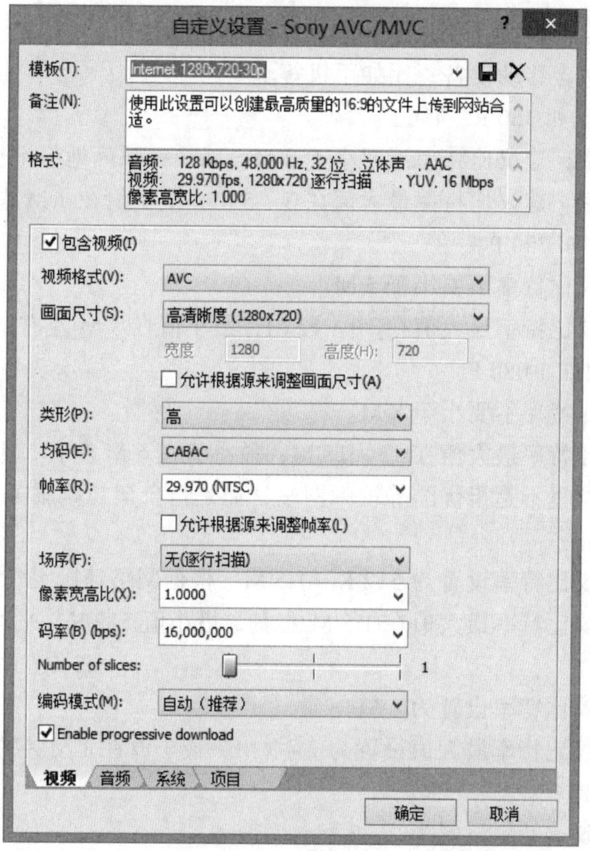

图 14–24　自定义设置–Sony AVC/MVC

视频格式推荐“AVC”，轻易不要修改。

画面尺寸有若干选择，如图 14-25 所示。可以根据实际需要选择正确的尺寸。

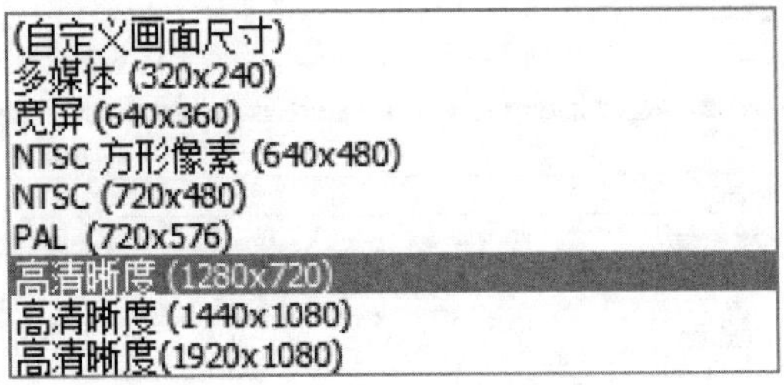

图 14-25　画面尺寸选项

如果是 PAL 制，帧速率应为 25bps，如果是 NTSC 制，帧速率应为 30bps（29.970bps）。

场序推荐选择“无（逐行扫描）”。只有逐行扫描才能保证高清的质量。

编码模式推荐“自动（推荐）”。除了默认项，它还有几个选择，如图 14-26 所示。根据经验，如果有时候不能正常渲染 MP4，可以选择“仅使用 CPU 渲染”试试。

图 14-26　编码格式选项

针对比特率的设定，根据经验，主要应该这样设置：

（1）本地播放（包含移动设备，比如手机等）。

A:：标清格式，比如 360 P，480 P。

如果采用固定码率，建议比特率不要小于 2 M，以最大限度地保证视频清晰度。

如果采用可变码率，建议比特率最大值在 3 ~ 5 M，最小值在 1 M 左右，平均值 2 M。

B：高清格式，比如 720 P。

固定码率下，建议比特率不要小于 5 M。

可变码率下，建议比特率最大值在 10 ~ 12 M，最小值在 5 M 左右，平均值 6 ~ 9 M。

C：高清格式，比如 1 080 P。

固定码率：建议比特率不要小于 8 M。

可变码率：建议比特率最大值在 15 ~ 18 M，最小值在 6 M 左右，平均值 9 M。

（2）网络视频。这里不是指优酷等视频网站，而是指自架视频服务器等情况。

A：标清。

固定码率下，建议比特率设置为 512 K ~ 1.5 M，根据网络情况灵活设置。

可变码率下，建议比特率最大值在 1.5 M 左右，最小值 512 K，平均值 1 M。

B：高清，720 P。

固定码率下，建议比特率设置为 1 M。

可变码率下，建议比特率最大值设置为 2 ~ 3 M，最小值在 1 M 左右，平均值 2 M。

C：高清，1 080 P。

固定码率下，建议比特率设置为 2 ~ 3 M。

可变码率下，建议比特率最大值设置为 2 ~ 3 M，最小值在 1 M 左右，平均值 2 M。

2. Sony avc MP4

第二种 MP4 格式是 Sony avc MP4，它的主要类型参见图 14-23 所示。

这种 MP4 格式主要针对记忆棒和蓝光 DVD，比如有些 PSP 中就使用记忆棒。因此，如果我们要渲染播放的平台是基于蓝光 DVD 以及硬盘式的高清播放器，那么最好选择这种 MP4 格式。

除了记忆棒和蓝光 DVD，还有 AVCHD，如图 14-27 所示。AVCHD MP4 的后缀名为 m2ts，其实就是蓝光 DVD 中视频文件的格式。

AVCHD 一般分辨率在 1 440×1 080 以上，因此，720p 并不建议采用这个渲染格式和编解码器。

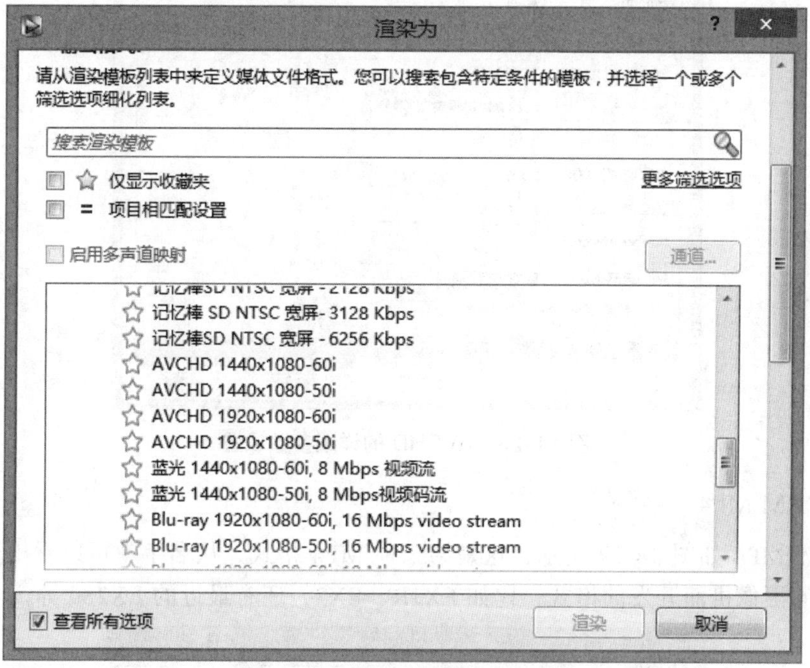

图 14–27　AVCHD MP4 格式

它的详细参数参见图 14-24 所示。

针对记忆棒，由于读取速度有限，多数只能支持标清。因此，建议最大码率设置为 6M 左右，如果设置太高，在 PSP 等设备中就无法流畅观看。

AVCHD 的详细参数如图 14-28 所示，在这里建议，1 440×1 080 分辨率下，码率应该设置为 10 ~ 15M，1 920×1 080 下，码率应该设置为 14 ~ 18M。

在 Sony avc MP4 可支持类型的最后，是蓝光 DVD，参数也和前面类似。但是不同的是，其音频选项是灰的，无法选择。原因在于真正的蓝光 DVD 其音轨起码也是 5.1 甚至 7.1 声道的，不光是声道，音轨也是多音轨的。因此只能渲染纯视频的 AVC，而不能带有音频轨道。最后音频是用其他手段混进最终成品里面去的。

但是当我们把标签页切换到“系统”后，修改一下其中的选项，可以看到在原来的“视频格式”有选项可以被选择。如果我们选择 MP4 或者 m2ts，那么此时音频项就可以勾选了，而且渲染出来的格式同时也会变成 MP4 或者 m2ts，而不是原来的 AVC，这一点初学者一定要注意。

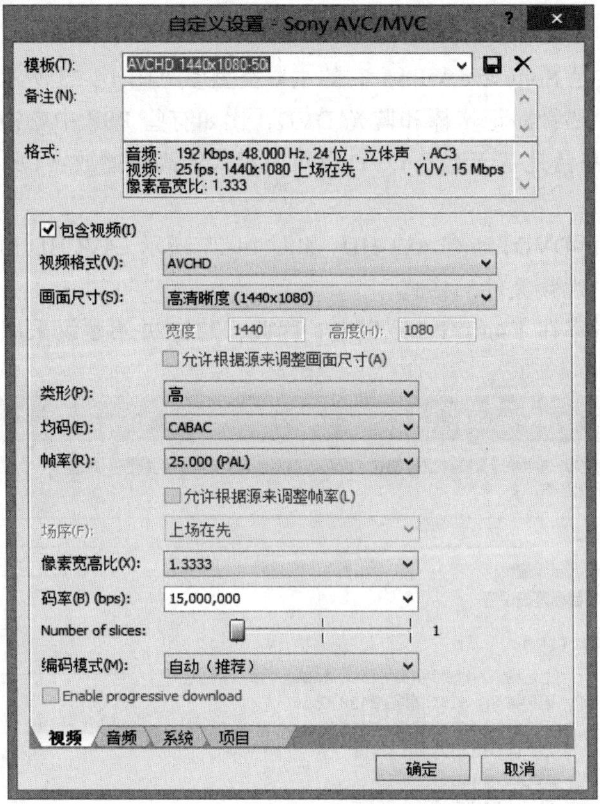

图 14–28　AVCHD 的详细参数设置

3. XDCAM MP4

XDCAM MP4 如图 14-29 所示，这是第三种 MP4 格式，从名字就可以看出，这是 Sony 公司为自家的摄像机而开发的格式，比如 EX1R、EX3，还有最近的 EX280 等。

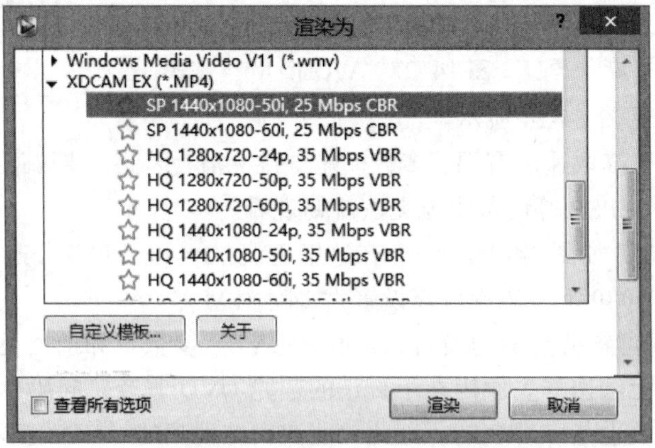

图 14–29　XDCAM MP4 格式

一般情况下，如果你不是要回录到摄像机中去，那么这个 MP4 就用不上。因此，对于其参数我们只是看一眼，如图 14-30 所示。

常用的输出格式就介绍到这里了，至于 AVI 和 RM 格式，我们并不打算介绍，它们不是体积太大，就是已经快淘汰了。这些常用的输出格式，希望同学们能够掌握好。

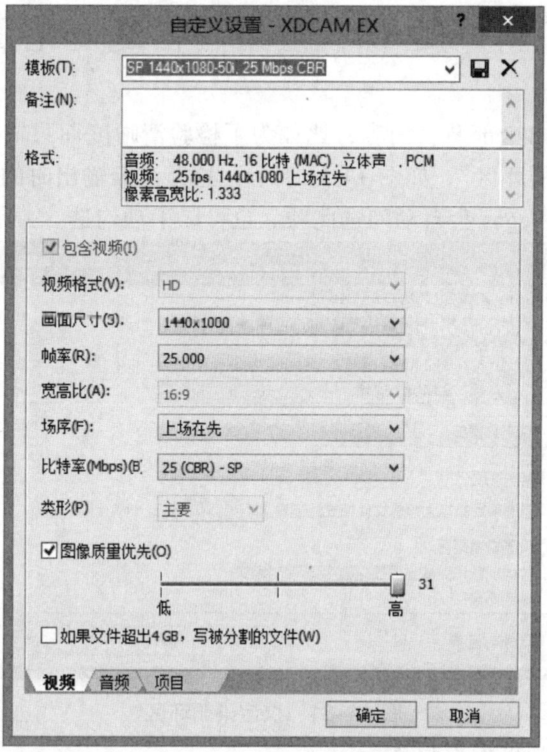

图 14–30　自定义设置–XDCAM MP4 对话框

实训课题 9：上传优酷视频的标准

优酷、土豆等视频网站，它们对待高清与超清视频的标准有：

（1）分辨率要求：高清分辨率 600×480；超清分辨率≥960×720

（2）时长要求：时长≥30 s。

（3）码率要求：

① 以下这些视频码率≥1 Mbps 时为高清，≥1.5 Mbps 时为超清：

—H.264/AVC（Advance Video Codec）/AVCHD/X264。

通常使用 MP4、MKV 文件格式，也有的使用 FLV 格式。

—RV40/RealVideo 9，通常使用 RMVB 文件格式。

—WMV3/WVC1/WMVA/VC-1/Windows Media Video 9。

通常使用 WMV 文件格式。

② 以下这些视频码率≥2 Mbps 时为高清，≥3 Mbps 时为超清：

—MPEG-4 Visual/Xvid/Divx，

通常使用 AVI、MP4 文件格式。

③ 以下这些视频码率≥5 Mbps 时为高清，≥7.5 Mbps 时为超清：

—MPEG-2，通常使用 MPEG/MPG/VOB 文件格式。

—MPEG-1，通常使用 MPEG/MPG 文件格式。

实训课题 10：渲染输出选定范围

有时候不一定要输出全部节目内容，比如为了检验清晰度而只输出一小部分内容，这个时候就要用到“仅渲染循环区”，如图 14-31 所示。这是渲染输出时的一个选项，如果轨道上有循环区域存在，那么 Vegas 会自动勾选此项。也可以手动勾选。

图 14-31　仅渲染循环区

渲染输出选定范围的操作步骤是：

步骤一：在轨道上拖动鼠标，选定一段范围，如图 14-32 所示。选中区域的内容将被渲染输出，而没有选中的内容则不会输出。

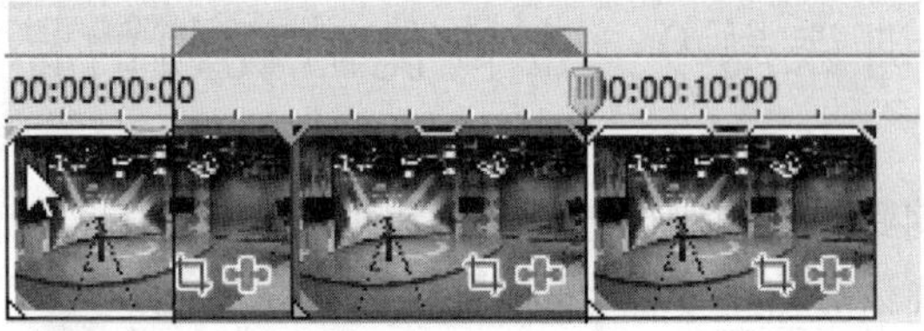

图 14-32　轨道

步骤二：渲染输出，选择一种输出格式，比如 WMV，然后如图 14-33 所示，勾选“仅渲染循环区”。

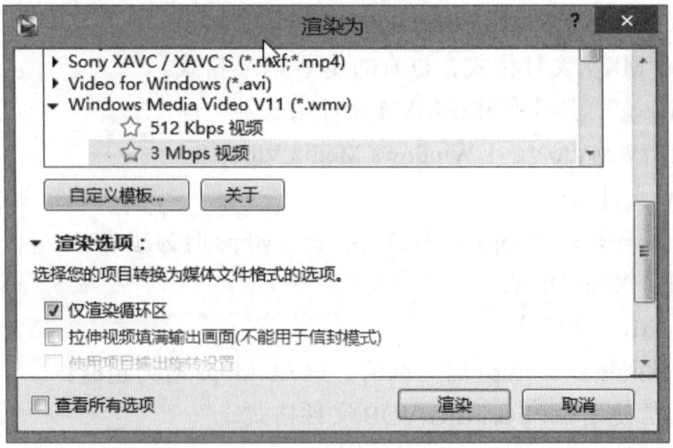

图 14-33　选择格式

步骤三：点击“渲染”按钮，开始渲染，直到完成。

注意：如果想输出轨道上全部节目内容，那么输出时一定要小心检查，以保证此项不被选中，避免渲染内容不完整。尤其是当轨道上存在循环区域的时候，哪怕循环区域的长度为零也不行。只要轨道上一存在循环标志，Vegas 就会自动勾选此项。有的人可能碰到过这种情况，渲染也正常，但是成品播放时既无图像也无声音，实际就是这个原因造成的。

实训课题 11：刻录 DVD

Vegas 具备刻录 DVD 的功能，对于一些婚庆节目制作者来说，拍摄、采集、编辑、刻录已经成为标准的工作流程。节目制作完成以后，既不渲染输出，也不脱离 Vegas 工作环境，直接刻录到 DVD 碟片上，是他们工作的最后一个环节。刻录 DVD 的步骤是：

步骤一：点击“工具”菜单，选择“刻录光碟/DVD”，出现图 14-34 所示窗口。

图 14–34　刻录光碟/DVD

步骤二：无需过多设置，刻录机的型号以及刻录速度，Vegas 都会自动检测确定。用户只要简单地点击“确定”，就会开始实际刻录。

这个功能只是简单地将节目内容刻录到 DVD 光碟上，并没有节目选单等，功能比较简单。

如果要想制作节目播放菜单，则应该使用 Vegas 的伙伴软件：DVD Architect Pro。

步骤一：使用 Vegas 编辑节目，最终渲染成 DVD 要求的 MPEG-2 格式，保存成文件。

步骤二：使用 DVD Architect Pro 这款软件制作 DVD 菜单，并将前面做好的 MPEG-2 文件添加进来，最后保存成 ISO 文件。这款软件能自动生成 DVD 光碟要求的目录结构，也能将 MPEG-2 文件自动转换成 DVD 所要求的 VOB 文件。

步骤三：最后使用 NERO 这款王牌刻录软件，打开 DVD Architect Pro 制作好的 ISO 文件，进行实际刻录。尽管 DVD Architect Pro 这款软件也有刻录功能，但使用 NERO 刻录的碟片质量会比较好一些。

参考文献

[1] 钱浩. Vegas 音视频处理标准教程[M]. 北京：电子工业出版社，2007.

[2] 王琰. Vegas 火星课堂[M]. 北京：人民邮电出版社，2009.

[3] Benoit J. Michel，Benoait Michel. Digital Stereoscopy：Scene to Screen 3D Production Workflows. U. S. A.：Createspace，2013.

[4] 曾海，陈明. 影视后期编辑[M]. 北京：清华大学出版社，2011.

[5] 傅正义. 影视剪辑编辑艺术（修订版）[M]. 北京：中国传媒大学出版社，2009.

[6] 陈立新. Vegas 数码影像剪辑典型实例[M]. 北京：清华大学出版社，2011.